U0592378

中国科学院科学出版基金资助出版

现代物理基础丛书·典藏版

现代声学理论基础

马大猷 著

科学出版社
北 京

内 容 简 介

本书系统总结了声学的基本现象、基础理论和处理问题的重要方法，并对声学的发展方向作了展望和预测。全书共 15 章，每章后均配有习题供读者练习。读者通过学习本书能够对声学的基本现象、基础理论和重要方法有全面的理解，并能够开拓视野进而提高自己的工作能力。

本书可作为高等院校声学相关专业的研究生和高年级本科生教材，亦可供从事相关专业的科研人员参考阅读。

图书在版编目（CIP）数据

现代声学理论基础/马大猷著. —北京：科学出版社，2003

（现代物理基础丛书·典藏版）

ISBN 978-7-03-011964-3

Ⅰ. 现… Ⅱ. 马… Ⅲ. 声学 Ⅳ. O42

中国版本图书馆 CIP 数据核字（2003）第 070938 号

策划编辑：鄢德平 胡 凯/文案编辑：邱 璐 贾瑞娜
责任校对：彭 涛/责任印制：赵 博/封面设计：陈 敬

科 学 出 版 社 出版
北京东黄城根北街 16 号
邮政编码：100717
http://www.sciencep.com
北京建宏印刷有限公司印刷
科学出版社发行 各地新华书店经销
*
2004 年 3 月第一版 开本：720×1000 1/16
2024 年 4 月印 刷 印张：28 1/4

字数：536 000

定价：148.00 元
（如有印装质量问题，我社负责调换）

自　序

　　这是一本为声学研究生写的教本，也是为从事声学研究的工作者而写的声学理论基础书。声学是近代科学中发展最早、内容最丰富的学科之一，在我国谈及科学曾有"声光化电"的提法。声学基本理论到 19 世纪末已发展成熟，对声学的研究达到高潮，瑞利爵士总结的《声的理论》二卷集巨著长期被声学界视为经典，后来莫尔斯取其精华，并有所发展，完成的《振动和声》（1936 年版，1948 年第二版；1980 年科学出版社出版中文版）也颇受重视。进入 20 世纪以来，声学基本理论发展较少，但其与不同学科和技术结合而形成的不少边缘学科则蓬勃发展，可独立称为声学分支的不下十五六门，其中主要的如建筑声学、水声学、超声学、电声学、噪声学和噪声控制、结构声学以及振动、语言声学、生理和心理声学、声学测量学等，都已出版几本内容充实的专著。各个分支在技术方面各有其特点，但理论方面是相通的，因为都不过是在某些条件下，声波产生、传播、接收和效果的问题。它们大大地丰富了声学理论，本书目的就是反映这些成就，使声学理论有一个接近全面的描述，使不同分支的工作者互相借鉴，有助于其本身的工作，扩大眼界，推进声学发展。

　　振动问题在声学中非常重要，在瑞利和莫尔斯的书中都占一半篇幅。后人囿于先例，出版的书中振动问题也都占极大一部分。如果本书也这样，就不免篇幅过大，而且振动问题的细致讨论也是要涉及声波的内容，有些重复。振动问题基本是固体内的声波问题，只是速度上有差别（弹性常数不同，有横波问题）而已。所以在本书中对基本振动问题完全不加讨论，而把它们置入附录，略加说明。这样并不妨碍对振动的基本问题的理解和参考，但节省了篇幅。

　　声学理论问题的来源主要是自然现象或实验结果。只有深入探讨其物理因素和机理，进行物理分析，寻求最佳措施，经过数学处理，才能完成理论。物理措施和理论本身越简单，越容易掌握，也越容易运用和推广。不仅如此，只有这样的理论才真实反映本质、反映事物的核心。因此，中间物理分析步骤非常重要，最后结果决定于此，须特别注意。结果必须正确，但不避免些许误差。一般声学计算和测量多准确到 1 分贝（10%），所以理论有些小误差并不妨事，只是在特殊情况，才要求更为严格。可容许的误差范围必须明确。声学是应用学科，理论要用以预计实验结果，所以必须定量，只说明其存在是不够的，这是与纯粹学科的不同处。在只知道声波可传播到远方的时候，牛顿是用物理分析方法于 1687 年推导出声波的传播速度。求出声波的传播速度等于压力与密度之比的平方根，方法非常巧妙，当时的大科学家没有一人看得懂他的推导，但都认为结果是有误的，因为算出的声速288m/s，与当时的测量值332m/s（与现在的准确值差不多）有显著差别，到1749年欧拉看懂了牛顿的推导，并用更简单明了的推论导出牛顿公式，已过了60年。又过了60年，拉普拉斯推论声波的变化应是绝热过程，压力应乘以比热比，声速公式才完全符合实际。这说明物理分析与推论是理论发展所必需的，也说明数值正确的重要性。事实上，数值正确也需要物理分析。

在理论的推导和表达中，在实验数据的处理中，数学是必需的。但是声学研究是把数学作为工具，而不是研究数学本身。声学理论要求其中数学简单、正确，数学不甚严格，无伤大雅。一般物理学家相信，自然规律都是像引力、电磁力等那样是一次方、二次方等的幂数关系，而且幂数都是整数，有人说，"上帝只创造了整数！"声学当然并不例外。但实际上，复杂关系不可避免，即使理论结果是复杂函数，声学家也常设法将其近似为简单解析式，虽然稍有误差（也许5%左右），但便于理解和掌握、运用。穿孔板声阻抗理论的发展即是如此。在实验数据处理中，取得简单规律也需要物理分析。赛宾混响时间公式是20世纪第一个应用声学公式，赛宾经过物理分析得知混响时间与吸声材料的面积（吸声量）有关，为得到这个不到三厘米长的公式竟花了他五年的时间（白天教书，晚上实验、计算）！事实上，他工作三年后已获得非常丰富的实验数据，可是整理这些数据，总也得不到规律。直到后来，他发现要把房间原有的吸声量计算在内，这才得到混响时间与吸声量成反比的关系，欢喜得大叫"Eureka"，和古希腊时代阿基米德发现王冠内的含金量一样高兴！

声学常数在定量和数学处理中是重要因素，在一般使用时，比较简单的近似值更为有用，哲学家言"与其忘掉准确值，不如牢记近似值"。本书使用的是ICAO标准大气的近似值，基础是大气压 $1atm = 10^5 Pa$，重力加速度 $g = 9.8 m/s^2$，温度 $15℃$，这些值与标准值相差有限，但容易记，容易使用。

以上就是准备本书时的根本思想和企图。对更严格理论有兴趣的读者可参考莫尔斯-英格特的《理论声学》或 Piere "Acoustics—An Introduction to Its Physical Principles and Applications"。专论数学方法的重要著作有 Crighton, Dowling, Ffowcs Williams, Heckl 及 Leppington 著 "Modern Methods in Analytical Acoustics"（1992，伦敦，Spinger-Verlag 出版），是当代五位国际第一流声学家的讲演集，共收讲稿26篇，涉及现代声学各方面。

下面略述本书内容。

第一章是绪论，其第一节是声学简史。古人追求对语言和音乐的知识可能是从三千年前或更早开始，以后又及于波动概念，共振现象等，并在这些方面颇有建树。但声学成为科学始自17世纪伽利略，并在18、19世纪蓬勃发展，西方重要科学家（当时称哲学家）几乎都做过声学研究工作，19世纪末瑞利爵士集其大成。此期内我国正处于科举时期，只是出了一本（Tyndall, Acoustics）翻译本，并无声学研究工作。20 世纪声学外延发展，又一度蓬勃发展，建成了有十几个分支的现代声学。两度发展中都有不少曲折过程，值得声学工作者参考。简史中有不少初学者不易理解的地方，而且也不是阅读以下各章节所必需，建议学习或参考时可先将此节越过，然后再回来翻阅，可能会加深对某些问题的理解。第二节以后则是声波理论的基础。

第二到四章是声波的性质和传播的基本现象和处理、测试方法。第二章是声波各种量的复数表示法。复数用于声学使其计算和测试大为简化，侦声学网络的分析成为可能，特别是以平面声波为基础的现象。第三章主要是听觉特性和以听觉为基础的声学量表达方法和测量方法。主观感觉可以用客观方法计算、测量，这是声学工作的一大创造，在与听觉有关的声学问题（语言、噪声、音乐等）中都很重要。第四章则是声波传播中的常见现象。这三章内容都比较容易理解，所以写得比较简单。

第五至七章是声学网络和力学（机械振动）网络问题。第五章声源，是机械振动辐射声波的问题，由于互易原理，也适用于机械系统接受声场激发问题。第六章具体讨论声学网络和力学网络。动态类比是声学系统和力学系统与电学系统统一的问题。三者本质不同，但其微分方程完全相同，因而比较成熟的电学网络中的概念、处理方法和理论完全可以移植于声学网络和力学网络。在某种意义下，动态类比是物理世界甚至是整个世界统一的表现。第七章换能器是电、力、声学系统互相转换问题。具体讲，即扬声器、耳机、传声器、拾振器等的理论问题。许多电声仪器是可逆的，声场是互易的（第五章），因而电声系统也是互易的。根据互易原理，电声仪器的校准是绝对校准，不需与一个"基准"去比较，这也是声学的一大特点，其他学科是没有的。

第八章声线和导波（部分有边界的空间内的声波传播）是实际中的声波传播问题。这在水声学、大气声学和室内声学中都很重要，国内一些声学"奇迹"实际都在这范围内。

第九章驻波是建筑声学的主要内容，在第二次世界大战前，一般声学家认为声学就是建筑声学，所以建筑声学很受注意，有很大发展，到现在仍是实际应用中最活跃的声学分支之一。简正波理论不只用于室内声学，还以不同形式用于超声处理、水声传播等，在电磁波场中（例如在微波炉内）也是重要问题。

第十章吸声材料是在 20 世纪下半叶理论与实际应用发展最快的一个方面。早时受注意的是矿渣绵、玻璃绵等，但这些纤维性材料在施工中和使用中都对人有害，现多避免使用。穿孔板、水泥或石膏制品很有发展。

第十一章有源控制，概念是早就有的，只是在 20 世纪 80 年代微电子学发达后才实现，对吸声材料难以控制的低频率噪声，有源控制最为有效。但有源控制需要调节和维护，自动化（智能型的）系统是人们的理想，但尚待开发。

第十二、十三章是气流中的声学问题。第十二章是气流速度较低但受调制而产生声波的问题，效率最高的声源就属这一类。第十三章则是气流速度较高，由于不均匀、受固体阻挡或产生旋涡而发声，工业和航空、航海中的噪声多属于此类。

第十四章是非线性声学。声学基本是非线性的，18世纪中叶，欧拉首次列出的流体动力方程就包括非线性源，但他只导出线性波动方程。非线性波动方程也是由流体动力方程导出的，但迟了一百年。当时就得出非线性行波解，非线性驻波解又等了一百多年，声学才比较完整。声学的非线性只是在激发强（声压可与大气压相比，液体中常需要声压大于大气压）或传播长距离后不可忽略，非线性声波的基本效应一般在数值上不大，但影响很大。大振幅声波（高声强）的物理作用，化学作用和生物作用都极可观。

最后一章，第十五章是热声学。热声现象已发现了二百年，在长时期中研究工作不绝如缕，但无重大发展，没有理论。三十年前Rott等开始对Sondhauss管进行深入的理论和实验研究，在热致发声和声能制冷的理论和实验方面做了重大贡献，但重大发展始于Wheatley等人在深入理解Rott理论的基础上做了实验和开发工作，过去二十年中理论与实际应用同步发展，成就卓著。

附录中列有简单振动理论、热力学理论、一些数学理论、数学函数值以及吸声系数。

所以本书内容只是现代声学的基本理论，基本方法和基本概念、数据，不涉及任何分支的具体细节。这些可作为深入学习分支的帮助，也是其进一步发展的基础。声学科学研究工作的目的是增加科学知识，创造新的声学理论，新的声学技术。声学技术开发则要求创造声学的新实际应用和技术创新。二者性质根本不同，但都不能违反科学规律，都要从物理实际出发，用物理分析方法，求得理论上或实际上的创新成果。本书如对此有所助益，则是最大荣幸。

作者多年脱离教学工作，准备本书内容时虽意图使其符合学习需要，但仍难免较多注意研究工作需要，而且谬误在所难免，请读者不吝赐教，以匡不逮。

应崇福院士对本书内容提出很多有益的意见，柯豪同志在本书准备过程中帮助很大，并且编制了索引，作者非常感谢。

作　者
2002年3月1日

声 学 常 数

光速 c $2.9979 \times 10^8 \ \mathrm{m \cdot s^{-1}}$

阿伏伽德罗常数 N_A $6.022 \times 10^{23} \ \mathrm{mol^{-1}}$

摩尔气体常数 R $8.3144 \ \mathrm{J \cdot mol^{-1} \cdot K^{-1}}$

标准状态下摩尔体积 V_m $0.0224 \ \mathrm{m^3 \cdot mol^{-1}}$

焦耳当量 J $4.1854 \ \mathrm{J \cdot cal^{-1}}$

重力加速度 g, 赤道 $9.7805 \ \mathrm{m \cdot s^{-2}}$

           （40°N）北京 $9.8018 \ \mathrm{m \cdot s^{-2}}$

           （45°N）国际标准 $9.8062 \ \mathrm{m \cdot s^{-2}}$

空气压力 P_0（海平面） $1.01325 \times 10^5 \mathrm{Pa}$

空气密度 ρ_0（15℃） $1.225 \ \mathrm{kg \cdot m^{-3}}$

空气相对分子质量 M 28.966

分子自由程 Δ, Λ $6.6317 \times 10^{-8} \mathrm{m}$

声速 c_0（15℃） $3.4029 \times 10^2 \mathrm{m \cdot s^{-1}}$

黏滞系数 η（15℃） $1.7894 \times 10^{-5} \mathrm{kg \cdot m^{-1} \cdot s^{-1}}$

运动黏滞系数 $\mu = \eta/\rho$ $1.4607 \times 10^{-5} \mathrm{m^2 \cdot s^{-1}}$

特性阻抗 $\rho_0 c_0$ $416.8625 \ \mathrm{kg \cdot m^{-2} \cdot s^{-1}}$

淡水中声速（温度 $t-10℃$, p/Pa） $1447 + 4.6\Delta t + 1.6 \times 10^{-6} p$

海水中声速（同上,含盐度 $\Delta S = S - 35$） $1490 + 3.6\Delta t + 1.6 \times 10^{-6} p + 1.3\Delta S$

在一般计算中取近似值:

光速 c $3 \times 10^8 \ \mathrm{m \cdot s^{-1}}$

温度 T 15℃（288.16K）

重力加速度 g $9.8 \ \mathrm{m \cdot s^{-2}}$

大气压 P_0 $1 \ \mathrm{atm} = 10^5 \ \mathrm{Pa}$

密度 ρ_0 $1.2 \ \mathrm{kg \cdot m^{-3}}$

相对分子质量 M 29

声速 c_0 $340 \ \mathrm{m \cdot s^{-1}}$

特性阻抗 $\rho_0 c_0$ $400 \ \mathrm{kg \cdot m^{-2} s^{-1}}$

黏滞系数 η 1.8×10^{-5} kg $\cdot$ m^{-1} $\cdot$ s^{-1}

运动黏滞系数 μ 1.5×10^{-5} m^2 $\cdot$ s^{-1}

热传导率 K 0.024 J $\cdot$ m^{-1} $\cdot$ K^{-1}

热扩散率 κ 0.27×10^{-4} m $\cdot$ s^{-1}

水中：声速 c_0 1500 m $\cdot$ s^{-1}

   特性阻抗 Z 1.5×10^6 kg $\cdot$ m^{-2} $\cdot$ s^{-1}

符　　号

A	幅值，总吸声量
a	半径
B	幅值，磁通密度
b	声纳
C	电容；C_A 声顺；C_M 力顺
c	声速；c_v 定体比热容；c_p 定压比热容光速
D	声能密度
d	直径；间矩
E	电压；杨氏模量；内能
e	电压
F	力
f	力；频率
G	电导；G_A 声导；G_M 力导；切变模量
g	重力加速度
H	磁场强度
h	高度；厚度的一半
I	电流；惯性矩
Im 〔…〕	虚数部分
i	电流
$\boldsymbol{i}, \boldsymbol{j}, \boldsymbol{k}$	x，y，z 方向的单位矢量
K	导热系数（热传导率）
k	波数；传播相位常数
L	电感；级；距离
l	弦（或管、棒、音圈线）长
M	质量；M_A 声质量；力矩
m	质量；喇叭的蜿展常数
N	响度；NR，噪声降低
n	折光率；$\boldsymbol{n}$ 法线方向的单位矢量
P	压力；P_0 大气压力；声压幅值；P_m 平均压力
p	声压，瞬时值（时间函数）或有效值（rms 值）

Q	声源强度的幅值；品质因数（共振时的放大倍数）
q	声源强度（时间函数）；电荷
R	房间常数；阻；R_A 声阻；R_M 力阻
$\mathrm{Re}[\cdots]$	实数部分
r	向径；柱面坐标（由 z 轴）或球面坐标（由原点）的向径
S	面积；劲度；房间常数；海水含盐度（‰）
s	压缩系数
T	绝对温度；周期；T_{60} 混响时间；张力；TL 传递损失
t	时间；厚度
U	体积速度
u, v, w	质点速度在 x, y, z 方向的分量
V	势能；体积；速度
W	功率
w	功率
X	体积位移，电抗；X_A 声抗；X_M 力抗
x	位移；距离
x, y, z	直角坐标
Y	导纳；Y_A 声导纳；Y_M 力导纳
Z	阻抗；Z_A 声阻抗；Z_M 力阻抗
$\log$	常用对数（以 10 为底）
$\ln$	自然对数（以 $e=2.71828$ 为底）
α	能量吸声系数；衰减常数
β	相位常数；非线性因数
Γ	伽马函数；温度梯度比 $\Gamma = \nabla T_m / \nabla T_{crit}$
γ	传播常数；比热比
Δ	增量；拉普拉斯算符
δ	衰减系数；狄拉克 δ 函数
ε	微量；线密度
ζ	阻尼比
η	损失因数；黏滞系数
θ	相角
θ, φ	柱面坐标或球面坐标的坐标角
κ	热扩散率
Λ	分子自由程

λ	波长
μ	运动黏滞系数
ξ，η，ξ	质点位移在 x，y，z 方向的分量
ρ	介质密度；ρ_0 大气密度；ρ_M 平均密度
$\rho_0 c_0$	特性阻抗，也写做 ρc
Σ	总和
σ	泊松比；穿孔率；孔隙率
τ	弛豫时间
Ω	立体角
ω	角频率（$2\pi f$）

目　　录

第一章 绪 论

声学是声音的科学,研究它的产生、传播、接收和效应。声或声音原始是指人耳听觉所能觉察的空气中传播的振动现象,频率在 20Hz 到 20kHz 之间。现代已使其范围大为扩大。不限于可听声,频率可在 20Hz 以下(次声)或 20kHz 以上(超声);介质也不限于空气,也可以是液体(如水声)或固体(固体声、结构声)。只要求其性质,即介质中传播的振动的特点是物质波,声波与光、无线电波不同,后者是电磁场的传播,不需要物质介质。

在我国,11 世纪沈括提到有些材料做成的乐器好听,是因为它的"声学"好。西方 17 世纪索沃提出 acoustique 的名称是取自希腊字 acousticos(听),直到今日人们还提到厅堂的 acoustics,或厅堂音质,意思是其中声音好不好听,所以声学一词在东方或西方都是由听而来的,到现在也和声一样扩大了范围。声学是人类最早发展的学科之一,到现在与人关系更加密切了。

人们观察声学现象,研究其规律几乎是从史前时期开始的。很早就认识到声的波动性质,创造了声学设备(主要的是乐器),声学测试方法,取得了重要的理论结果和不少重要应用,但是无论在我国还是在欧洲,古时都没有对振动和波动本质的研究,虽然都知道声是物体振动引起的波动现象。古人对乐器的音调和共振现象都有很深入的研究,但是却一直没有频率的概念,同时也缺乏声波传播速度的概念。近代声学可以说是伟大科学家伽利略(1564~1642)开创的,他在 1638 年刊出的"有关两种科学的对话"中讨论了单摆和弦的振动、频率等。从此,直到 19 世纪末,几乎欧洲所有重要的物理学家和数学家(当时一般称为哲学家,就好像在我国称有学问的人为儒士,大儒一样)都在声学基础理论中做了重要贡献,林塞(R. Bruce Lindsay)在他写的"声学的故事"(J. Acoust. Soc. Am, 39(1966), 629~644)共提到科学家 79 人。19 世纪末,瑞利深入总结已有成就,并做了发展,写成《声之理论》二卷(1000 页)于 1877 出版,至今应用不衰。20 世纪开始,自赛宾(建筑声学)起,声学不断外延,与其它学科和技术结合,形成十多门边缘学科,如电声学、水声学、超声学等。这些分支学科都遇到新的科学问题,创造了新的理论,大大丰富了声学内容。莫尔斯于 1936 年写出了《振动和声》一书,反映了声学基础理论的发展。多少年来,瑞利的书和莫尔斯的书成了声学工作者的基本参考书,但是现代声学范围要广得多。本书目的是总结现代声学各个分支的共同理论基础,至于各个分支内容则不一一涉及,更无深入讨论。在瑞利和莫尔斯的两本书中,振动问题所占篇幅都有全书之半,本书因篇幅所限,只能注重声波问题,但振动问题对声学工作很重要,其主要内容列入附录,略书梗概,以备参考。

1.1　声学的发展

　　人类认识声音自语言开始。大约公元前 200 年,秦朝李斯《仓颉篇》中声字写作"謦",从言,声是与语言有关的。同时也有写作"聲"的,从耳,声是耳朵听到的。后者逐渐通行了。恩格斯在《自然辩证法》中,讨论从猿转变到人的过程中说:"语言是在劳动中并和劳动一起产生出来的。"研究语言,史前已经开始,我国很早就认为语音是由声母(语音的前半)和韵母(语音的后半)合成的,并且巧妙地运用了韵母,《诗经》300 篇,普遍押韵,后来就发明了"反切"法,用第一个字的声和第二个字的韵拼成字音。这种双拼法不但使古时的读音保留下来,还可以比较各地区、各民族的语音异同。在公元前西汉杨雄就著有内容极其丰富的《方言》一书,方言的研究至今不断,这在多民族的我国特别重要。后来发现了汉语的声调(四声),语言的结构遂为人们所认识,公元 601 年隋朝陆法言完成了《切韵》一书,将韵母分类为 206 个,按声调分为平、上、去、入四声,反切和四声遂成定型,并随着认识的深入,不断有所发展,直到近代科学的严格、定量的研究。语言技术也有很大发展。反切和四声对古来文化诗歌韵文的发展起了很大作用。当今汉语拼音方案基本是反切的延续。除了语言以外,作为语言的副产品,人们对音乐的研究也可以追溯到史前时期。公元前 3 世纪的《吕氏春秋》记载"黄帝命伶伦作为律"又提"黄帝又命伶伦与荣(有的书上作"容")将铸十二钟,以和五音"。春秋时(公元前 770 ~ 前 476 年)儒家典籍《礼记》称"昔者舜作五弦之琴以歌《南风》,始作乐以赏诸侯。"这些可能都是传说,但乐律和乐器的研究肯定是在春秋以前已达到相当高的水平,那时十二律的名称已经出现,琴瑟钟鼓也都存在。从出土文物看,最早的烧过的陶埙是新石器时代的产品,形状像鸡蛋的容器有一小孔,可吹出两个谐音,殷商时期的陶埙有的已有五孔可吹出十二律中的 11 个音。湖北省出土的曾侯乙编钟,制作于公元前 433 年,共有钟 65 座,按乐律排列,最大的重 203.6 公斤,最小的也有 2.4 公斤,铸造和调音都达到很高水平。按《礼记·乐记》,"音之起,由人心生也。人心之动,物使之然也。感于物而动,故形于声;声相应,故生变,变成方谓之音;比音而乐之,及干戚羽旄,谓之乐。"声似乎和语声、歌声有关。后来,如宋代陈旸,提的更简单,也不限于人声,"凡物动而有声,声变而有音。"声是一般声音的总名,有规律的叫做"音"(即乐音);音组织起来则成"乐";扰人的声是噪,《声类》中称,(即噪字),"群呼烦扰也";人耳听到的则叫"响","响之应声"。这虽然是用字的问题,但实际反映古人关于声的知识和分类。乐律产生的理论在《管子》中首先出现,管仲是春秋时人,但该书一般认为是他的弟子写的,可能晚到战国时期(公元前 475 ~ 前 221 年),理论就是"三分损益法"。十二律是 12 个标准音调,实际上基本的标准音调只有一个,即黄钟,《史记》:"黄钟(管)长八寸一分",或提:长九寸。时间不同,地域不同,容有出入,但以黄钟为标准则是一致的。比西乐的标准音调

(标准调音频率,A4=440Hz)早了两千年!把黄钟缩短三分之一就是五寸四分林钟,林钟增长三分之一成七寸二分太簇,太簇再损三分之一成四寸八分南吕,如此继续就得到十二律,黄钟、大吕、太簇等等,相当于现在的 C,$^\sharp$C,D,$^\sharp$D 等等,即十二个相差半音的系列。由任何一律可按三分损益法可得到实用的音阶,例如黄钟律,由黄钟开始先得到的五个音,黄钟、林钟、太簇、南吕、姑洗,按长短次序就称为宫、商、角、徵、羽,如现代的 do,re,mi,sol,la 成为五音律。继续损益两次得应钟、蕤宾,称为变宫、变徵,相当于 si,fa,与以上五音共组成七音律,这是两千年来,中乐所用的音阶(表1.1)。

表1.1　三分损益十二律

律　　名	黄钟	大吕	太簇	夹钟	姑洗	仲吕	蕤宾	林钟	夷则	南吕	无射	应钟	清黄
相生次序	1	8	3	10	5	12	7	2	9	4	11	6	(13)
律　　长	81	75.9	72	67.4	64	59.9	56.9	54	50.6	48	44.9	42.7	
五七声宫调	宫		商		角		变徵	徵		羽		变羽	清宫
相当于	C	$^\sharp$C	D	$^\sharp$D	E	F	$^\sharp$F	G	$^\sharp$G	A	$^\sharp$A	B	C′
接近自然律	do		re		mi	fa		sol		la		si	do′

注:自然律七声频率比为24∶27∶32∶36∶40∶45∶(48)。

表1.1 中是《史记》总结的十二律和产生次序。第一行是十二律的律名,产生次序是先损后益(管长),所以黄钟频率最低。第二行是产生的次弟,如上述。第三行是律管长度,相邻的两律约差半音,从任何一律开始都可以组成五声律或七声律,表中第四行是以黄钟为宫的五声宫调和七声宫调,五声是最早产生的五个律 1~5,再加 6,7 可成七声,历史上主要用五声律,用七声较少。五声宫商角徵羽相当于现代音乐自然律的 do,re,mi,sol,la,前面三个音和后面两个音都相差一个全音 8/9 角徵之间差一个半全音,羽与高一阶的清宫也差一个半全音。另加的变羽与 si 相当都与前面一个音差一个全音。但变徵比徵低半音,而 fa 比 sol 低一全音,就不相当了,听起来有些异样原因在此。

欧洲乐律起源一般归之于毕达哥拉斯(Pythagoras)。毕达哥拉斯律完全用三分损一(弦长,或称五度相生)前面生的六声与我国完全相同,另一声 fa,则接近自然律,他的中心思想是用简单整数的比值,毕氏是公元前六世纪的希腊哲学家,时间比管仲稍晚。但在我国三分损益成形以前,十二律和七声律在武王伐纣时(公元前 1064 年)已然存在,理论是长时期实践经验的总结,我国古时用管做音调标准,很早就发现开管的末端改正问题。公元前一世纪,西汉京房就说过"竹声不可以度调",意即竹管长短成比例,音调却不准。我国没有研究末端改正的工作,但对其处理或避免的发明创造却不少。最巧妙的方法是公元三世纪孟康提出的,他主张使管径与管长成正比,"黄钟九寸,孔径三分,周九分","太簇长八寸,周八分"，等等。这实际上是认为末端改正与管径成正比，管径与管长成正比，末端改正就在其中了，真是巧妙无比。但是未能通行。6世纪，延明又重复提出同样主张，仍不被音乐界接受。甚至11世纪景祐采取折衷办法，实际做了12支律管，其中频率较低（管长，末端改正相对影响小）的8支管径相同，高音的5支管径与管长成比例，仍不能通行，保守势力很大。乐律的另一问题是所谓返宫问题。按三分损益律，如从黄钟九寸开始，先损后益，到第十三律管得不到高音的清黄钟四寸五分而得到4.439寸，与4.5寸差23.46音分（100音分为一个半音）。两千年来，律学研究就是为了解决这个音差（comma）问题，提出60律、360律等等，但音差仍在。直到1584年，明代王子朱载堉完成《律学新说》。详细提出十二平均律的理论，每个半音为$\sqrt[12]{2}$，12个半音为一倍频程，音差根本不存在，在研究工作中，朱载堉创造了用算盘开12次方的方法，并把2开12次方算到九位数，当时实为工程浩大，成果具有重大意义，但当时也未能为音乐界接受。孟康的管口改正和朱载堉的十二平均律都是乐器和乐律中的重大创造，但音乐界囿于成见，不能接受。三分损益在早期为建立乐律所必需，但后来则成为限制音乐发展的拦路石。毕达哥拉斯乐律一般用于弦乐，没有末端改正问题，但同样有音差问题，无法解决。在朱载堉后不久荷兰人斯蒂文（Simon Stevin 1548~1620）也提出以$\sqrt[12]{2}$为半音的平均律，即被采用至今仍在使用。

古代，在我国另一个受到重视的问题是共振现象，在欧洲却讨论不多。原因可能是共振和我国古代"天人相应"的哲学思想符合，共振称为"应"声。两个调谐一致的琴，"鼓宫宫动，鼓角角动，音律同矣"。11世纪，沈括发明了"共振指示器"，剪一纸人加于弦上，共振时，纸人跳跃，公元6世纪初梁朝周兴嗣将收集到的前朝王羲之书写的一千个零散的单字编成百科全书性质的《千字文》韵文，其中有"空谷传声，虚堂习听"之句，可见在那时，回声与混响已成常识。欧洲很晚才谈到混响。

古代欧洲对光和热的本质有长时间的辩论，粒子论和波动论不相上下。但对于声，东方和西方都趋向波动见解，并且常用水波类比，特别在中国，六千年前的器物就以水纹做装饰，一直很少异意。古希腊哲学家亚里士多德（公元前384~前332）只在他的书《De Anima》（灵魂论）中讨论过声的产生、传播、反射，也谈到语言，他似乎了解声和空气运动有关，无确切的声波概念，但也没有说声是粒子。欧洲一般就把亚里士多德当作波动论的创始人。罗马建筑工程师维特鲁维阿斯（Marcus Vitruvius Pollio）大约在公元前25年前后表明已确实掌握声的波动性质，并提出建筑声学和剧院音质的最早见解。但是在科学史中常有因解释不同而导致原则性的不同见解，在声波方面，亚里士多德等是否确实掌握了声在空气中传播不是空气整体在传播方向的运动（气流），无法确定。由于声音传播中确实看不到空气的运动，无怪后来的哲学家有人根本否定亚里士多德和维特鲁维阿斯的观点。直到伽利略的年代，还有一位法国哲学家伽桑地（Pierre Gasendi，1592~1655）把声音传播归之于发声体发出的一串非常小、看不见的粒子，这些粒子穿过空气后，以某种方式影响人的听觉。所以声的波动性质在欧洲不是很顺利地一致通过的,直到 17 世纪初,封格立克(Otto von Guericke 1602～1686)还怀疑声是否由空气运动传播的,因为声音在静止空气中传播得比有风的时候好。长距离声速测量取得成功后,疑问才减少。在这以前,声音传播需要时间,这是很早认识了的,但古人没有声速的概念,也没有声速的研究或测量。同样,语音、乐器、乐律、共振等都离不开频率,但东西方古时都没有频率的概念。这些都有待于近代科学的发展。

近代科学的开创者是意大利著名科学家伽利略(Galileo Galilei)。除了别的工作以外,他在 17 世纪初作了单摆及弦的研究,得到单摆的周期及弦的振动发声特性,强调了频率的重要性,他的著作"有关两种科学的对话"是公元 1638 年刊出的。1635 年,法国伽桑地用枪声做了声速的测量,假设发枪的火花传播不需时间,得到的结果是 478.4m/s。法国梅森(Martin Mersenne)认为他的结果太高,对枪声测速做了认真分析,重复了实验,得到 450m/s,还有很多人重复这个实验。大约 100 年后,法国科学院组织了 1738 年大气中(无风时)的声速测量,用加农炮声得到的结果折合到摄氏零度是 332m/s。以后两个世纪的准确测量,出入都不出百分之一。现代值是 331.45 ± 0.05m/s。把声比拟作水波已有上千年的历史,真正按水波那样分析,提出振动经一层推动一层地传播的理论并算出结果的,最早的是牛顿(Sir Issac Newton)。他于 1687 年在他著名的《自然哲学的数学原理》书中推导出声速等于压力与密度之比的平方根。代入公式的声速是 288m/s,显著小于测量结果。牛顿的推导非常繁复巧妙,当时的大科学家都看不懂,不少人设法重复,直到 1749 年,瑞士著名数学家欧拉(Léonhard Euler)才用明白确切的方法推寻出牛顿的公式。随后,1817 年,法国数学家拉普拉斯(Pierre Simon Laplace)提出声波中压力变化非常快,不能达到热平衡,所以不能应用恒温过程中的气体体积弹性模量(压缩率的倒数),而应该用绝热过程中的气体体积弹性模量,前者应乘以定压比热与定容比热的比值,声速公式成为 $c = \sqrt{\gamma p_0 / \rho_p}$,声速公式的问题才解决,用了 130 年。但这个公式非常有用,后来成为测量比热比 γ 的根据,因为实验技术的发展,声速测量可达到很高的准确程度(由上面空气中声速的测得值可知)。波动方程(基本是波动中某量的二阶时间微商等于同一量的二阶空间微商乘以波速平方的公式)的通解是 1747 年法国达朗贝尔(Jean la Rand d'Alambert)发现的,有些人就以此为基础进一步工作。到 1800 年,管中驻波的研究工作,在实验上和理论上都已比较成熟。1820 年,法国数学家泊松(Simeon Denis Poisson)在他的论文中给出了三维声波和开管、闭管的严格解,提到在开管一端的边界条件定为声压等于零,不大恰当,意味着他想到管的末端改正的必要。管端改正的解决则要等到 40 年后 1860 年,出色的德国物理学家亥姆霍兹(Hermann L. F. von Helmholtz)的透彻研究。泊松研究了管的截面突然改变和两种流体间的反射、透射问题,这对现代实际工作很有影响。1866 年,德国孔特(A. Kundt)研制成功了研究管中声传播的细沙图方法,特别是测量空气或其他气体中声速的方法,现在常称驻波管为孔特管。

平面声波斜入射到两种流体界面上的反射、折射的难题是 1838 年自学成才的英国才子格林(George Green)解决的。他特别强调声(纵波)光(横波)在反射、折射关系上的异同。这在当时可能和声学无关,但到 20 世纪人们研究声波射向飞机机身或其它固体时或研究地震波时,纵波横波就非常重要了。在以上工作中,都是把声波当作线性过程,假设所有参量都是非常小,比它们的平均值小得多。如果参量变化(如压力、密度、振动速度等)相当大,就会出现非线性现象。首先考虑到这个问题的是多能的欧拉。他早在 1756 年的著名论文"论声的传播"中就得到声场中一小片介质(质点)的准确运动方程式。但他未得到确切的解,他的物理分析完全正确,可惜他在数学处理中出了不可想象的错误,使非线性声波的解等待了 100 年。1859 年德国黎曼(Georg F. B. Riemann)和英国厄恩肖(S. Earnshaw)分别独立地得到大振幅声波的表达式和行波解,而大振幅驻波由于数学概念上的问题还要再等一百年!

声是物体振动产生的,早在公元前 770 年前后的《考工记·凫氏》中讨论钟的构造时就说,"厚薄之所振动,清浊之所出。"振动发声长期以来已为一般认识,但认真以科学方法开始研究物体振动及其所发声音的是伟大的 17 世纪科学家伽利略。他从 1638 年起,深入研究了单弦的振动和发声关系;他提出了频率的概念(当时称之为振动数);他研究了同样调谐的弦间共振现象,取名为同情振动,与我国古时沈括称为应声极为相近;他还得到音调与弦长有关的结论。在伽利略以后,不少人对弦的振动做了大量工作。1660 年,发现了物理学中著名的弹性定律的胡克(Robert Hooke)试图取得音调与频率之间的联系,发明了现在常用作教学示范的用齿轮在纸边转过以定频率高低的办法。对音调和频率的关系做彻底研究的是法国科学家索沃(Joseph Sauveur,1653 ~ 1716),他还发现了拍音,并提出了"Acoustics"的名词(中文"声学"是 11 世纪北宋沈括提出的)。著名的无穷级数发明者泰勒(Brook Taylor,英国数学家)第一次于 1713 年求得弦振动的初步严格解,只有基频,这也是牛顿运动方程 $F = ma$ 第一次用于连续介质中质点的运动,他由于缺乏偏微分方程的工具,所以不能得到弦的全解。后者是瑞士的伯努利(Danial Bernoulli),法国的达朗贝尔和瑞士的欧拉求得的。从 1638 年到 1785 年,单弦振动的问题用了 150 年才解决,原因就是缺乏数学工具! 牛顿和莱布尼兹(Baron Gottfried Welhelm Leibniz)的微积分都不足以解决连续介质中的问题。有了偏微分方程,不但解决了弦的理论问题,固体振动的问题也解决了。胡克于 1675 年发表的胡克应变与应力成正比的弹性定律对此非常重要。在研究弦的振动时,18 世纪的数学家不能接受许多频率的振动可以叠加的概念。1822 年发表的傅里叶(J. B. J. Fourier)级数解决了这个问题,其意义极为深远。1787 年德国科学家克拉尼(E. F. F. Chladni)发表的用沙显示振动分布的克拉尼图形成为研究固体振动的重要实验手段。1759 年拉格朗日(J. L. Lagrange,意大利科学家)研究了风琴管和其他管乐器的发声,1734 ~ 1735 年欧拉和伯努利研究了棒的振动,后来瑞利把他们的方法改造,得到四阶偏微分方程,发表于他的《声的理论》中。板的振动比较难解,早在

1787 年克拉尼发表他的图形时,就把沙撒到振动着的板上显示其波节线,观者都赞叹其美丽、多变。但板振动的解决一直等到 1850 年基尔霍夫(G. R. Kirchhoff)才求得严格解。解决飞机机身以及壳体和板的问题仍是当代技术的需要。膜的振动的研究工作一般归于泊松。磁致伸缩是 1842 年焦耳(J. P. Joule)发现的,压电现象是 1888 年居里兄弟(J. et P. Curie)发现的,但是 19 世纪没有人把这些振动耦合到振荡电路以形成声源和接收器,而振荡电路在 19 世纪中叶已经存在。19 世纪有标准频率的声音只有音叉。人的发声系统很晚才受到物理学家的注意。英国惠斯通(Sir Charles Wheatstone,阻抗电桥的发明者)提出发元音的谐音理论。他说声带振动发出基音和大量谐音,气流带其经过口腔时,被共振加强。另一个理论是 1829 年英国维里斯(W. T. Willis)提出的,认为是气流通过声带成为一股一股的喷气,喷气进入口腔激发其共振而成声。亥姆霍兹在其于 1862 年发表的伟大声学著作《音的感知》中用他的共鸣器对此做了透彻的研究,并且判断两种发声理论各有其合理处,这已为后来的工作所证明。

　　关于声的接收研究主要是人耳听觉的研究,比对语言发声研究丰富得多。人耳听觉的灵敏度和人目视觉的灵敏度都是惊人的。正常听觉阈限是 10^{-12} W/m² 声功率,如果说鼓膜的平均面积是 0.66cm²,能够使人感觉到声音的强度就是 6.6 $\times 10^{-17}$W。声音响 0.1s 就可以认出,所以认出声音只需要能量 6.6 $\times 10^{-18}$J! 人耳听觉问题引起很多生理学家和心理学家的注意,不仅是物理学家的事。关于听觉的频率范围有很多工作,法国科学家萨瓦(F. Savart)于 1830 年前后求得听觉低限频率 8Hz,高限 24 000Hz,随之,西倍(S. L. W. A. Seebek)、毕奥(J. B. Biot)、科尼希(K. R. Koenig)、亥姆霍兹等继续做了不少工作,得到的结果,低频是在 16 ~ 32Hz 之间,人与人之间颇有出入,但高频出入更大,而且随年岁增加高频极限不断降低。现在一般标准定为 20 和 20 000Hz(也有人认为更低或更高的),完全是人为的规定。声强的听觉低限是托普勒(A. Toepler)与著名的统计物理学家玻尔兹曼(Boltzmann)在 1870 年前后合作研究的。他们巧妙地用光学干涉方法测空气密度最大变化,据此算出最大声场强度,得到的结果是 10^{-7}W/m²,比现在接受的值大得多,但已足以说明听觉灵敏度的高。第一个提出听觉理论的是提出电路定律的德国物理学家欧姆(Georg Simon Ohm),他于 1843 年指出一个乐音具有基波和频率为其整数倍的谐波,谐波结构决定乐音的音色。人耳听音时就像谐波分所器一样,可把声音的基波和各谐波分解,如 1822 年提出的傅里叶级数。欧姆听觉定律引起大量生理声学和心理声学的研究工作,其中最伟大的是亥姆霍兹,他的研究结果发表于 1862 年出版的伟大著作《音的感知》,1895 年出版了英文版。他提出耳内机构的详细理论,即共振理论。按照这个理论,耳蜗的基底膜各部分对射来声音的不同频率共振。这样就可以说明欧姆定律。共振理论是根据大量听音实验推论而得的,在实验中他发明了亥姆霍兹共鸣器,一个有开口的圆形容器,容积大对低频共振,容积小对高频共振。亥姆霍兹共鸣器至今仍有现实意义。亥姆霍兹时代,生理学知识极为有限,他的结论和理论主要是由物理现象推论而来。100 年后,生理学知识和技术已大大发展,匈牙利生理学家、诺贝尔奖获得者贝开西(Georg von Bekesy)用生理学方法完全验证了亥姆霍兹的主要工作,也指出有些不准确的地方,好像两人是同在一个研究组里工作似的。贝开西的巨著《听觉实验》于 1960 年出版,正好与亥姆霍兹做实验的时候相差 100 年,这也是声学界的佳话。在室内听声的问题也提上日程。我国六世纪梁朝周兴嗣《千字文》中就有"空谷传声,虚堂习听"之句,回声和混响已成常识。"余音绕梁"之句出自战国时期的《列子》,时间更早。西方社会生活较多,教堂、戏院、讲堂、教室等都多,有些就不适于听声(语言、音乐等),人们想了不少改进的办法,但是很少谈到混响。1853 年美国波士顿物理学家伍普汉(J. B. Upham)发表了几篇文章,反映对关键问题——混响有较明确的认识,他用挂些幕布、帘子,加些椅垫等方法改进了听觉条件。1856年,美国著名的物理学家亨利(Joseph Henry)对混响做了研究,但只提出一些定性的建议,不为建筑师所注意。直到 19 世纪末赛宾(W. C. Sabine)的研究才彻底解决了混响问题。电声学的研究也是 19 世纪开始的,贝尔(Alexander Graham Bell)于 1876 年发明了电话,但是电声换能器(指传声器、耳机、扬声器等)的严格科学研究还有待于 50 年后。直到 19 世纪末的声学研究工作由瑞利勋爵(Lord Rayleigh)以他的两卷巨著(1000 页)《声的理论》总结了 300 年重要成就,集声学理论的大成,至今仍为经典,引用不绝。当时科学界断言,声学已发展到极点,问题都解决了。这 300 年在我国正是清朝一代(伽利略的《有关两种科学的对话》发表于1638 年,这正是清朝皇太极崇德三年),在闭关锁国的政策下,一无所为,就把近代科学(包括声学)建立时期错过了。

20 世纪是应用声学的世纪,世纪之初,理论工作不多。由于收到了赛宾重礼——混响公式,礼堂、剧院的设计有规律可循,建筑声学内容逐渐充实,应用广泛,成绩非常。欧洲、美洲都造就了很多专家。声学其它方面虽然也有所发展,但重要工作还是建筑声学。直到 1929 年,美国声学教授、工程师们集议成立学会,一致主张称为美国建筑声学学会,只是最后有人提出还是称为声学学会,范围广一些好,于工作也无妨碍,这样才通过为美国声学学会,由此可见世纪初期声学的形势。电声学也是 19 世纪奠基的,贝尔电话发展很快,但直到 20 世纪 20 年代,电话和有关设备的发展还是靠经验和实验试误,因为对电话系统的基本要求和设计原则都无人知晓。1920 年美国肯尼迪(A. E. Kennedy)把类比概念和方法引入电声系统和机械振动系统,使二者可以利用成熟的电路系统的方法和结果,电声系统才进入科学的发展途径。大约同时博莱彻(Harvey Flelcher)开始听觉和语言的研究,导致电话系统的频率范围和动态范围的要求以及电声系统和语言机器的发展。1907年,伦敦大学教授弗莱明(L. A. Fleming)在真空管中创造性地做了根本改革,在灯丝和板极之间加入一个栅极,开始了真空管放大器的时代。这使声学根本改观,前景几乎无限,任何频率,任何波形,任何强弱的声音几乎都有可能产生、控制和测量了,给 30 年代以后应用声学的巨大发展提供了基础。此外,水声学也开始发展。我国早在汉朝(公元前)渔人就在水中发声以驱赶鱼类,《淮南子》中有的记载"击舟水中"。以后累代不绝,更发展为把鱼从隐蔽处驱出,以便捕捞,唐代,公元 9 世纪已较普及。到 16 世纪初年,渔人已知黄花鱼在水中发声,"其声如雷",但在空气中听不见,"以竹筒探深水底,闻其声,乃下网截流之"(载田汝成《西湖游览志余》)。西方达芬奇(Leonardo da Vinci)于 1400 年写道:"把一长管的一头放入水中,外面的一端放在耳旁,可听到远处船声。"后来就用此方法为听鱼技术。这种"无源声呐"到第一次世界大战时(1914)已发展为听潜艇的技术。战争中,法国著名的科学家朗之万(Paul Langevin)在巴黎赛纳河中利用居里的压电晶体和真空管放大器做探测河中反射体的研究,做成第一代超声反射声呐,未及应用,战争已结束,但这就是超声和水声技术的开始。总之,20 世纪前 30 年是应用声学大部分支的准备时期,在 30 年代,特别是在第二次世界大战时期,各主要分支水声、电声、语声、听觉(心理声学和生理声学)就突飞猛进地发展起来了,对战争起了关键性作用。超声探伤技术分别于 30 年代在前苏联和 40 年代初在美国发明,在第二次世界大战后发展特别迅速。噪声问题已现端倪。图 1.1 是美国著名声学家林赛(R. Bruce Lindsay)1964 年提出的声学范围图,基本是 20 世纪上半叶的声学总结,现代声学是科学、技术,也是艺术的基础。

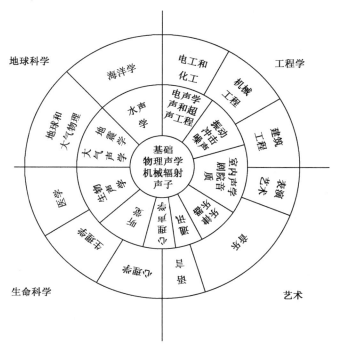

图 1.1　声学范围图

图 1.1 中,中心圆内是声学的基础部分,物理声学在瑞利时代已发展到较高水平,由于外延可观,新的基础问题仍不断发生、解决。机械辐射表明发射的声波是物质波。质点运动,而不是如电磁波的电磁场变化。声子研究是微观世界中的声学问题。最外层一圈是工程技术、文化艺术、生命科学和地球科学中有关的各种学科和技术。中间一环则是声学与各应用学科形成的边缘学科。图 1.1 基本反映 20 世纪上半叶的情况,应用声学虽已基本完全,但仍有一些重大发展,由于航空航天工业的发展,1950 年英国数学家莱特希尔(M. J. Lighthill)发表的流体动力噪声理论已发展为重要的气流声学。由于实际要求,30 年代起人们重新重视了 19 世纪的非线性声波研究,做了重大发展,已形成非线性声学的理论和实验体系。对声学发展推动最大的是快速傅里叶分析。傅里叶分析是分析声波的最有效的工具,但计算繁复,计算 DFT 求得 n 个傅里叶系数,需要进行 n^2 次计算,快速傅里叶分析在 1965 年由 J. W. Cooley 和 J. W. Tukey 提出算法语言得以实现,只需要 $n\log_2 n$ 次计算。如果 n 小,二者相差不多,但一般常用到 $n = 1024$,则计算量相差就是 100 倍了。这样,不但使语声分析达到以前不可能达到的水平,而且使语音识别、文字—语音转换等语言机器成为可能,水声监测信号处理也达到高水平,噪声分析、有源控制以及一切声学信号分析都有很大发展,对声学的作用是全面的,而且超过声学。声学与其它学科结合而成的边缘学科已发展了表面声波器件、分子声学、医疗声学、低温声学、光声学和声致发光、热声学等。环境声学和低噪声机器设备制造正在发展。21 世纪中,不但声学将进一步发展,在各种工农业、服务业中声学问题将日益重要,改善人们的工作环境和生产力水平。

1.2 声 波

声波是物质波,是在弹性介质(气体、液体和固体)中传播的压力、应力、质点运动等的一种或多种变化。声也是这些变化所引起人的声觉。本书主要讨论空气中的声波,可适用于任何气体,理论、实验现象都相似。液体中只稍有不同,但传播的都是纵波,质点运动方向与传播方向相同。固体中除同样有纵波传播外,还有横波,质点运动方向与传播方向垂直,性质与纵波不同。

空气由大量分子组成,与一般气体相同,每摩尔(mole,即克分子量,如过去所称)所占体积在标准温度(0℃)和压强(0.76m 汞柱)下为 $22.4 \times 10^{-3} \mathrm{m}^3$,共有分子数为阿伏加德罗常数 6.02×10^{23},大约是每毫升(cm³)27×10^{18} 个,非常庞大。但分子很小,直径约 10^{-10}m,分子间距离为其 10 倍,而且分子以很大速度(接近声速 340 ms⁻¹)做随机运动,在运动中互相碰撞。所以根本不可能跟踪每个分子的运动。提到空气中的运动,或质点运动,不是谈个别分子的运动,而是指若干分子的平均运动。声学中讲质点就是讲这个“集体”。“质点”尺寸比分子间距离大得多(高几个数量级),但是比实验室中遇到的物体又小得多(低几个数量级)。每个

"质点"包括大量分子,在分子无规运动中,有进有出,基本可以看作没有变化的,静止的。这是物理中的点(有尺度)而不是数学中的点(尺度为零),但在数学处理中可以当作数学中的点。而整个气体则看成连续流体,和水一样,忽略分子间的空档。质点就是连续流体中的一个点,静止,在受力时可以移动。声波就是质点运动的传播。质点运动或流体运动制约于物质守恒定律和牛顿运动定律,这也是声波的基础。

1.2.1 一维声波

先考虑一维声波,质点振动和声波传播在同一方向,取为 x 方向。在与其垂直的方向,y 方向和 z 方向,质点运动相同。这就是平面波,波阵面(位相相同的质点面)是平面。声波的基础是流体动力方程。

(a)连续性方程

这根据质量守恒定律。如图 1.2 所示,在空间一个小体积 $\mathrm{d}x\mathrm{d}y\mathrm{d}z$ 中的平衡关系。质点在 x 方向运动,每秒钟由左边表面流入的气体质量为 $\rho u\mathrm{d}y\mathrm{d}z$,在右边表面流出的气体质量为 $\left[\rho u + \frac{\partial}{\partial x}(\rho u)\mathrm{d}x\right]\mathrm{d}y\mathrm{d}z$。小体积内气体质量的增加如有 $\frac{\partial \rho}{\partial t}\mathrm{d}x\mathrm{d}y\mathrm{d}z$。平衡关系应为

$$\frac{\partial \rho}{\partial t}\mathrm{d}x\mathrm{d}y\mathrm{d}z = \rho u\mathrm{d}y\mathrm{d}z - \left[\rho u + \frac{\partial(\rho u)}{\partial x}\mathrm{d}x\right]\mathrm{d}y\mathrm{d}z$$

或

$$\frac{\partial p}{\partial t} + \frac{\partial}{\partial x}(\rho u) = 0 \qquad (1.1)$$

这就是连续性方程。

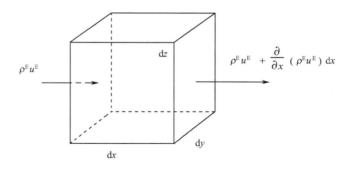

图 1.2　介质是在 x 方向的流动(欧拉坐标系统)

(b)运动方程

运动方程即牛顿第二定律,力等于质量乘加速度。仍考虑小体积 $\mathrm{d}x\mathrm{d}y\mathrm{d}z$。左边

表面上受力为 $pdydz$，右边表面上受力为 $\left(p + \dfrac{\partial p}{\partial x}dx\right)dydz$，二力相抵，体积 $dxdydz$ 内的气体所受净力则是向右 $-\dfrac{\partial p}{\partial x}dxdydz$。这应该等于体积内的气体动量增加率，即

$$\rho \frac{du}{dt}dxdydz = -\frac{\partial p}{\partial x}dxdydz$$

把 u 的微商写做全微商，即动量的增加率除了与 u 在一定点上的增加率成比例外，由于 u 也随 x 改变，在经过单位距离所有的 u 的增加 $(\partial u/\partial x)$ 乘以 u 也是动量增加率的一部分，因此上式成为

$$\rho\left(\frac{\partial u}{\partial t} + u\frac{\partial u}{\partial x}\right) + \frac{\partial p}{\partial x} = 0 \tag{1.2}$$

这就是运动方程，用直角坐标表达是欧拉最初使用的，所以称为欧拉动量方程，或连同连续性方程一起称为欧拉流体动力方程。但有三个未知量，ρ, u, p 两个方程式还不足以求解，还需要第三个方程。

(c) 物态方程

第三个方程是根据气体的热力学性质而求得的。所有理想气体都满足气体方程 $PV = RT$，式中，P, V 是 1 mol（摩尔，等于以前用的克分子量）气体的压力和体积，T 是它的绝对温度，R 是气体常数等于 $8.3\mathrm{J}\cdot\mathrm{mol}^{-1}\cdot\mathrm{K}^{-1}$。将气体方程微分，可得

$$\frac{\Delta P}{P} + \frac{\Delta V}{V} = \frac{\Delta T}{T}$$

或

$$\frac{\Delta P}{P} = \frac{\Delta \rho}{\rho} + \frac{\Delta T}{T}$$

因为 $\rho V =$ 质量（1mol）是常数。按照拉普拉斯的分析，声波中 P, V, T 等变化都很快，热量来不及传出，所以变化应是绝热过程（或等熵过程），据此可求得其间的具体关系。如气体体积不变，输入热量 Q，压力要改变，

$$\frac{\partial Q}{\partial P} = \frac{\partial Q}{\partial T}\bigg|_V \frac{\partial T}{\partial P} = c_V \frac{P}{T}$$

c_V 为定容比热容。在另一方面，输入热量 Q，压力保持不变，则体积要改变，

$$\frac{\partial Q}{\partial V} = \frac{\partial Q}{\partial T}\bigg|_P \frac{\partial T}{\partial V} = c_P \frac{T}{V}$$

c_P 为定压比热容。在一般情况，如输入热量 Q，体积压力都可能改变，

$$\Delta Q = \frac{\partial Q}{\partial P}\Delta P + \frac{\partial Q}{\partial V}\Delta V$$

$$= T(c_V \frac{1}{P}\Delta P + c_P \frac{1}{V}\Delta V)$$

绝热过程中，$\Delta Q = 0$，右边应为零，得

$$\frac{\Delta P}{P} = -\gamma \frac{\Delta V}{V} = \gamma \frac{\Delta \rho}{\rho}$$

$\gamma = c_P/c_V$ 为比热比,与分子结构有关,对于空气或其它双原子分子 $\gamma = 1.4$。上式可写做线性声学中常用的形式

$$\frac{p}{P_0} = \gamma \frac{\rho}{\rho_0} \tag{1.3}$$

式中 P_0 和 ρ_0 为空气的静态(或平均)压力和密度,小写的 p 和 ρ 为二者的变化部分,声压和密度增量。

在此顺便提及:一般常说,声波中各项变量变化很快,热量不及传出,所以应按绝热过程处理,实际这是不严格的。在热声学中将讨论热转移方程,在一维中是

$$\rho_0 c_P \frac{\partial T}{\partial t} = K \frac{\partial^2 T}{\partial x^2} \tag{1.4}$$

式中,c_P 是定压比热容(也称热容量),K 是热传导系数,T 是绝对温度。假设正弦式时间变化(T 是时间的正弦式函数),可求得热转导的速度为 $\sqrt{2K\omega/\rho_0 c_P}$(还有衰减),在空气中约值为 $10^{-7}\omega^{1/2}$,在水中则为 $10^{-9}\omega^{1/2}$,ω 为频率乘以 2π。角频率越高,热量传播越快。并不是声波中变化快,热量来不及传出,而是热量传播非常慢,只有频率非常高,热量才能传出。在空气中要接近或超过 10^9 Hz,或在水中频率超过 2×10^{12} Hz,热量传播才接近或超过声波速度,这些远在一般遇到的频率以上。只有这时,声波才是等温过程,牛顿声速将实现,声速为 $\sqrt{P/\rho}$。

根据(1.3)式,令

$$\frac{\mathrm{d}p}{\mathrm{d}\rho} = c^2 = \frac{\gamma P}{\rho} \tag{1.5}$$

P 和 ρ 为介质中的总压力和总密度。

这是 c 的定义,以后将可证明 c 为声速。另一表示方法为

$$P - P_0 = \left(\frac{\partial P}{\partial \rho}\right)_S (\rho - \rho_0) + \frac{1}{2}\left(\frac{\partial^2 P}{\partial \rho^2}\right)_S (\rho - \rho_0)^2 + \cdots$$

$$= c_0^2(\rho - \rho_0) + \frac{1}{2}\left(\frac{\partial c_0^2}{\partial \rho}\right)_S (\rho - \rho_0)^2 + \cdots \tag{1.6}$$

下角注表示等熵过程,熵 S 不变。c_0 是小信号(压力和密度的变化与其静态值比较都是非常小时)声速。另一个表示 P,ρ 关系是用泰勒级数:

$$P - P_0 = A\frac{\rho - \rho_0}{\rho_0} + \frac{1}{2}B\left(\frac{\rho - \rho_0}{\rho_0}\right)^2 + \cdots \tag{1.7}$$

这种表示法特别适用于液体,$B/2A$ 称为介质的非线性常数。在气体中一般还是用 γ 表示方便。二者关系,

$$A = \rho_0 c_0^2, \quad B = \rho_0\left(\frac{\partial c_0^2}{\partial \rho}\right)_S, \qquad \gamma = \frac{B}{A} - 1 \tag{1.8}$$

声波速度则写做

$$c = \sqrt{\frac{\gamma p}{\rho}} \qquad (1.5a)$$

式中 γp 实际是气体的绝热体积弹性模量,在液体中绝热体积弹性模量 D 不能写做 γp 的形式,所以直接写做

$$c = \sqrt{\frac{D}{\rho}} \qquad (1.5b)$$

ρ 则为液体的密度。在固体中可能有不同的波动形式,其中有和气体相似的纵波,振动方向与传播方向相同(在地震波中称为 P 波)声速为

$$c = \sqrt{\frac{E}{\rho}} \qquad (1.5c)$$

E 为固体的杨氏模量。振动方向与传播方向垂直的横波(地震波中称为 S 波)则须用切变模量 G,声速为

$$c = \sqrt{\frac{G}{\rho}} \qquad (1.5d)$$

比纵波速度要小得多。还有其它波型,模量不同。

以下,变化量 $P-P_0$ 用 p' 表示,$\rho-\rho_0$ 用 ρ' 表示,无误会的可能时只用 p,ρ 不加撇。p 和 ρ 代表瞬时值(时间的函数),也代表有效值,这在公式中或说明中不致发生误会时使用。各种介质、不同波型只是 c 值不同。

(d)波动方程

欧拉坐标系统中,声波的三个基本方程

$$\frac{\partial \rho}{\partial t} + \frac{\partial}{\partial x}(\rho u) = 0 \qquad (1.9)$$

$$\rho \left(\frac{\partial u}{\partial t} + u \frac{\partial u}{\partial x} \right) + \frac{\partial p}{\partial x} = 0 \qquad (1.10)$$

$$\frac{p}{P_0} = \left(\frac{\rho'}{\rho_0} \right)^{\gamma} \qquad (1.11)$$

这个三个方程都包括二阶项,所以声波基本是非线性的。处理非线性将在三维波动方程中提出,现在先考虑线性关系。在三个方程中略去二阶项,得

$$\frac{\partial \rho}{\partial t} + \rho_0 \frac{\partial u}{\partial x} = 0 \qquad (1.12)$$

$$\rho_0 \frac{\partial u}{\partial t} + \frac{\partial p}{\partial x} = 0 \qquad (1.13)$$

$$\rho' c_0^2 = p, \quad c_0^2 = \frac{\gamma \rho_0}{P_0} \qquad (1.14)$$

在(1.12)和(1.13)间消去 u,并利用(1.14)可得波动方程

$$\frac{\partial^2 p}{\partial x^2} - \frac{1}{c_0^2}\frac{\partial^2 p}{\partial t^2} = 0 \qquad (1.15)$$

可证明(1.15)的解是

$$p = f(x \pm c_0 t) \qquad (1.16a)$$

或

$$f\left(t \pm \frac{x}{c_0}\right) \qquad (1.16b)$$

式中 f 是任意函数,正号代表在 $-x$ 方向传播的平面波,负号代表在 x 方向传播的平面波。c_0 是传播速度。ρ 和 u 满足同样微分方程和波型方程(乘以不同常数)。代入(1.13)式,可得

$$p = \rho_0 c_0 u \qquad (1.17a)$$

1.2.2 三维声波

上节一维理论可推广到三维系统,仍用直角坐标,只是增加 y 方向和 z 方向的运动关系。本书将用向量表达法,这样结果比较简单些,瑞利、莫尔斯的著作和其它一些书不用的向量,需要时可参考。向量也称矢量。

质量守恒方程在三维系统显见可写做

$$\frac{\partial \rho}{\partial t} + \frac{\partial}{\partial x}(\rho u) + \frac{\partial}{\partial y}(\rho v) + \frac{\partial}{\partial z}(\rho w) = 0 \qquad (1.18)$$

式中 u,v,w 分别为质点速度 V 的 x,y 和 z 分量。把 V 写成向量 V,取 i, j, k 为三个方向的单位向量,可得

$$V = iu + jv + kw \qquad (1.19)$$

(1.18)式就可写成

$$\frac{\partial \rho}{\partial t} = \nabla \cdot (\rho V) \qquad (1.18a)$$

式中

$$\nabla = i\frac{\partial}{\partial x} + j\frac{\partial}{\partial y} + k\frac{\partial}{\partial z} \qquad (1.20)$$

为向量算子。两个向量之间有一个点,表示为点乘或无向乘积(标量乘积)。用 ∇ 算子点乘一个向量称为这个向量的散度(divergence)。(1.18a)式也可以表示为

$$\frac{\partial \rho}{\partial t} = \mathrm{div}(\rho V) \qquad (1.18b)$$

意即三个方向分别运算再相加,如(1.18)式。运动方程则不同,(1.2)式

$$\rho\left(\frac{\partial u}{\partial t} + u\frac{\partial u}{\partial x}\right) + \frac{\partial p}{\partial x} = 0$$

只是 x 方向运动方程,y 方向和 z 方向的运动方程满足另外两个相应的方程式。把

三个方程写到一起变成

$$\rho\left(\frac{\partial \boldsymbol{V}}{\partial t} + (\boldsymbol{V} \cdot \nabla)\boldsymbol{V}\right) + \nabla p = 0 \tag{1.21}$$

$\boldsymbol{V} \cdot \nabla$ 成一无向算子

$$\boldsymbol{V} \cdot \nabla = u\frac{\partial}{\partial x} + v\frac{\partial}{\partial y} + w\frac{\partial}{\partial z} \tag{1.22}$$

另一项 ∇p 是 ∇ 算子对无向量(标量)p 运算,成为一向量

$$\nabla p = \boldsymbol{i}\frac{\partial p}{\partial x} + \boldsymbol{j}\frac{\partial p}{\partial y} + \boldsymbol{k}\frac{\partial p}{\partial z} \tag{1.23}$$

也称为梯度(gradient),可写做 grad p。

　　在这里可顺便提到另一种向量运算,即有向乘积:两个向量 $\boldsymbol{A} = \boldsymbol{i}A_x + \boldsymbol{j}A_y + \boldsymbol{k}A_z$ 和 $\boldsymbol{B} = \boldsymbol{i}B_x + \boldsymbol{j}B_y + \boldsymbol{k}B_z$ 的有向乘积,或称叉乘积,为

$$\boldsymbol{A} \times \boldsymbol{B} = \boldsymbol{i}(A_y B_z - A_z B_y) + \boldsymbol{j}(A_z B_x - A_x B_z) + \boldsymbol{k}(A_x B_y - A_y B_x)$$

三个分量都是无向乘积,可证明其值为 $AB\sin\theta$,θ 为二向量所成的角度,与无向乘积(点乘)不同,后者 $\boldsymbol{A} \cdot \boldsymbol{B}$ 是二向量的相应分量相乘之和,为标量,可证明其值为 $AB\cos\theta$,有向乘积不满足互易原理 $\boldsymbol{A} \times \boldsymbol{B} \neq \boldsymbol{B} \times \boldsymbol{A}$。

　　用向量算子 ∇ 对一向量做有向运算 $\nabla \times \boldsymbol{A}$ 称为向量 $\boldsymbol{A}$ 的旋量 curl 或 rotation,符号也可写做 rot $\boldsymbol{A}$。取(1.21)的线性式各项的旋量,得

$$p\frac{\mathrm{d}}{\mathrm{d}t}(\nabla \times \boldsymbol{V}) + \nabla \times \nabla p = 0$$

根据有向乘积的算法,$\nabla \times \nabla p \equiv 0$,所以另一项 $\nabla \times \boldsymbol{V} \equiv 0$,质点速度的旋量恒等于零,所以声场是无旋场(没有旋转)。由此可证明存在标量势 φ,$\boldsymbol{V} = \nabla\varphi$,$\boldsymbol{V}$ 的旋量就是零了。在三维波动系统中,三个基本方程为(1.18a)、(1.21)及(1.3)或

$$p' = c^2 p' \tag{1.3a}$$

这三个非线性方程(c^2 与 p 或 u 有关)。

　　由三式导出波动方程,可先从(1.21)式开始。取标势 φ(或称速度势),令 $\boldsymbol{V} = \nabla\varphi$,代入(1.21)式,稍作转换,可得

$$\frac{1}{\partial t}(\nabla\Phi) + \frac{1}{2}\nabla(\nabla\Phi)^2 + \nabla\left(\frac{p}{\rho}\frac{\gamma-1}{\gamma}\right) = 0$$

三项都是梯度,其宗量相加必是零或常数,再对 t 微分,可得

$$\frac{\partial^2}{\partial t^2}\Phi + \frac{1}{2}\frac{\partial}{\partial t}(\nabla\Phi)^2 + \frac{\gamma-1}{\gamma}\frac{\partial}{\partial t}\left(\frac{p}{\rho}\right) = 0$$

可证明其最后一项等于是 $\dfrac{1}{\rho}\dfrac{\partial\rho}{\partial t}$,运用(1.18a)及(1.21)二式可消去上式与 γ,p 有关的项,而得

$$\frac{\partial^2\Phi}{\partial t^2} + \frac{\partial}{\partial t}(\nabla\Phi)^2 + \frac{1}{2}\nabla\Phi \cdot \nabla(\nabla\Phi)^2 = c^2\nabla^2\Phi \tag{1.24}$$

即三维波动方程。方程很复杂,尚无通解。如用于一维,只需改 $\nabla\varphi$ 为 u,∇ 为 $\frac{\partial}{\partial x}$ 即可。

只取线性项,(1.24)式便成为

$$\frac{\partial^2 \Phi}{\partial t^2} = c_0^2 \nabla^2 \Phi \qquad (1.25)$$

u,p 等都满足同一式,其中拉普拉斯算子为

$$\nabla^2 = \frac{\partial^2}{\partial x^2} + \frac{\partial^2}{\partial y^2} + \frac{\partial^2}{\partial z^2} \qquad (1.26)$$

也可用于球面坐标

$$\nabla^2 = \frac{1}{r^2}\frac{\partial}{\partial r}\left(r^2 \frac{\partial}{\partial r}\right) + \frac{1}{r^2\sin\theta}\frac{\partial}{\partial \theta}\left(\sin\theta \frac{\partial}{\partial \theta}\right) + \frac{1}{r^2 \sin^2 \theta}\frac{\partial^2}{\partial \Phi^2} \qquad (1.27)$$

式中 r 是距球心的距离,或称矢径或向径,θ 是矢径 r 与 z 轴形成的角度。φ 则是 r 在 xy 平面上的投影与 x 轴所形成角度。用柱面坐标时

$$\nabla^2 = \frac{1}{r}\frac{\partial}{\partial r}\left(r \frac{\partial}{\partial t}\right) + \frac{1}{r^2}\frac{\partial^2}{\partial \Phi^2} + \frac{\partial^2}{\partial z^2} \qquad (1.28)$$

式中 r 是距圆柱轴的距离,φ 是 r 与 xz 平面所形成的角度,z 则是在圆柱轴上的距离。

如果声场对圆心或柱轴对称,p、ρ、u 等声场变量,即与 θ、z、φ 无关,只是 r 的函数,其特性在某些方面,特别是在距离 r 比波长大得多时,与平面波相似,只是变量大小与距离有关。

如变量为正弦式时间函数,波动方程即成为亥姆霍兹方程($k = \omega/c_0$ 为波数或波矢量)

$$\nabla^2 p + k^2 p = 0 \qquad (1.29)$$

1.2.3 阻尼波

气体中能使振动受到阻尼的只有黏滞性和热传导,这些因数都很小,一般只是长距离传播,或有固体或其它介质时才比较重要。在计入黏滞性和热传导的影响时的基本方程式是纳维-斯托克斯(Navier-Stokes)方程:

$$\frac{\partial \rho}{\partial t} + \nabla \cdot \rho V = 0 \qquad (1.30a)$$

$$\rho\left[\frac{\partial V}{\partial t} + (V \nabla)V\right] = -\nabla p + \eta \nabla V + \left(\zeta + \frac{\eta}{3}\right)\nabla(\nabla \cdot V) \qquad (1.30b)$$

$$p' = c^2 \rho'$$

连续性方程(1.1)不变,运动方程则受影响,式中 η 为切变黏滞系数,ζ 为体积黏滞系数。但这时三个方程式就不够用来解 p、ρ、u 的运动规律,须再加热传递方程:

$$\rho T\left[\frac{\partial S}{\partial t} + (V \nabla)S\right] = K^2 \nabla^2 T + \zeta(\nabla \cdot V)^2 + \frac{\eta}{2}\left[\frac{\partial v_i}{\partial x_k} + \frac{\partial v_k}{\partial x_i} - \frac{2}{3}\delta_{ik}\frac{\partial u_k}{\partial x_j}\right]$$

$$(1.31)$$

式中 T 为绝对温度,S 为熵,K 为热传导系数,最后一项中的下角标 i ,j,k 表示变量是 x,y,z 方向的变量任何一个或几个,δ_{ik} 是克朗内克(Kronecker)符号,$i = k$ 时 δ 是1,否则为 0,当变量很小时,即变化部分 p',ρ',u 与其平均值之比甚小于 1,根据(1.3b)和(1.16)式

$$\frac{p'}{\gamma P_0} = \frac{\rho'}{\rho_0} = \frac{u}{c_0} \tag{1.32}$$

都甚小于 1,可取相当近似,略去二阶项,把上面的公式简化为小信号公式

$$\frac{\partial \rho}{\partial t} + \nabla \cdot \rho_0 \boldsymbol{V} = 0 \tag{1.33}$$

$$\rho_0 \frac{\partial \boldsymbol{V}}{\partial t} = - \nabla p + b \nabla^2 \boldsymbol{V} \tag{1.34a}$$

$$p' = c_0^2 \rho' \tag{1.34b}$$

式中

$$b = \zeta + \frac{4}{3}\eta + K\left(\frac{1}{c_V} - \frac{1}{c_P}\right) \tag{1.35}$$

c_V,c_P 是定容和定压比热容。信号小并不是就没有非线性了。因为非线性除了随着大信号外,还有积累作用,一个很弱的声波传播到很远(比波长大得多)也要逐渐变成弱冲击波,非线性很重要。在管道、喇叭中积累更快,一般在声压级超过 130dB 时(0dB 大约是人的听阈)就要注意非线性问题了,这时,$p'/\gamma P_0$ 大约是 4×10^{-4}。阻尼是在远距离传播或在管道中才重要。

在小信号(1.32)式的条件下,在流体动力方程(1.33)~(1.35)三式间消去 ρ、$\boldsymbol{V}$,得波动方程,计入阻尼,

$$\nabla^2 p - \frac{1}{c_0^2}\frac{\partial^2 p}{\partial t^2} = b \nabla(\nabla^2 \boldsymbol{V}) \tag{1.36a}$$

$$\frac{\partial^2}{\partial t^2}\boldsymbol{V} - c_0^2 \nabla^2 \boldsymbol{V} = \frac{b}{p_0}\frac{\partial}{\partial t} \nabla^2 \boldsymbol{V} \tag{1.36b}$$

其解是阻尼波。一维情况前边已讨论。

1.3 拉格朗日系统

声波的基本方程式也可以用拉格朗日坐标系统。欧拉系统是用固定于实验室内的坐标系统。拉格朗日系统是用固定于质点振动以前位置的坐标系统。如质点的原始位置是 (a,b,c),质点振动中实际位置是 (x,y,z) 可知

$$x = a + \xi$$
$$y = b + \eta$$
$$z = c + \zeta$$

式中 ξ,η,ζ 分别是在 x,y,z 方向的位移,都是 x,y,z 的函数。微分之

$$\mathrm{d}x = \mathrm{d}a\left(1 + \frac{\partial\xi}{\partial a}\right) + \mathrm{d}b\,\frac{\partial\xi}{\partial b} + \mathrm{d}c\,\frac{\partial\xi}{\partial c}$$

$$\mathrm{d}y = \mathrm{d}b\left(1 + \frac{\partial\eta}{\partial b}\right) + \mathrm{d}c\,\frac{\partial\eta}{\partial c} + \mathrm{d}a\,\frac{\partial\eta}{\partial a}$$

$$\mathrm{d}z = \mathrm{d}c\left(1 + \frac{\partial\zeta}{\partial a}\right) + \mathrm{d}a\,\frac{\partial\zeta}{\partial a} + \mathrm{d}b\,\frac{\partial\zeta}{\partial b}$$

可求得

$$\mathrm{d}x\mathrm{d}y\mathrm{d}z = \begin{vmatrix} 1 + \dfrac{\partial\xi}{\partial a} & \dfrac{\partial\xi}{\partial b} & \dfrac{\partial\xi}{\partial c} \\[2mm] \dfrac{\partial\eta}{\partial a} & 1 + \dfrac{\partial\eta}{\partial b} & \dfrac{\partial\eta}{\partial c} \\[2mm] \dfrac{\partial\zeta}{\partial a} & \dfrac{\partial\zeta}{\partial b} & 1 + \dfrac{\partial\zeta}{\partial c} \end{vmatrix} \mathrm{d}a\mathrm{d}b\mathrm{d}c$$

原始位置处的小体积 $\mathrm{d}a\mathrm{d}b\mathrm{d}c$,振动中则变成为 $\mathrm{d}x\mathrm{d}y\mathrm{d}z$。质量守恒定律是小体积虽然改变,其中气体的质量不变,因此连续性方程就是

$$\rho\mathrm{d}x\mathrm{d}y\mathrm{d}z = \rho_0\mathrm{d}a\mathrm{d}b\mathrm{d}c$$

把上式代入,即

$$\rho\begin{vmatrix} 1 + \dfrac{\partial\xi}{\partial a} & \dfrac{\partial\xi}{\partial b} & \dfrac{\partial\xi}{\partial c} \\[2mm] \dfrac{\partial\eta}{\partial a} & 1 + \dfrac{\partial\eta}{\partial b} & \dfrac{\partial\eta}{\partial c} \\[2mm] \dfrac{\partial\zeta}{\partial a} & \dfrac{\partial\zeta}{\partial b} & 1 + \dfrac{\partial\zeta}{\partial c} \end{vmatrix} = \rho_0 \tag{1.37}$$

运动方程(1.2)转换到拉格朗日坐标则成为

$$\left. \begin{array}{l} \dfrac{\partial^2\xi}{\partial t^2}\left(1 + \dfrac{\partial\xi}{\partial a}\right) + \dfrac{\partial^2\eta}{\partial t^2}\dfrac{\partial\eta}{\partial a} + \dfrac{\partial^2\rho}{\partial t^2}\dfrac{\partial\rho}{\partial a} = -\dfrac{1}{\rho}\dfrac{\partial p}{\partial a} \\[3mm] \dfrac{\partial^2\xi}{\partial t^2}\dfrac{\partial\xi}{\partial b} + \dfrac{\partial^2\eta}{\partial t^2}\left(1 + \dfrac{\partial\eta}{\partial b}\right) + \dfrac{\partial^2\rho}{\partial t^2}\dfrac{\partial\rho}{\partial b} = -\dfrac{1}{\rho}\dfrac{\partial p}{\partial b} \\[3mm] \dfrac{\partial^2\xi}{\partial t^2}\dfrac{\partial\xi}{\partial c} + \dfrac{\partial^2\eta}{\partial t^2}\dfrac{\partial\eta}{\partial c} + \dfrac{\partial^2\zeta}{\partial t^2}\left(1 + \dfrac{\partial\zeta}{\partial c}\right) = -\dfrac{1}{\rho}\dfrac{\partial p}{\partial c} \end{array} \right\} \tag{1.38}$$

物态方程仍是(1.3),也可以写做

$$\frac{\mathrm{d}p}{\mathrm{d}\rho} = c^2$$

这些式子的处理非常复杂,现在只看一维情况(平面波),上面三个方程就成为

$$\rho = \rho_0\left(1 + \frac{\partial \xi}{\partial a}\right)^{-1} \qquad (1.37\mathrm{a})$$

$$\frac{\partial^2 \xi}{\partial t^2} = -\frac{1}{\rho_0}\frac{\partial p}{\partial a} \qquad (1.38\mathrm{a})$$

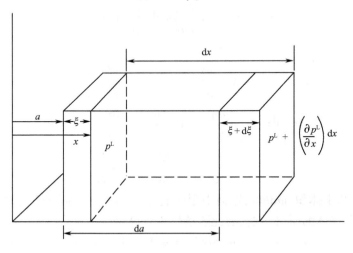

图 1.3　拉格朗日系统中的压力梯度

(1.3)式不变。图1.3是拉格朗日坐标系统中的压力变化关系,运动方程在欧拉系统中是

$$\frac{\partial^2 x}{\partial t^2} = -\frac{1}{\rho}\frac{\partial p}{\partial x}$$

根据坐标转换关系就可以直接得到(1.38a)式。将(1.37a)和(1.38a)代入(1.38)式即可得

$$\frac{\partial^2 \xi}{\partial t^2} = \frac{c^2}{\left(1 + \dfrac{\partial \xi}{\partial a}\right)^2}\frac{\partial^2 \xi}{\partial a^2} \qquad (1.39)$$

而声速平方

$$c^2 = \frac{\gamma p_0}{\rho_0}\left(\frac{\rho}{\rho_0}\right)^{\gamma-1} = \frac{c_0^2}{\left(1 + \dfrac{\partial \xi}{\partial a}\right)^{\gamma-1}}$$

代入上式,即得

$$\frac{\partial^2 \xi}{\partial t^2} = \frac{c_0^2}{\left(1 + \dfrac{\partial \xi}{\partial a}\right)^{\gamma+1}}\frac{\partial \xi}{\partial a^2} \qquad (1.40)$$

这是拉格朗日一维无阻尼波动方程,在处理非线性波时更为方便。

任何量 q 在欧拉系统与拉格朗日系统的值可根据坐标转换关系互相转换,

$$q^{\mathrm{E}}(x,t) = q^{\mathrm{L}}(a,t)\big|_{a=x-\xi}$$

$$= q^{\mathrm{L}}(x,t) - \frac{\partial q^{\mathrm{L}}}{\partial a}\bigg|_{a=x}\xi(a,t) + \cdots \tag{1.41}$$

上角标 E,L 分别代表欧拉系统和拉格朗日系统中的值。同理

$$q^{\mathrm{L}}(a,t) = q^{\mathrm{E}}(x,t)\big|_{x=a+\xi}$$

$$= q^{\mathrm{E}}(a,t) + \frac{\partial q^{\mathrm{E}}}{\partial x}\bigg|_{x=a}\xi(x,t) + \cdots \tag{1.42}$$

二者一阶值相等,差别在高阶项。

1.4　冲击波概论

冲击波(或称骇波,N 波)是一种特殊的非线性声波,其中压力、密度、质点速度等具有突然改变的断层。超声速飞机产生的轰声,炮弹或其它高速飞行体飞过时产生的声音以及爆炸声都属于此类。超声速飞行体飞过,或高压气体突然放出都将激起高压,并向外传播,从物理学角度来说,这个冲击面上由高压变做常压必须经过一厚度,否则加速度将为无穷大,但厚度非常小,大约是空气分子在两次碰撞之间的自由程的几倍,在数学处理时把这个厚度当做零处理就非常简便了。至于层内的具体变化则作为另外研究的课题。图 1.4 是冲击波在管中传播情况。AA' 是冲击面,以速度 V 向右传播。OO' 和 PP' 是在冲击面后边和前边的平面,也同时以速度 V 向右传播。PP' 面右是尚未受扰动的空气,其中压力、密度和流动速度分别为 p_0、ρ_0、u_0。OO' 面左侧是 p_1、ρ_1、u_1、OO' 到 PP' 的距离是冲击层厚度。

假设气体是理想气体,满足气体定律 $p = n\rho RT$。p、ρ 分别是气体的压力和密度,在空气中,$nR = 0.288\mathrm{J}/(\mathrm{kg \cdot K})$,$1/n$ 是摩尔质量,R 是气体常数,T 是绝对温

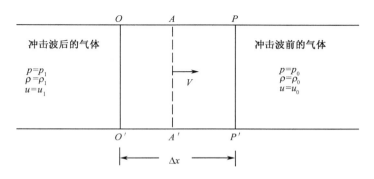

图 1.4　直管中冲击波的传播

度。其比热容等常数在 P、T、ρ 等变化范围内假设不变。冲击波的基本特性是冲击面两边,质量流,动量流和能量流的连续:

质量流 $$\rho_1(V - u_1) = \rho_0(V - u_0) = m_t \qquad (1.43)$$

动量流 $$p_1 - p_0 = m_t(u_1 - u_0) \qquad (1.44)$$

能量流 $$m_t\left(\frac{1}{2}u_1^2 + E_1\right) - m_t\left(\frac{1}{2}u_0^2 + E_0\right) = p_1 u_1 - p_0 u_0 \qquad (1.45)$$

式中 E 为每单位质量气体的内能,即

$$E = c_V T = \frac{c_V p}{n\rho R}$$

c_V 是定容比热容,即体积不变时,每单位质量每升高一度所需的热量,所以升到 T 所需热量就是 $c_V T_0$,因

$$c_V + nR = c_P$$

为定压比热容,因而比热比为

$$\gamma = \frac{c_P}{c_V} = 1 + \frac{nR}{c_V}$$

或

$$E = \frac{1}{\gamma - 1}\frac{p}{\rho}$$

内能差

$$\Delta E = \frac{1}{\gamma - 1}\left(\frac{p_1}{\rho_1} - \frac{p_0}{\rho_0}\right)$$

而(1.38)式可写做

$$p_1 u_1 - p_0 u_0 = \frac{m_t}{2}(u_1^2 - u_0^2) + m_t \Delta E \qquad (1.46)$$

在(1.36)和(1.37)二式间消去 u_0, u_1 可得

$$p_1 + \frac{m_t^2}{\rho_1} = p_0 + \frac{m_t^2}{\rho} = 常数 \qquad (1.47)$$

或

$$p_1 - p_0 = -m_t^2\left(\frac{1}{\rho_1} - \frac{1}{\rho_0}\right)$$

也可以计算熵的变化,如 S_1, S_0 是冲击面两边每单位质量的熵,根据热力学第二定律,通过冲击面时

$$\rho_0 S_0(V - u_0) \leqslant \rho_1 S_1(V - u_1)$$

或

$$m_t S_0 \leqslant m_t S_1 \qquad (1.48)$$

即在不可逆过程中,熵不能减小,只可增加。应用(1.37)式,(1.38)式可变为

$$\frac{1}{2m_t}(p_1 + p_0)(p_1 - p_0) = m_t \Delta E = \frac{m_t}{\gamma - 1}\left(\frac{p_1}{\rho_1} - \frac{p_0}{\rho_0}\right)$$

再应用(1.39)式,移项可得

$$\frac{\rho_1}{\rho_0} = \frac{p_1(\gamma + 1) + p_0(\gamma - l)}{p_0(\gamma + 1) + p_1(\gamma - l)} \tag{1.49}$$

此式称为 Rankine-Hugoniot 方程。

从(1.36)和(1.39)式可解得冲击面的相对速度

$$V - u_0 = \frac{1}{\rho_0}\sqrt{\frac{p_1 - p_0}{\rho_0^{-1} - \rho_1^{-1}}} \tag{1.50}$$

如果 $u_0 = 0$,这就是冲击面的绝对速度了。如 p_1 与 p_0 相差甚小,可令 $p_1 - p_0 = \Delta p$, $\rho_1 - \rho_0 = \Delta \rho$,上式即成为

$$V = \sqrt{\frac{\Delta p}{\Delta \rho}} \tag{1.51}$$

声波在长距离传播后,积累作用就使其变为弱冲击波,从而满足此式。弱冲击波形成的条件是 $\beta\, kMx > \pi/2$, $\beta = (\gamma + 1)/2$, $k = \omega/c$, $M = p/\gamma P_0$。M 是声马赫数,p 是原始声压幅值,x 是传播距离。根据(1.41)式 $\lim\Delta p/\Delta \rho = \gamma P_0/\rho_0$,所以弱冲击波的传播速度等于小信号声速。(1.41)式也可以写做压力比

$$\frac{p_1}{p_0} = \frac{\rho_1(\gamma + 1) - \rho_0(\gamma - 1)}{\rho_0(\gamma + 1) - \rho_1(\gamma - 1)} \tag{1.52}$$

根据(1.49)式,当压力比增加时,密度要趋近一常数

$$\frac{\rho_1}{\rho_0} = \frac{\gamma + 1}{\gamma - 1}, \quad \text{在空气中为 } 6 \tag{1.53}$$

这是密度比的极限。密度不能超过冲击面前密度的 6 倍,压力比则无限制。

表示冲击面两边各种量的关系可用冲击强度 η,它等于通过冲击面压力的跳跃与静压之比

$$\eta = \frac{p_1 - p_0}{p_0} \quad \text{或} \quad \frac{p_1}{p_0} = 1 + \eta \tag{1.54}$$

冲击面相对于其前面的速度(1.42)式就可以写做(注意(1.41)式):

$$u = V - u_0 = c_0 \sqrt{1 + \frac{\gamma + 1}{2\gamma}\eta}$$

如 η 远远小于 1

$$u = c_0\left(1 + \frac{\gamma + 1}{4\gamma}\eta\right) \tag{1.55}$$

通过冲击面的温度比可根据气体定律求得

$$\frac{T_1}{T_0} = \frac{p_1\rho_0}{p_0\rho_1} = (1 + \eta)\frac{\rho_0}{\rho_1} \qquad (1.56)$$

根据(1.49)式,此式可转变为

$$\frac{T_1}{T_0} = (1 + \eta)\frac{2\gamma + \eta(\gamma - 1)}{2\gamma + \eta(\gamma + 1)} \qquad (1.57)$$

在空气中如 η 远远大于1时,此值为$(1+\eta)/6$,继续随 η 增加,没有极限。

以上所述是冲击波的基本特性。在声学中,冲击波只注意轰声、弱冲击波等。在力学中冲击波重要得多,文献浩繁。本书不再详论。

参 考 书 目

戴念祖. 声学史. 长沙:湖南教育出版社,2000

戴念祖. 二十世纪上半叶中国物理学论文集粹. 长沙:湖南教育出版社,1993

R Bruce Lindsay. Acoustics,Historical and Philosophycal Development. Dowden,Huchinson and Row. Inc. 1972

Rober T,Beyer. Nonlinear Acoustics. Acoustical Society of America. 1997

L E Kinsler. A R Frey et al. Fundamentals of Acoustics. Wiley. 1982

声学理论进一步的参考书

Lord Rayleigh. The Theory of Sound. London:M,1929;New York:Dover,1948

P M Morse. Vibration and Sound. McGraw-Hill. 1936,1948,A. S. A. ,1980

E Skudrzek. Die Graundlagen der Akustik. Vienna: Springer-Verlag. 1954

D G Crighton, A P Dowling, J E F fowcs Williams,M Heckl and F G Lepoington. Modern Methods in Analytical Acoustics. London:Springer-Verlag,1992

A D Pierce. Acoustics—An Introduction to Physical Principles and Applications. Acoust. Soc. Am. , 1989

习 题

1.1 假设一个质点(小体积)在运动中质量保持不变,推导质量守恒定律(1.1)式。

1.2 证明计入重力影响时,流体的运动方程可写做

$$\rho\frac{\mathrm{d}v}{\mathrm{d}t} = -\nabla p - g\rho e_z$$

式中 g 为重力加速度,e_z 为在垂直方向的单位向量。

1.3 声波在非均匀介质中传播的一个典型情况是:P_0 为一常数而 ρ_0 随位置改变而不随时间改变。

(a) 证明这样一组变量自动满足流体动力方程;

(b) 证明这个典型的声波方程可写做

$$\frac{\partial p}{\partial t} + \rho_0 c^2 \ \nabla v = 0, \qquad \rho_0 \ \frac{\partial v}{\partial t} = - \ \nabla P$$

这时, $p = \rho' c^2$ 是否还应该成立?

（c） 证明声压的波动方程将成为

$$\rho_0 \nabla \left(\frac{1}{\rho_0} \ \nabla p \right) - \frac{1}{c^2} \frac{\partial^2 p}{\partial t^2} = 0$$

1.4 考虑在恒温(c 为常数)静止(无风)大气中,计入重力影响,垂直(z 方向)传播问题。

（a）证明欧拉运动方程如题1.2所示,而理想气体方程意为 p 和 ρ_0 均随高度而指数式地下降。

（b）导出这一系统的线性声学方程,特别包括以下关系:

$$\frac{\partial p'}{\partial t} + (\gamma - 1) g \rho_0 U_z = c^2 \frac{\partial \rho'}{\partial t}$$

（c）证明垂直传播的一维波动方程将取以下形式:

$$\left[\frac{\partial^2}{\partial z^2} - \frac{1}{c^2} \left(\frac{\partial^2}{\partial t^2} + \omega_A^2 \right) \right] \frac{p}{p_0^{1/2}} = 0$$

式中 $\omega_A = (\gamma/2) g/2$ 为一常数。

1.5 瑞利提出一个简单计入介质吸收的办法,即在欧拉运动方程线性式的左边增加一项 $\rho_0 \alpha u$, α 为一正数,单位为时间的倒数。计入这样一项后,波动方程变成何样?

1.6 （a）求证在均匀介质中有稳定风速 V_0 时,线性声学方程为

$$\left(\frac{\partial}{\partial t} + \boldsymbol{V}_0 \cdot \ \nabla \right) p + \rho c^2 \ \nabla \cdot \boldsymbol{u} = 0 \qquad \rho \left[\frac{\partial \boldsymbol{u}}{\partial t} + (\boldsymbol{V}_0 \cdot \ \nabla) \boldsymbol{u} \right] = - \ \nabla p$$

（b）证明相应的声压波动方程为

$$\nabla^2 p - \frac{1}{c^2} \left(\frac{\partial}{\partial t} + \boldsymbol{V}_0 \cdot \ \nabla \right)^2 p = 0$$

（c）如 $V_0 = V_0 e_z$,如 $p_{NF}(x, y, z, t)$ 和 $u_{NF}(x, y, z, t)$ 为无风, $V_0 = 0$ 时的解,求证有风($V_0 \neq 0$)时的解为 $p_{NF}(x^{\#}, y^{\#}, z^{\#}, t^{\#})$,式中 $x^{\#} = x - V_0 t, y^{\#} = y, z^{\#} = z, t^{\#} = t$ 。对这结果如何解释?

（d）设一平面波为 $p = f(t - nx/u_{ph})$,其中相速度 u_{ph} 为正常数,而 n 为波车面(相位相同的表面)的单位法线, u_{ph} 与 c, V_0 和 n 与 V_0 间的夹角 θ 关系如何?求证相应的 u 值为 $np/\rho c$,在任何 n, V_0 的方向下均是如此(可由此的结果求出)。

1.7 一般声波在传播距离比波长大得多时要逐渐变为冲击波,这时冲击强度 $\eta \ll l_0$,称为弱冲击波。试求弱冲击波的温度比和密度比的极限。

1.8 在冲击波中,其速度的值在冲击面前和冲击面后的传播速度 u_0 和 u_1 之间,试证之;证明在弱冲击波中

$$V = \frac{1}{2} (u_0 + u_1)$$

1.9 一汽油机的汽缸内刚燃烧后气压为200个大气压,温度是1000℃,求汽缸中的声速。已知缸内的混合气体的比热比 γ 为1.35,这气体在0℃和一个大气压下的密度是 1.4kg/m^3 。

1.10 空气中有一声波其强度为 1 W/m^2 ,求其中温度起伏的幅值。

1.11 求证弱冲击波的速度为小信号声波速度 c_0 。

第二章 线性声学

声学各变量的关系虽然基本是非线性的,如前所述,但在平常遇到的情况,完全可按线性关系处理。即基本变量:声压(或超压)p,质点速度 u 和密度增量 ρ 可看做一一对应并互成比例,可证明在一般情况,如前所述,

$$\frac{\rho}{\rho_0} = \frac{u}{c_0} = \frac{p}{\gamma P_0}$$

式中 P_0 为静态(或平均)压强(单位 $Pa = kg/(m \cdot s^2)$),$c_0 = \gamma P_0/\rho_0$ 为小信号声速(单位 m/s),ρ_0 为静态(或平均)空气密度(单位 kg/m³),并且三个比值均甚小于1。例如最吵闹的工厂,噪场级只允许达到 85 或 90 dB,声压为 1 Pa 以下,而大气压力 P_0 平均为 10^5 Pa,比值之小可见一斑。所以一般讨论声学问题都当做线性问题讨论,只有在特殊条件下才讨论其非线性现象。

线性声学的流体动力方程为(假设无阻尼影响)。质量守恒方程与运动方程:

$$\frac{\partial \rho}{\partial t} + \rho_0 \ \nabla \cdot \boldsymbol{V} = 0 \tag{2.1}$$

$$\rho_0 \frac{\partial \boldsymbol{V}}{\partial t} + \nabla p = 0 \tag{2.2}$$

在阻尼介质中,运动方程(2.2)增加阻尼项,成为

$$\rho_0 \frac{\partial \boldsymbol{V}}{\partial t} + \nabla p = b \ \nabla^2 \boldsymbol{V} \tag{2.3}$$

式中

$$b = \zeta + \frac{4}{3} \eta + K\left(\frac{1}{c_v} - \frac{1}{c_p}\right) \tag{2.4}$$

ζ 为介质的体积黏滞系数,η 为其切向黏滞系数,K 为其热传导系数,都同介质有关。在一般气体中,按 SI 单位系统,b 值的数量级为 10^{-5} kg/ms,所以除非远距离传播,或传播路上有固体物质干扰,阻尼均可不计。

在(2.1),(2.2)式之间消去 $\rho \boldsymbol{V}$,并运用物态方程

$$p = c_0^2 \rho, \quad c_0^2 = \frac{\gamma P_0}{\rho_0} \tag{2.5}$$

可得 p 的波动方程

$$\nabla^2 p - \frac{1}{c_0^2} \frac{\partial^2 p}{\partial t^2} = 0 \tag{2.6}$$

质点速度 V 满足同样方程。但在阻尼介质中，p 和 V 的波动方程不同

$$\nabla^2 p - \frac{1}{c_0^2} \frac{\partial^2 p}{\partial t^2} = b \nabla^2 (\mathbf{W}) \qquad (2.7)$$

$$\nabla^2 \mathbf{V} - \frac{1}{c_0^2} \frac{\partial^2 \mathbf{V}}{\partial t^2} = -\frac{b}{\rho_0 c_0^2} \frac{\partial}{\partial t} (\nabla^2 \mathbf{V}) \qquad (2.8)$$

一维声波最简单的是平面波，(2.6)式成为

$$\frac{\partial^2 p}{\partial x^2} - \frac{1}{c_0^2} \frac{\partial^2 p}{\partial t^2} = 0 \qquad (2.9)$$

这是最早求得的波动方程。

2.1 平 面 波

波动方程(2.9)的解是

$$p = f_1(x - c_0 t) + f_2(x + c_0 t) \qquad (2.10)$$

f_1 和 f_2 是任意函数，二者成为解的条件只是它们具有一次微商和二次微商并且是连续的。二者代入(2.9)式都完全满足。$x - c_0 t$ 为一常数时，f_1 值不变，所以 $f_1(x - c_0 t)$ 为一向正 x 方向传播的波，沿 y 方向或 z 方向 f_1 的值无变化，f_1 速度 c_0 沿正 x 方向传播。同样，$f_2(x + c_0 t)$ 以速度 c_0 在负 x 方向传播。

根据(2.2)式可求得质点速度值。其一维式为

$$\rho_0 \frac{\partial u}{\partial t} + \frac{\partial p}{\partial x} = 0 \qquad (2.2a)$$

在正向波 $p_t = f_1(x - c_0 t)$ 中

$$\rho_0 \frac{\partial u}{\partial t} = -\frac{\partial p}{\partial x} = -f_1'(x - c_0 t)$$

f_1' 为 f_1 对其宗量 $(x - c_0 t)$ 的微商，对 t 积分得

$$\rho_0 u = \frac{1}{c_0} f_1(x - c_0 t) = \frac{p_t}{c_0}$$

或

$$u = \frac{1}{\rho_0 c_0} f_1(x - c_0 t) \qquad (2.11)$$

对于负向波可得同样结果，不过 u 是在负 x 方向。(2.11)式两边除以 c_0，可得

$$\frac{u}{c_0} = \frac{p}{\rho_0 c_0^2} = \frac{p}{\gamma P_0}$$

此即(2.1)式中的关系，式中 ρ、p 的关系可直接由物态方程(2.5)求得。这些关系

都与波形(f_1 或 f_2)无关,是线性声波的通性。

(2.11)式可另写做

$$\frac{p}{u} = \rho_0 c_0 = Z_0 \tag{2.12}$$

Z_0 称为介质的特性阻抗,是介质的固有特性,与波形无关。在空气中,如温度为 15℃,大气压 P_0 为一个标准大气压(约 10^5Pa),ρ_0 值约为 1.2 kg/m³,c_0 约为 340 m/s,Z_0 约为 400 kg/m²s,这些值都是近似值,在一般计算中已足够准确,ρ_0 和 c_0 都与温度 T 及大气压 P 有关,准确值为

$$\rho_0 = 1.2929 \frac{P}{101325} \frac{273.16}{T}, \quad c_0 = 331.45 + 0.61t$$

式中,P 为大气压(Pa),T 为绝对温度(K),t 为摄氏温度(℃)。在水中 c_0 约为 1500 m/s,ρ_0 约为 1000 kg/m³。

p/u 是介质对于其中自由行波的特性阻抗,在一声学系统(如管道、共振腔、驻波等)中也有 p/u 比,称之为声阻抗率,它不一定等于 $\rho_0 c_0$。

2.2　正弦波及复数表示法

根据傅里叶分析,任何时间函数 $f(t)$(或波形)都可分解为简谐函数之和,因此稳定函数(波形)都可以通过其傅里叶分量求得其特性,讨论声学系统只须求得其对正弦波的响应即可。这样可使声学分析大为简化,形成系统。

按照(2.10)式,向正 x 方向传播的正弦式声压可写做

$$p = p_0 \cos(\omega t - kx) \tag{2.13}$$

式中 p_0 是声压幅值(或称峰值),$\omega = 2\pi f$ 为角频率或固频率,f 为频率(Hz),$k = \omega/c_0$(m^{-1})为波数,也等于 $2\pi f/c_0$,$c_0/f = \lambda$ 为波长(m)等于声波在一周内传播的距离。传播一周的时间 $T = 1/f$ 为周期(s)。按上节的结果,平面波的质点速度就是

$$u = \frac{p_0}{\rho_0 c_0} \cos(\omega t - kx) = u_0 \cos(\omega t - kx) \tag{2.14}$$

在声学中,声压 p 和质点速度 u 是表示声场的主要变量,常需要对其运算(相加、相乘等),为了运算方便,常常采用电路理论中的复数表达法,把(2.13)式写成

$$p = \mathrm{Re}[p_0 \exp\mathrm{j}(\omega t - kx)]$$

或

$$p = \mathrm{Re}[p_0 \mathrm{e}^{\mathrm{j}(\omega t - kx)}] \tag{2.15}$$

即 p 等于方括号内的量的实数部分,与(2.13)式完全相同。Re 表示其实数部分,这个办法只用于声场的场量 p 和 u。如果质点速度 u 如(2.14)式,则可写成相同

样子,只是把 p_0 换成 u_0 而已。如果相角不同,如

$$u = u_0\cos(\omega t - kx + \varphi) \qquad (2.16)$$

也可以把相角写进去,如

$$u = \mathrm{Re}[u_0\exp \mathrm{j}(\omega t - kx + \varphi)] \qquad (2.17)$$

用复数表示法不限于单频信号,Re 字样可略去,因为 p 或 u 只能是实数,不加 Re 也不会发生误会。在只讨论一个频率的问题时(这是主要用复数的情况),甚至可把 $\mathrm{e}^{\mathrm{j}\omega t}$ 略去,在中间计算步骤可简化很多(但 $\mathrm{e}^{-\mathrm{j}kx}$ 不可略去)。

用虚数单位 j 不是唯一办法,也可以用 $-\mathrm{i}$ 把声压写做

$$p = p_0\mathrm{e}^{\mathrm{i}(kx-\omega t)}$$

这样在略去 ωt 时,讨论的就是 $\mathrm{e}^{\mathrm{j}kx}$ 了,免得用减号。用 j 或 $-\mathrm{i}$ 效果相同,事实上二者是 $\sqrt{-1}$ 的两个根,但是不可混淆,必须一贯用某一种,否则就要造成混乱。在本书中只用 j。

用复数表示,在运算中可以简化,特别是在微分和积分中更方便,例如

$$u = u_0\cos\omega t$$

可写做

$$\boldsymbol{u} = u_0\mathrm{e}^{\mathrm{j}\omega t}$$

$\boldsymbol{u}$ 写成黑体以有所区别,微分

$$\frac{\mathrm{d}\boldsymbol{u}}{\mathrm{d}t} = u_0\frac{\mathrm{d}}{\mathrm{d}t}\cos\omega t = -\omega u_0\sin\omega t$$

用复数

$$\frac{\mathrm{d}\boldsymbol{u}}{\mathrm{d}t} = u_0\frac{\mathrm{d}}{\mathrm{d}t}\mathrm{e}^{\mathrm{j}\omega t} = \mathrm{j}\omega\boldsymbol{u}\mathrm{e}^{\mathrm{j}\omega t} \qquad (2.18)$$

时间微分成为用 $\mathrm{j}\omega$ 乘,再写成实际值

$$\frac{\mathrm{d}u}{\mathrm{d}t} = \mathrm{Re}[\omega u_0\mathrm{e}^{\mathrm{j}(\omega t + \frac{\pi}{2})}]$$

$$= \omega u_0\cos\left(\omega t + \frac{\pi}{2}\right) = -\omega u_0\sin\omega t$$

与上面结果完全相同,从这里可知,一个量用 j 乘等于相角增加 $90°$。用复数表示的量有时称为相量。如图 2.1 在复值坐标中,x 轴取为实数轴,y 轴取为虚数轴,一个相量可用从原点起在与实数轴成的角度等于相角,长用等于量的绝对值的线段表示,(一般略去 ωt)很像向量。一个相量乘以 j 就是在复值面上转 $90°$。

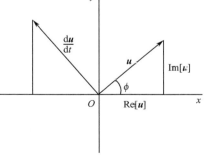

图 2.1 相量图

同样道理,积分

$$\int \boldsymbol{u}\,\mathrm{d}t = \int u_0\,\mathrm{e}^{\mathrm{j}\omega t}\,\mathrm{d}t = \frac{u_0}{\mathrm{j}\omega}\mathrm{e}^{\mathrm{j}\omega t} \tag{2.19}$$

等于用 $\mathrm{j}\omega$ 除,而

$$\frac{1}{\mathrm{j}\omega}\mathrm{e}^{\mathrm{j}\omega t} = \frac{1}{\omega}\mathrm{e}^{\mathrm{j}\left(\omega t - \frac{\pi}{2}\right)} = \frac{1}{\omega}\sin\omega t$$

用 j 除等于相角后转 90°。所以用复数表示法微分成为乘法,积分成为除法。

在更复杂的问题中,更可显出复数表示的威力。取阻尼波为例,在(2.8)式的一维式

$$\frac{\partial^2 u}{\partial x^2} - \frac{1}{c_0^2}\frac{\partial^2 u}{\partial t^2} = -\frac{b}{\rho c_0^2}\frac{\partial}{\partial t}\left(\frac{\partial^2 u}{\partial x^3}\right) \tag{2.20}$$

用平常解微分方程的方法求解,非常繁复,甚至不可能。用复数表达法解单频情况则非常简单。假设 $\boldsymbol{u} = u_0\exp\mathrm{j}\,(\omega t - kx)$ 求简谐波解,代入(2.20)式,略去各项都包括的 u,可得

$$-k^2 + \frac{1}{c_0^2}\omega^2 = \frac{b}{\rho c_0^2}\mathrm{j}\omega k^2 \tag{2.21}$$

解

$$k^2 = \frac{1}{c_0^2}\omega^2 \Big/ \left(1 + \frac{b}{\rho c_0^2}\mathrm{j}\omega\right)$$

开方,注意含 b 的项远远小于1,取正值,

$$k = \frac{\omega}{c_0}\left(1 - \frac{b\mathrm{j}\omega}{2\rho c_0^2}\right) \tag{2.22}$$

所以,

$$\boldsymbol{u} = \left[u_0\exp\mathrm{j}(\omega t - kx)\right]$$
$$= u_0\exp\left[\mathrm{j}\left(\omega t - k_0 x + \frac{\mathrm{j}\omega^2 b}{2\rho c_0^3}x\right)\right]$$

式中 $k_0 = \omega/c_0$ 是无阻尼波的波数。取实数部分,

$$u = u_0\mathrm{e}^{-\frac{b}{2\rho}\frac{\omega^2 x}{c_0^3}}\cos(\omega t - k_0 x) \tag{2.23}$$

这就是阻尼波的传播方程,传播速度仍是 c_0,但逐渐衰减,衰减系数与频率平方成正比,高频率很难传远。复数法把微分方程变为简单解析方程,解析方程的解可直接给出,上面就是典型做法。(2.23)式也明示复数值波数(2.22)的物理意义,k 的实数部分是传播系数(无阻尼时的波数反映传播中的相位变化),虚数部分则是衰减系数,k 为复数,表明是阻尼波。复数法是声学中解微分方程最好的方法。除了微分、积分可变为以 $\mathrm{j}\omega$ 乘或除外,复数的相乘、相除各有习惯用法,见以下声功率、声阻抗的计算。

2.3 声阻抗率 特性阻抗

在 2.1 节中曾讨论声阻抗率 p/u,不过在自由行波的情况 $p/u = z_0 = \rho_0 c_0$ 为一常数。在一般情况下,p 和 u 可能不同相,如

$$p = p_0 \cos(\omega t - kx + \varphi) \tag{2.24}$$

$$u = u_0 \cos(\omega t - kx) \tag{2.25}$$

φ 为 p 超前于 u 的相角。把 p 用余弦函数展开

$$p = p_0 \cos(\omega t - kx)\cos\varphi - p_0 \sin(\omega t - kx)\rho m \varphi$$

p 的第一项与 u 同相,等于 u 乘以常数,但第二项则与 u 相差 90°。用复数表示 p 和 u 的关系就比较简单。把(2.24)、(2.25)式写成

$$\boldsymbol{p} = p_0 \exp[j(\omega t - kx + \varphi)]$$

$$\boldsymbol{u} = u_0 \exp[j(\omega t - kx)]$$

则声阻抗率

$$Z = \frac{\boldsymbol{p}}{\boldsymbol{u}} = \frac{p_0}{u_0}\exp(j\varphi) = \frac{p_0}{u_0}(\cos\varphi + j\sin\varphi) = R + jX \tag{2.26}$$

和正常除法相同,$\exp[j(\omega t - kx)]$ 总可以消掉,得数为简单复数(只取实数的办法只适用于场量和 t 的函数,不适用于普通复数)。声阻抗率的实数部分为声阻率,虚数部分为声抗率。在一个通过声波的面积上,声压与声流量(uS,其中 S 为面积)之比 $p/uS = Z_A$ 称为声阻抗,等于声阻抗率用面积 S 除。例如在一个声源的表面上或在一个受声的表面(如声换能器)上主要起作用的就是声阻抗,其实数部分为声阻,虚数部分为声抗。声阻抗的单位为 $\text{Pa}/(\text{m}^3/\text{s}) = \text{kg}/(\text{m}^4 \cdot \text{s})$,美国标准学会 ANSI 曾起名为声欧[姆],或 MKS 声欧[姆],但未得到国际接受,现在一律使用 $\text{kg}/(\text{m}^4 \cdot \text{s})$,声阻抗率的单位则是 $\text{kg}/(\text{m}^2 \cdot \text{s})$,声阻抗也可以写成极坐标式

$$R_A + jX_A = Z_A e^{j\theta} \tag{2.27}$$

这种表示法也适用于声阻抗率。

声阻抗率的算法也适用于声压比,质点速度比以及力比,振速比等。在振动系统中,一般采用力阻抗

$$Z_M = \boldsymbol{f}/\boldsymbol{u} = \boldsymbol{p}S/\boldsymbol{u} = R_M + jX_M \tag{2.28}$$

为面积上总力与振动速度之比,单位则是 $\text{N} \cdot \text{s}/\text{m} = \text{kg}/\text{s}$。

总之,相量相除适用一般除法定律,但相量相乘,如声强、能量等则不同,要考虑物理实际。

2.4 声强 声能

仍取(2.24)和(2.25)式的声压和质点速度。声音强度为

$$I = \frac{1}{T}\int_0^T pu\,\mathrm{d}t = \frac{1}{T}\int_0^T p_0\cos(\omega t - kx + \varphi)u_0\cos(\omega t - kx)\,\mathrm{d}t$$

$$= \frac{1}{2}p_0 u_0\cos\varphi \tag{2.29}$$

在积分宗量中,p 可写为 $p_0[\cos(\omega t - kx)\cos\varphi + \sin(\omega t - kx)\sin\varphi]$,(2.29)式的结果是括弧中第一项与 u 相乘的平均值、第二项与速度异相,导致结果为零。平常声强值只是第一项的结果,没有第二项的影响。相量乘积要反映这些结果,复值乘积中乘数要用共轭相量(其中 j 项改成负值)再乘,并乘以 1/2,反映正弦式函数平方的平均值,因此

$$I = \boldsymbol{P}\cdot\bar{\boldsymbol{u}}$$

$$= \frac{1}{2}p_0\exp[\mathrm{j}(\omega t - kx + \varphi)]\cdot u_0\exp[-\mathrm{j}(\omega t - kx)]$$

$$= \frac{1}{2}p_0 u_0\exp(\mathrm{j}\varphi)$$

$$= \frac{1}{2}p_0 u_0(\cos\varphi + \mathrm{j}\sin\varphi) \tag{2.30}$$

u 上一横表示 u 的共轭复数。另一写法是

$$I = \frac{1}{2}u_0^2 Z_0, \quad Z_0 = \rho_0 c_0(\cos\varphi + \mathrm{j}\sin\varphi) \tag{2.31}$$

或

$$I = \frac{1}{2}u_0^2(R + \mathrm{j}X)$$

其中,第一项是有效声强,同一般计算的声强;第二项是无效声强,代表声强的起伏,或声能的贮存,其时间平均为零。(2.29)式中未能表达的一部分也明确表达了。

相似表达方法也适用于声功率。动量方程(2.2a)乘以 $\boldsymbol{u}$ 可得

$$\boldsymbol{u}\rho_0\frac{\partial \boldsymbol{u}}{\partial t} = -\boldsymbol{u}\frac{\partial \boldsymbol{p}}{\partial x} = -\frac{\partial(\boldsymbol{pu})}{\partial x} + \boldsymbol{p}\frac{\partial \boldsymbol{u}}{\partial x}$$

$$= -\frac{\partial(\boldsymbol{pu})}{\partial x} - \boldsymbol{p}\rho_0^{-1}\frac{\partial \rho}{\partial t} \tag{2.32}$$

用上质量守恒定律 $\partial\rho/\partial t = -\rho_0\,\partial u/\partial x$,式左的项可写做 $\frac{1}{2}\rho_0\,\partial u^2/\partial t$,式右第二项根据 $c_0^2\partial\rho/\partial t = \partial p/\partial t$ 改写,整个公式可改写为

$$\frac{\partial W}{\partial t} + \frac{\partial I}{\partial x} = 0 \tag{2.33}$$

式中

$$W = \frac{1}{2}\rho_0 u^2 + \frac{1}{2}\frac{1}{\rho_0 c_0^2}p^2, \quad I = \boldsymbol{pu}$$

I 是声强,(2.33)式可看做能量守恒公式,W 为声能密度,其第一项为动能密度,第二项则是势能密度,是压力由 0 增加至 p 所做的功。用相量表示则可写做

$$W = \frac{1}{4}\rho_0 u\bar{u} + \frac{1}{4}\frac{1}{\rho_0 c_0^2}p\bar{p} \tag{2.34}$$

在一自由行波中 $p = \rho_0 c_0 u$,可求得

$$W = \frac{1}{4}\rho_0 u_0^2 + \frac{1}{4}\frac{1}{\rho_0 c_0^2}p_0^2 = \frac{1}{2}\rho_0 u_0^2, \quad I = c_0 W$$

动能密度与势能密度相等。以上各式基本可用于三维系统(在传播方向)。I 的单位为 W/m^2 = kg/s^3,W 的单位则是 W/m^3 = kg/ms^2,都是由功率单位 J 而来。功率也包括有功功率和无功功率两项。所以,用复数表达,场变量 p,u 只等于其实数部分。阻抗 Z 的实数部分为阻(同相),虚数部分为抗(异相),声强、声功率或功率密度的实数代表有功部分,虚数代表无功部分,反映有功部分的起伏,或声场中声能的贮存。

(2.33)式与质量守恒式(2.1)非常相似,实际是能量守恒公式,其中的 W 和 I 表达式中的 p 和 u 可看做声压和质点速度的有效值,结果和(2.35)式相同。

2.5　声级　分贝

19 世纪的著名心理学家韦伯(E. H. Weber)判断人耳对声音的感觉满足对数定律。20 世纪初期,声压测量,特别是通过换能后的声压测量逐渐被广泛采用,因为声压的范围很大,就采用了对数标度,欧洲用自然对数,美国用常用对数。在 20 世纪 20 年代,经过国际会议把测量标度标准化。决定声压比的自然对数为奈培数,能量比的常用对数为贝[尔]数,分贝为贝的十分之一。两种标准相差不多,1 neper = 0.8686 Bel。后来(40 年代中)虽然史蒂文斯(S. S. Stevens)证明听觉的对数率不对而应是幂数律,由于贝尔实验室已做了大量语言和电声研究,使用分贝已习惯且比较方便,分贝就沿用下来了。由于声场不均匀,测量出入大,平常理论计算或实验测量只要准到 1 分贝,最多到半分贝就够了。分贝的定义是声强级差,

$$\Delta L_I = 10\log(I_2/I_1), \quad \text{单位是 dB}$$

是两个声强之比的对数乘以 10,声强级也是比值,声强 I 与基准声强 I_0 之比的对数

$$L_I = 10\log(I/I_0), \quad \text{单位是 dB} \tag{2.35}$$

基准是人为选定的,为了使用方便,一般选

$$I_0 = 1\ \text{pW/m}^2 = 10^{-12}\text{W/m}^2$$

这个强度大约等于人耳最灵敏处在其旁边刚能感知的声强。声强与声压的平方成正比,表示声压级则用声压平方比以与声强级相当,声压级为

$$L_p = 10 \log \frac{p^2}{p_0^2} = 20 \log \frac{p}{p_0} \qquad (2.36)$$

与声强 I_0 相应的声压为 $20\mu Pa$,一般都取此为基准声压 p_0。所以 $L_I = L_p$,数值相同。基准值是为使用方便而选定的,例如在水声学中有时也用 $1\mu Pa$ 为基准,所以严格地表示,应把基准值写出,例如

$$L_I = 120 \text{ dB}(0 \text{ dB} = 1 \text{ pW/m}^2)$$

或

$$L_p = 94 \text{ dB}(0 \text{ dB} = 20 \text{ }\mu Pa)$$

等。写法无国际标准,只要求指出基准。国外早期写法如上,后来逐渐简化,如 $120 \text{ dB re } 1 \text{ pW/m}^2$。这种写法在中文也许较明确。

质点速度或振动速度与声压类似,但与 I_0 相应的值不便用作基准值,所以另定为 1 nm/s。速度级的数值也不与声强级相同。声学中主要量的级和基准值列于表 2.1,但是最常用的还是声压级。

表 2.1　主要声学量的级和基准值

级　名	定　义	基准值
声压级(气体中)	$L_p = 20 \log p/p_0$	$p_0 = 20 \text{ }\mu Pa$
声压级(液体中)	$L_p = 20 \log p/p_0$	$p_0 = 1 \text{ }\mu Pa$
振动加速度级	$L_a = 20 \log a/a_0$	$a_0 = 1 \text{ }\mu m/s^2$
振动速度级	$L_v = 20 \log v/v_0$	$v_0 = 1 \text{ nm/s}$
振动位移级	$L_d = 20 \log d/d_0$	$d_0 = 1 \text{ pm}$
力　　级	$L_F = 20 \log F/F_0$	$F_0 = 1 \text{ }\mu N$
强　度　级	$L_I = 10 \log I/I_0$	$I_0 = 1 \text{ pW/m}^2$
功　率　级	$L_W = 10 \log W/W_0$	$W_0 = 1 \text{ pW}$

级的单位是为纪念电话发明人贝尔(Alexander Graham Bell)的,功率比的常用对数称为 Bel 数,乘以 10 则单位降低 10 倍,所以称为分贝 dB,用于声压等场变量则是平方比乘 10,或比值对数的 20 倍。

表 2.2 和表 2.3 中,比值都是功率比(可用于声强比,声能密度比等)。如果用于声压比(或质点速度比,振动速度比,力比等),相应的分贝数应乘以 2,或直接用声压平方比,与分贝数相对应。比数大于 1,分贝数为正,比数小于 1,则分贝数为负。表 2.3 是简表,十个比值简单容易记忆。

表 2.2 功率比与分贝数换算表

小数	dB	倍数	小数	dB	倍数	小数	dB	倍数
1	0	1	0.316	5.0	3.162	10^{-1}	10	10
0.891	0.5	1.122	0.282	5.5	3.548	10^{-2}	20	10^2
0.794	1.0	1.259	0.251	6.0	3.981	10^{-3}	30	10^3
0.708	1.5	1.413	0.224	6.5	4.467	10^{-4}	40	10^4
0.631	2.0	1.585	0.2	7.0	5.012	10^{-5}	50	10^5
0.562	2.5	1.778	0.178	7.5	5.623	10^{-6}	60	10^6
0.501	3.0	1.995	0.159	8.0	6.310	10^{-7}	70	10^7
0.447	3.5	2.239	0.141	8.5	7.079	10^{-8}	80	10^8
0.398	4.0	2.512	0.125	9.0	7.943	10^{-9}	90	10^9
0.355	4.5	2.818	0.112	9.5	8.912	10^{-10}	100	10^{10}

注:功率比的分贝数 $10 \log W_2/W_1$

表 2.3 功率比与分贝数换算简表

小数	1	0.8	0.63	0.5	0.4	0.315	0.25	0.2	0.16	0.125
dB	0	1	2	3	4	5	6	7	8	9
倍数	1	1.25	1.6	2	2.5	3.15	4	5	6.3	8

表 2.2 和表 2.3 的用法:

(a)由比数求分贝数

将比数写成小于 10 的数乘 10 的方次,例如 2.5×10^8。求分贝数时,在表二找到 2.5 的分贝数 4 加上 8(指数)倍 10 分贝,得

$$4 + 80 = 84 (dB)$$

(b)由分贝数求比数

将分贝数分为两部分几十(或一百几十)加几,分别找出比值,以后相乘。例 $84dB = 80dB + 4dB$

$$10^8 \times 2.5 = 2.5 \times 10^8$$

(c)分贝值相加

噪声或不相干信号(频率不同或频谱不同)相加应是能量相加,所以信号相加应先把分贝数转换为比数,相加后再转换为分贝数。例:几种噪声分别为 70dB、75dB、80dB、85dB、90dB,相加后是多少?

分贝数	比数
70	10^7
75	3.16×10^7
80	10^8
85	3.162×10^8
90	10^9

比数相加 1.4578×10^9 分贝数 91.6 dB

这里 1.4578 在表 2.2 以上是在 1.413 和 1.585 比数（相应于 1.5 dB 和 2 dB）之间，用线性插入，得 1.63，取 1.6。表 2.2 分贝值邻值相差 0.5 dB 已够小，可用线性插入法，求得分贝数准确到 0.1 dB。倒过来由分贝数求比值也可用线性插入法，得到比值仍可精确到小数三位，不过第三位的准确程度较差。

做多个声级相加的办法可稍加简化。为了避免大数字相加，可先普遍减去一个分贝数，剩下的比数都比较小了，相加后能换为分贝数后再把原来减去的加回来。上面的例子可写做

分贝数	减去 80	比数
70	−10	0.1
75	−5	0.316
80	0	1
85	5	3.162
90	10	10
		相加 14.578

分贝数 11.6   加 80 为 91.6 dB

这样比较简洁，免出错误。同样方法可用于声级相减，也就是比数相减。

表 2.4 列出空气中可遇到的噪声声压级。0 dB 是刚能听出的声压级，90 dB 是劳动保护的极限，长期暴露在超过此极限的噪声环境，要导致听力损失。140 dB 是安全的极限，可能当时导致耳聋。

表 2.4　声压级举例

声 压 级 dB(0dB = 20μPa)	举 例
140	喷气发动机(25m 外)
120	痛阈，喷气飞机起飞(100m 外)
120	摇摆音乐

声 压 级 dB(0dB = 20μPa)	举 例
110	摩托车加速(5m 外)
100	风铲(2m 外)
90	载重汽车旁,吵闹工厂
80	吵闹街道交通
70	商业办公室
60	谈话
50	安静的饭馆
40	图书馆,客厅
30	卧室
20	风吹树叶
10	人的呼吸声(3m 外)
0	最好的听阈

2.6 管 中 声 波

管中传播是常见的问题。如果圆管的直径 d 与波长 λ 的比 d/λ 小于 0.5,管内即无横向振动,可以看作一维系统,管内只有沿管长传播的平面声波。方管或矩形管,管的截面最大尺度要满足上述对 d 的要求。空气的黏滞性要阻尼声波沿壁面的振动,如果管不是太细,半径比黏滞性附面层厚度大得多,就可以把这影响略去,要求 $r > 10/\sqrt{\rho\omega/\eta}$,$\eta$ 是空气的黏滞系数,代入数值可得直径 $d > \sqrt{1000/f}$,d 的单位是 mm。这也适用于非圆形截面的最小尺度。大部分情况满足管不太粗也不过细的条件,所以管内传播可看作在有限的自由声场内的传播,两种情况最常见如下。粗管和细管的声学特性则在下面相应章节讨论。

2.6.1 均匀管

管的截面固定不变,其中传播的声波可写做

$$\boldsymbol{p} = p_0 \exp[\mathrm{j}(\omega t - kx)] \tag{2.37a}$$

与自由空间相同。质点速度是

$$\boldsymbol{u} = \frac{p_0}{\rho_0 c_0} \exp[\mathrm{j}(\omega t - kx)] \tag{2.37b}$$

管乐器多半是均匀管,图 2.2 是风琴管的纵截面。空气自吹口吹入后,形成喷注,遇到尖劈后,一部分到管外,一部分进入管内,激发其振动,并在末端反射,不但有正向声波,还有负向声波,结果是这些声波的总和。

反射波相加的结果是

$$p = p_1\cos(\omega t - kx) + p_2\cos(\omega t - k(2L - x)) + p_3\cos(\omega t - k(2L + x)) + \cdots$$

$$u = u_1\cos(\omega t - kx) - u_2\cos(\omega t - k(2L - x)) + u_3\cos\omega t - k(2L + x)) + \cdots$$

如果这些反射波在声源处同相,则振动加强,在管中形成驻波。吹口是质点速度最大的地方,驻波可写做

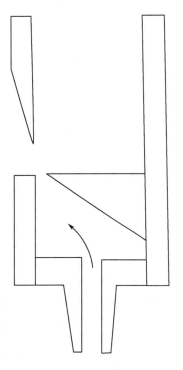

$$p = p_0\sin\omega t\sin kx \qquad (2.38)$$

$$u = \frac{p_0}{\rho_0 c}\cos\omega t\cos kx \qquad (2.39)$$

声压在速度腹(速度最大)最小,质点速度在声压腹(声压最大)最小。波节间或波腹间距离都是半波长。波节与波腹间的距离则是 $\frac{1}{4}$ 波长。风琴管一端封闭,是声压腹;一端开启,是速度腹,所以,它的长度为

$$l = \frac{1}{4}\lambda, \frac{3}{4}\lambda, \frac{5}{4}\lambda, \cdots$$

$$= \frac{2n + 1}{4}\lambda, \qquad n = 0, 1, 2, \cdots$$

或频率为

$$f = \frac{2n + 1}{4}\frac{c}{l}, \qquad n = 0, 1, 2, \cdots$$

$$(2.40)$$

这是**闭管**,l 应加上吹口的末端改正,风琴管的吹口与障板中的管口或长管的管口都不

图 2.2　风琴管的构造

同,末端改正的经验值是 $l' = 1.4a$。

如除吹口外,另一端也是开口的,如图 2.2 所示,这就是**开管**,开管两端都是质点振动腹,长度应是半波长的倍数,因而

$$f = \frac{n}{2}\frac{c}{l}, \qquad n = 1, 2, 3, \cdots \qquad (2.41)$$

两端都要改正,吹口为 $1.4a$,末端为 $0.61a$。

管乐器都是除基频外还具有谐频,开管具有所有谐频,闭管则只有奇数谐频。除此,还有构造的不同,所以听起来各有其特色。一段管乐器,在轻轻吹奏时,只发基频,声音很纯。加力吹奏时,也发出其它固有频率,音色稍有变化。吹力大到一定程度,基频消失,主要是第二或第三谐频,频率跳一个八度(开管)或不止。吹力更强时,可能谐音齐发,甚至激起次谐音(频率为基频的几分之一),听起来就不调谐了。笛、箫等除与开管相似外,还有一些侧孔。如侧孔大于管口,第一个侧孔就

是振腹,否则振腹就稍远。

2.6.2 喇叭

喇叭是截面逐渐加大的管,实际是声变压器。空气介质的喇叭用于可听声的辐射,由5.7节知活塞面积小时,辐射效率(辐射阻)几乎为零,活塞圆周大于波长时,活塞与空气匹配(辐射阻抗等于空气特性阻抗),辐射效率最大,所以喇叭把小面积的喉过渡到大面积的口,有效地提高辐射效率。在超声应用中,全用金属制的喇叭则是用以直接放大力或振动速度,截面逐渐缩小。

喇叭截面逐渐加大(或缩小),波阵面不可能是平面,而是随喇叭形状而有不同。图2.3是几种喇叭中的声传播情况,声法线(横向)和波阵面(纵向)。

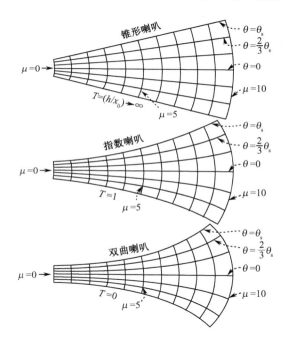

图2.3 三种喇叭中的声波波阵面和波法线

锥形喇叭中声波是以球面波的形状传播。指数喇叭中波阵面弯曲更大,双曲(或称悬链线)喇叭是由平面波逐渐弯曲。三种喇叭的波形都由到喇叭喉的距离决定,所以是一个变量的函数,是一维系统。

设坐标从喇叭喉算起,喉处为 $x=0$,喇叭口为 $x=l$。截面面积 S,半径 y 都是 x 的函数。在喇叭喉为 S_0、y_0,在喇叭口为 S_m、y_m。喇叭内的质量连续方程应为

$$\frac{\partial}{\partial t}(S\rho) + \frac{\partial}{\partial x}(S\rho u) = 0 \qquad (2.42)$$

运动方程仍为

$$\frac{\partial u}{\partial t} + \frac{1}{\rho_0}\frac{\partial p}{\partial x} = 0 \qquad (2.43)$$

如前,消去 ρ、u,可得喇叭方程

$$\frac{1}{S}\frac{\partial}{\partial x}\left(S\frac{\partial p}{\partial x}\right) - \frac{1}{c_0^2}\frac{\partial^2 p}{\partial t^2} = 0$$

声波变化为正弦式时,$p = p(x)\exp(j\omega t)$,喇叭方程为

$$\frac{1}{S}\frac{\partial}{\partial x}\left(S\frac{\partial p}{\partial x}\right) + k^2 p = 0 \qquad (2.44)$$

式中 $k = \omega/c$。(2.44)式称为韦伯斯特(Webster)方程,这式不是在 S 或 y 为 x 的任何函数都可解,萨孟(V. Salmon)发现可解条件是

$$\frac{\mathrm{d}^2 y}{\mathrm{d}x^2} = \frac{m^2}{4}x$$

即

$$\left.\begin{aligned} y &= y_0\left(\cosh\frac{m}{2}x + T\sinh\frac{m}{2}x\right) \\ S &= S_0\left(\cosh\frac{m}{2}x + T\sinh\frac{m}{2}x\right)^2 \end{aligned}\right\} \qquad (2.45)$$

式中 m、T 都是常数,T 不大于 1。$m = 0$ 时,y_0 等于喉处的半径,$Tm = 2\mathrm{d}y/\mathrm{d}x$,可求得

$$y = y_0 + (\mathrm{d}y/\mathrm{d}x)x = (y_0/x_0)(x_0 + x)$$

这是**锥形喇叭**,x_0 为喇叭喉到锥顶的距离。如 m 不等于零,则可能 $T = 0$,$y = y_0$ $\cosh\frac{m}{2}x$,这是**双曲喇叭**(或悬链曲线喇叭)有时 T 不恰等于零而是一小数。$T = 1$ 时,$S = S_0\exp(mx)$,得指数喇叭,m 称为蜿展常数,表示面积变化的快慢。

先讨论指数喇叭。把 S 代入韦伯斯特方程,得

$$\frac{\partial^2 p}{\partial x^2} + m\frac{\partial p}{\partial x} + k^2 p = 0 \qquad (2.46)$$

假设没有反射波,稳态解为

$$p = p_0\exp(-mx/2)\exp\left[j\left(\omega t - x\sqrt{k^2 - m^2/4}\right)\right] \qquad (2.47)$$

质点速度为

$$u = \frac{1}{j\omega\rho_0}\left[\frac{m}{2} + j\frac{\sqrt{4k^2 - m^2}}{2}\right]p \qquad (2.48)$$

喉处($x = 0$)声阻抗则为

$$Z_A = \frac{p}{uS} = \left[\frac{S}{\rho_0 c_0} \left(\sqrt{1 - \frac{m^2}{4k^2}} + \frac{m}{j2k} \right) \right]^{-1} \tag{2.49}$$

为声阻和质量声抗的并联。这也就是喇叭的辐射阻抗。在 $4k^2 > m^2$ 时,也就是 $f > mc_0/4\pi$ 时,辐射声阻是正值,声抗较小,喇叭是良好辐射器,临界频率称为截止频率

$$f_c = mc_0/4\pi \tag{2.50}$$

f 远远大于 f_c 时,喇叭与口外空气匹配,辐射效率达到最佳值。而 $f < f_c$ 时,辐射阻抗为虚数值,完全没有功率辐射。图 2.4 是指数喇叭在喉处的声阻抗,实际也就是喇叭的辐射阻抗(假设喇叭够长,口上无反射)。从图上可知,在 $f < f_c$ 的范围为,声阻为零,喇叭无功率发射,声抗则随频率逐渐增加。$f = f_c$ 时,声阻仍为零,声抗达到最大 $\rho_0 c_0/S_T$。在截止频率以上时,声阻较快增加,到 2 倍截止频率时声阻率已接近最大值 $\rho_0 c_0$ 的 90%,到 $4f_c$ 时已基本达到最大值。声抗的降低则较曼,到 $10f_c$ 时减小到 1/10。

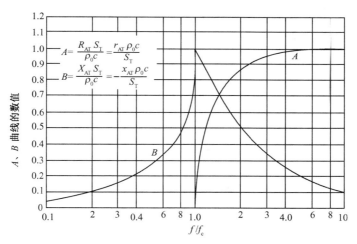

图 2.4 指数喇叭的声阻抗比

A 为声阻比　*B* 为声抗比

锥形喇叭的特性是三种喇叭中特性最差的。喇叭的截面积为

$$S = S_T \left(1 - \frac{x}{x_0} \right)^2$$

代入喇叭方程,可求出

$$p = \frac{P}{x + x_0} e^{j(\omega t - kx)}$$

可求得质点速度

$$u = \frac{1}{\rho_0 c_0}\Big[1 + \frac{c_0/(j\omega)}{x + x_0}\Big]p$$

在喇叭中的声速（相速）与自由空间相同，也是 c_0，但从喇叭喉处看到喇叭的声阻抗与自由空间却不同，相当于球面波的近场阻抗，不计喇叭口的反射。

$$Z_T = \frac{1}{S_T}\frac{\rho_0 c_0}{1 + c_0/(j\omega x_0)} = \frac{1}{S_T}\frac{\rho_0 c_0}{1 + \lambda/(2\pi j x_0)}$$

$$= \Big[\frac{S_T}{\rho_0 c_0}\Big(1 + \frac{\lambda}{2\pi j x_0}\Big)\Big]^{-1} \tag{2.51}$$

也是声阻与声质量并联，但是没有截止频率。声阻缓慢增加，声抗在低频随频率增加到一定程度，$\lambda/2\pi x_0 = 1$ 或 $f = c_0/2\pi x_0$ 时，以后频率增加声抗减小。在任何频率，阻抗比为 $2\pi f x_0/c_0$，阻抗比画于图 2.5 中。双曲喇叭的截面积为（2.45）式中 T

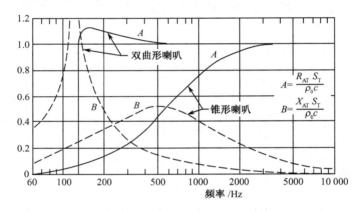

图 2.5　锥形喇叭和双曲喇叭的声阻抗比

A 为声阻比　　B 为声抗比

取为零，

$$S = S_T \cosh^2 \frac{m}{2} x$$

代入波动方程，近似解为

$$p = \frac{P}{\cosh\frac{m}{2}x}e^{j\omega\left(t - \frac{\tau}{c_0}x\right)}$$

$$\tau^2 = 1 - \Big(\frac{c_0 m}{2}\Big)^2$$

此时，声相速为 c_0/τ，大于自由空间的值，与指数喇叭相同。并且也是与指数喇叭同样具有截止频率，$\tau = 0$ 或 $f_c = mc_0/4\pi$。截止频率以下，双曲喇叭的辐射为零。

　　由 p 的公式可求出质点速度

$$u = \frac{1}{\rho_0 c_0}\left[\tau + \frac{\omega_c}{j\omega}\tanh\left(\frac{mx}{2}\right)\right]p$$

式中 $\omega_c = mc_0/2 = 2\pi f_0$，由此可求得在喉处双曲喇叭的声阻抗

$$Z_T = \frac{\rho_0 c_0}{S_T}\frac{1}{\sqrt{1-(\omega/\omega_c)^2}} \qquad (2.52)$$

在截止频率 f_c 时 $Z_T = \infty$。声阻在 f_c 的 3 倍以上才降到最佳值（与大气匹配）。为了改进辐射特性，图 2.5 是取 $T = 0.5$ 时的阻抗。这样，$f < f_c$ 时声阻为零，经过 f_c 后，声阻很快从零升至 $\rho_0 c_0/S_T$ 与自由空间匹配，并稍冲过，达到最大，频率更高时声阻缓慢地再度趋近匹配值。这样的双曲喇叭达到匹配的频率只有同样尺寸的锥形喇叭接近匹配的频率的 1/20，也只有指数喇叭的 1/3，所以在三种喇叭中，它的频率特性最好。此外，双曲喇叭的开始部分蜿展很慢，接近均匀管，与声源的匹配也最好。只是开始段截面小，声强大，这一段较长，产生的非线性畸变要大。比较起来，指数喇叭特性适中，更为实用。

以上都指喇叭口上无反射的情况，这要求喇叭口的周长大于声波的波长。达到了这个条件，三种喇叭的辐射效率并无轩轾。在较低频率时，三种喇叭同受辐射效率降低的影响，还要计入阻抗下匹配的损失，三种喇叭就有所不同了。

2.7　球面波与柱面波

处理球面波时，采用球面坐标，由原点到所讨论点的向径为 r，r 与 z 轴所成的角度为 θ 和向径在 xy 坐标面上的投影与 x 轴所成的角度为 φ，所以球面坐标与直角坐标的关系为

$$\left.\begin{array}{l} x = r\sin\theta\cos\varphi \\ y = r\sin\theta\sin\varphi \\ z = r\cos\theta \end{array}\right\}$$

可求出

$$\left.\begin{array}{l} r^2 = x^2 + y^2 + z^2 \\ \cos\theta = z/r \\ \cos\varphi = x/\sqrt{x^2 + y^2} \end{array}\right\}$$

柱面坐标则是一点到 z 轴的垂直距离 r，r 在 xy 坐标面上的投影与 x 轴形成的角度 φ 和点的 z 坐标。与直角坐标的关系是

$$\left.\begin{array}{l} x = r\cos\varphi \\ y = r\sin\varphi \\ z = z \end{array}\right\}$$

或

$$\left.\begin{array}{r} r = \sqrt{x^2 + y^2} \\ \cos\varphi = x/r \\ z = z \end{array}\right\}$$

在不同坐标系中,拉普拉斯算符的形式就是

$$\nabla^2 = \frac{\partial^2}{\partial x^2} + \frac{\partial^2}{\partial y^2} + \frac{\partial^2}{\partial z^2} \qquad \text{直角坐标}$$

$$\nabla^2 = \frac{\partial^2}{\partial r^2} + \frac{2}{r}\frac{\partial}{\partial r} + \frac{1}{r^2 \sin\theta}\left[\frac{1}{\sin^2\theta}\frac{\partial^2}{\partial\varphi^2} + \frac{\partial^2}{\partial\theta}\left(\sin\theta\frac{\partial}{\partial\theta}\right)\right] \qquad \text{球面坐标}$$

$$\nabla^2 = \frac{\partial^2}{\partial r^2} + \frac{1}{r}\frac{\partial}{\partial r} + \frac{1}{r^2}\frac{\partial^2}{\partial\varphi^2} + \frac{\partial^2}{\partial z^2} \qquad \text{柱面坐标}$$

对于由中心向外发散的波,与 θ, φ, z 都无关,拉普拉斯算符成为

$$\nabla^2 = \frac{\partial^2}{\partial r^2} + \frac{2}{r}\frac{\partial}{\partial r} \qquad \text{球面坐标}$$

$$\nabla^2 = \frac{\partial^2}{\partial r^2} + \frac{1}{r}\frac{\partial}{\partial r} \qquad \text{柱面坐标}$$

都成为一维。球面简谐波的波动方程可写为

$$\frac{\partial^2(rp)}{\partial r^2} + k^2(rp) = 0 \qquad (2.53)$$

解为

$$p = \frac{A}{r}\exp[\,j(\omega t - kr)\,] \qquad (2.54)$$

由(1.2)式,知质点速度,不计阻尼,为

$$v = \frac{A}{j\rho_0 r^2}(1 + jkr)\exp[\,j(\omega t - kr)\,] \qquad (2.55)$$

v 是在径向(沿半径)。距离中心很远时 $kr \gg 1$ 或 $r \gg (\lambda/2\pi)$,v 成为

$$v = \frac{A}{\rho_0 c_0 r}\exp[\,j(\omega t - kr)\,] \qquad (2.56)$$

与声压之比为

$$\frac{p}{v} = \rho_0 c_0 = Z_0$$

与平面波同。在另一方面,如距离中心非常近,$r \ll (\lambda/2\pi)$,可略去 kr,(2.55)式近似为

$$v = \frac{A}{j\omega\rho_0 r^2}\exp(j\omega t)$$

如球面波系由一半径为 a 的脉动球(球面沿半径方向振动)产生,声源的体积振动速度为 $q = 4\pi r^2 v = Q\exp(j\omega t)$,将上式中 r 缩小至 a,比较即得

$$q = 4\pi a^2 v = \frac{2A}{\mathrm{j}f\rho_0}\exp(\mathrm{j}\omega t)$$

可求得

$$Q = \frac{2A}{\mathrm{j}f\rho}$$

或

$$A = \mathrm{j}f\rho Q/2 = \mathrm{j}\omega\rho_0 Q/4\pi$$

与 a 无关,因此也与声源的形状大小无关,只要求 a 比波长小得多,辐射只与其体积振动速度有关,这种声源称为简单声源,点声源或单极子。代入(2.52),声压为

$$p = \frac{\mathrm{j}\omega\rho_0 Q}{4\pi r}\exp[\mathrm{j}(\omega t - kr)] \tag{2.57}$$

即声压与声源的振动加速度成正比。包括声源,(2.57)式代入(2.51)式就不是零了,可证明(2.56)式满足

$$\nabla^2 p - \frac{1}{\rho_0^2}\frac{\partial^2 p}{\partial t^2} = -\rho\frac{\partial}{\partial t}q = -\rho\dot{q} \tag{2.58}$$

q 上加一点代表其时间微分。(2.57)式是简单声源产生的声场,也适用于任何声源产生的声场,因为任何声源都可看成由若干简单声源组成的,p 则变为各简单声源辐射之和,或者成一积分。

柱面简谐波的波动方程为

$$\frac{1}{r}\frac{\partial}{\partial r}\left(r\frac{\partial p}{\partial r}\right) + k^2 p = 0 \tag{2.59}$$

这个方程不像球面波那样简单。按一般解微分方程的方法,可假设 p 为 r 的无穷级数,代入(2.59)式,令其等于零(各个方次的系数都等于零),就可以得

$$y = CJ_0(kr)\exp(\mathrm{j}\omega t)$$

式中

$$J_0(kr) = 1 - \left(\frac{kr}{2}\right)^2 + \frac{1}{2^2}\left(\frac{kr}{2}\right)^4 - \frac{1}{6^2}\left(\frac{kr}{2}\right)^6 + \cdots \tag{2.60}$$

C 为任意常数,J_0 称为贝塞尔函数,因其与角度 φ 无关,称其阶数为零。J_0 随 r 增加的变化像一个逐渐衰减的余弦函数。

$$J_0(kr) \xrightarrow[r\to\infty]{} \sqrt{\frac{2}{\pi kr}}\cos\left(kr - \frac{\pi}{4}\right)$$

(2.59)式的另一解是诺依曼(Neumann)函数 N_0,与 J_0 相反,在 $r=0$ 处为无穷大,r 大时接近衰减的正弦函数,

$$\left.\begin{array}{l}N_0(kr) \xrightarrow[r\to 0]{} \dfrac{2}{\pi}(\ln kr - 0.11593) \\[2mm] \xrightarrow[r\to\infty]{} \sqrt{\dfrac{2}{\pi kr}}\sin\left(kr - \dfrac{\pi}{4}\right)\end{array}\right\} \tag{2.61}$$

由圆柱向外发射的柱面波则为

$$p = C(J_0(kr) - jN_0(kr))\exp(j\omega t)$$

$$\xrightarrow[kr\to\infty]{} C\sqrt{\frac{2}{\pi kr}}\exp\left[j\left(\omega t - kr + \frac{\pi}{4}\right)\right] \tag{2.62}$$

$$= C\sqrt{\frac{2}{\pi kr}}\cos\left(\omega t - kr + \frac{\pi}{4}\right)$$

在小范围内与平面波相同。$J_0 - jN_0$ 称为汉克尔(Hankel)函数。

以上是圆柱轴外各方向(不同 φ 值)声场相同时的结果,在声场在各方向不同时,柱面波的波动方程是(2.59)式中再加一项,成为

$$\frac{1}{r}\frac{\partial}{\partial r}\left(r\frac{\partial \rho}{\partial r}\right) + \frac{1}{r^2}\frac{\partial^2 p}{\partial \varphi^2} + k^2 p = 0 \tag{2.63}$$

其解可假设为

$$p = R(r)\Phi(\varphi)\exp(j\omega t)$$

式中,R 为 r 的函数,Φ 为 φ 的函数,代入(2.63)式,如取 $\Phi(\varphi) = \cos m\varphi$,$m$ 为整数,可得

$$\frac{1}{r}\frac{\partial}{\partial r}\left(r\frac{\partial R}{\partial r}\right) + \left(k^2 - \frac{m^2}{r^2}\right)R = 0 \tag{2.64}$$

同样用无穷级数解 R,可求得 m 阶贝塞尔函数

$$J_m(kr) = \frac{1}{m!}\left(\frac{kr}{2}\right)^m - \frac{1}{(m+1)!}\left(\frac{kr}{2}\right)^{m+1} + \frac{1}{2(m+2)!}\left(\frac{kr}{2}\right)^{m+2} + \cdots \tag{2.65}$$

可证明

$$J_m(kr) \xrightarrow[kr\to\infty]{} \sqrt{\frac{2}{\pi kr}}\cos\left(kr - \frac{2m+1}{2}\pi\right) \tag{2.66}$$

$$J_m(kr) = \frac{1}{2j^m}\int_0^{2\pi} e^{jkr\cos\varphi}\cos(m\varphi)\,d\varphi$$

$$\int J_1(kr)\,dkr = -J_0(kr), \quad \int krJ_0(kr)\,dkr = krJ_1(kr) \tag{2.67}$$

等。同样,也可以求第二类解,m 阶诺依曼函数 $N_m(kr)$,其特性

$$N_m(kr) \xrightarrow[kr\to\infty]{} \sqrt{\frac{2}{\pi kr}}\sin\left(kr - \frac{2m+1}{4}\pi\right)$$

$$N_m(kr) \xrightarrow[kr\to 0]{} -\frac{(m-1)!}{\pi}\left(\frac{2}{kr}\right)^m, \quad m > 0 \tag{2.68}$$

其余特性如 $J_m(kr)$。由以上各式,可知所有贝塞尔函数和诺依曼函数在距离远时(r 大时)都是与 $\sqrt{\lambda/r}$ 成比例,即柱面波按 $1/\sqrt{r}$ 衰减,与球面波不同,后者按 $1/r$ 衰减。使用贝塞尔函数 J、N 也可以不管它们的性质,把它们看成和三角函数一样,写成无穷级数时稍有不同,但是都不必根据级数去计算,在函数表中可查(见附录)。

与方向有关的球面波可用相似方法处理。θ、φ 都有关时,非常复杂,所以一般

只考虑周围对称(与 φ 无关)的情况,这时波动方程为

$$\frac{1}{r^2}\frac{\partial}{\partial r}\left(r^2\frac{\partial p}{\partial r}\right) + \frac{1}{r^2\sin\theta}\frac{\partial}{\partial\theta}\left(\sin\theta\frac{\partial p}{\partial\theta}\right) + k^2 p = 0 \tag{2.69}$$

假设 $p = R(r)P(\theta)$ 为 r 的函数乘 θ 的函数。代入,并除以 p,移项可得

$$\frac{1}{R(r)}\frac{\partial}{\partial r}\left[r^2\frac{\partial R(r)}{\partial r}\right] - \frac{k^2 r^2}{R(r)} = \frac{-1}{P\sin\theta}\frac{\partial}{\partial\theta}\sin\theta\frac{\partial P}{\partial\theta}$$

此式左边只是 r 的函数,而右边只是 θ 的函数,二者在任何 r、θ 值下完全相等,唯一可能是它们都等于一常数,与 r、θ 无关。此常数应等于 $m(m+1)$,m 为一正整数,否则 θ 函数在 $\cos\theta = 1$ 时即趋于无穷大。因此,θ 即满足勒让德方程

$$\frac{\mathrm{d}}{\mathrm{d}x}(1-x^2)\frac{\mathrm{d}P}{\mathrm{d}x} - m(m+1)P = 0, \quad x = \cos\theta \tag{2.70}$$

其解是勒让德多项式 $P_m(x)$,可求得

$$\left.\begin{aligned} P_0(x) &= P_0(\cos\theta) = 1 \\ P_1(x) &= P_1(\cos\theta) = \cos\theta \\ P_2(x) &= P_2(\cos\theta) = \frac{1}{4}(3\cos2\theta + 1) \\ P_m(x) &= \frac{1}{2^m m l}\frac{\mathrm{d}^m}{\mathrm{d}x^m}(x^2-1)^m \end{aligned}\right\} \tag{2.71}$$

同时 r 满足球面贝塞尔方程

$$\frac{\mathrm{d}^2 R}{\mathrm{d}z^2} + \frac{2}{z}\frac{\mathrm{d}R}{\mathrm{d}z} + \left(1 - \frac{m(m+1)}{z^2}\right)R = 0, \quad z = kr \tag{2.72}$$

其解为球面贝塞尔函数,实际与贝塞尔方程(2.63)比较,解应是 $R = (1/\sqrt{z})J_{m+\frac{1}{2}}(z)$。假设级数解,如柱面坐标情况,可得两种解,球面贝塞尔函数 j_m 与球面诺依曼函数 n_m,相当于柱面坐标的贝塞尔函数和诺依曼函数,

$$\left.\begin{aligned} j_0(z) &= \frac{\sin z}{z}, & n_0(z) &= -\frac{\cos z}{z} \\ j_1(z) &= \frac{\sin z}{z^2} - \frac{\cos t}{z}, & n_1(z) &= -\frac{\sin z}{z} - \frac{\cos z}{z^2} \\ j_m(z) &= \sqrt{\frac{\pi}{2z}}J_{m+\frac{1}{2}}(z), & n(z) &= \sqrt{\frac{\pi}{2z}}N_{m+\frac{1}{2}}(z) \end{aligned}\right\} \tag{2.73}$$

发散球面波

$$\left.\begin{aligned} h_m(z) &= j_m(z) - jn_m(z) \\ &\underset{z\to 0}{\longrightarrow} \frac{z^m}{1\cdot 3\cdot\cdots\cdot(2m+1)} - j\frac{1\cdot 3\cdot\cdots\cdot(2m+1)}{z^m} \\ &\underset{z\to\infty}{\longrightarrow} \frac{1}{z}\exp\left[-j\left(z - \frac{m+1}{2}\pi\right)\right] \end{aligned}\right\} \tag{2.74}$$

任何球面波可如傅里叶分析写成

$$p = \sum C_m P_m (\cos\theta) h_m (kr) \tag{2.75}$$

柱面波也与此相似。

参 考 书 目

Philip M Morse. Vibration and Sound. ASA,1981(中译本《振动和声》,北京:科学出版社,1980)

Alan D Pierce. Acoustics——An Iutroduction to Its Physical Principles and Applications. ASA,1989

Leo L Beranek. Acoustics. ASA,1986(注:为美国声学学会重印版)

Lawrence E Kinsler et al. Fundamentals of Acoustics. 3rd Ed. John Wiley,1982

U Fasold et al. Taschenbuck Akustik. Berlin:Veb Verlagtechnik,1984

习 题

2.1 求解平面声波中热量转移规律。热量转移方程已见(1.4)式。

2.2 用直接代入法证明 $p = A(ct-x)e^{a(ct-s)}$ 满足声压波动方程。求与 p 相应的质点速度。

2.3 在波动方程的推导中,$u\partial u/\partial x$ 因与 $\partial u/\partial t$ 比较极小而忽略,试求 $u\partial u/\partial x$ 与 $\partial u/\partial t$ 之比。在声压级为 120dB($0dB = 20\mu Pa$)时,这个比是多少?

2.4 (a)证明平面波中声压为 1 Pa 时,声压级为 94 dB($0\ dB = 20\ \mu Pa$)。(b)在水中,声压级为 120 dB($0\ dB = 1\ \mu Pa$)时,声压是多少?(c)在空气中和水中声强相同时,声压之比是什么?

2.5 在水中发一直径为 40 cm 的 100 W 声束,频率为 24 kHz。试求(a)声束的强度 W/m^2,(b)声压幅值,(c)声质点速度幅值,(d)质点位移幅值,(e)声压有效值或 rms 值,(f)声压级,以 1 μPa 为 0 dB。

2.6 (a)证明特性阻抗 $\rho_0 c_0$ 与绝对温度 T 的平方根成正比,(b)求 0℃ 和 80℃ 的特性阻抗,(c)如声压不变,温度由 0℃ 升到 80℃ 时,声强的相对变化是多少?(d)量得的声强级各为多少?声压级?(e)声功率密度各为多少?

2.7 办公室内有五架机器,单独操作时,各发出噪声声压级分别为 30 dB,40 dB,50 dB,45 dB 和 55 dB。同时操作时,室内声压级是多什么?算到 0.5 dB,用能量相加。

2.8 车间内一般噪声级为 80 dB。现在需要增加一台机器。如果允许总声压级增加 1 dB,新机器的噪声要求是多少?如果要求车间噪声基本不增高(差值不到 0.5 dB),对新机器的要求如何?

2.9 风琴管是圆柱形开管,直径 0.02 m。问能发声 250 Hz,管长是多少?

2.10 一圆锥形喇叭,喉面积 $5 \times 10^{-4}\ m^2$,长 2 m,口面积 $0.4\ m^2$,口上可看做与外界相匹配,声波不受反射。求在喇叭喉处的喇叭声阻抗率 $Z = R + j\omega X$。画出喇叭在频率 $f = 0 \sim 1000Hz$ 的传递率 $\tau = R/\rho_0 c_0$,在喇叭喉处输入 $f = 500$ Hz 振动,此时的声阻抗率是多大?如此处的活塞声源速度的振动幅值是 0.01 m/s,求在喇叭口上的声强和总声功率。

2.11 喉面积,长度和口面积完全与锥形喇叭相同的指数喇叭,其蜿展常数 m 是多大,截止频率为多大？画出这个喇叭在频率 $0 \sim 1000$ Hz 的传递系数 $\tau = R/\rho_0 c_0$，在喇叭喉处频率为 500 Hz 时声阻抗率是多大？此外活塞声源振动速度的幅值为 0.01 m/s，求在喇叭口上得到的声强和总功率。

2.12 题 2.10 和 2.11 的驱动活塞具有力阻抗 $Z_m = 1 + j(0.001\omega - 1/\omega)$ 即力阻 1 kg/s，质量 0.001 kg，劲度 1 kg/s²。假设喇叭口上无反射，计算并画出两种情况的 $100 \sim 5000$ Hz 总力阻抗。辐射阻抗可是总力阻抗的重要部分？

2.13 在上题中，用力 $0.1e^{j\omega t}$ N 驱动活塞，画出两种喇叭在频率范围 $100 \sim 5000$ Hz 的辐射功率。试据此以讨论两种喇叭的优劣。

2.14 双曲喇叭具有题 2.10 锥形喇叭的尺寸，求出它的常数，画出它在 $0 \sim 1000$ Hz 范围内的声传递率。求双曲喇叭在喉处 500 Hz 时的声阻抗率。喉处以 500 Hz 幅值 0.01 m/s 的速度振动，求喇叭口上的声强度和总的辐射功率。

2.15 人正常交谈平均功率是 40 μW，在其面前一米处的声压级是多少？在多远距离才能达到 50 dB（0 dB = 20 μPa）？假设语声发射是球面波。

第三章 声的主客观评价

声波可用频率(或基频)、谐波成分、声压、质点速度等定量描述,已在第二章中讨论。但声音与人关系非常密切,语言是人类最重要的交际工具,语言要听得懂。音乐是表达人们的思想感情,反映现实生活,鼓舞士气的最重要的艺术,人要能够欣赏。强烈噪声和爆炸声是令人烦恼甚至受伤害的环境污染,人要能够避免其伤害。所以声音只有客观定量描述,还不足以评价其对人的影响。人听声音时,主观上是感觉它的大小强弱(响度),高低尖粗(音调)以及它的质量(音色)。这些在过去都是不能定量描述的,在语言声的研究中,逐渐建立了心理物理学实验方法,除了音色很难定量评价外,首先建立了响度相同声音的频率强度关系,进一步又求得了响度与强度、频率的定量关系,并求得其规律和一般主观感知和客观参数的关系。同样,也求得音调与频率的关系并和人的听觉系统的构造联系起来。根据这些结果,提出接近主观感知的客观量——计权声级,成为可以用仪器测量的参数,并提出符合听力要求的声波频谱分析技术,使语声的分析与合成有了办法,这就是建立语言机器的基础。本章中讨论声的主客观评价量和相互关系,从人耳的听力开始。

3.1 人的听觉 响度级

首先了解人耳的机理,图 3.1 是人耳的解剖图,其内耳放大较多。

人耳分外耳、中耳和内耳三部分。外耳有耳廓和外耳道。耳廓长 52~79 mm,各人不同。一般动物的耳廓起收集外来声音进入外耳道的作用,但人的耳廓在这方面作用不大,如要收集声音,增加耳的灵敏度须把手掌弯曲置在耳后。外耳道截面积 30~50 mm²,长 27~35 mm,末端以鼓膜封闭并与中耳隔离。鼓膜基本是圆形,面积 50~90 mm²,中心向中耳突出使鼓膜接近圆锥形。中耳连接外耳和内耳,内有三个听小骨,鼓膜所受力集中于中心传到锤骨—砧骨—镫骨链进入内耳。中耳总容积约 1~2 ml,锤骨重 23 mg,长 5.5~6 mm,砧骨 27 mg,镫骨 215 mg,镫骨底长 3.2 mm,宽 1.4 mm,面积 3.2 mm²。通到骨壁上的卵圆窗上的前庭膜推动内耳中淋巴液。三块小骨形成机械放大器放大约 3 倍,把鼓膜上的微小振动放大到卵圆窗而至听力中心,由于面积关系也要放大约 15 倍。听力最重要部分是内耳的耳蜗。耳蜗像一个蜗牛壳,是绕成两圈半的骨质细管,管长 35 mm,沿其长度以基底膜分为两半,在蜗顶处有小孔相连,管内充满淋巴液体,两半的末端分别为骨壁上的卵圆管和圆窗。基底膜在镫骨处宽 0.04 mm,蜗孔处宽 0.5 mm 与蜗管由大变

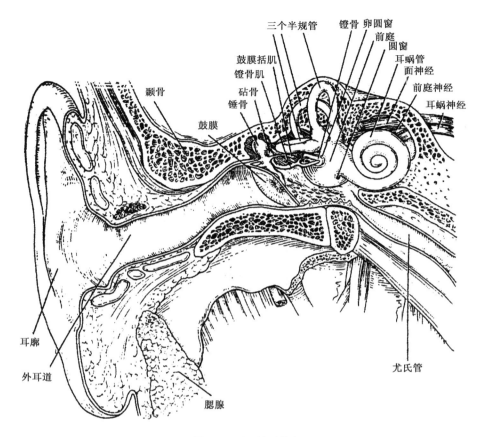

图 3.1 人耳解剖图

小正相反。按欧姆(电路理论的著名科学家)分析,后得生理学解剖证实,基底膜的作用如一频率分析器,从镫骨处高频,逐渐降低,到蜗孔处低频,各点对不同频率共振。声波自镫骨传入后,在上半管(前庭阶)中沿基底膜传播,到蜗孔再在下半管(鼓阶)中传回到圆窗。基底膜上与频率相应的部分发生共振,其上的毛细胞弯曲,发出神经脉冲,经耳蜗神经传入大脑。基底膜的共振不是非常尖锐,共振峰较宽,由于内、外毛细胞的化学能释放,形成正反馈,使共振十分尖锐,对 1000 Hz 的声音可以辨别 4 Hz 的差值。人耳对声信号的处理已比较明确,但大脑对神经脉冲的处理还要进一步研究,听觉理论还不完整。

　　最简单、最基础的主要量是响度级,听力觉察到的声音大小强弱与声音的强度有关,但不完全由强度决定。因为人耳的振动系统、传递系统、换能系统(振动到神经信号的转换)等都与频率有关,因而主观的强弱与客观的强度有关,但也受频率的影响。响度级反映这种关系。

　　响度级　根据听力正常的听者判断为等响的 1000 Hz 纯音(来自正前方的平

面行波)的声压级,单位是方(phon)。

听力正常指 18 岁到 25 岁,未有耳疾的青年,多人听力的平均。最初的结果是根据 1940 年纽约博览会百万人测听的数据取得的,经过国际讨论制定了国际标准,如图 3.2。

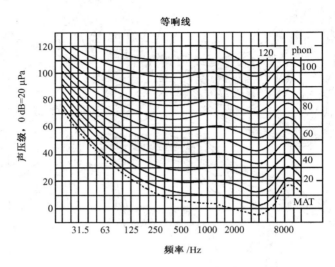

图 3.2   纯音标准等响曲线(双耳自由声场测听)

一般人的听力在低频和高频都较差。例如 40 phon 的声音在 1000 Hz 要求声压级 40 dB(0 dB = 20 μPa),在 100 Hz 就要求 52 dB,在 20 Hz 就要求 91 dB 了,听起来是一样的响。在低频率,听力降低的情况各人出入不大,如图上表达。但在高频率 10 kHz 以上,各人之间出入就很大了。平常定高频听力的极限为 20 kHz 完全是人为选定的,青年和少年可能达到,年纪大的人高频的听力要低,随着年龄增长,下降更多,大致 10 kHz 以下的听力不大改变,但如果在噪声下长期暴露,10 kHz 以下,特别是 2 ~ 3 kHz 的听力也要变弱。图 3.3 是长期在强噪声中工作的工人的听力图和耳蜗的显微照像,可见他的听力在 2 kHz 上面降低至 50 dB,且耳蜗上相应位置毛细胞完全破坏(达全部的 30%)。这种耳聋是不可能恢复的,毛细胞不能再生。

原来定基准声压 20 μPa 的原因是这个声压是在 1000 Hz 人们能分辨的最低声压,后来实验准确程度高了,发现这个数值不准确。但因为这个基准已使用多时,数字也简单,就决定不再改变基准,但 0 phon 线就不是最低可听声了。用现有的等响曲线图,最小可听声场 MAF,改成 4.2 phon 线,这就是听阈。120 dB(0 dB = 20 μPa)是人耳能忍受的最高声压级,称为感觉阈,这线以下称为听觉区域。听觉区域也指大脑左半球上接受听觉信号的部分,两种使用的范围不同,不会混淆。响度级在 40 phon 以下时,一般认为是安静环境,70 phon 还不算太吵,100 phon 以上

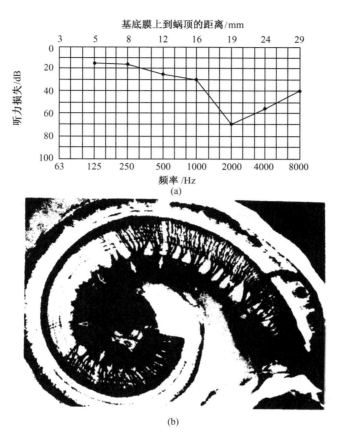

基底膜上到蜗顶的距离/mm

(a)

(b)

图 3.3　71 岁工人的听力图和耳蜗的显微照像

就非常吵了,这时响度级基本与声压级相等,频率响应就近于平直。

3.2　响度与响度级

　　响度级"方"直接联系到声压级"分贝",用起来很方便,但它在物理学上或在生理学上都没有听力计量的基础。表达主观上判断声音大小强弱还需要另一种标度法,这就是响度。响度与响度级的关系和强度与强度级(声压级)的关系完全不同。二者有不同来源,关系不是自然的而是实验结果。响度的定义是,以 40 phon 响度级的响度 N 为 1 宋(sone),听者判断为其 2 倍响的是 2 sone,为其 10 倍响的是 10 sone。由大量听力正常的青年人由不同的响度级起做 2 倍响、10 倍响的试验,得到的结果很有规律,因而得到响度与响度级的关系,在半对数坐标纸上是一直线,如图 3.4。用数学表达式响度

$$N = 2^{L_N-40}$$

（3.1）

或响度级每增加 10 phon,响度加倍。或

$$L_N = 10 \log_2 N + 40$$
$$L_N = 33 \log N + 40 \tag{3.2}$$

式中 N 为响度,单位 sone;L_N 为响度级,单位 phon。知响度级等于同响的 1000 Hz 声的强度级,所以(3.2)式可写做

$$10 \log(I/I_0) = 10 \log_2 N + 40$$

或

$$N = \{I/(10^4 I_0)\}^{0.3} \tag{3.3}$$

即响度与 1000 Hz 强度的 0.3 phon 成比例的幂数律,I_0 为 1000 Hz 的基准声强。

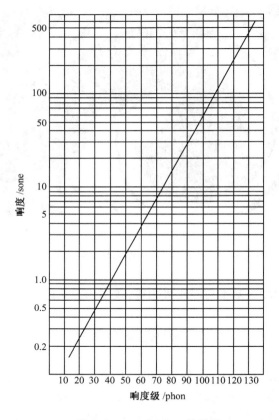

图 3.4　sone 与 phon 的关系

　　声的强弱,主观量与客观量呈幂数关系是富来彻(Harvey Fletcher)发现的,后来史蒂文斯发现不只是听觉,其它如嗅觉、味觉、视觉等都是相似的,幂数律成为心理现象的普遍规律,只是幂数不同,19 世纪心理学家韦伯(Weber)的对数律不符合实际了。听觉中的幂数律特别有意义。上一节中已知听觉区域为 0 dB ~ 120 dB,

声强自 10^{-12} W/m² 至 1 W/m²,声压自 20 μPa 至 20 Pa,质点速度自 50 nm/s 至 50 mm/s,动态范围之大,灵敏程度之高是任何仪表、机器所望尘莫及的,而在这样大范围内保持精度(可辨别程度)达一分贝或半分贝(声压、速度等 12% 或 6%),也是惊人的。根据幂数律对此稍可理解,强度范围 10^{12},响度范围是 $10^{12 \times 0.3} = 2^{12} = 4096$,虽然还是很大,就不像强度范围那样惊人了。事实上,这也是听力器官自我保护的手段。

以上讨论只限于纯音(一个频率的正弦波)。如果声音中有好几个频率,只要各个频率相距较远,在基底膜上不互相干涉(掩蔽)就可以把各个频率的响度相加得到总响度。如果是频谱连续的无规噪声,可用史蒂文斯"方"加法计算[另一个方法是兹微克(Zwicker)法,不过比较复杂];使噪声通过滤波器(见下)取得八个倍频带(中心频率为 63 Hz,125 Hz,250 Hz,…,8000 Hz)中的倍频带声压级相应的响度(用图 3.4)$S_1, S_2, S_3, \cdots, S_8$,其中最高的设为 S_m,总的响度就是

$$S_t = S_m + F(\sum S - S_m) \tag{3.4}$$

式中 $\sum S$ 为各 S 之和,$F = 0.3$。如果用 1/3 倍频带声压级相加,算法相同,但 $F = 0.15$。有了 S_t 就可以图 3.4 的曲线求得总响度级了。

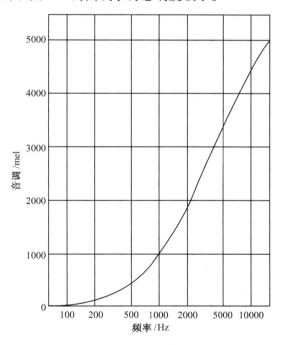

图 3.5 音调图(实验响度级为 60 phon)

3.3 音调 音高

音调是听觉分辨声音高低的属性,音高则是另一种表示方法。音调基本由频率决定,但声强也有影响。纯音的音调与频率的关系有其规律。复音的音调就很复杂了,如果是周期性信号,则主要由基频决定。

求纯音的音调与频率的关系可采用求响度的同样方法,以 40 phon1000 Hz 纯音为基准,令其音调为 1000 美(mel),听者判断比其高一倍的声音就是 2000 mel,比其低一半的声音就是 500 mel。由大量听力正常的青年做调子比值的实验,就可以建立起整个可听频率的音调标度,如图 3.5。

实验中发现,"mel"数与基底膜上相应频率的共振点到蜗孔的距离成正比,可见 mel 还有它在生理学上的意义。听觉有掩蔽现象:一个声音由于另一声音的存在而提高听阈,但二音的频率差大到一定程度,这种影响就小了。互相掩蔽的最大频率差值称为临界频带宽度。因此可把整个频带分成 24 个临界频带,如表 3.1 所示。在小于临界频带内的噪声总响度与其中心具有同样强度的纯音的响度相同,带宽大于临界频带就不成了。临界带宽也和音调有关,一个临界频带约 100 mel。基底膜像带通滤波器,具体化了。

表 3.1 临界频带

号数	频带/Hz	号数	频带/Hz	号数	频带/Hz
1	20 ~ 100	9	920 ~ 1080	17	3150 ~ 3700
2	100 ~ 200	10	1080 ~ 1270	18	3700 ~ 4400
3	200 ~ 300	11	1270 ~ 1480	19	4400 ~ 5300
4	300 ~ 400	12	1480 ~ 1720	20	5300 ~ 6400
5	400 ~ 510	13	1720 ~ 2000	21	6400 ~ 7700
6	510 ~ 630	14	2000 ~ 2320	22	7700 ~ 9500
7	630 ~ 770	15	2320 ~ 2700	23	9500 ~ 12000
8	770 ~ 920	16	2700 ~ 3150	24	12000 ~ 15500

另一个频率的标度是音高,这实际是频率排列的方法,主要用于音乐。从远古时期人们就知道两个乐音,当频率比(古时是管长比或弦长比)呈简单比数时,如 1:2,2:3,3:4,4:5,3:5 等,听起来非常和谐。从此发展出来三分损益法,在欧洲五度相生法(按五度 2:3 的比数求得)。后来从物理考虑提出自然律,一个倍频程(八度)内取频率(基频)比是

$$C24,D27,E30,F32,G36,A40,B45(C'48)$$

七个音,制成音乐,和谐好听。高一个八度的音听起来是同音,高一阶。C,D,E 间的比值是 8:9 和 9:10 称为一个全音,F,G 和 A,B 相邻音的比值也是 8:9 或 9:10,是全音。但 EF 间和 BC' 间是 15:16,称为半音,在钢琴上这些音都用白键。在 CD

间,DE 间,FG 间,GA'间和 AB 间各加一个差半音的黑键,使成为 12 个半音。这样,从任何一个音开始都可以组成如上的七个音,成为 C 调、E 调等。在近代音乐中采取平均律,或等程半音,比值都是 $2^{\frac{1}{12}} = 1.0595$,与上面 1.6/1.5 = 1.0667 虽有差别,但听起来无甚不同,在音乐中就好安排了。等程半音是我国 1584 年明代王子朱载堉经几十年深入研究提出来的,但未能通行。欧洲后来也有人提出,现在通行的就是平均律,国际标准,第四个八度的 A_4 为 440 Hz,由此推出其他音,所以是从 $C_0 = 16.35$ Hz 开始,各律音的音高为

$$H = \log_2\left(\frac{f}{16.35}\right) = 3.3\log\left(\frac{f}{16.35}\right) \tag{3.5}$$

$H = 0 \sim 11$ 是起始的八度,$C_0,D_0,\cdots,B_0$;$12 \sim 23$ 是第一个八度,$C_1,D_1,\cdots,B_1$ 等。每一个八度分为十二个半音,比值 1.0595,全音 $2^{\frac{2}{12}} = 1.225$ 与自然律的比值 1.25 相差很少。半音分做 100 音分,所以一个八度为 1200 音分。

3.4 计权声压级 声级计

图 3.2 等响曲线的一大用途是可以据之设计电信网络使其输出特性与等响曲线相反(高频和低频灵敏度低),因而输出就接近响度级。最初(20 世纪 50 年代),设计的计权曲线有三条,A 计权曲线是 40 phon 等响线的反曲线,用以测量 40 phon 上下的低声级,得到接近响度级的结果。B 计权曲线是 70 phon 等响线的反曲线,用以测量中等声级。C 计权曲线则是 100 phon 等响线的反曲线,用以测量

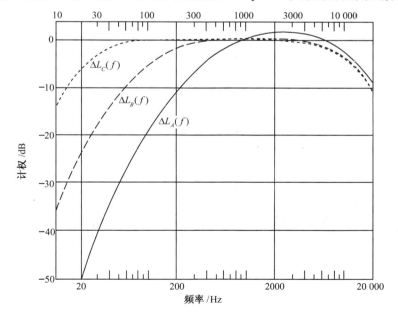

图 3.6 计权曲线图

高声级。几十年使用的结果都发现 A 计权声压级(简称 A 声级)最有用,与人对噪声的感觉(响度、干扰程度等)最接近,B 声级用处不大,逐渐 B 计权网络也没有人用了。C 声级接近不加计权的声压级,但去掉对人影响小的较高频率和低频率。图 3.6 是计权曲线图。

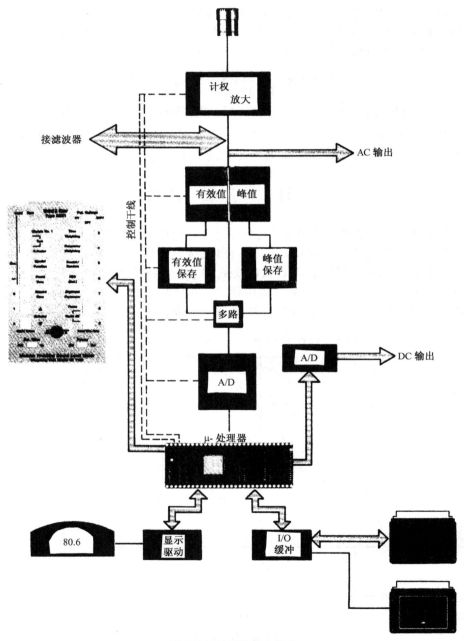

图 3.7　声级计基本构造

计权声级有了确切定义，就可以制成仪器直接测量了，这就是声级计，也有人叫做噪声计。声级计是研究和控制噪声的最有用的仪器，可发展为做声学实验的主要设备。它的构造很简单，用传声器接收噪声或用加速度计接收振动，经前置放大器降低其电阻抗以便与其他线路连接，再经可变放大器改变量程后联到计权网络，以后再经可变放大器、整流器等接到显示设备（仪表或数字显示）或记录设备。这些都可用数字线路实现，并用微型计算机控制。在整个线路中任何点都可取出交流或直流输出。在计权网络处可换成滤波器，也可以不用网络直通。对交流或直流输出可进行任何演算。所以有人说现代声级计就是一个小型的声学实验室。声级计的频率范围在测 A 声级、C 声级和线性输出时为 20 Hz~20 kHz，但在全通时可扩展至 2 Hz~70 kHz，可用于次声和超声测量。传声器用 12 mm 传声器，测超声时则须换用 6 mm 或 3 mm 传声器。输出可以是有效值（方均根值）或峰值，后者对测过渡现象或脉冲声特别有用。图 3.7 为现代声级计基本构造。

3.5　频率分析

声音的本质还在于它的频谱。纯音比较少，一般声音包含若干频率。有的声音具有线谱，有一个最低的频率称为基频，还有基频的二倍、三倍等。这是乐音，分析时就是找出个别频率的大小。噪声具有连续频谱，分不出单个的频率，要按频带分析。频带有两种，固定带宽和比例带宽。固定带宽分析，得到的是通带声压级。用带宽的对数除，即得 1 Hz 带宽内的声压级，称为声压谱（密度）级。比例带宽最方便的是上下截止频率为 2：1 的倍频带。如果频谱变化比较大，须用较窄的通带，最常用的是 $\frac{1}{3}$ 倍频带，把倍频程按比例分为 3 个。有时也用更窄的通带。如果通带的中心频率是 f，倍频带的上下截止频率就是 $\sqrt{2}f$ 和 $f/\sqrt{2}$，1/3 倍频带的上下截止频率就是 $\sqrt[6]{2}f$ 和 $f/\sqrt[6]{2}$。这样一组滤波器就可以连接分析整个频带。为了不同乐器同时演奏，互相和谐，音乐必须有标准。我国先秦时代就规定黄钟八寸一分或九寸（指管长）为标准，几十人可以合奏。上面已提到，现代标准调音频率是第四个八度的 A$_4$ 音为 440 Hz，由此可求得其他。但在频率分析中则用另一标准，现在国际标准是从 1 Hz 开始。倍频带滤波器的中心频率就是 1 Hz，2 Hz，4 Hz 等等。2 的常用对数是 0.30103，就取为 0.3 只差约 $\frac{1}{300}$，所以倍频带的带宽，或临带相距就是 $10^{0.3}$。$\frac{1}{3}$ 倍频程带宽或临带相差是 $\sqrt[3]{2}$，其对数是 0.10034 就取为 0.1，带宽 $10^{0.1}$。于是 $\frac{1}{3}$ 倍频带滤波器系列中心频取为 $10^{0.1n}$ 滤波器的上下限频率则为中心

频率的 $10^{\pm0.05}$ 倍, n 为滤波器的次序。倍频带滤波器的中心频率同样取 $10^{0.1n}$, 但 n 应为 3 的倍数, 上下频则为其 $10^{\pm0.15}$ 倍。声学测量中常用的 $\frac{1}{3}$ 倍频带滤波器是由 $n=14(25\ Hz)$ 到 $n=40(10\ 000\ Hz)$。倍频带滤波器则用 $n=15(31.5\ Hz)$, 每隔三取一, 到 $n=39(8000\ Hz)$。两种滤波器的带宽对数分别是 $0.1(n+1)$ 和 $0.1(n+3)$, 由频带声压级求声压谱级, 分别用 2 数除即得。表 3.2 是频带滤波器的中心频率及上下限频率。

表 3.2 频带滤波器系列

号数	$\frac{1}{3}$倍频带中心频率/Hz	下限	上限	倍频带中心频率/Hz	下限	上限
14	25	22.4	28			
15	31.5	28	35.5	31.5	22.4	45
16	40	35.5	45			
17	50	45	56			
18	63	56	71	63	45	90
19	80	71	90			
20	100	90	112			
21	125	112	144	125	90	180
22	160	144	180			
23	200	180	224			
24	250	224	280	250	180	355
25	315	280	355			
26	400	355	450			
27	500	450	560	500	355	710
28	630	560	710			
29	800	710	900			
30	1000	900	1120	1000	710	1400
31	1250	1120	1400			
32	1600	1400	1800			
33	2000	1800	2240	2000	1400	2800
34	2500	2240	2800			
35	3150	2800	3550			
36	4000	3550	4000	4000	2800	5600
37	5000	4000	5600			
38	6300	5600	7100			
39	8000	7100	9000	8000	5600	11200
40	10000	9000	11200			

由频率分析的结果,也可以计算出计权声压级(也可以简称声级)。频带声压级加上根据图3.6的等响曲线的反曲线的分贝数(称为计权数)就得频带计权声压级。用第二章中的分贝加法将各频带计权声压级相加,就可得到计权声压级。表3.3是在各倍频带中心频率的A计权声压级计权数。这些数与频带宽窄无关,可直接用于倍频带频谱转换为A声级时,也可以用于1/3倍频带频谱转换为A声级,一些中间频率的计权数可从图3.6上读得,或在表3.3上用插入法求得,但基本的方法是把1/3倍频带频谱上每三个分贝数用能量相加得到倍频程频谱以后再转换。

表3.3 频带声压级转换为频带A声压级应加的计权数

频率/Hz	计权数/dB	频率/Hz	计权数/dB
31.5	-39.4	1000	0
63	-26.2	2000	1.2
125	-16.1	4000	1
250	-8.6	8000	-1.1
500	-3.2		

3.6 声 图

声图或声谱图是表达声音频谱的另一方式。将小段声信号记录下来,反复演回,通过一固定带宽的滤波器,中心频率每次升高一个带宽值,把输出用阴极射线示波器或其他设备显示或记录,所得就是三维的动态频谱,显示的水平方向是时间,垂直方向是频率,光的强弱或记录的灰度代表声压级的大小或声音强度的大小。这就是声图,图3.8是一个例子。

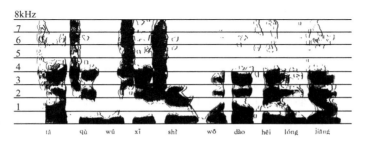

图3.8 标准句声谱图

图3.8的声谱图的原件是记录在热敏纸上的,一般可以有十一层灰度。图

3.8用的是窄带滤波器,语声共振峰(图上最黑处)变化很明显,这些是语声的特征。声谱仪是20世纪30年代中发展的,原来目的是为聋哑人提供"可见语言"。经过适当训练,聋哑人可以读出对方讲的话,很有效。不过因为设备太复杂,动作又慢,无法推广。这种设备显示任何声音的动态频谱,非常有用,不但成了语言研究的利器,用于语言学研究、语音识别等,还用于动物和昆虫发声和通信研究,用于心脏音的显示,称为心音频谱图仪,用于颈动脉的超声多普勒检查,在水声学,声呐,地震波,爆炸波等的研究中也很有用。

3.7 傅里叶转换

表明频谱,最早的办法是傅里叶级数。前面(第二章)已说明,任何时间函数都可以写做正弦式函数之和。设 $p(t)$ 是周期性函数,基频 $\omega/2\pi$,可以把它写成傅里叶级数

$$p(t) = \sum_{n=-\infty}^{+\infty} P_n \mathrm{e}^{jn\omega t} \tag{3.6}$$

指数函数也有时写做三角函数 $\sin(n\omega t)$ 或 $\cos(n\omega t)$,但正弦是奇函数 $\sin x = -\sin(-x)$,所以正弦级数要求 $p(t) = -p(-t)$ 是奇函数。相反,余弦是偶函数 $\cos x = \cos(-x)$,所以余弦级数要求 $p(t) = p(-t)$ 是偶函数。(3.6)式适合任何函数。在(3.6)式两边各乘上 $\mathrm{e}^{-jn\omega t}$,以后平均可得到

$$P_n = \frac{1}{T} \int_{-T/2}^{+T/2} p(t) \mathrm{e}^{-j\omega t} \mathrm{d}t \tag{3.7}$$

(3.7)式称为 $p(t)$ 的傅里叶变换,(3.6)式则称为傅里叶逆变换,$T = 2\pi/\omega$ 为周期。

如果在一周期内均匀间隔地取 N 个 p 值,(3.7)式的积分就可以转变为 N 个乘积,计算就方便了,这样得到的是离散式傅里叶变换,P_n 系数也只有 N 个

$$P(k) = \frac{1}{N} \sum_{n=0}^{N-1} p(n) \mathrm{e}^{-j\frac{2\pi}{N}kn}, \quad k = 0,1,2,\cdots,N-1 \tag{3.8}$$

逆变换是

$$p(n) = \sum_{k=0}^{N-1} P(k) \mathrm{e}^{-j\frac{2\pi}{N}kn}, \quad n = 0,1,2,\cdots,N-1 \tag{3.9}$$

这些公式是严格的,准确的,取 N 个 p 值,算出 N 个系数,用 N 个系数准确地算出 N 个 p 值。不过在使用这个变换时对信号有内在的周期性假设,即 $n = 0,1,2,\cdots,N-1$ 系列不断重复

$$f(n+kN) = f(n), \quad h = 任何整数$$

用于周期性函数,在一个周期内取点,当然没有问题。如果用于周期有变化如语言信号,或根本无周期的信号如噪声信号,这一点就很重要。如果是变化较快的语言

信号，就只能在接续的小段时间内取样（p 值），进行分析，得到短期傅里叶变换，短期是变化不大的短时间，可能是 10 ~ 30 ms（这是对语言而言）。在一般连续过程（包括噪声信号），则加大取样数，使两个相邻样点（p 值）间基本是线性变化，$N = 1024 s^{-1}$ 或 $2048 s^{-1}$ 是常见的。这就涉及计算量，计算时间的问题了。考虑到复数运算，算出 N 个系数需要 $4N^2$ 次实数乘法和 $2N^2$ 次实数加法。如果是 $N = 1024$，这就是 420 万次乘法和 210 万次加法。即使用电子计算机也是浩大工程。

如果仔细观察(3.8)式，就可以发现其有内在规律。$n = 1$ 的项是 $p(1) e^{-j \frac{2\pi k}{N}}$，$n = N - 1$ 项是 $P(N-1) e^{+j \frac{2\pi k}{N}}$，乘数是共轭复数，利用这一点可以把两次复数乘法简化为一次复数乘法，$n = 2$ 项与 $n = N - 2$ 项关系也是如此，由此类推，根据这一关系就把求每一个系数所需要的乘法减少一半，加法也相应减少。这种情况在使用傅里叶分析较多的人早有发现，实际乘法减半后还可以再减半。1965 年，J. N. Cooley 和 J. W. Tukey 发展了快速傅里叶变换（FFT）算法语言把计算大为简化。如果 N 是 2 的幂数，计算次数减为各 $N + 2N \log_2 N$ 次乘法和加法。仍取 $N = 1024 = 2^{10}$，这些数目就成为乘法和加法各 22500 次，与上相较，只有其1/186。这是从 1822 年傅里叶发现他的变换以来最大的进展，也是数字信号处理的重大进展。现在较多生产的双通道 FFT 分析仪可用以显示时间函数，概率分布，频谱相干性，信噪比，自相关系数，互相关系数，脉冲的响应，声强，倒频谱等等，这都是在微型计算机上计算谱级随之以适当演算软件完成的。在数字信号处理中有广泛应用。

参 考 书 目

S. S. Stevens, H. Davis. Hearing. John Wiley, 1938; ASA, 1983

H. Fletcher. Speech and Hearing in Communicatian. ASA, 1995

B. J. Smith. Acoustics and noise control. Longman, 1982

S. S. Stevens. Psychophysics and the Measurement of Loudness. 6th ICA, 1971 GP – 4 – 3

马大猷编. 噪声控制学, 北京: 科学出版社, 1983

习　题

3.1　（a）已知一个大气压力等于 101.3×10^3 Pa，而最低可听声场等于 20×10^{-3} Pa，如果一个水柱高度相当于一个大气压力，问水柱高度应降低多少以达到这个压力？

（b）已知感觉阈在此听阈以上 120 dB，问水柱需提高多少以达到这个压力？

（c）在 4000 Hz 的听阈为零分贝，在 31.5 Hz 的最低可听声场的声压要高多少倍？

（d）用分贝表示的中耳增益是多少？

3.2　人耳耳廓最大尺度约为 70 mm，老鼠的耳廓最大尺度为 5 mm。

（a）假设鼠耳以同样比例较人耳缩小，鼠耳听觉的频率范围是什么？

（b）鼠耳与人耳的换能机理（毛细胞）相同，由于尺度不同，鼠耳的灵敏度可能差多少？

（c）与（b）中结论相反，鼠耳在其频率范围内与人耳的灵敏度大致相同。这对鼠耳的换能机理意味着什么？

(d)换言之,从形状上看,鼠耳的尺寸与人耳的尺寸有无不同?

(e)如果在(d)中回答是有,在相对尺寸上的最大差别是什么?

3.3 最低可听声场(MAF)是用正面射来声波测得的。由于耳廓的衍射作用,人耳对于侧面射来的声波更为灵敏,在1000 Hz高5 dB,在6000 Hz高10 dB。

(a)如戴着耳罩测听阈,灵敏度不同有何影响?测得的称为最低可听声压(MAF)。

(b)由自由声场(听者不在时)的声压转换为听者耳鼓上的声压出入很大,与声音的方向和频率有关。曾观察到的差别达+21 dB到-16 dB。在扩散声场,声音到来各方向的概率相同,最低可听扩散声场(MAF)听阈与MAF和MAP如何比较?

3.4 有五个频率分别为100 Hz,200 Hz,300 Hz,400 Hz和500 Hz的纯音分别具有0 dB,0 dB,0 dB,0 dB和1 dB同时收听。

(a)总声压级是多少?

(b)频率中心为250 Hz的倍频带声压级是多少?

(c)A计权声压级是多少?

3.5 电动剃刀在耳旁产生的倍频带频谱如下:

中心频率/Hz	63	125	250	500	1000	2000	4000	8000
声压级/dB	60	60	50	65	60	65	60	55

计算声压级及A声级。

3.6 小汽车在距离20 m处产生的声压级为70 dB。在开阔的公路上每10 m有一辆车,求距离公路60 m处的噪声级。

3.7 工厂车间内如不开动机器,本底噪声是80 dB,开动一台机器后声压级增至84 dB,如再开动一台机器声压级估算要增加多少?

3.8 飞机飞过时的轰声具有声压变化如下:

$$p = \begin{cases} -P_{pk}\dfrac{t}{T}, & -T/2 < t < T/2 \\ 0, & t < -T/2, T/2 < t \end{cases}$$

式中T为波形的时间长度,P_{pk}为最大超压,时间原点的选择是在P_{pk}的正负相之间。导出每单位频宽和每单位面积的声能与频率的关系,用曲线表示之。

3.9 中间C律音(C_4)频率七倍的乐音接近哪个律音?

3.10 已知一多频率声含有125 Hz和400 Hz分量。用声级计测量,得到A声级L_A和C声级L_C。提出用这两个数据估计出多频声两个分量的声压级的方法。举一个数字为例说明这个方法。

第四章　平面波的传播

研究平面波的传播特性很重要,因为遇到平面波传播的情况较多,而且很多传播问题可以用平面波近似。声波传播与电磁波传播很相似,只有纵波横波的不同,除此以外,二者可适用同样规律,或者互相印证或参照。首先,声波速度 340 m/s,电磁波速度 3×10^8 m/s。1 ms 传播时间(如延时器),用电磁波要传播 300 km,不可能在实验室内进行。但用声波,只有 340 mm,完全可在实验室内完成。其次是波长问题,在空气中可听声的范围是 20 Hz 至 20 kHz,波长 17 m 至 17 mm,在水声中所用波长也是在这范围,在超声应用中还低到毫米。米波,分米波,厘米波,毫米波正是电磁波中的短波,微波范围。有许多声学现象完全可用电磁波模拟实验,有的大学在课堂上讲授声学时用电磁波模拟实验,简单并且方便,也有些电磁波现象用声学模拟更方便,本章中讨论声波传播。球面波和柱面波在距离声源很远,$r \gg \lambda/2\pi$ 时都趋近于平面波,下面一般讨论以平面波为主。

4.1　反射　折射　透射

声波遇到两种介质交界面时,即发生反射和折射。设入射声压为 p_i,反射声压为 p_r,折射(或透射)声压为 p_t,入射角(入射声波法线与界面法线形成的角)为 θ,折射角(折射波法线与界面法线形成的角)为 φ,如图 4.1。反射角与入射角相等,也是 θ。入射波与折射波,反射波沿界面切线方向的相位必须相同,即

$$c_1\sin\theta = c_2\sin\varphi \tag{4.1}$$

c_1,c_2 分别为在第一介质(入射波所在)和第二介质中的声速。上式可写做

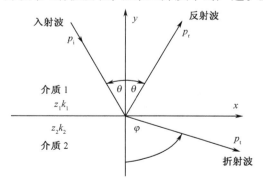

图 4.1　声波的反射与折射

$$\frac{\sin\theta}{\sin\varphi} = \frac{c_2}{c_1} = n_{12} \tag{4.2}$$

为一常数,此式即斯涅耳(Snell)定律,与光学相同。n_{12}为折射率。

反射的定量关系可根据声波在界面两边的连续性求得。界面两边的声压应连续,

$$p_i + p_r = p_t \tag{4.3}$$

在法线方向的质点速度也应连续

$$(p_i - p_r)\frac{\cos\theta}{\rho_0 c_0} = p_t \frac{\cos\varphi}{Z} \tag{4.4}$$

式中 Z 是第二介质的声阻抗率,第一介质假设是空气。设入射声是在空气中。令 $z = Z/\rho_0 c_0 = r + jx$ 为第二介质的声阻抗比,r 为声阻比,x 为声抗比。代入(4.4)式,与(4.3)式消去 p_t,即得声压反射系数

$$R = \frac{p_r}{p_i} = \frac{z\cos\theta - \cos\varphi}{z\cos\theta + \cos\varphi} \tag{4.5}$$

消去 p_r,可得声压透射系数

$$T = \frac{p_t}{p_i} = \frac{z\cos\theta}{z\cos\theta + \cos\varphi} \tag{4.6}$$

有些吸声材料称为局部反应材料,$\varphi = 0$(绝大多数吸声材料具有此性质),其声阻抗率称为法线声阻抗率。(4.5)式和(4.6)式变为

$$R(\theta) = \frac{z\cos\theta - 1}{z\cos\theta + 1} \tag{4.7}$$

$$T(\theta) = \frac{z\cos\theta}{z\cos\theta + 1} \tag{4.8}$$

按能量的吸声系数为 $1 - |R_\theta|^2$,$|R_\theta|^2$ 为能量反射系数,即

$$\alpha(\theta) = \frac{4r\cos\theta}{(1 + r\cos\theta)^2 + x^2\cos^2\theta} \tag{4.9}$$

这是入射角为 θ 时被吸收的声能与入射声能之比。在正入射时,$\theta = 0$

$$R_N = \frac{z - 1}{z + 1} \tag{4.10}$$

$$T = \frac{z}{z + 1} \tag{4.11}$$

$$\alpha_N = \frac{4r}{(1 + r)^2 + x^2} \tag{4.12}$$

在上面讨论中,Z 取为第二介质的声阻抗率,这只是在第二介质是非常厚,声波进入后不再返回的情况下成立。在常遇到的情况是第二介质厚度有限,其后是硬表面或是空气或其他介质,如图4.2所示。

在介质层中有入射波 p_a 和反射波 p_b,在后表面上声压为 $p_a + p_b$,质点速度

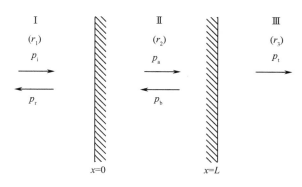

图 4.2 声波透过介质层的传送

为 $u_a - u_b = (p_a - p_b)/Z_2$，$Z_2$ 为第二介质的声阻抗率。如第三介质的声阻抗率为 Z_3，连续性的关系要求

$$\frac{p_a + p_b}{u_a - u_b} = Z_3$$

因而

$$\frac{p_a + p_b}{p_a - p_b} = \frac{Z_3}{Z_2}$$

可求得

$$\frac{p_a}{p_b} = \frac{Z_3 + Z_2}{Z_3 - Z_2} \tag{4.13}$$

与（4.7）式相似。到第二介质的前表面，声压 p_a 由于介质中传播时间而成为 $p_a e^{j\omega L/c_2}$，p_b 则变为 $p_a e^{-j\omega L/c_2}$，因此在前表面的入射声阻抗（即（4.4）式的 Z）为

$$Z = \frac{p_a e^{j\omega L/c_2} + p_b e^{-j\omega L/c^2}}{p_a e^{j\omega L/c_2} - p_b e^{-j\omega L/c^2}} Z_2$$

将（4.13）代入，可得

$$z = \frac{z_3 \cos k_2 L + z_2 j \sin k_2 L}{z_3 j \sin k_2 L + z_2 \cos k_2 L} z_2 \tag{4.14}$$

式中 $k_2 = \omega/c_2$，将 z 代入（4.9），（4.10）二式即可求得最后的反射系数和吸收系数。

介质层背后如为硬面，即第三介质如为刚体，z_3 即为无穷大，入射阻抗比即为

$$z = z_2/j\tan k_2 L \tag{4.15}$$

介质层背后如为空气，$z_3 = 1$，入射阻抗比则为

$$z = \frac{1 + z_2 j \tan k_2 L}{j \tan k_2 L + z_2} z_2 \tag{4.16}$$

如果 $z_3 = z_2$,(4.12)式即成为 $z = z_2$,回到(4.5)式或(4.7)式的情况。

　　一个常遇到的问题是声源和接收器(或人)在反射面的一方,如图4.3。在地面上听取远方声源,或在水面上接收远方信号都是这种情况。

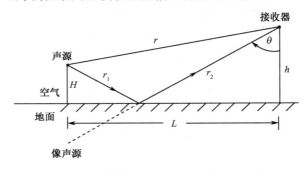

图4.3　反射与传播同在反射面一方的几何关系

　　设声源与接收器的水平距离为 L,高度分别为 H 和 h。声源与接收器的直线距离为

$$r = \left\{L^2 + (h - H)^2\right\}^{\frac{1}{2}}$$

反射线的长度 $r_1 + r_2$ 等于像声源到接收器的直线距离

$$r' = \left\{L^2 + (h + H)^2\right\}^{\frac{1}{2}}$$

如果水平距离相当远,L 甚大于 H 和 h,就可认为直达声和反射声由于球面衰减 $(1/r)$ 引起的幅值差异微小可以不计,只有由于距离不同而引起相位差异,距离差约为

$$r' - r \approx \frac{2Hh}{L}$$

直达声与反射声相加即为

$$p = 2p_1\cos(kHh/L) \qquad (4.17)$$

式中 $k = \omega/c$,p_1 为直达声的幅值。所以测得声压会随距离 L 改变有所起伏。

4.2　声阻抗率和吸声系数的测量

　　如果第二介质是声学材料,其反射系数(4.9)和吸声系数(4.10)即为测量的基础。最便于使用的是阻抗管(图4.4)设材料表面为 $x = 0$,其前一个距离 d 处,入射波与反射波即具有程差 $2d$,或相位差 $2kd$,二者之和为

$$p_d = p_i e^{jkd} + \frac{z - 1}{z + 1}p_i e^{-jkd}$$

$$= \frac{2p_i}{z + 1}(z\cos kd + j\sin kd) \qquad (4.18)$$

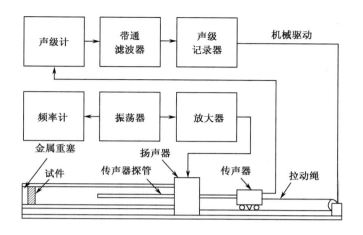

图 4.4 阻抗管设备

式中,p_i 代表材料表面 $d=0$ 处的入射声压。总声压(4.18)的绝对值在 $d=0$ 处

$$p_0 = \frac{2p_i}{|z+1|}|z|\qquad(4.19)$$

在材料前 $d = \lambda/4$($\lambda/4$ 等于管中声压极大点与极小点间的距离)处

$$p_{\lambda/4} = \frac{2p_i}{|z+1|}\qquad(4.20)$$

二者之比为

$$p_0/p_{\lambda/4} = |z|\qquad(4.21)$$

可直接测出阻抗比的绝对值。同样,根据(1.54)式,稍加改写

$$p = p_i\exp(-jkd)\left[1 + \left|\frac{z-1}{z+1}\right|\exp(2jkd+j\varphi)\right]\qquad(4.22)$$

式中 φ 为反射系数 $R = (z-1)/(z+1)$ 的相角。如 $(2kd_1 + \varphi) = 0$ 或 2π,$\exp[j(2kd+\varphi)]$ 等于1,p 是极大,绝对值为

$$p_1 = p_i(1 + |R|)$$

而在 $(2kd_2 + \varphi) = \pi$ 处,$\exp[j(2kd+\varphi)] = -1$,$p$ 是极小,其绝对值为

$$p_2 = p_i(1 - |R|)$$

二者之比

$$\frac{p_1}{p_2} = \frac{1+|R|}{1-|R|}\qquad(4.23)$$

此值称为驻波比,由此可求得$|R|$而求出吸声系数 $\alpha = 1 - |R|^2$。p_1, p_2 的乘积

$$p_1p_2 = p_i^2(1 - |R|^2) = p_i^2\frac{4r}{|z+1|^2}\qquad(4.24)$$

与上面求得的 $p_{\lambda/4}$ 比较,得

$$\frac{p_1 p_2}{p_{\lambda/4}^2} = r \qquad (4.25)$$

直接得到声阻比 r,已知 $|z|$ 不难求出声抗比 x。根据极大极小的位置可见

$$2k(d_1 - d_2) = \pi \text{ 或 } |d_1 - d_2| = \lambda/4 \qquad (4.26)$$

如上所述。极大值和极小值相加为 $p_1 + p_2 = 2p_i$,代入(4.24)得吸声系数

$$\alpha_N = 1 - |R|^2 = 4p_1 p_2 / (p_1 + p_2)^2 \qquad (4.27)$$

吸声材料在扩散声场(如混响室或其它混响的房间内)的吸声系数等于不同入射角度吸声系数 α_θ(4.9)的平均值,称为统计吸声系数

$$\alpha_{\text{stat}} = \int_0^{\pi/2} \alpha_\theta \sin 2\theta \, d\theta \qquad (4.28)$$

由于"计权"因数 $\sin 2\theta$ 的影响,原来 $\theta = 0$ 时吸声系数最大,现在在积分中反而成为最小。$\theta = 45°$ 时,$\sin 2\theta$ 最大,统计吸声系数也可能是最大。在吸收中,入射角在 45° 左右的声波影响最大。

4.3 掠入射 蠕行波

根据(4.7)式,入射角 $\theta = 90°$ 时吸声系数为零。但此时声波沿材料表面传播,其声压变化必引起材料内质点振动,因而应该有能量传入材料,吸声系数不可能为零。这是矛盾。答案是,在任何条件下,声波不可能沿材料表面传播,要与材料成一小角度(掠射角)以满足能量平衡关系。在无穷平面上(例如地面上)传播时,波法线与平面的法线成一稍小于 90° 的角度,以补偿向材料内传播的能量,同时声波本身要受到衰减。假设没有反射波,透射波沿法线透入材料,入射波的质点速度在材料法线方向的分量等于材料内的质点速度,

$$p\cos\theta = p\frac{\rho c}{Z}$$

或

$$\cos\theta = \frac{1}{z} = g - jb \qquad (4.29)$$

g 为材料的声导比,b 为其声纳比。声波的方程应是

$$p = p_0 \exp[j(\omega t - k(x\cos\theta + y\sin\theta))] \qquad (4.30)$$

知

$$\sin\theta \equiv (1 - \cos^2\theta)^{\frac{1}{2}} \approx 1 - \frac{1}{2}(g^2 - b^2) - jgb$$

设声导纳比 $y = g - jb$ 甚小于 1,或 z 甚大于 1,Z 的绝对值甚大于 $\rho_0 c_0$。(4.30)式是在 θ 方向传播的声压,将 $\sin\theta$ 的值代入,沿表面(y 方向,$x = 0$)传播的声压变化

则是

$$p(y) = p_0 \exp(-kgby) \exp\left[j(\omega t - ky)\left(1 - \frac{1}{2}(g^2 - b^2)\right)\right] \quad (4.31)$$

这种声波称为导波或蠕行波,在地面上传播的导波仍似沿地面传播,其传播速度稍有变化(由 g, b 的值决定),但以不断衰减为代价。图 4.5 是蠕行波的波阵面和波法线的关系,在传播中一小部分能量送入材料以保持传播不离表面,因而衰减很小,许多长距离传播由于此,上面的简单理论曾得电磁波传播证明。

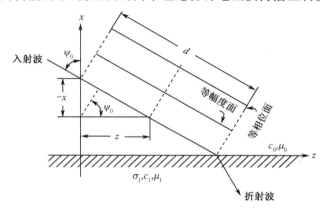

图 4.5　蠕行波的传播

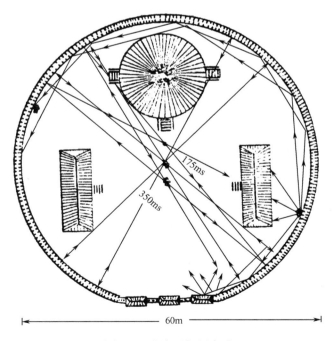

图 4.6　北京天坛回音壁

在实际中有不少这一类的例子。火山爆发,核爆炸,发射导弹等声音,低频都可以沿地面围绕地球几周。超声探伤中围绕较大伤痕的蠕行波也是常见的。在建筑物中,回音壁效应,或国外讲的微语廊效应也很多。图 4.6 是北京天坛的回音壁,人们在大门一边墙面附近轻声讲话,在大门的另一边可以听到,沿壁间约 200 m。在空旷处用正常声音讲话,200 m 处就只有 20 dB(0 dB = 20 μPa)了,夜半也难听得见。在管道中或室内的掠入射,下面另行讨论。

4.4　干涉　测不准原理

声波可以互相干涉,两个频率相近的声音同时在一个方向传播,听起来不是两个声音,而是一个声音,强弱不断变化,这就是干涉。每秒钟强弱变化的次数等于两个频率之差,称为拍频。拍的现象在实际中很重要,最常用的是拍频振荡器,用两个稳定的高频率产生低频;超外差无线电接收,中频系统技术等;钢琴调音员也就是带着一个音叉利用拍音为音乐家调音。两个不同频率 $\omega/2\pi$ 和 $(\omega + \Delta\omega)/2\pi$ 同时发声的结合音如图 4.7 所示。

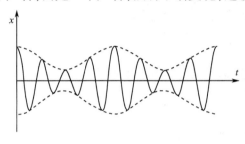

图4.7　拍的波形图

设两个信号是

$$p_1 = P\cos\omega t$$
$$p_2 = P\cos(\omega + \Delta\omega)t$$

强度不同的信号,也可以得到同样效果,只是公式稍微复杂而已。二者相加可得

$$p = p_1 + p_2 = 2\rho\cos\frac{1}{2}\Delta\omega t\cos\left(\omega + \frac{1}{2}\Delta\omega\right)t \tag{4.32}$$

结果的基本频率是两个信号的平均频率,幅值则按差频变化。如

$$\frac{1}{2}\Delta\omega t = \frac{1}{2}\pi, \frac{3}{2}\pi, \frac{5}{2}\pi, \cdots$$

则信号为零,在两次零之间的周期 Δt 满足

$$\Delta\omega\Delta t = 2\pi \tag{4.33}$$

或

$$\Delta f\Delta t = 1 \tag{4.34}$$

如原来两个信号大小不同,干涉的结果就没有零点。但是有最小。类似的结果在以猝发声做测试时也存在。此时信号是

$$P = \begin{cases} 0, & t < -\Delta T/2 \\ A\cos\omega_0 t, & -\Delta T/2 < t < \Delta T/2 \\ 0, & T < \Delta T/2 \end{cases} \tag{4.35}$$

即信号长度为 ΔT。用傅里叶变换可求得信号的频谱,收到的信号不是单频率,而是分布在 ω_0 上下,$\Delta\omega$ 之内,$\Delta\omega$ 满足

$$\Delta\omega\Delta T = 2\pi \tag{4.36}$$

或

$$\Delta f \Delta T = 1 \tag{4.37}$$

与上面结果相同,这可称为声学中的测不准原理,与量子力学中海森堡(Heisenberg)测不准原理 $\Delta E\Delta t \approx h$ 完全相同(取量子的能量 $E = hf$)。在声学测量中,如要求准确的频率关系,ΔT 应大于使频率的不准确范围 Δf 比 f 小得多。

4.5 声波散射

声波在其传播途径中遇到物体或介质不均匀处要发生散射,从不均匀处向各方向发射散射波。不均匀处包括水中的鱼,大气中的云层,街道中的房屋,室内的粗糙墙壁,以及血管中的红血球等。一般来讲,障碍物尺度甚小于波长时,散射效应不大;障碍物尺度接近或大于波长时,散射强烈。换句话说长波散射小,短波散射大。这就是 19 世纪瑞利得出天空是蓝色的结论根据,因为红色波长,蓝色波短。这个定律对声波和光波同样适用。

4.5.1 散射波

按照瑞利散射理论,一平面简谐波入射一刚性固体使声场中声压成为

$$P = B\exp(-jkx) + p_{sc}(r) \tag{4.38}$$

式中 $B\exp[j(\omega t - kx)]$ 为入射声,$p_{sc}(r)e^{j\omega t}$ 为散射声,时间因式 $\exp(j\omega t)$ 均已从略,并以散射体的中心为坐标原点,入射波的传播方向为 x 方向(图 4.8)。

(4.23)式应满足刚性物体表面上法向质点速度为零的边界条件,即

$$\nabla p \cdot n = 0$$

或

$$\nabla p_{sc} \cdot n \mid_S = jB\exp(-jkx)k \cdot n \mid_S \tag{4.39}$$

式中 n 为物体表面 S 上的单位法线向量,k 表示 k 的大小,在平面波传播方向,后面的注 S 表示在表面上。边界条件就是广义斯涅耳定律。求散射波等于已知一个表面 S 上每一点振动速度求其幅值,表面 S 上分布简单声源,为入射波质点速度的负值。如果是简单形状的物体,如柱体或圆球,不难将入射声波分解为相应坐标系统的贝塞尔函数(2.3 节),严格地算出散射波的大小和指向性。在一般情况下,估计散射波的大小更为重要。(4.39)式的积分十分复杂,但到小散射体的假设下,

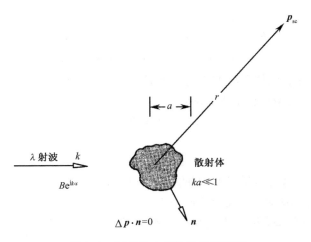

图 4.8　固定的小刚体散射平面波

kx 可视做微量(物体中心在原点,x 都很小)式中的指数项可只取其一级近似,$\exp(-\mathrm{j}kx)\approx1-\mathrm{j}kx$,代入,可得

$$V_{sc}\cdot n\mid_{S}=\left[-\frac{B}{\rho c}e_k\cdot n+\mathrm{j}\frac{B}{\rho c}(kx)e_k\cdot n\right]_{S} \tag{4.40}$$

式中 V_{sc} 为散射波的质点速度,$B/\rho c$ 为入射波的质点速度,e_k 其传播方向上的单位矢量。散射波在表面上的速度有两项,第一项代表整个刚体在 e_k 方向上来回振动,成为偶极子声源(各种声源的性质见第五章),其振动幅值为 $-B/\rho c$。第二项则是单极子声源,其幅值小于偶极子声源(乘以 kx)但由于单极子的辐射效率高,两项的重要性不相上下。

4.5.2　单极子声场

一般单极子辐射的声场为(仍略去时间因数)

$$p=\frac{\mathrm{j}\omega\rho Q}{4\pi cr}\exp(-\mathrm{j}kr) \tag{4.41}$$

式中 Q 为体积流速,按(4.40)式第二项质点速度,单极子散射声压即为

$$p_{sc,m}=\frac{\mathrm{j}k\rho c}{4\pi r}\exp(-\mathrm{j}kr)\iint_{S}\mathrm{j}\frac{B}{\rho c}(kx)e_k\cdot n\,\mathrm{d}S \tag{4.42}$$

根据高斯定理,面积分可以转换为体积分

$$\iint_{S}A\cdot n\,\mathrm{d}S=\iiint_{V}\nabla\cdot A\,\mathrm{d}V$$

这实际是简单一维积分

$$f(x_2)-f(x_n)=\int_{x_1}^{x_2}\frac{\mathrm{d}f(x)}{\mathrm{d}x}\mathrm{d}x$$

推广到三维。代入上式,即得

$$p_{\mathrm{sc},m} = -\frac{k^2 BV}{4\pi r}\exp(-jkr) \tag{4.43}$$

单极子辐射的散射波与频率平方成正比,与散射体的体积成正比,但与其形状无关。实际从(4.42)式就可看出这个结果,其中 $x\,\boldsymbol{e}_k\cdot\boldsymbol{n}\,\mathrm{d}S$ 就是以 $\mathrm{d}S$ 为一端,高度为 x 的柱体(以 yz 坐标面为底)的体积,整个积分自然是物体的体积 V,结果就是(4.28)式。

4.5.3 偶极子声场

偶极子的辐射则非常复杂,表面上各点以同一速度振动,方向相同,辐射必然与物体形状有关,很难求得统一形式,只有简单形状的散射体可以求得其严格散射结果。圆球体是一例。设散射体是半径为 a 的圆球。按偶极辐射的声压场一般可写做(根据5.2节的结果)

$$p = \frac{jk\rho cQd}{4\pi}\frac{\mathrm{d}}{\mathrm{d}r}\left[\frac{\exp(-jkr)}{r}\right] \tag{4.44}$$

式中 Q 与(4.41)式中的 Q 同,d 为偶极子正负极的距离,此处可取为圆球的半径 a。(4.40)式右方第一项是发射散射波的质点速度,所以也须在球面上积分,因而偶极子辐射部分的声压是

$$p_{\mathrm{sc},d} = \frac{jk\rho c}{4\pi}\iint_S \frac{Ba}{\rho c}\boldsymbol{e}_k\cdot\boldsymbol{n}\,\mathrm{d}S\,\frac{\mathrm{d}}{\mathrm{d}r}\left(\frac{\exp(-jkr)}{r}\right)$$

式中 $Ba/\rho c$ 是常数,$\boldsymbol{e}_k\cdot\boldsymbol{n}\mathrm{d}S$ 实即 $\mathrm{d}S$ 在 $x=0$ 面(即 yz 坐标面)上的投影,所以面积分就是整球面在 yz 面上的投影。微分则按正常步骤进行,结果是

$$p_{\mathrm{sc},d} = \frac{k^2 B\cos\theta}{4\pi r}2\pi a^3\left(1+\frac{1}{jkr}\right)\exp(-jkr) \tag{4.45}$$

(上面以 a 代正负单极子间距离 d 是根据估计,但(4.30)式与(5.12d)根据贝塞尔函数的严格结果只差一因数)加上单极子部分,圆球刚体的散射声压为

$$p_{\mathrm{sc}} = \frac{-k^2 BV}{4\pi r}\left[1\,\frac{3}{2}\cos\theta\left(1+\frac{1}{jkr}\right)\right]\exp(-jkr) \tag{4.46}$$

说明单极子和偶极子声源的贡献不相上下。在散射体形状较复杂时,因偶极子辐射可严格计算,即可近似地取之为总辐射声压之半。

声波由侧面射向半径为 a 的圆盘也可严格计算。由截面为椭圆形的圆盘出发,这计算并无困难,求其长短径比(即盘径与厚度比)趋于无穷时的极限即得。结果是

$$p_{\mathrm{sc}} = \frac{k^2 B}{4\pi r}\frac{8a^3}{3}\cos\theta\left(1+\frac{1}{jkr}\right)\exp(-jkr) \tag{4.47}$$

未加障板的扬声器的辐射特性与此相似,辐射效率比有障板的扬声器小得多。注

意(4.47)式中没有单极子辐射部分,因为圆盘体积为零,所以单极子辐射不存在。

4.5.4 散射截面 目标强度

在接收点的散射声强度与其离散射体的距离平方成反比。如距离 r 较远,散射声强度 I_{sc} 等于 $\frac{1}{2}p_{sc}^2/\rho c$ 的时间平均值,即与入射声强度的时间平均值成正比。

$r^2 I_{sc}/I$ 比值就等于单位固体角内每单位入射声能所散射的声能,称为微分散射截面 $d\sigma/d\Omega$,其在整个固体角(固体周角)的面积分则为散射截面 σ。如果散射固体角(距散射体 1 m 的球面上面积为 1 m^2 所包的固体角)内包括声源,$4\pi d\sigma/d\Omega$ 即称为反向散射截面 σ_b,在各向同性散射体的情况 $d\sigma/d\Omega$ 与接收点的方向无关,散射截面 σ 也即是反向散射截面 σ_b。

另一常见的量是以分贝数表示的目标强度,这主要在反向散射中使用

$$TS = 10 \log\left(\frac{\sigma_b}{4\pi R_0^2}\right) \tag{4.48}$$

基准距离 R_0 一般取为 1 m。圆球的目标强度就是(根据(4.30)式,距离远,θ 近于 0),

$$TS = 10 \log \frac{k^4 V^2}{64\pi^2 r^2}\left(1 - \frac{3}{2}\cos\theta\right) \tag{4.49}$$

上面的散射结果都限于散射体尺度甚小于声波波长的情况。在另一极限,如波长甚小于散射体尺度,散射就只与对声波的横向投影面积 A_{proj} 有关,散射截面为二倍投影面积

$$\sigma = 2A_{proj} \tag{4.50}$$

考虑了物体后面是阴影区等效于具有等于入射波的反向散射。反向散射截面则等于

$$\sigma_b = \pi R_1 R_2 \tag{4.51}$$

不计物体后的影响,$R_1 R_2$ 为投影面积,有长径、短径,约略把投影当做椭圆形。

如既非频率极低,又非频率极高,在中间范围,散射场的指向性就比较复杂而与等效的 ka 有关,出入较大,难以得到普适的结果。

4.5.5 共振散射

如果散射体不是刚性,且具有强烈的共振特性,散射就要受到共振的影响。最为显著的是水中的气泡,在远离其共振频率时,气泡的散射几乎无异于刚体。但在共振频率附近,气泡表面即随声波振动,散射有很大变化。气泡受到入射波压力 $B \exp(-jkx)$,稍有变化,在球面上的平均值为 $B \sin ka/ka$,因此,在气泡表面上的入射波和散射波压力总值是

$$
[p_i + p_{sc}]_m = \begin{cases} B\dfrac{\sin kr}{kr} + S\dfrac{\exp(-jkr)}{r}, & r > a \\[3mm] D\dfrac{\sin k_b r}{k_b r}, & r < a \end{cases} \tag{4.52}
$$

气泡外和气泡内不同,S,D 都是常数,k_b 是气泡中气体的波数。这只适用于单极子散射,在共振散射中这部分是主要的。$kr \ll 1$ 时,$\sin kr/kr$ 可简写其近似值 $1 - \dfrac{1}{6}(kr)^2$,同样适用于气泡内外,(4.52)式即为

$$
[p_i + p_{sc}]_m = \begin{cases} B - \dfrac{1}{6}B(kr)^2 + \dfrac{S}{r}(1 - jkr), & r > c \\[3mm] D - \dfrac{1}{6}D(k_b r)^2 & r < a \end{cases} \tag{4.53}
$$

散射波也做同样近似。边界条件是表面内外的压力和振动速度的连续性,即(略去 ka 的高次方)

$$
\left. \begin{aligned} B + \frac{S}{a}(1 - jka) &= D \\[3mm] \frac{1}{3}Bk^2 a + \frac{S}{a^2} &= \frac{\rho}{3\rho_b}Dk_b^2 a \end{aligned} \right\} \tag{4.54}
$$

消去 D,即可求得单极子散射声压的幅值 S

$$
S = \frac{-(k^2/4\pi)V_b[1 - (\rho c^2/\rho_b c_b^2)]B}{1 - \dfrac{1}{3}(k_b a)^2(\rho/\rho_b)(1 - jka)} \tag{4.55}
$$

因而求得散射波的声压(V_b 是气泡的容积),

$$
p_{sc,m} = \frac{\rho c^2 (k^2/4\pi)\Delta c_A B}{1 - \omega^2 M_A C_A + j\omega C_A R_A} \frac{\exp(-jkr)}{r} \tag{4.56}
$$

根据(4.55)式,气泡的声质量 M_A,声顺 C_A 及声阻 R_A 为

$$
M_A = \frac{3\rho V_b}{(4\pi a^2)^2}, \quad C_A = \frac{V_b}{\rho_b c_b^2}, \quad R_A = \frac{\rho c^2 k^2}{4\pi} \tag{4.57}
$$

声质量 M_A 相当于气泡在共外液体中声场中势流与距离平方成反比,$1/r^2$ 时的声质量。声顺 C_A 即容积为 V_b 的空腔应有的值。而声阻 R_A 则相当于单极子散射的声阻。c_b 是牛顿声速。

散射声压大约在 $\omega^2 M_A C_A = 1$ 时共振,由此可求得共振频率近似地等于

$$
f_b = \frac{c_b}{2\pi a}\sqrt{\frac{3\rho_b}{\rho}} \tag{4.58}
$$

这个值和液体中气泡的共振频率,如(4.57)式所给,是一致的。这个公式中忽略了表面张力的作用。

4.6 声波衍射 路旁障板

声波遇到与波长相近的物体或边楞要发生衍射,或称绕射,即绕过边楞传播,在烦嚣的大街或公路旁为了减少噪声干扰常用障板隔声,这是常见的一种,障板也可以用于大型办公室内以避免互相干扰。为了障碍噪声传播,最有效的是泥瓦墙,但障板上有声绕射,障板本身倒不需较高的隔声本领,能达到 20dB 即足。障板(或墙)以上传播噪声的路线如图 4.9 所示,h 为障板高度,Z_S,Z_R 分别是声源和接收点的高度。

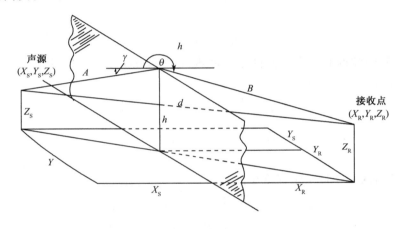

图 4.9 公路障板

障板长度假设是无穷,声音只能在其上沿衍射至接收点。障板的目的是割断声源和接收点间的视线,使声音不能直接传过。声源发出声音后,一部分在障板以上传到右方。并且在障板上沿形成线声源,在障板上沿每一点都产生质点速度,这就形成一个个小声源,发出一个个小波,这些小波也射入被障板遮住的影区,接收点所收到的就是这些小波总和。这样得到的衍射波的强度要低于无障板时在同一接收点的自由波声强,差值(以 dB 计)称为障板的超衰减 A,实验证明超衰减与接收点是否正对声源无关(图上 Y 值无关),只由非涅耳数决定,非涅耳数的定义是

$$N = \pm \frac{2}{\lambda}(A + B - d) \tag{4.59}$$

即由声源到接收点不穿过障板的最短距离 $A + B$ 减去声源到接收点的直线距离 d,差值与半波长之比。接收点在影区内时,N 取正值。否则取负值,这个关系说明,小声源的辐射是各方面的,射入影区也射入非影区。在非影区声压是直达声与衍射声相加,由于后者强度较低,所以直达声只是稍受影响,由于干涉的关系实值有些起伏。可以求得障板超衰减为

$$A_p = \begin{cases} 20\log \dfrac{\sqrt{2\pi N}}{\tanh \sqrt{2\pi N}} + 5\mathrm{dB}, & N \geqslant -0.2 \\ 0, & N < -0.2 \end{cases} \qquad (4.60)$$

5 dB 衰减是接收点正在影区边缘上的情况,声源到接收点的连接线正与障板上沿相切。(4.60)式的结果绘于图 4.10 中。

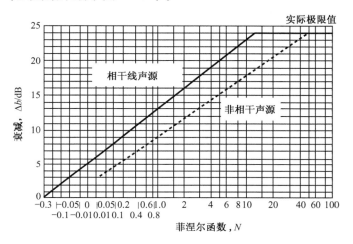

图 4.10 障板影区内的传播超衰减

由图中可看到在明亮区 $N < -0.2$,障板并无影响。在过渡区,到 $N=0$,A_p 由 0 增加到 5 dB,计算时(4.24)式中分子取 $\sqrt{2\pi N}$ 的绝对值,分母取绝对值的正切。在影区,超衰减由 5 dB(这是频率极低,或接收点极近于到声源的视线处)渐增高到极限值,其值由空气中的不均匀性和湍流决定,实验结果说明超衰减的极限值约为 24 dB。

以上所述是假设声源为点声源。如果是与障板平行的线声源(如一排操作中的变压器,一串行进中的汽车等),相干时(如变压器)同样适用,非相干时(如发无规噪声的汽车)则适用图 4.10 的虚线。

如果声源或接收点过于接近障板(与其高度比较)则要考虑球面波传播的影响。上面(4.24)式和图 4.10 都是从光学衍射理论移植过来的,所以用了一些光学术语。在实际中发现有些情形所得声衰减比理论值大些,特别是障板上向声源的一面加敷吸声材料时更是。但如果地面比较吸收,还可能用障板后衰减变少,这是障板把地面反射的声波遮蔽了的缘故。所以在实际中要考虑具体条件。在声源一边和接收点一边还都有地面反射的影响,和地面的性质有关。

4.7 声波传播与运动 多普勒效应

一辆汽车开来时和它离去时听起来声音不同,这就是多普勒效应。声源运动使它发出的声音不同,这种现象很普通,在光学中也有相似现象,宇宙膨胀的理论就是以多普勒频移证实的。事实上,不尽是声源运动,接收点运动,介质运动也都会影响接收到的频率。以下分别进行讨论。为了简单起见,假设接收点为 x 点,声源在零点,运动和声波传播都在 x 方向。这样,问题都在一维范围。观察点稍微离开声源到接收点连线,结果仍近似。观察点远离运动线时,结果仍相似,但数学处理要复杂得多,处理可推广到三维,也只是更复杂,并无困难。在 x 方向传播的声波基本方程是

$$p = p_0\cos\left(\omega t - \frac{\omega}{c}x\right) \qquad (4.61)$$

现在有运动,这个式子要有相应改变。

4.7.1 声源运动

速度为 V_s,介质和接收点不动。在时间 t,接收点所收到的声音是在 R/c_0 时间以前发出的,R 是发出声波时,声源与接收器的距离。在传播时间 $(t - R/c_0)$ 里,声源移动的距离是 $V_s(t - R/c_0)$,所以声源的实际距离是

$$x = x_0 - V_s\left(t - \frac{R}{c_0}\right)$$

或

$$x = (x_0 - V_s t)/(1 - M_s) \qquad (4.62)$$

式中 $M_s = V_s/c_0$ 是声源运动的马赫数。代入(4.61)式,得

$$p = p_0\cos\left\{\omega t - \frac{\omega}{c_0}(x_0 - V_s t)/(1 - M)\right\}$$

$$= p_0\cos\left\{\frac{\omega}{1 - M}\left(t - \frac{x_0}{c_0}\right)\right\} \qquad (4.63)$$

即声源在 $t = 0$ 时(接收点 $x = x_0$),由于其运动,频率 $\omega/2\pi$ 除以 $1 - M$。使频率增加,在声源上,传播途径中和接收器上都存在。相反地,如声源向负 x 方向运动,M 为负,所以频率降低,这就是观察到的多普勒现象。

4.7.2 介质运动

速度 V_m,接收点不动,只要声源运动不超过介质速度就不影响传播。声波传播途径中每一点都可看做声源,每一点的移动和介质运动都是一致的,所以声源移动就是 $V_m t$,(4.62)式成为

$$x = x_0 - V_{\mathrm{m}}t \tag{4.64}$$

代入(4.61)式成为

$$p = p_0\cos\left\{(1 + M)\omega t - \frac{\omega}{c_0}x_0\right\} \tag{4.65}$$

在路途上和接收器上频率提高为$(1 + M)\omega/2\pi$。介质向负 x 方向运动则频率降低。声源如与介质一起运动,其频率不变,仍是 $\omega/2\pi$。如声源不动,其频率就和路途上和接收点上相同,增加为$(1 + M)\omega/2\pi$。

4.7.3 接收器向零点运动

速度 V_{r}。如果声源和介质都不动,则情况完全与上一节声源和介质同时运动而接收器不动时完全对称,结果也相同,频率增加为$(1 + M)\omega/2\pi$。声源频率为 $\omega/2\pi$,如果声源与接收点相向运动,根据以上二点可知接收到的频率将为 $\dfrac{1 + M_{\mathrm{r}}}{1 - M_{\mathrm{s}}}\omega/2\pi$。

4.8 流体中的声吸收

流体中的声吸收主要来自分子运动中不断互相碰撞、交换能量中的能量损失。分子运动分三种,平移、转动和振动。所有分子都有平移运动,有三个自由度。多原子分子还有转动和振动,另有两个自由度(双原子分子)或更多,单原子分子运动只有平移。根据能量平均分配定律,每个自由度的平均能量都相同。分子平移和转动在宏观上表现为黏滞性和热传导,其引致的声吸收已在第二章中讨论,这种吸收称为经典吸收,与频率平方成正比。由于振动引致的声吸收,因为每种振动都有其固有频率,就只是在有关频率附近重要,这些称为弛豫吸收。对单原子分子(如氩气,氦气等)和一些黏滞性液体(如甘油)和液体金属(如水银)吸收只是经典吸收,实验结果与理论完全符合。对多原子分子气体和大多数液体则比经典吸收大得多。

4.8.1 弛豫吸收

流体的内能可以看做其中分子的内能的总和。每个分子都有平移动能(对于气体的整体运动而言),以及转动动能和振动动能,但后二者对单原子分子说,基本是零。所以每个分子的内能可以写做

$$u = u_{\mathrm{tr}} + u_{\mathrm{rot}} + \sum_{\nu} u_{\nu}$$

式中 u_{tr} 是平移动能,u_{rot} 是转动内能,u_{ν} 是流体的成分 ν(例如氧,氮,CO_2,H_2O 等)的振动内能。在正常温度下,振动分子大部分在基级,振动能为零,少数超过基级,

具有振动能$\frac{1}{2}kT_\nu^2$。而所有分子都有平移能和转动能(单原子分子除外)。下面主要谈空气,一些讨论基本可用于水中。

空气中每单位质量气体所具有的平均能量可写做

$$u_\nu = (n)\frac{n_\nu}{n}f_{\nu1}kT_\nu^2 \tag{4.66}$$

式中,n为每单位质量流体中共有的分子数,n_ν=每单位质量流体中具有ν类振动的分子数,$f_{\nu1} = n_\nu$中达到一级激发的比例,其余分子基本未被激发(振动能量为零),高度激发的可能很小;$\frac{1}{2}kT_\nu^2$=受激发ν类分子每个自由度的平均能量。

在内部能量平衡中,受一级激发的比值$f_{\nu1}/f_{\nu0}$甚小于1,可表为$\exp(-T_\nu^*/T_\nu)$,上式可写做

$$u_\nu = \frac{n_\nu}{n}RT_\nu^*\exp\left(-\frac{T_\nu^*}{T_\nu}\right) \tag{4.67}$$

式中$R = nk$为气体常数($8.31\mathrm{J}\cdot\mathrm{mol}^{-1}\cdot\mathrm{K}^{-1}$),$k$为玻尔兹曼常数($1.380\times10^{-23}\mathrm{J}\cdot\mathrm{K}^{-1}$)。在平衡时,振动分子温度$T_\nu$,平移分子温度$T_{\mathrm{tr}}$,转动分子温度$T_{\mathrm{r}}$(与三类分子每自由度的能量成比例)应相等。如果受到扰动,要逐渐恢复平衡,这个过程称为弛豫过程,其特征时间称为弛豫时间τ_ν,

$$\frac{\mathrm{d}T_\nu}{\mathrm{d}t} = \frac{1}{\tau_\nu}(T - T_\nu) \tag{4.68}$$

这种弛豫过程,以及黏滞性,热传导的作用可引入基本流体动力方程,求解波动方程。可求得

$$k = \frac{\omega}{c_0} - \mathrm{j}\alpha_{\mathrm{cl}} - \frac{2}{\lambda}\sum_\nu(\alpha_\nu\lambda)_{\max}\frac{\mathrm{j}\omega\tau_\nu}{1+\mathrm{j}\omega\tau_\nu} \tag{4.69}$$

式中,ω/c_0是无衰减时的波数或传播系数;α_{cl}是经典衰减系数;α_ν是第ν类分子振动方式的弛豫衰减系数;λ是无衰减声波的波长;$(\alpha_\nu\lambda)_{\max}$是$\alpha_\nu\lambda$的最大值($\omega\tau=1$时)等于$\sqrt{\frac{\pi}{2}}(\nu-1)\frac{c_{vv}}{c_p}$;$\tau_\nu$是弛豫时间,可求得为$c_{vv}/(n_\nu k\beta_\nu N_{c\nu})$,$\beta_\nu$是常数,$N_{c\nu}$是$\nu$类分子每单位时间碰撞数,$c_{vv}=\frac{n_\nu}{n}R\left(\frac{T_\nu^*}{T_\nu}\right)^2\exp(-T_\nu^*/T)$。$\nu$弛豫项可简化为

$$\alpha_\nu = \frac{2}{\lambda}(\alpha_\nu\lambda)_{\max}\frac{\mathrm{j}\omega\tau_\nu}{1+\mathrm{j}\omega\tau_\nu}$$

$$= \frac{2}{\lambda}(\alpha_\nu\lambda)_{\max}\frac{\mathrm{j}\omega\tau_\nu(1-\mathrm{j}\omega\tau_\nu)}{1+(\omega\tau)^2}$$

$$= \frac{2}{\lambda}(\alpha_\nu)_{\max}\left\{\frac{\mathrm{j}}{\frac{\omega}{\omega_\nu}+\frac{\omega_\nu}{\omega}}+\frac{\omega\tau_\nu}{\frac{\omega}{\omega_\nu}+\frac{\omega_\nu}{\omega}}\right\} \tag{4.70}$$

式中 $\omega_\nu = 1/\tau_\nu$，$\omega_\nu/2\pi$ 为弛豫频率。（4.55）表明在频率增加中，经过弛豫频率时波数或声波的相速有一跳跃，而弛豫衰减出现高峰。二氧化碳气体中的弛豫现象如图 4.11 所示。

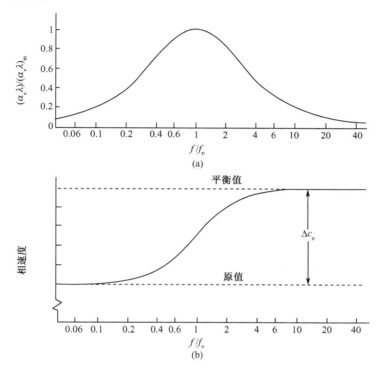

图 4.11 弛豫现象
（a）每个波长的吸收系数 （b）相速度（横坐标为以弛豫频率为单位的频率值）

在一般情况，气体中 τ 在 10^{-10}s 左右，在液体中则在 10^{-12}s 左右，以上结果都是在 $\omega\tau \ll 1$ 的条件下取得的，所以在高超声频率下就不准确了。

4.8.2 空气中的声衰减

在空气中实测所得的声衰减系数比经典值大几十倍，几百倍（特别是在可听声范围），弛豫衰减甚为可观，在测得结果中，显见有两个弛豫频率，相距比较远（相差八倍以上）所以可从衰减曲线上算出弛豫频率和相应的最大衰减，如图 4.12 中所示。

图中衰减系数（也作吸收系数，在一般用语中，流体中吸收，衰减是同义语，二者都常见）的单位是 Np/m，一 Np 等于 8.686dB。空气中有两个弛豫频率，各与温度、湿度有关，也稍受大气压力的变化影响但可不计。在 $20^\circ\mathrm{C}$，20% RH 相对湿度

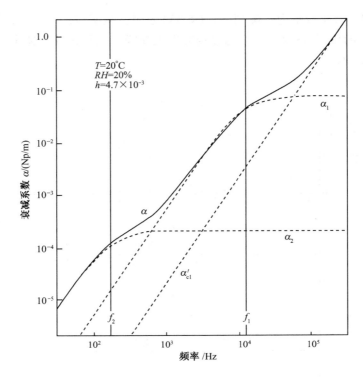

图 4.12　空气中在 20℃ 一个大气压,湿度 20%
下的衰减系数-频率的 log-log 曲线

下,O_2 分子的振动弛豫频率可算出为 $f_1 = 12500\text{Hz}$,N_2 分子弛豫 $f_2 = 178\text{Hz}$,根据上述理论可算出 $(\alpha_\nu \lambda)_{\max}$ 在 f_1 为 0.0011,在 f_2 为 0.0002。在 $f_2/2$ 以下,$\alpha_\nu\text{-}f$ 曲线基本是直线,在 $2f_2$ 到 $f_1/2$ 之间也是直线,在 $2f_1$ 以上也是直线。总的说,衰减基本与频率平方成正比。但温度与湿度很重要,大致湿度低衰减大,频率越高越显著。这个问题对大气中传播和测量都非常重要,从 20 世纪 50 年代起,许多作者做了大量实验。现在测量方法和数据都已成了国际和国家标准(见表 4.1)。

表 4.1　空气中的声衰减/(dB/km)

T	相对湿度%	125	250	500	1000	2000	4000Hz
	10	0.9	1.9	3.5	8.2	26	88
	20	0.6	1.8	3.7	6.4	14	44
30℃	30	0.4	1.5	3.8	6.8	12	32
	50	0.3	1.0	3.3	7.5	13	25
	70	0.2	0.8	2.7	7.4	14	25
	90	0.2	0.6	2.4	7.0	15	26

T	相对湿度%	125	250	500	1000	2000	4000Hz
20℃	10	0.8	1.5	3.8	12.1	40	109
	20	0.7	1.5	2.7	6.2	19	67
	30	0.5	1.4	2.7	5.1	13	44
	50	0.4	1.2	2.8	5.0	10	28
	70	0.3	1.0	2.7	5.4	9.6	23
	90	0.2	0.8	2.6	5.6	9.9	21
10℃	10	0.7	1.9	6.1	19.0	45	70
	20	0.6	1.1	2.9	9.4	32	90
	30	0.5	1.1	2.2	6.1	21	70
	50	0.4	1.1	2.0	4.1	12	42
	70	0.4	1.0	2.0	3.8	9.2	30
	90	0.3	1.0	2.1	3.8	8.1	25
0℃	10	1.0	3.0	8.9	18.9	23	26
	20	0.5	1.5	5.0	16.0	37	57
	30	0.4	1.0	3.1	10.8	33	74
	50	0.4	0.8	1.9	6.0	21	67
	70	0.4	0.8	1.6	4.2	14	61
	90	0.3	0.6	1.5	3.6	11	41

4.8.3 水中声衰减

声衰减在淡水中基本服从经典衰减理论。在海水中,衰减受温度和含盐量影响变化很大。在含盐量35‰,4℃和一个大气压下,水中衰减与温度的关系如图4.13所示。

海水中在1MHz以内也是有两个弛豫频率。硼酸分子振动弛豫频率f_1和硫酸镁分子振动弛豫频率f_2在含盐率为35‰和酸碱度pH=80时,两个频率为

$$f_1 = 1.32 \times 10^3 T\exp(-1700/T) \tag{4.70a}$$

$$f_2 = 1.55 \times 10^7 T\exp(-3052/T) \tag{4.70b}$$

式中T为海水绝对温度。二者在50℃时分别为813Hz和7390Hz,在25℃时升为1310Hz和16500Hz。海水中的声衰减系数(dB/m)在正常温度下为

$$\alpha = \frac{Af_1 f^2}{f_1^2 + f^2} + \frac{Bf_2 f^2}{f_2^2 + f^2} + cf^2 \tag{4.71}$$

式中

硼酸 $A = 8.95 \times 10^{-8}(1 + 0.023t - 0.0051t^2)$

硫酸镁 $B = 4.88 \times 10^{-7}(1 + 0.013t) + (1 - 0.9 \times 10^{-3}NP_0)$

水 $C = 4.76 \times 10^{-13}(1 - 0.04t + 0.00050t^2)(1 - 0.38 \times 10^{-4}NP_0)$

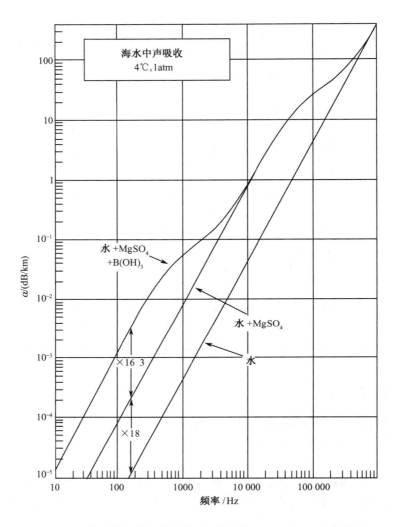

图 4.13　淡水和海水中的声衰减,含盐量35‰,4℃,一个大气压

NP$_0$ 为大气压数,这一项只是在深海中才有意义,t 是摄氏温度。三个系统都稍受温度的影响。海水中的声速和衰减都有公认的计算方法和数据。

参 考 书 目

L E Kinster et al. Fundamentals of Acoustics. 3rd Ed,Wiley,1982

L L Beranek. Noise and Vibration Cortrol. McGraw-Hill, 1971

A D Pierce. Acoustics, ASA,1969

P M 莫尔斯,U 英格德. 理论声学. 杨训仁,吕如榆译,北京:科学出版社,1984

黄宏嘉. 微波原理(第 I 卷). 北京:科学出版社,1963

AIP,Physics Vade Mechm（AIP,1981）Acoustics,56～68

习　题

4.1　（a）已知 1 个大气压力等于 10^5 Pa 和最低可听声是 20×10^{-6} Pa,水柱的底达到 1 个大气压力,其高是多少?

（b）已知听阈最高声级是 130dB,超过听阈,水柱高度应是多少?

（c）在 4kHz 的最低可听声是零声压级,在 31.5Hz 的最低可听声是多少?

（d）中点的机械增益是多少分贝?

4.2　人耳的耳廓大约在最大方向是 70mm,老鼠则是 7mm,

（a）如果鼠耳大小的比例与人耳相同,则鼠的听觉频率范围应是多少?

（b）人与鼠的基本换能机构,毛细胞大致相同,鼠的声音灵敏度是多少?

（c）与（b）的结论相反,鼠在其可听频率范围内的灵敏度与人大致相同,由此可推出鼠的换能机构应是如何?

（d）换言之你是否估计人耳与鼠耳在形态学上有所不同?

（e）如果对（d）的回答是同意,你估计相对品度有何差别?

4.3　最低可听声场（MAF）是按正面射来的刚刚能听到的声音。不过由于与耳廓有关的差别,人耳对侧面射来的声音灵敏度在 1.0kHz 比正面来的声音高 5dB,在 6kHz 则高 10dB。

（a）这对于用耳罩定出的最低可听声有何影响,后者称为最低可听声压。

（b）在自由声境（人不在）中定的人耳声压灵敏度出入很大,与频率和传来的方向有关,变化可大到 +21dB 和 -16dB,在扩散场,声音各方向传来的概率相同,你估计最低扩散场（MDF）的听阈与 MAF 和 MAP 相比如何?

4.4　一有效声压值为 50Pa 的 1000Hz 平面波由空气中垂直地入射水中。（a）求水中透射波的声压。（b）空气中入射波和水中透射波的强度各为多少?（c）将透射波强度与空气中入射波强度之比表为分贝数。（d）如声波是在水中垂直地射向水—气界面透射到空气中,回答以上三个问题,水中声速为 1500m/s。

4.5　水中的平面波垂直地射向海底,所得反射波比入射波低 20dB。试求海底物质的特性阻抗。

4.6　水中 2000Hz 平面波垂直地射向 1.5cm 厚的钢板。（a）声波透过钢板进入另一方面的水中,透射损失（表为 dB 数）为何?（b）钢板的能量反射系数是多大?（c）重复（a）和（b）中的计算,假设不是钢板而是 1.5cm 厚的泡沫橡胶材料。材料的密度为 500kg/m³,其中声速为 1000m/s。

4.7　假设一面按正常规律反射的墙,其声阻抗率 $z_n = r_1 + j\omega\rho_s$,其中 r_1 为空气的特性阻抗,ρ_s 是墙面积密度,kg/m²。推导墙的能量反射系数做为入射角的一般分式。面积密度为 2kg/m² 时,算出并绘成曲线表示能量反射系数与入射角的关系。

4.8　一种吸声砖是局部反应的,在 200Hz,声阻抗率 1000 - j2000kg/（m² · s）,空气中有 200Hz 平面射向砖面,无反射时声压级为 70dB,入射角为 θ,（a）加上反射声压,θ 应至少与掠入射差多少能使总声压级（砖面上）低于 67dB。（b）求出并且绘出吸声系数作为 θ 的函数。

4.9　假设已知材料是局部反应的,并且求得了在某一频率下吸声系数随入射角 θ 变化的关系,问由这些数据能否求得材料的声阻抗率? 如果回答是可能,请给出求解方法并举一数字例以阐明之。

4.10 塑料透射板可使在水中正入射的声波完全透过到钢中（无反射）已知水中 $\rho = 1000\mathrm{kg/m^3}$，$c = 1500\mathrm{m/s}$，钢中 $\rho = 7700\mathrm{kg/m^3}$，$c = 6100\mathrm{m/s}$。注意的频率是 20kHz，可能使用的塑料密度都是 $1500\mathrm{kg/m^3}$，塑料板的声速和厚度应是多少？（要求厚越小越好）同一塑料板用于同一频率由钢透射入水，水中所得声功率与入射到钢的声功率之比是多少？

第五章　声　辐　射

声音由物体振动产生,最简单的声源是单极子,或简单声源,一脉动球,球面各点沿半径方向振动已在2.7节中讨论。如果 $2\pi a/\lambda \ll 1$,即球半径 a 比六分之一波长 λ 小得多,辐射即只与球面上的总流速有关,这就是简单声源。简单声源的辐射由总流速决定,所以声源是否球形也不重要了。简单声源是基础,非常重要。任何声源,不管其形状或大小,都可以看做是简单声源的组合,其辐射特性可根据简单声源求出。本章中,从简单声源开始,讨论一些常见的组合,最后到活塞声源。活塞声源在很多情况中是基本辐射单元,前面讨论喇叭时,喇叭口就看作活塞声源。

5.1　单　极　子

2.7节中已给出单极子的声压公式。

5.1.1　脉动球

如果球的半径甚小于波长的1/6,其表面沿半径方向做简谐振动,就成为简单声源,简单声源在距其中心 r 处产生的声压,按(2.57)式,即

$$p = \frac{j\omega\rho_0 Q}{4\pi r}\exp[j(\omega t - kr)]$$

简谐波的时间因数 $\exp j\omega t$ 是公认的,可以省略,上式即成为

$$p_m = \frac{jk\rho_0 c_0 Q}{4\pi}\frac{\exp(-jkr)}{r} \tag{5.1}$$

式中 $Q = 4\pi a^2 \cdot v_m$ 是简单声源的总流速,v_m 是其表面上的质点速度。按球面波的运动方程 $\rho_0 \frac{\partial v}{\partial t} = -\frac{\partial p}{\partial r}$,可求得接受点处的质点速度为

$$v = -\frac{1}{j\omega\rho_0}\frac{jk\rho_0 c_0 Q}{4\pi}\frac{d}{dr}\frac{\exp(-jkr)}{r}$$

$$= \frac{Q}{4\pi r}\left(1 + \frac{1}{jkr}\right)\frac{\exp(-jkr)}{r} \tag{5.2}$$

距离远处,$kr \gg 1$,或 $r \gg \lambda/6$,$1/jkr$ 即可略去,质点速度成为

$$v = \frac{jkQ}{4\pi}\frac{\exp(-jkr)}{r} \tag{5.3}$$

声阻抗率

$$Z = \frac{p}{v} = \rho_0 c_0 \left(1 + \frac{1}{jkr}\right) \tag{5.4}$$

在远处

$$Z = \rho_0 c_0 \tag{5.5}$$

与平面波同。在使用传声器时,特别是速度传声器,距口过近,往往低音突出,发生失真,任何声源都可认为是简单声源的组成,也可以简单声源为其低频近似。所以简单声源是声源的基础。

5.1.2 格林函数

单极子辐射可用另一形式表示,(5.1)式可改写做任一点发射,另一点接收的形式。令 $r_0(x_0, y_0, z_0)$ 为声源点,$r(x, y, z)$ 为接收点,(5.1)式即可写做

$$p(r \mid r_0) = \frac{jk\rho_0 c_0 Q}{4\pi(r - r_0)} \exp(-jk \mid r - r_0 \mid) \tag{5.1a}$$

或

$$p(r \mid r_0) = jk\rho_0 c_0 Q \cdot g_\omega(r \mid r_0) \tag{5.6}$$

式中

$$g_\omega(r \mid r_0) = \frac{1}{4\pi r} \exp(-jkr) \tag{5.7}$$

$$r^2 = \mid r - r_0 \mid^2 = \mid x - x_0 \mid^2 + \mid y - y_0 \mid^2 + \mid z - z_0 \mid^2$$

g_ω 为格林(Green)函数,满足格林方程

$$\nabla^2 g_\omega(r \mid r_0) + k^2 g_\omega(r \mid r_0) = -\delta(r - r_0) \tag{5.8}$$

式中

$$\delta(r - r_0) = \delta(x - x_0)\delta(y - y_0)\delta(z - z_0)$$

是狄拉克 δ 函数,在 r 与 r_0 不全等的时候为零,在 $r \equiv r_0$ 时 δ 的体积积分为一。格林方程适用于正弦式点声源,等于声源项为 1 的亥姆霍兹方程。它使用更广泛,有不少方便,以下将进一步讨论。但如只用于解波动方程,则只是表示方法不同,用格林方程或用波动方程无甚差异。单极子的声源项 $jk\rho_0 c_0 Q \exp j\omega t$ 也可写做 $\rho_0 \dot{q}$,$q = Q \exp j\omega t$,q 上一点为其时间微商。声压等于

$$p = \rho \dot{q} g_\omega$$

5.1.3 声场互易原理

由(5.1)式可以看出单极子产生的声场只与声源到接收点的距离有关,声源改放在接收点,接收改在声源点,结果完全一样,这就是声场互易原理。从格林函数(5.8)式看来完全相同。

$$g_\omega(r_1 \mid r_2) = g_\omega(r_2 \mid r_1) \tag{5.9}$$

这个结果虽然是从单极子辐射这个特殊情况得来的,但可证明声场互易原理完全适用于任何情况。互易原理是线性系统的特性。在线性声场中,如果时间变化是

正弦式函数,流体动力方程为

$$j\omega \boldsymbol{p} + \rho c^2 \; \nabla v = 0 \quad j\omega\rho v + \nabla \boldsymbol{p} = 0 \tag{5.10}$$

此处 $v, \boldsymbol{p}$ 等都是矢量。可求得

$$
\begin{aligned}
\nabla \cdot (\boldsymbol{p}_a v_b) &= \boldsymbol{p}_a \; \nabla \cdot v_b + v_b \cdot \; \nabla \boldsymbol{p}_a \\
&= \boldsymbol{p}_a (- j\omega \boldsymbol{p}_b / \rho c^2) + v_b (- j\omega v_a) \\
&= \boldsymbol{p}_b (- j\omega \boldsymbol{p}_a / \rho c^2) + v_a (- j\omega v_b) \\
&= \boldsymbol{p}_b \; \nabla \cdot v_a + v_a \cdot \; \nabla \boldsymbol{p}_b = \; \nabla \cdot (\boldsymbol{p}_b v_a)
\end{aligned}
$$

因而

$$\nabla \cdot (p_a v_b - p_b v_a) = 0 \tag{5.11}$$

这就是互易原理,(5.9)式就是把这个关系推广到两个点之间的关系。

格林函数不但适用于无边界的自由空间,也适用于边界内的声场,正像波动方程也适用于边界内的有限声场一样。

5.2 偶 极 子

两个相等而位相相反的单极子,相距一个短距离(与波长比较)就组成一个偶极子。如二单极子的体积速度各为 $\pm Q \exp(j\omega t)$,其中心距离为 b,在与偶极子轴 b 成 θ 角度的方向上,距偶极子中心为 r 的点上,声压即为二单极子所产生声压(5.1)式之和,即

$$
\begin{aligned}
p = & \frac{j\omega \rho_0 Q \exp\left[- jk\left(r - \frac{b}{2}\cos\theta \right) \right]}{4\pi \left(r - \frac{b}{2}\cos\theta \right)} \\
& - \frac{j\omega \rho_0 Q \exp\left[- jk\left(r + \frac{b}{2}\cos\theta \right) \right]}{4\pi \left(r + \frac{b}{2}\cos\theta \right)}
\end{aligned}
$$

如果 $b^2 \ll \lambda^2, b^2 \ll r^2$,上式即近似为

$$p = - \frac{k^2 \rho_0 c_0 Q b \cos\theta}{4\pi r}\left(1 + \frac{1}{jkr} \right) \exp(- jkr) \tag{5.12}$$

如距离也在大于波长,$k^2 r^2 \gg 1$ 或 $r^2 \gg \left(\dfrac{\lambda}{2\pi} \right)^2$,式中 $1/jkr$ 项也可以略去,而得

$$p = - \frac{k^2 \rho_0 c_0 Q b \cos\theta}{4\pi r} \exp(- jkr) \tag{5.12a}$$

偶极子声源的辐射特性即根据(5.12)画成,见图5.1。

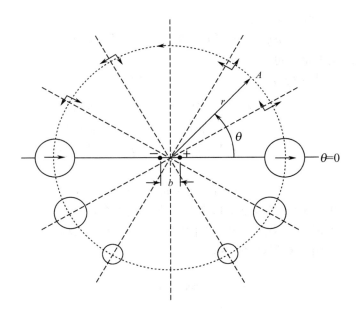

图5.1 偶极子声源的辐射

Qb 是偶极矩,为偶极子的强度,$\cos\theta$ 则是它的指向系数。偶极子在它的轴周围辐射特性是相同的(圆对称)。图5.1上半给出指向性特性,箭头表示径向和周向质点振动速度分量的大小。图5.1下半则表示各方向声压的大小。图上示明在偶极子轴的方向声压最大,质点振动都是在偶极子轴的方向。角度 θ 增加时,小圆的面积渐渐减小,即声压渐小,在90°方向声压为零,所以偶极子在包括其轴的平面上指向性是"8"字形在空间则成两个球面。

质点振动速度的方向在 θ 不同时则渐渐改变,但质点振动速度的大小并不改变。在偶极子轴方向质点速度的方向与偶极子轴的方向相同,θ 角度增加时,质点振动的方向渐转。θ 为45°时,质点振动与偶极子轴方向垂直,向外。θ 到90°时,质点振动转到与偶极子轴方向相反的方向。θ 继续增加,质点运动方向也继续转动,但大体向内,到 θ 等于180°时,质点又转回至偶极子轴的方向。这些变化反映为图上径向振动和周向振动的变化。所以偶极子辐射,声压与方向有关,呈"8"字形,质点速度则大小与方向无关,只是它的方向变化。

偶极子辐射公式(5.12a)可以写做另一形式。(5.12)式中两项相减实即是 $j\omega\rho_0 Q/4\pi$ 乘 $\exp(-jkr)/r$ 在两个单极子的位置的值相减,即

$$p_d = \frac{jk\rho_0 c_0 Q}{4\pi}\Delta\frac{\exp(-jkr)}{r}$$

$$= \frac{jk\rho_0 c_0 Qb}{4\pi}\cos\theta\frac{d}{dr}\left(\frac{\exp(-jkr)}{r}\right)$$

也可以写做

$$p_{\mathrm{d}} = \frac{jk\rho_0 c_0 Qb}{4\pi} \boldsymbol{e}_k \cdot \boldsymbol{e}_r \frac{\mathrm{d}}{\mathrm{d}r}\left(\frac{\exp(-jkr)}{r}\right)$$

$$= \frac{-k^2\rho_0 c_0 Qb}{4\pi}\cos\theta\left(1 + \frac{1}{jkr}\right)\exp(-jkb) \tag{5.12b}$$

式中 $\boldsymbol{e}_k$ 是偶极子方向的单位向量, $\boldsymbol{e}_r$ 是 r 方向的单位向量, $\frac{\mathrm{d}}{\mathrm{d}r}(\cdots)$ 的方向为 r, 投影到 x 方向, 也即是乘以 $\cos\theta$, 结果与上式同。

圆球表面不振动而整体在 x 方向振动就是一个振动球, 振动球的辐射也是偶极子辐射性质, 与上式相同。也可以从另一角度考虑。球面上一点的振动速度 u 是在 x 方向, 其在球半径(即球面法线)方向的分量为 $u\cos\theta$, 此值符合一阶球面波的形式, 因此可写出声压

$$p = AP_1\cos\theta\left[\mathrm{j}_1(-kr) - \mathrm{j}n_1(-kr)\right]$$

$$= A\cos\theta\left(\mathrm{j}\frac{\exp(-jkr)}{(-kr)^2} - \frac{\exp(-jkr)}{kr}\right)$$

$$\underset{kr\to\infty}{\longrightarrow} A\cos\theta\frac{\exp(-jkr)}{kr}$$

最后的式子是远场声压。常数 A 的值可根据球面声源上的振动速度求出。根据运动方程, 知

$$u_r = -\frac{1}{\mathrm{j}\omega\rho_0}\frac{\partial p}{\partial r}$$

$$= \frac{A}{\mathrm{j}\omega\rho_0}\cos\theta\left[\mathrm{j}\left(\frac{2}{k^2 r^3} + \frac{jk}{(kr)^2}\right) - \left(\frac{1}{kr^2} + \frac{jk}{kr}\right)\right]\exp(-kr)$$

$$\underset{kr\to 0}{\longrightarrow} \frac{A}{\omega k^2\rho_0}\frac{2}{r^3}$$

在球面上 $r = a$, 可得

$$A = \frac{\omega k^2\rho_0 a^3 u_r}{2\cos\theta} = \frac{k^3\rho_0 c_0 Qa}{4\pi}$$

式中 $Q = 2\pi a^2 u$ 是球面上的体积流速, 与单极子不同处是因表面上的速度 u_r 不均匀, 其平均值为 $u/2$。

式中 $Q = 4\pi a^2 u$ 如前。代入, 声压即为

$$p_{\mathrm{d}} = \frac{k^2\rho_0 c_0 Qa}{4\pi}\cos\theta\left(1 + \frac{1}{jkr}\right)\frac{\exp(-jkr)}{r} \tag{5.12c}$$

距离远处, 声压为

$$p_{\mathrm{d}} = \frac{k^2\rho_0 c_0 Qa}{4\pi}\cos\theta\frac{\exp(-jkr)}{r} \tag{5.12d}$$

质点速度则为

$$v_{\mathrm{d}} = \frac{k^2 Q a}{4\pi}\cos\theta\,\frac{\exp(-\mathrm{j}kr)}{r}$$

与上面相同。

导出偶极子辐射另一个可能是力源。假设介质中一点 $\boldsymbol{r}_0$ 上外加一振动力 $F\exp(\mathrm{j}\omega t)$，计入外加力的欧拉运动方程要在右边加上一项 $F(t)\delta(\boldsymbol{r}-\boldsymbol{r}_0)$，因而声压的波动方程就成为

$$\nabla^2 p - \frac{1}{c^2}\frac{\partial^2 p}{\partial t^2} = \nabla\cdot F(t)\delta(\boldsymbol{r}-\boldsymbol{r}_0)$$
$$= -F(t)\ \nabla_p\delta(r-r_0) \tag{5.13}$$

∇_p 表示在声源点取梯度。这个式子与两个单极子组成的双极子波动方程完全相同，因而由力引致的声场(5.12)式也完全相同，只是以 $F(t)$ 代替偶极子矩 $q(t)b$ 而已。以上讨论的声场特性完全适用。也可以说偶极子声源是力源。

5.3 四 极 子

两个偶极子构造完全相同，但振动相位相反，位置错开一个小距离就组成一个四极子，其辐射特性，可按照上面偶极子的方法，用四个单极子辐射相加而求得，如果偶极子轴是在 x 方向，两偶极子的连线在 y 方向，轴长都是 b（偶极子中的单极子间距离，和两偶极子间的距离），可以求得，在满足 $b^2\ll\lambda^2$，$b^2\ll r^2$，$(\lambda/2\pi)^2\ll r^2$ 的条件下，四极子辐射的声压约为

$$p = \frac{k^3\rho_0 c_0 Q b^2\cos\theta\sin\theta}{4\pi r}\exp\mathrm{j}(\omega t - kr) \tag{5.14}$$

四极子辐射更具有指向性，$\theta=45°$，$135°$ 时都是最大，在偶极子轴的方向和垂直于偶极子轴的方向都是零。所以在平面上，指向曲线是个"十"字。在各个方向的质

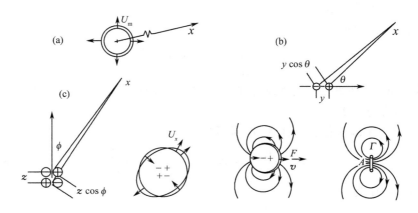

图 5.2　气流中的基本声源的特性

（a）单极子　　（b）偶极子　　（c）四极子

点速度,大小仍相同,但方向有变化如偶极子,但更复杂。

同样,四极子辐射也可由力激发,但是两个力,也就是力偶,因为是相当于两个偶极子。可和偶极子情况相似,证明波动方程中四极子的声源项将成为 $Qb^2\dfrac{\partial^2}{\partial x_0\delta y_0}$ $\delta(\boldsymbol{r}-\boldsymbol{r}_0)$,并得到与(5.14)式完全相同的声压值,只是以力偶代替 Qb^2 而已。或说四极子声源是应力源。

上面讨论的基本声源,从单极子到四极子都是一般性的,可以是固体的振动,也可以是气体的振动。图5.2中是各种声源的比较,特性不分固体、流体。

5.4 基尔霍夫-亥姆霍兹面积分定理

基尔霍夫和亥姆霍兹提出一个面积分定理可以用来研究声辐射,现以一个孤立的振动物体,或围绕声源的封闭曲线为例说明,物体表面各点或曲面上各点均以同一频率振动。

从下面的恒等式开始:

$$G(\nabla^2+k^2)p-p(\nabla^2+k^2)G=\nabla(G\nabla p-p\nabla G)\qquad(5.15)$$

式中 p,G 可以是任何两个函数。现在令 p 为声压,满足波动方程,在无声源区

$$\nabla^2 p+k^2 p=0\qquad(5.16)$$

而 G 为格林函数 $G=g+\gamma$,其中

$$\left.\begin{array}{l}\nabla^2 g+k^2 g=-\delta(\boldsymbol{r}-\boldsymbol{r}_0)\\ \nabla^2\gamma+k^2\gamma=0\end{array}\right\}\qquad(5.17)$$

因此

$$\nabla^2 G+k^2 G=-\delta(\boldsymbol{r}-\boldsymbol{r}_0)\qquad(5.18)$$

G 和 g 同样满足格林方程。这说明格林函数有灵活性,只要(5.17)式能满足,G 也就是格林函数,与 g 同样使用。

考虑振动面以外,和一个半径 R 很大以原点为中心的球面内的空间,在这空间内,对(5.15)式两边进行体积积分。

$$\iiint_v[G(\nabla^2+k^2)p-p(\nabla^2+k^2)G]\mathrm{d}V=\iiint_v\nabla\cdot(G\nabla p-p\nabla G)\mathrm{d}V\quad(5.19)$$

左边第一项是零,因为 $(\nabla^2+k^2)p=0$,积分体积 V 内无声源。第二项积分后为 $p(\boldsymbol{r}_0)$,根据狄拉克符号的性质。右边体积分可按高斯定理变为面积分,在一般情况

$$\iiint_v\nabla\cdot\boldsymbol{A}\mathrm{d}V=\iint_s\boldsymbol{A}\cdot n_s\mathrm{d}S\qquad(5.20)$$

这可理解为体积分等于先对法线积分的结果。把这关系应用到(5.19)式的右边,要得到两个面积分,对振动面积分要有一个负号,因为(5.20)式面积的法线是向

外(体积 V 外)和振动面法线正相反。另一部分的面积分是在外面的球面上,因为 p 和 G 都大致与 R 成反比,所以在球面上积分的宗量与 $1/R^3$ 成比例,面积分等于零。结果是

$$p(\boldsymbol{r}_0) = \iint_s (G(\nabla p) - p\nabla G) \cdot n_s \mathrm{d}S \tag{5.21}$$

积分是在振动面上。这个式子的一个用法是,选择格林函数 G(因为上面已说明格林函数是有灵活性的),或选择 γ 使 G 在振动面上为零或其梯度在振动面上为零,(5.21)式就只有一项了。$\boldsymbol{r}_0$ 点的声压可根据振动面上的声压或质点速度做面积分而得,实际声源的位置分布可以不考虑。在另一方面,振动曲面内任何声源都可以曲面上若干单极子或若干偶极子模拟,在曲面外产生的声场与曲面内的声源所产生的完全相同。

但是最简单的办法是选择 G 为自由空间中的格林函数,$G = R^{-1}\exp(-jkR)$,$R = |\boldsymbol{r} - \boldsymbol{r}_0|$。这样,

$$\nabla G = -\frac{\boldsymbol{r} - \boldsymbol{r}_0}{R^3}(1 + jkR)\exp(-jkR)$$

而已知

$$\nabla p \cdot \boldsymbol{n}_s = -j\omega\rho v_n = -\rho\dot{v}_n$$

代入(5.21),可得

$$p(\boldsymbol{r}_0, t) = \frac{\rho}{4\pi}\iint_s \frac{\dot{v}_n(\boldsymbol{r}, t - R/c)}{R}\mathrm{d}S$$

$$+ \frac{1}{4\pi c}\iint_s \boldsymbol{e}_R \cdot \boldsymbol{n}_s\left(\frac{\partial}{\partial t} + \frac{c}{R}\right)\frac{p(\boldsymbol{r}, t - R/c)}{R}\mathrm{d}S \tag{5.21a}$$

式中 v_n 为表面 S 上法线方向的质点速度,$R = |\boldsymbol{r} - \boldsymbol{r}_0|$,$e_R = (\boldsymbol{r} - \boldsymbol{r}_0)/R$,为 R 方向上的单位矢量,$\boldsymbol{n}_s$ 是表面上法线方向的单位矢量,$\boldsymbol{r}_0$ 为声场中一点的坐标,$\boldsymbol{r}$ 为表面上一点的坐标,有时写做 r, r_s,只是符号的用法,意义并无不同。基尔霍夫-亥姆霍兹积分定理把声源区代以其表面上声压和质点速度的分布,或单极子和偶极子的分布,具有重要的实际意义。

5.5 线 列 阵

n 个单极子等距离地排列在一条线上,如图 5.3 所示,就构成线列阵。线列阵是声学中最常使用的简单系统,可以是声源阵,用以使声辐射集中到某方向,如常见的声柱可使声辐射主要在水平方向。也可以是接权阵,用一串传声器或探管,专门接收轴向传来的声音,称为线列传声器,用于广播拾声。在水声中也很有用。

简单线列声源阵 n 个单极子都相同,强度各为 q,相位相同。在与线列法线方向成 θ 角的方向,距离线列中点为 r 的点上收到的声压就等于各个声源产生的声压总

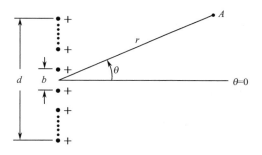

图 5.3 线列声源阵

合。相隔两个单极子到接收点的距离相差约为 $b\sin\theta$。如距离 r 比线长 $d = (n-1)b$ 大得多,比波长也大得多,收到的总声压就比例于

$$P \propto \frac{\exp(-\mathrm{j}kr_1)}{r_1} + \frac{\exp(-\mathrm{j}k(r_1 + b\sin\theta))}{r_1 + b\sin\theta}$$
$$+ \frac{\exp(-\mathrm{j}k(r_1 + 2b\sin\theta))}{r_1 + 2b\sin\theta} + \cdots$$
$$+ \frac{\exp(-\mathrm{j}k(r_1 + (n-1)b\sin\theta))}{r_1 + (n-1)b\sin\theta} \qquad (5.22)$$

式中 r_1 为第一个单极子到接收点的距离。每一项分母都稍有差别,但 r 值很大,分母的细小差别可不计,都可以取作平均距离 r,所以上式可写做

$$P \propto \frac{\exp(-\mathrm{j}kr_1)}{r}[1 + \exp(-\mathrm{j}kb\sin\theta)$$
$$+ \exp(-\mathrm{j}2kb\sin\theta) + \cdots + \exp(-\mathrm{j}(n-1)kb\sin\theta)]$$
$$= \frac{\exp(-\mathrm{j}kr_1)}{r} \frac{1 - \exp(-\mathrm{j}nkb\sin\theta)}{1 - \exp(-\mathrm{j}kb\sin\theta)}$$
$$= \frac{\exp\left((-\mathrm{j}kr_1) + \left(\frac{n-1}{2}b\sin\theta\right)\right)}{r\exp\left(-\mathrm{j}k\frac{b}{2}\sin\theta\right)} \cdot \frac{\sin\left(\frac{n}{2}kb\sin\theta\right)}{\sin\left(\frac{1}{2}kb\sin\theta\right)} \qquad (5.23)$$

式中前一部分是常数,只是相位变化,数值不变,辐射的指向性函数是第二项,

$$y = \frac{\sin(nx)}{\sin x} \qquad (5.24)$$

式中

$$x = \frac{1}{2}kb\sin\theta = \frac{\pi b}{\lambda}\sin\theta \qquad (5.25)$$

由(5.24)可见,在法线方向,$\theta = 0$,$x = 0$,y 最大 $y = n$。所以均匀线列声源阵为旁射阵。在 $nx = \pm\pi$,即 $\theta = \pm\arcsin\frac{\lambda}{d}$,$y = 0$,此即辐射主瓣的范围。角度再大,在 nx

接近 $\pm 3\pi/2$, $\pm 5\pi/2$, …还有旁瓣,第二最大,第三最大,……,但都渐小。图 5.4 是四个单元组成线列声源阵的指向性图案,图中所注的 *DI* 是指向性指数,等于最大方向的声强与各种方向平均的声强之比。

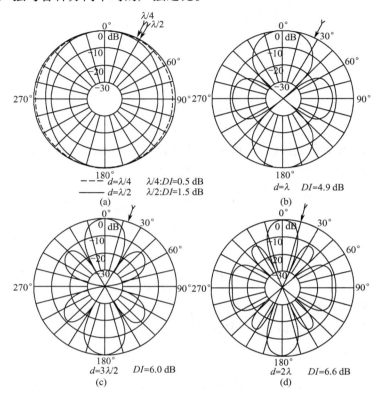

图 5.4 四个单元组成的线列阵的指向图案

线列阵的指向性可以用束控(shading)方法改变。即在每两个相邻单元之间引入一个相位差 δ,这样上面(5.25)式的相位差就变为

$$x = \frac{\pi b}{\lambda}\sin\theta + \delta$$

辐射最大的方向 $x = 0$ 就成为

$$\theta = \arcsin\frac{\delta\lambda}{\pi b} \tag{5.26}$$

可以在电路中根据需要改变主瓣方向。如果单元距离 $b = \lambda/2$ 或 $\delta = -1$(相邻单元符号相反,但距离小),最大辐射就在 90° 方向,声源阵成为端射阵。

均匀线列阵构造简单,其主要辐射瓣也较窄,所以用得较多。它的缺点是旁瓣多而较大。有时希望主瓣更为突出,旁瓣干扰较少(在接收阵中更重要),可以采用非均匀阵,最有效的是契比雪夫(Tchebysheff)阵。契比雪夫函数

$$T_{n-1}(z) = \cos\left[(n-1)\arccos(z_0\cos x)\right] \tag{5.27}$$

中,取常数z_0大于1,x是频率的函数。在一般x值$z_0\cos x$小于1,$T_{n-1}(z)$做为余弦函数总是小于1。但在某些x值$z_0\cos x$会大于1。(5.27)式就要改写为

$$T_{n-1}(z) = \cosh((n-1)\operatorname{arcosh}(z_0\cos x))$$

最大就可能比1大得多,这个值就是侧瓣比,因为侧瓣是1。如果给了侧瓣比的要求,也可以求出z_0应有的值。契比雪夫函数用于滤波器可形成理想滤波器。现在把它用于线列阵,取$x = \dfrac{\pi b}{\lambda}\sin\theta$如上,可得到理想线列阵。单元距离仍是均匀的,但各单元强度不等。把(5.27)式展开可得契比雪夫多项式

$$T_{n-1}(z) = \cos((n-1)\operatorname{arccos}z)$$

$$= 2^{n-2}z^{n-1} - \frac{n-1}{1!}2^{n-4}z^{n-3} + \frac{(n-1)(n-4)}{2!}2^{n-6}z^{n-5}$$

$$- \frac{(n-1)(n-5)(n-6)}{3!}2^{n-8}z^{n-7} + \cdots \tag{5.28}$$

直到系数成为零。cosh函数展开相同。(5.28)式不便于实际线列阵,要像(5.23)式中的级数形式才好实现,但各项系数不尽相同。需要的形式是

$$y \propto 1 + A_1\exp(-j2x) + A_2\exp(-j4x)$$

$$+ A_3\exp(-j6x) + \cdots \tag{5.29}$$

式中$1,A_1,A_2,\cdots$为第一,第二,$\cdots\cdots$各单元的相对强度,是实现契比雪夫线列阵所需的。已知

$$z = z_0\sin 2x = \frac{1}{2j}z_0\left[\exp(j2x) - \exp(-j2x)\right] \tag{5.30}$$

将(5.28)泰勒级数式转换为(5.29)傅里叶级数式不难,但比较繁复。首先知(5.29)式中的系数是对称的,$A_1 = A_{n-1}$,$A_2 = A_{n-2}$,$\cdots$第一项和最后一项$\exp(-j(n-n)x)$都取为1。所以只求出(5.29)式的一半系数,就可以确定仝式。也可以先把(5.29)式中前后相应的项结合起来成为

$$y \propto 1 + A_1\cos 2x + A_2\cos 4x + \cdots$$

直到$n/2$项(n偶数)或$(n-1)/2$项(n奇数),成为倍数角度系列。要实现契比雪夫阵则要把(4.28)契比雪夫多项式转变为倍数函数的形式,两种办法相差不多。可以求得

$$A_1 = (n-1)(1 - z_0^{-2})$$

$$A_2 = \frac{(n-1)}{2!}\left[(n-2) - 2(n-3)z_0^{-2} + (n-4)z_0^{-4} + \cdots\right] \tag{5.31}$$

$$A_m = \sum_0^{m-1}(-1)^r(n-1)\frac{(m-r-2)!z_0^{-2r}}{(m-r)!r!(n-m-r-1)!}$$

直到m近于$(n/2)-1$,在$m > (n/2)-1$后A值等于$n/2-1$以前的大小。$1,A_1,A_2,\cdots,A_{n-2},1$等就是契比雪夫阵各单元的相对强度。契比雪夫阵的最大灵敏度在

$\theta = 0°$ 即法线方向,最大辐射比例于

$$R_I = \cosh[(n-1)\text{arcosh}z_0]\qquad (5.32)$$

这个值也是侧瓣比,因为侧瓣是1。因此可求得

$$z_0 = \cosh[(n-1)^{-1}\text{arcosh}R_2]\qquad (5.33)$$

由所要求最大输出或侧瓣比决定。

5.6 矩 形 阵

把线列阵扩大,用 m 条线可组成矩形阵,在两个方向都具有尖锐的指向性。与上节相同,源间距离 b 甚小于波长时,在远大于 b 或 λ 处的声压就可以写成两个如(5.22)式中的正弦比相乘。如果把单极子的数目 n 无穷增加而源间距离无穷减小,极限就成为线声源或面声源了。(5.23)式中的正弦比的极限就是

$$\lim_{\substack{b \to \theta \\ nb \to d}}\left[\frac{\sin[(n\pi b/\lambda)\sin\theta]}{n\sin(\pi b/\lambda)\sin\theta}\right] = \frac{\sin(\pi d/\lambda)\sin\theta}{(\pi d/\lambda)\sin\theta}\qquad (5.34)$$

这就是线声源的指向性函数,面声源的指向性函数则要乘上垂直方向的相应函数。在(5.34)式中把 nb 的极限取为 d,似与上面 $d=(n-1)b$ 的写法不同,但无实质的差别,因 b 的极限为零,一个 b 就可忽略了。

5.7 活 塞 声 源

活塞声源是声学中常见的基本声源。主要的是无穷障板中间的圆形活塞,如图5.5所示。

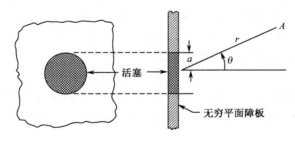

图5.5 无穷平面障板中的圆形活塞声源

5.7.1 平面障板中的圆形活塞声源的辐射

设活塞半径为 a,测量点在距圆中心 r 与圆塞法线成 θ 角处 A 点,所产生的声压就是活塞上一个个小面积 dS 所产生的声压的积分,障板使声压加倍,

$$p = \frac{j\omega\rho_0 2u_0}{4\pi} \int_s \frac{1}{R} \exp(-jkR) \, dS \qquad (5.35)$$

S 是活塞面积，R 是活塞上一个小面积 dS 到测量点的距离。积分，如果距离 r 比半径、比波长都大得多，可求得

$$p = \frac{j\omega\rho_0 u_0 (\pi a^2)}{4\pi r} \left[\frac{2J_1(ka\,\sin\theta)}{ka\,\sin\theta} \right] \exp(-jkr) \qquad (5.36)$$

式中 u_0 是活塞振动速度的幅值，J_1 是第一类、第一阶贝塞尔函数

$$J_1(x) = \frac{x}{2} - \frac{x^3}{2^2 \cdot 4} + \frac{x^5}{2^2 \cdot 4^2 \cdot 6} - \cdots \qquad (5.37)$$

(5.36)式中的方括号内因数

$$D = \frac{J_1(ka\,\sin\theta)}{2ka\,\sin\theta}$$

$$= 1 - \frac{(ka\,\sin\theta)^2}{2.4} + \frac{(ka\,\sin\theta)^4}{2 \cdot 4^2 \cdot 6^2} - \cdots \qquad (5.38)$$

是平面障板内活塞辐射的指向系数，据此可以画出在不同 $ka = 2\pi a/\lambda$ 值下，DI 随 θ 变化的指向性图案，如图 5.6 所示。

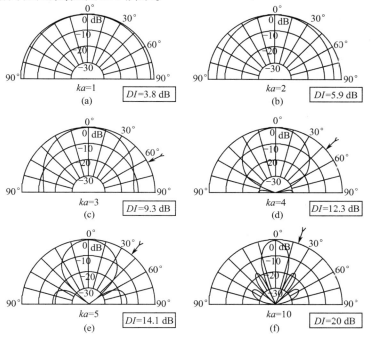

图 5.6　平面障板中圆形活塞辐射的指向性图案

指向性图案在极坐标纸上绘制,半径为幅值,以分贝计,角度代表方向。每张图上有指向性指数 DI 值,等于 $\theta = 0°$ 方向的声压平方与各方向声压平方的平均值的比,也用分贝表示。由上可见,在频率较低($2\pi a/\lambda < 1$)时,障板前各方向的辐射相差不大,指向性不强。频率高时,正面(θ 较小)的辐射相对加强,侧面(θ 较大)辐射减弱,根据(5.38)式,ka 大于 $2\sqrt{2}$ 时(严格按照贝塞尔函数比这更大一点,接近 4)就有的角度上辐射为零,ka 更大还要出现副瓣如图 5.4 中的(d),(e),(f),图上的箭头指辐射为零的角度。主瓣则限于辐射为零的最小角度内,大约为

$$\sin\theta = \pm\, 0.6\lambda/a \tag{5.39}$$

5.7.2 无穷平面障板中圆形活塞的辐射阻抗

求活塞的辐射阻抗实即求活塞振动,由于辐射在其表面所产生的力。活塞表面上一点 A 产生的压力等于活塞表面上所有小面元在 A 所产生的压力相加,为一面积分,再把每一点所受压力加起来,再一次积分,就是活塞表面上所受的力,除以振动速度,就是辐射力阻抗,

$$Z_{\mathrm{M}} = \frac{\mathrm{j}\omega\rho_0}{2\pi}\iint\iint R^{-1}\exp(-\mathrm{j}kR)\,\mathrm{d}x_A\mathrm{d}y_A\mathrm{d}x\mathrm{d}y \tag{5.40}$$

进行这个双重面积积分须要相当巧妙。两次积分都在同一表面(活塞表面)上,为了避免两次积分互相影响,第一次积分可先限于 $(x_A^2 + y_A^2) < (x^2 + y^2)$ 的范围内,第二次积分在全面上进行,结果乘以 2 以得到两次在全面且进行的结果。用极坐标,在 A 点接收到的声压比例于是否应为正比于 $R^{-1}\exp(-\mathrm{j}kR)$,$R$ 为由 A 点到发射点的距离,面上一个小面积元可以写做 $R\mathrm{d}\varphi_A\mathrm{d}R$。选择坐标系统,使 $\varphi_A = 0$ 的线通过活塞的中心,后者的坐标就是 $r,0$,第一次面积分在与活塞圆同心,半径为 r(通过 A)的圆内进行。显见 R 的积分极限为从 0 到 $2r\cos\varphi_A$,φ_A 则从 $-\pi/2$ 到 $\pi/2$。(5.40)式就可改写为

$$Z_{\mathrm{M}} = \frac{\mathrm{j}\omega\rho_0}{2\pi}\int_0^{2\pi}\mathrm{d}\varphi\int_0^a r\mathrm{d}r\int_{-\pi/2}^{\pi/2}\mathrm{d}\varphi_A\int_0^{2r\cos\varphi_A}\exp(-\mathrm{j}kR)\,\mathrm{d}R \tag{5.40a}$$

后半积分是在小圆内的面积分

$$\frac{1}{\pi}\int_{-\pi/2}^{\pi/2}\mathrm{d}\varphi_A\int_0^{2r\cos\varphi_A}\exp(-\mathrm{j}kR)\,\mathrm{d}R$$

$$= \frac{1}{\pi}\int_{-\pi/2}^{\pi/2}\left[\frac{1}{-\mathrm{j}k}\exp(-\mathrm{j}2kr\cos\varphi_A) + \frac{1}{\mathrm{j}k}\right]\mathrm{d}\varphi_A$$

$$= 1 - J_0(2kr) + K_0(2kr) \tag{5.41}$$

式中

$$J_0(x) = \frac{2}{\pi}\int_0^{\pi/2}\cos(x\cos\varphi)\,\mathrm{d}\varphi,\ K_0(x) = \frac{2}{\pi}\int_0^{\pi/2}\sin(x\cos\varphi)\,\mathrm{d}\varphi \tag{5.42}$$

分别为零阶贝塞尔函数和斯特鲁夫(Struve)函数,后者也是贝塞尔方程的一解。

二者满足

$$\int_0^x J_0(x)x\mathrm{d}x = xJ_1(x) = -x\frac{\mathrm{d}}{\mathrm{d}x}J_0(x) \tag{5.43a}$$

$$\int_0^x K_0(x)x\mathrm{d}x = xK_1(x) = x\left[\frac{2}{\pi} - \frac{\mathrm{d}}{\mathrm{d}\eta}K_0(x)\right] \tag{5.43b}$$

根据这些关系可以完成(5.41)式的第二步积分,结果就是

$$Z_M = \rho_0 c_0 \pi a^2 \left[R_n(2ka) + jX_m(2ka)\right] \tag{5.44}$$

式中归一化辐射阻抗

$$R_M(2ka) = 1 - \frac{J_1(2ka)}{ka}, X_M(2ka) = \frac{K_1(2ka)}{ka} = M(2ka) \tag{5.45}$$

活塞阻抗函数 R_M, X_M 的值见附录,$2ka$ 小时可写成级数,

$$R_M(2ka) = \frac{(2ka)^2}{4\cdot2} - \frac{(2ka)^4}{6\cdot4^2\cdot2} + \frac{(2ka)^6}{8\cdot6^2.4^2\cdot2}\cdots \tag{5.45a}$$

$$X_M(2ka) = \frac{4}{\pi}\left[\frac{(2ka)}{3} - \frac{(2ka)^3}{5\cdot3^2} + \frac{(2ka)^5}{7\cdot5^2\cdot3^2}\cdots\right] \tag{5.45b}$$

根据贝塞尔函数的特性,可证明在低频率($ka<1$)时,力阻 R_M 基本与频率平方成正比,所以频率很低时,力阻近于零,辐射能量基本为零。力抗 X_M 则基本与频率成正比。在频率高时($ka>1$)力阻逐渐成为一常数 $\pi a^2\rho_0 c_0$,活塞渐成为与空气匹配的优秀辐射体,力抗 X_M 则渐趋于零。图5.7是无穷平面障板中活塞声源的归

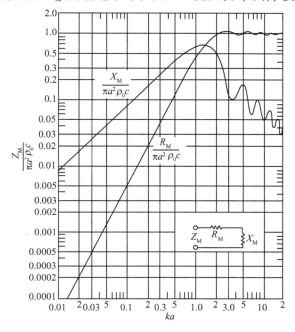

图 5.7　无穷平面障板中活塞声源的归一化辐射阻抗

一化辐射力阻抗(除以 $\pi a^2 \rho_0 c_0$)。

5.7.3 无穷平面障板中活塞辐射阻抗的近似集总形式

根据贝塞尔函数的性质,知

$$1 - \frac{J_1(2ka)}{ka} \rightarrow \frac{1}{2}(ka)^2, \quad ka \rightarrow 0 \text{ 时} \tag{5.46}$$

$$\rightarrow 1, \qquad ka \rightarrow \infty \text{ 时}$$

$$\frac{1}{2(kn)^2}K_1(2ka) \rightarrow \frac{8ka}{3\pi}, \qquad ka \rightarrow 0 \text{ 时} \tag{5.47}$$

$$\rightarrow \frac{2}{\pi ka}, \qquad ka \rightarrow \infty \text{ 时}$$

可以求得在低频($ka \rightarrow 0$)时的力阻抗

$$Z_M \underset{ka \rightarrow 0}{=} \pi a^2 \rho_0 c_0 \left[\frac{1}{2}(ka)^2 + j\frac{8(ka)}{3\pi} \right]$$

$$= \pi a^2 \rho_0 c_0 \cfrac{1}{\cfrac{9\pi^2}{128} + \cfrac{1}{j\cfrac{8}{3\pi}ka}} \tag{5.48}$$

为声阻和声质量并联的形式,式中 $\left(\frac{1}{2}(ka)^2\right)^2 \ll \left(\frac{8ka}{3\pi}\right)^2$ 已被略去。而在高频率($ka \rightarrow \infty$),力阻抗趋向

$$Z_M \underset{ka \rightarrow \infty}{=} \pi a^2 \rho_0 c_0 \left[1 + \frac{2}{j\pi ka} \right] \tag{5.49}$$

(5.48),(5.49)二式已不是如(5.44)式的分布函数形式而成集总常数形式。

因而根据上述 Z_M 在低频率和高频的基本特性,可以求得它的近似阻抗线路,

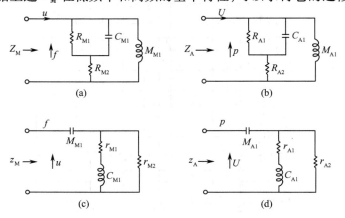

图 5.8 无穷平面障板中活塞声源的阻抗线路
(a)力阻抗 (b)声阻抗 (c)力导纳 (d)声导纳

如图 5.8。下面数值是力阻抗线路值,力阻抗除以面积平方可得声阻抗二者的倒数则分别为力导纳和声导纳。

图中在低频时($ka < 0.5$),C_u 基本是开路(力抗为无穷大)总的力阻抗为力阻 $R_{M1} + R_{M2}$ 和质量 M_M 并联,满足上述辐射阻抗的性质。在高频率($ka > 5$)M_M 是开路(力抗为无穷大),力阻抗为力阻 R_{M1} 与力顺 C_M 串联,特性如上所述。根据这些特性可求出各元件的值,阻抗线路适用于全频率范围。各原件值

$R_{M2} = \pi a^2 \rho_0 c_0$ 与空气匹配

$R_{M1} + R_{M2} = 128 a^2 \rho_0 c_0 / \pi$ 低频力阻

$R_{M1} = 1.386 a^2 \rho_0 c_0$ 与以上二项相减而得

$c_{M1} = 0.6 / a \rho_0 c_0^2$ 为高频力顺

$M_{M1} = 8 a^3 \rho_0 / 3$ 低频质量,等于面积为活塞面积,高为 $8a/3\pi$ 的空气柱质量,$8a/3\pi = 0.85a$ 这就是前面讲的末端改正。

5.7.4 长管末端的活塞声源

如果活塞不是在无穷平面障板中,而是在长管的末端,其辐射条件与无穷隔板中活塞不同处主要有二:一是长管虽然仍有障板作用,使其后面的辐射限于管中,不与前面辐射干扰,但平面障板的声压加倍作用没有了,比较复杂;二是活塞周边有近似前面讨论过的路旁障板顶边的作用,向活塞后面和前面接近活塞平面的方向发射衍射波。因此在活塞正面辐射图案大致与平面障板情形相近,背面和周围则不同,在极低频率下,背面辐射几乎与正面相同,频率高时背面辐射(衍射)就很有限了。

如果活塞不是在无穷平面障板中,而是在长管的末端,可用相似方法求得其辐射特性,不同处在平面障板使辐射的声压加倍,而长管障板要复杂得多,但得到的结果仍然相似可用上节同样方法描述,只是数量的差别。阻抗线路仍是图 5.8,元件值稍有改变:

$R_{M2} = \pi a^2 \rho_0 c_0$ 与平面障板同

$R_{M1} + R_{M2} = 4\pi (0.6133)^2 a^2 \rho_0 c_0$ 比平面障板稍大

$R_{M1} = 1.58 a^2 \rho_0 c_0$ 与以上二项相减而得

$C_{M1} = 0.55 / a \rho_0 c_0^2$

$M_{M1} = 0.6133 \pi a^3 \rho_0$ 比平面障板(系数为 0.85)稍低,长管的末端改正大约是 $0.61a$

参 考 书 目

P M Morse. Vibration and Sound (2nd Ed). ASA,1981

莫尔斯,英格特. 杨训仁、吕如榆译. 理论声学,北京:科学出版社,1984

A D Pierce. Acoustics. ASA,1989

L L Beranek. Acoustics. ASA,1986

习　题

5.1　脉动球在空气中辐射,在离球心一米处的声强是 $50mW/m^2$。(a)发射功率是多少?(b)如振动频率是 100Hz,计算球表面上的声强,声压幅值和质点速度幅值,假设脉动球的半径为 1cm。(c)重复(b)中的计算如声强 $50mW/m^2$ 是在 0.5m 处。

5.2　一半径为 a 的脉动球,其表面上振动速度为 V_0(幅值),振动速度甚高,$ka \gg 1$。推导所发声波的声压幅值,质点振动幅值,声强和辐射总功率的公式。

5.3　空气中有一球体在时间 $t < a/c$ 以前其半径 a 固定不变。在时间 $t - a/c > a/c$ 时其径向速度为 V_0,$V_0 \ll c$,试求在一固定距离 r 处的声压,画出声压随时间 t 变化的曲线,(把分析限于 $t - a/c \ll V_0/c$,用 $r = a$ 的近似边界条件)。求证辐射至介质中声能的净质为 $4\pi a^3 \rho V_0^2$。这能量中多少可传到远场? 其余部分何往?

5.4　一个半球面和一个活塞分别装在无穷平面障板向一方辐射,半径都是 a,振幅 V_0,频率也相同,$ka \ll 1$。(a)在远场中,二者在轴线上同一距离的声功率比是多少? (b)二者向前方半空间辐射的功率比是什么?

5.5　一个简单的线声源,$kL = 50$。(a)有几个辐射瓣? (b)求有几个节面? (c)求在 $\theta = 0$ 的主瓣宽度(角度)。(d)估计第一个侧瓣和主瓣相差分贝数。

5.6　具有无穷障板的圆形活塞在水下工作,其半径为 1 m。频率为 $(6/\pi)$kHz 时,轴上 1km 处的声压为 80dB($0dB = 1Pa$)。(a)求这场中声压为零的所有角度。(b)求活塞振动速度的有效值(方均根 rms 值)。(c)如活塞振幅保持不变,但频率加倍,轴上远场声压级变动分贝数是多少? 指向性指数变化多少分贝?

5.7　一圆形活塞类声呐换能器,半径为 0.5m,在水中辐射 5000W 声功率,频率 10kHz。(a)降低 10dB 点的波束宽度是多少? (b)离换能器表面 10m 的轴上声压级是多少分贝,以 1Pa 为 0dB。

5.8　将 $\exp(jka\sin\theta\cos\varphi)$ 展开为幂级数,求证

$$\int_0^\pi \exp(jka \sin\theta\cos\varphi\sin^2\varphi \mathrm{d}\varphi = \pi \frac{J_1(ka \sin\theta)}{ka \sin\theta}$$

5.9　求证活塞声源节点角度 θ_m 可以近似为 $\sin\theta_m = \left(m + \frac{1}{2}\right)\pi/(ka)$。令 $m = 1$,估计第一个节面角度 θ_m 的误差。

5.10　如欲设计一指向性强的活塞声源,发射规定的轴上距离 r 处的声压 P,工作频率为 f,总功率输出已定,求活塞的半径和速度幅值。

5.11　设计水下线列声源,包含 30 个单元,工作频率 300Hz,(a)令其辐射主瓣越窄越好,单元间距离要多大? (b)主瓣宽度是多少度? (c)估计这线列阵的指向性指数。

5.12　求证在一个线列阵中,相邻单元间所加信号有一时间延迟 $\tau = d/c$,d 为单元的间距,这线列阵的主瓣就转到 $\theta = 90°$。这线列阵称为端射阵。

第六章 动 态 类 比

类比方法自古以来是普遍应用的,不同的事物或现象在一定关系上部分相同
或相似。因此在一定范围内,类比可以作为认识某些事物的尚未被发现的特征或
特性的方法。模仿就是最简单的类比方法。古代文人熟读历史就可以治国、治民,
就是古人经验可以应用于相似情况的缘故。经济学家重视《孙子兵法》,也是准备
使用类比方法。《博奕论》更是问题的高度概括,以备在不同范围使用类比方法,
但两种事物的类比,并不表明本质上的相同或相似,相反地,倒可能有本质不同的
方面。因此,在使用类比方法时要作具体分析。在科学中,动态类比的基础是不同
事物或现象中有相同的微分方程,因此在已经发展成熟的学科中所获得的结论、规
律等可以推广到未知学科中,解决其中不能解决的问题。活塞声源的辐射阻抗线
路和导纳线路(5.7.3 节)就是类比线路的一例。但那是用于分布连续系统的。类
比方法更多用于离散的线性系统,即如第二章所讨论的小信号系统。在电学系统
中,主要是电路中的电流、电压、电荷等。在机械振动系统中主要讨论整个物体的
振动,研究其振动速度、受力、位移等。在声学系统中,主要是小块介质中的流动速
度,压力变化、密度变化等运动的传播。动态类比对声学发展,特别是电声学发展
是关键。电话是 1876 年贝尔发明的。电话的使用虽然简单,但是它涉及声波激发
物体(膜片)的振动,物体振动引起电流变化,倒过来电流变化导致物体振动,物体
振动发出声波,这种换能器的原理在电话使用了半个世纪后还无人了解,生产者也
无从评价其产品的好坏。这主要是对机械振动系统不会分析的缘故。历史上,力学
发展比较早,在应用麦克斯韦方程去解电路问题时,就曾把电流比拟做水流,但是电
路理论发展很快,已达到成熟程度,而机械振动理论却瞠乎其后。在 20 世纪 20 年
代,用电声类比后,换能器理论发生突变,频率响应、高保真度等相继提出,使电声学
达到现代水平,逐渐成为政治生活、社会生活以及通信广播中不可缺少的技术关键。

6.1　阻抗和导纳类比

电路系统中主要变量是电流 i 和电压 e,在振动系统中相应的是速度 u 和力 f,
在声学系统中相应的是体积速度 U 和压强 p,这是阻抗类比。在三种系统中,基本
元件各有三种。阻性元件代表能量消耗,电阻 R, $e = iR$,力阻 R_M, $f = R_M u$,和声阻
R_A, $p = R_A U$, ($R_A = R_M / S^2$, S 为声体积速度的截面积)。第二种元件是感性元件,代
表能量的储存,电感 L, $e = L di/dt$,在振动系统和声学系统中则称为惯性元件,质量
M_M, $f = M_M du/dt$,声质量(或称声阻(inertance))M_A, $p = M_A dU/dt$ ($M_A = M_M S^{-4}$)。

容性元件,电容 C_E, $e = \dfrac{1}{C_E} \int i\mathrm{d}t$,在机械振动和声学系统则称为顺性(compliance,其倒数则为弹性或劲性(stiffness)),力顺 C_M,$f = \dfrac{1}{C_M} \int u\mathrm{d}t$,声顺 C_A,$p = \dfrac{1}{C_A} \int u\mathrm{d}t$ $\left[C_A = C_M S^{-4} \right]$,也都是能量的储存与感性或惯性的能量储存不同,后者是动能储存,前者则是位能储存。

阻抗类比不是唯一可能性,因为三种系统都具有二象性,例如,电阻内可以是 $e = iR$,也可以是 $i = er$(r 为电阻倒数电导),电感内写做 $e = L\mathrm{d}i/\mathrm{d}t$,但电容内也可以写做 $i = C_E \mathrm{d}e/\mathrm{d}t$ 方程式完全相同。同样电容可写做 $e = \dfrac{1}{C_E} \int i\mathrm{d}t$,电感也可以写做 $i = \dfrac{1}{L} \int e\mathrm{d}t$。所以阻抗类比也可以倒过来,为导纳类比,电压 e、电流 i,类比为速度 u 和力 f,类比为体积速度 U 和声压 p,因为类比不是本质,而是形式(微分方程相同),到底使用哪种类比,完全可以根据使用便利选择。大体,在电路中测量电压方便,不必触及电路,机械振动系统中,速度可直接用加速度计测量,测力则要拆开线路,在两个元件之间测量,所以使用导纳类比较方便。声学系统与电路的性质相似,所以使用阻抗类比更为便利。但这也不是必然的,如在活塞辐射中(5.7.3节),两种类比都列出,同样可以应用,表 6.1 是两种类比的比较。表中阻抗用大写 Z 表示,导纳用小写 z 表示。

表 6.1 阻抗与导纳类比的相应参量值

元 件	电 路	力学线路		声学线路	
		阻抗	导纳*	阻抗*	导纳
a	e	f	u	p	U
b	i	u	f	U	p
$a = bc$	$c = R_E$	R_M	$\dfrac{1}{R_M} = r_M$	R_A	$\dfrac{1}{R_A} = r_A$
$a = c\dfrac{\mathrm{d}b}{\mathrm{d}t}$	$c = L$	M_M	C_M	M_A	C_A
$b = c\dfrac{\mathrm{d}a}{\mathrm{d}t}$	$c = C_E$	C_M	M_M	C_A	M_A
$a = bc$	$c = Z_E = \dfrac{e}{i}$	$Z_M = \dfrac{f}{u}$	$z_M = \dfrac{u}{f}$	$Z_A = \dfrac{v}{p}$	$z_A = \dfrac{u}{p}$

* 首选类比。

在声学中,发声或接收都离不开固体的机械振动,固体传声也是靠固体中的机械振动,所以机械振动与声波传播有同等重要性。下面讨论一些常遇到的机械振动系统和声学系统。

6.2　力　学　线　路

机械振动是声学的主要部分,瑞利的《声的理论》巨著有一半篇幅讨论机械振动,莫尔斯的书就以《振动和声》为名,讲振动的篇幅大于一半。这都说明机械振动在声学中的重要性。在本节中只讨论机电类比方法在集总机械振动系统的应用,主要应用则在换能器理论中,将在下一章中讨论。力学系统在本质上是与电路系统不同的,后者是流动(电流或电子流)在不同条件下的表现,而前者则是在固定系统中各种元件互相影响的关系。所以运用机电类比方法须特别注意其差别。虽然如此,机电类比方法仍是研究机械振动的最重要方法。

6.2.1　力学系统的共振

图 6.1(a)为一阻尼质量弹簧系统的简图,质量 M(kg)下垫一弹簧 K(劲度系数,是力顺 C 的倒数,N/m),具有阻尼 R(N·s/m,力阻,假设为黏滞性阻,或在工作频率的等效黏滞性阻),这就是一个常见的一维振动体。

如果底是固定不动的,质量 M 有一位移,弹簧和减震器要同时受压,压缩量相同。所以加力于质量上时,M,C,R 的振动速度完全相同,位移也完全相同。因而其阻抗类比线路(或称等效线路),就是 M,C,R 串联,而导纳线路则是 M,C,R 并联,如图 6.1(b)和(c)。根据类比线路可直接了当地写出运动方程

$$M\frac{\mathrm{d}u}{\mathrm{d}t} + Ru + \frac{1}{C}\int u\mathrm{d}t = f(\mathrm{t}) \quad (6.1)$$

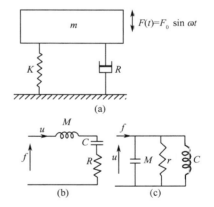

图 6.1　阻尼质量弹簧系统,质量受力,
底座固定不动
(a)系统　(b)阻抗类比线路　(c)导纳类比线路

(a)固有振动

如果不加外力 f,系统有任何改变(例 M 有一位移),就要激发系统的自由振动(或固有振动),现在先讨论固有振动。(6.1)式成为

$$M\frac{\mathrm{d}u}{\mathrm{d}t} + Ru + \frac{1}{C}\int u\mathrm{d}t = 0 \quad (6.2)$$

假设 $u = u_0\exp(ht)$,代入,可得

$$Mh + R + \frac{1}{Ch} = 0$$

或

$$MCh^2 + hRC + 1 = 0$$

解之,得

$$h = -\frac{R}{2M} \pm \sqrt{\left(\frac{R}{2M}\right)^2 - \frac{1}{MC}}$$

质点速度的解为

$$u = u_0 \exp\left[-\frac{R}{2M} \pm \sqrt{\left(\frac{R}{2M}\right)^2 - \frac{1}{MC}}\right]t \qquad (6.3)$$

式中根号内的量决定 u 的性质,如为零

$$\left(\frac{R}{2M}\right)^2 - \frac{1}{MC} = 0$$

或

$$R_c = 2\sqrt{M/C}$$

称为临界阻尼。实际阻尼 $R \geqslant R_c$ 时,(6.3)式的指数为简单负数,u 将单调地减小,直至为零。$R < R_c$ 时,就得到振荡式的解

$$u = u_0 \exp\left(-\frac{Rt}{2M}\right)\cos(\omega_n t + \varphi) \qquad (6.4)$$

式中 φ 任意常数,

$$\omega_n = \omega_0 \sqrt{1 - \zeta^2}$$

或频率

$$f_n = f_0 \sqrt{1 - \zeta^2}$$

为系统的固有频率 $f_n = \omega_n/2\pi$,而

$$f_0 = \frac{1}{2\pi}\sqrt{\frac{1}{MC}} \qquad (6.5)$$

为无阻尼固有频率,$f_0 = \omega_0/2\pi$,

$$\zeta = \frac{R}{2}\sqrt{\frac{C}{M}} = \frac{R}{R_c} \qquad (6.6)$$

为临界阻尼比。系统做阻尼振动。固有频率的(6.5)式可以改写,因 C 是力顺,等于力产生的位移(压缩),在阻尼质量弹簧系统中,弹簧经受压力为 M 的重量 Mg,g 为重力加速度 9.8m/s^2,如果静止时弹簧被压下的距离为 $d(\text{m})$,C 即等于 d/Mg,代入(5.5)式,可得

$$f_0 = \frac{1}{2\pi}\sqrt{\frac{g}{d}} = 0.5/\sqrt{d}, \qquad (6.7)$$

如果 d 为 $1\text{cm} = 0.01\text{m}$,$f_0$ 即为 5Hz。所以无阻尼固有频率很容易估计或调整。

机械系统总是有弹性的,因而都是可以振动的,一个小的电表可能每秒振动几次,一座三百米高的建筑物可能几秒钟振动一次,有时希望它不振动,例如一个电表要利用它取得读数,如果振动不停就妨碍使用了。是不是尽量采用大阻尼,或大

的临界阻尼比？这样,从(6.3)式看,指数上两项互相抵消,使衰变系数很小,因而稍有变动,恢复到平衡状态就很慢。最好的办法是用稍小于1的临界阻尼比,电表可能冲过平衡位置,稍有振动,但不久就达到平衡了。这是制造者很多年才发现的规律,也适用于其它机械系统。

当加上外力时,质量弹簧系统要开始受迫振动,但同时也激发起固有振动,二者的关系是运动的连续性所决定的,即在加力的时刻,总运动(被迫振动加固有振动之和)应继续为零。振动经建立后,固有振动逐渐衰变为零,所以称过渡现象。时间长了,就只有受迫振动了。

(b)受迫振动,稳定状态

如外加力是正弦式的,$f(t) = F\exp(j\omega t)$,(6.1)式即成为

$$j\omega Mu + Ru + \frac{1}{j\omega C}\,u = F\exp(j\omega t)$$

解之,

$$u = \frac{F\exp j\omega t}{j\omega M + R + 1/j\omega C} = \frac{F\cos\left(\omega t - \arctan\left(\dfrac{\omega M - 1/\omega C}{R}\right)\right)}{\sqrt{\left(\omega M - \dfrac{1}{\omega C}\right)^2 + R^2}} \tag{6.8}$$

振动速度等于力除以力阻抗,后者为

$$Z_M = j\omega M + R + \frac{1}{j\omega C}$$

$$= \sqrt{\left(\omega M - \frac{1}{\omega C}\right)^2 + R^2}\,\exp\left(-j\arctan\left(\frac{\omega M - 1/\omega C}{R}\right)\right) \tag{6.9}$$

其绝对值也可以写做

$$|Z_M| = \sqrt{\left(\omega M - \frac{1}{\omega C}\right)^2 + R^2}$$

$$= \frac{1}{\omega C}\,\sqrt{(X^2 - 1)^2 + (2\zeta X)^2} \tag{6.10}$$

式中

$$X = \frac{\omega}{\omega_0} = \frac{f}{f_0} \tag{6.11}$$

为频率比,ω_0见(6.5)式,ζ见(6.6)式,所以质量弹簧系统的力阻抗全由频率比与临界阻尼比决定(不仅绝对值,相位也是)。可见在频率比为1时,用无阻尼共振频率驱动,力阻抗即等于力阻,振动速度最大。频率比大于1或小于1都因增加力抗而使振动速度减低。这是减小机器振动的基本方法。转动机器都有所谓临界速度,即其转动速度达到一定值时,会激发共振频率,使机器发生剧烈振动,导致损坏。这在一般机器,是设计问题。但在车辆(特别是汽车)则更是使用问题,具体考虑,还应该注意隔振能力。

6.2.2 隔振器

质量弹簧系统不仅是振动体,同样原理也可以用作隔振器,限制振动的传递。有两种情况,一是限制机器的振动传递到底座,激发起建筑物的振动和建筑物中其它设备的振动。另一种情况是限制底座的振动传递到机器或仪表,影响其准确度甚至运转,现分述如下。

（a）质量受力

质量受力驱动可将一部分力传递到底座,仍是图(6.1)的系统,上面已讨论力与振动的关系,质量所受的力是

$$f_M = u \mid Z \mid = \frac{u}{\omega C} \sqrt{(X^2 - 1)^2 + (2\zeta X)^2} \tag{6.12}$$

这里 f 和 u 代表有效值(rms 值)。弹簧和减震器都直接装在底座上。弹簧和减震器中的力都是力偶,两端有大小相同、方向相反的力,使弹簧和减震器受压缩或伸长。所以,底座所受的力是对弹簧和减震器底端的力的反作用力,与其相等,方向相反。因而,底座所受的力等于 CR 系统的阻抗乘其中的振动速度,即

$$F_g = u \sqrt{\left(\frac{1}{\omega C}\right)^2 + R^2} = \frac{u}{\omega C} \sqrt{1 + (2\zeta X)^2} \tag{6.13}$$

质量 M 受力传递到底座的比例是

$$T_f = \frac{F_g}{F_M} = \sqrt{\frac{1 + (2\zeta X)^2}{(X^2 - 1)^2 + (2\zeta X)^2}} \tag{6.14}$$

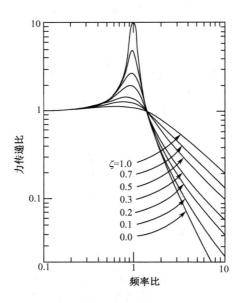

图 6.2 隔振曲线

称为力的传递比。频率比高的时候,分母大于分子,T 小于 1 受力减小,有隔振作用。频率比低的时候,分子大于分母,T 大于 1,外力要放大,在 $(X^2-1)^2=1$ 时,或 $X=\dfrac{\omega}{\omega_0}=\dfrac{f}{f_0}=\sqrt{2}$ 时,$T=1$,外加力毫无改变地传递到底座,与频率高低,阻尼大小无关。X 小于 $\sqrt{2}$ 时外加力被放大,X 大于 $\sqrt{2}$ 时,力被降低。图 6.2 是 ζ 取不同值时,传递比 T 与频率比的关系。

从图 6.2 上可以看到阻尼对上述频率作用的影响。在一般设计隔振机座时,采取较低的共振频率,这样,在正常工作时,X 值较大(例如 $3\sim5$),可得到较大的隔振效果。在选择阻尼比时,可看到 ζ 较大时,力的放大较少,特别是机器逐渐加速时,经过共振频率时 T 值不致太大。但在正常工作时,隔振效果不大。选择很小的临界阻尼比,隔声效果好,但在低频,特别是经过共振频率时,底座受力要比质量上的外力大得多。所以在一般设计中都采用折中办法,避免经过共振频率时底座受力太大,而在正常工作时还有相当的隔振作用。

(b)底座振动

隔振的另一方面是防止底座或地面把振动传递到质量上去,这在精密仪表或设备(例如制作积成电路的设备)尤其重要。图 6.3(a)是底座振动下的阻尼质量弹簧系统。

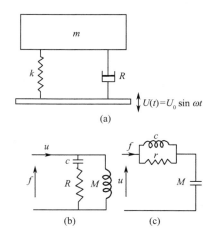

$$U(t)=U_0\sin\omega t$$

(a)

(b)　　(c)

图 6.3　阻尼质量弹簧系统底座振动

(a)系统　(b)阻抗类比线路　(c)导纳类比线路

系统与图 6.1(a)的完全相同,只是驱动点不同,其类比线路即完全不同。图 6.1(a)的质量上驱动,三个元件的振动速度相同,阻抗线路和导纳线路同样明显。图 6.3(a)的系统则不同,速度关系一时难定,但受力关系明显。底座推动的力分到弹簧和减震器上,在二者的上端力又合起来与原推动的力相等,而推动质量。所以导纳线路是弹簧与减震器的导纳并联再与质量的导纳串联,如图 6.3

（c），而阻抗为其倒数，

$$Z = \cfrac{1}{\cfrac{1}{\cfrac{1}{j\omega C} + \cfrac{1}{r}} + \cfrac{1}{j\omega M}} = \cfrac{1}{\cfrac{1}{\cfrac{1}{j\omega C} + R} + \cfrac{1}{j\omega M}}$$

类比线路如图6.3（b）。根据类比线路可求得质量 M 的振动速度与底座振动速度之比

$$\frac{u_m}{u} = \frac{Z}{j\omega M} = \cfrac{\cfrac{1}{j\omega C} + R}{j\omega M + R + \cfrac{1}{j\omega C}}$$

其绝对值就是速度传递比，可求得为

$$T_u = \left| \frac{u_m}{u} \right| = \sqrt{\frac{1 + (2\zeta X)^2}{(X^2 - 1)^2 + (2\zeta X)^2}} \qquad (6.15)$$

与（6.14）式力的传递比完全相同。这不是偶然的，传递系统的传递比对速度、位移、力、加速度等完全相同。隔振器或隔振机座既可隔对外的干扰，也隔外来的干扰，是可逆的。

把另一质量弹簧系统附加到振动体上，调谐它的振动频率，即成为**吸振器**，如力阻为零，Z 等于无穷大，可完全阻止振动体的振动。

6.3　声 学 线 路

声学类比线路（等效电路）也主要用于集总系统，即小的空间，短管，小孔等尺寸比波长小得多的情况，主要就是短管和空腔等元件，有时有细网以增加阻尼，短管如较细，其壁上的附面层也具有黏滞性阻尼。取一管，其长为 l，截面积为 S，在管的两端加力有差值，管内空气质量即成为负载，振动方程为

$$f(t) = M_M \frac{\partial u}{\partial t}$$

M_M 是空气质量，$\rho_0 Sl$。上式用截面积除即得声压差

$$p(t) = \frac{M_M}{S^2} \frac{\partial u}{\partial t} = \frac{\rho_0 l}{S} \frac{\partial u}{\partial t}$$

声质量为

$$M_A = \frac{M_M}{S^2} = \frac{\rho_0 l}{S} \qquad (6.16)$$

管长 l 要加末端改正。

封闭的空腔，如腔内空气容积为 V，容积有变化时，压力要随之改变，根据绝热过程

$$\frac{\mathrm{d}P}{\gamma P_0} = -\frac{\mathrm{d}V}{V}$$

如空腔有一开口,面积为 S,开口上一活塞,以速度 $n(t)$ 振动,空腔内空气体积的变化即

$$\frac{\mathrm{d}V}{\mathrm{d}t} = Su$$

上式的 $\mathrm{d}P$ 即声压,因而得空腔的声阻抗

$$\frac{p}{uS} = \frac{\gamma P_0}{\mathrm{j}\omega V}$$

即空腔为一声顺

$$C_A = \frac{V}{\gamma P_0} \tag{6.17}$$

短管和空腔是声学线路中的两个主要元件,声质量和声顺。

6.3.1　亥姆霍兹共鸣器

空心圆球,插入一根短管,如图 6.4,即成为亥姆霍兹共鸣器,短管可插入空腔内,或只是球上的开口,或不插入空腔内而另有一听孔,后者是亥姆霍兹用来研究听觉的原型。

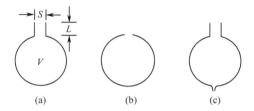

图 6.4　亥姆霍兹共鸣器构造

亥姆霍兹共鸣器的简图和阻抗类比线路见图 6.5,类比线路很明显,短管末端成为空腔的驱动器,是一个简单的串联线路。

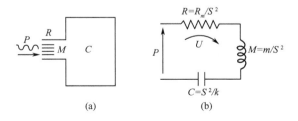

图 6.5　亥姆霍兹共鸣器的简图和阻抗类比线路

亥姆霍兹共鸣器可受外面声场的激发并消耗其能量,但空腔内的振动又可通过短管辐射声波加强外面的声场,中国和欧洲古代都有在戏院埋藏空罐以加强歌唱效果的事。在《墨子》一书中还载有用地下埋藏的大瓮放大敌军活动的声音的设备(在抗日战争中在地道中也用过)。现在穿孔板吸声结构实即亥姆霍兹共鸣器的组合。

根据类比线路可写出亥姆霍兹共鸣器的振动方程。

$$M_A \frac{dU}{dt} + R_A U + \frac{1}{C_A} \int U dt = p(t) \qquad (6.18)$$

式中 U 为体积振动速度,$p(t)$ 为外加声压,M_A 为短管声质量(6.16)式,R_A 为其中的声阻,C_A 为空腔的声顺(6.17)、(6.18)式与质量弹簧系统的(6.1)式完全相同,前面所得结果都可以用到此处。亥姆霍兹共鸣器的无阻尼共振角频率为

$$\omega_\theta = \frac{1}{\sqrt{M_A C_A}} = \sqrt{\frac{S}{\rho_0 l} \frac{\gamma P_0}{V}} = \frac{1}{c_0} \sqrt{\frac{S}{Vl}} \qquad (6.19)$$

式中 c_0 为空气中声速,V 为空腔容积,S 为短管截面积,l 为其长度(应加末端改正,插入式为 $0.61d$,只有孔则是 $0.85d$,不插入为 $0.73d$,d 是管或孔的直径见 5.7.3 节)。亥姆霍兹共鸣器的阻尼一般较小,除非特别增加阻尼,原有的只是黏滞性阻尼,与管径成反比,管径有几毫米,声阻就非常小了(与声抗相比,见 10.2 节)。

现在讨论共振时的关系,在共振频率,共鸣器的声抗为零,只有声阻 R_A。设管口的声压为 p,体积振动速度即

$$U = \frac{p}{R_A + R_r} \qquad (6.20)$$

式中 R_r 为管口的辐射声阻。假设管口装一活塞,根据(5.32)式,活塞在低频的辐射力阻是

$$R_M = \pi a^2 \rho_0 C_0 \left(\frac{1}{2} ka\right)^2$$

式中,a 是活塞半径(即短管截面半径),πa^2 是活塞面积(管的截面积),$k = \omega/c$ 为波数。(5.32)式是活塞在无穷障板中的力阻抗,如无障板(图 6.3(c)的情况),力阻抗因无障板加倍的影响,只有该值的一半,再除以面积平方,即得辐射声阻

$$R_r = \frac{1}{2} \rho_0 c_0 \left(\frac{1}{2} ka\right)^2 / (\pi a^2) = \frac{\pi \rho_0 c_0}{2 \lambda_0^2} \qquad (6.21)$$

式中 $\lambda_0 = c_0/f_0$ 为与共振频率相当的波长。如果共鸣器与大气匹配,即 $R_A = R_r$,体积速度即

$$U = \frac{p}{2R_r} = \frac{p}{\rho_0 c_0} \frac{\lambda_0^2}{\pi} \qquad (6.22)$$

如果没有共鸣器,体积速度应为 $p/(\rho_0 c_0 \pi a^2)$,乘数

$$A_u = \frac{\lambda_0^2}{\pi^2 a^2} \qquad (6.23)$$

就是速度放大倍数,共鸣器把速度放大 A_u 倍。波长比 a 大得多,所以放大倍数很大。

速度(6.22)进入空腔产生声压

$$p_r = U/\mathrm{j}\omega_0 C_A = p\frac{\lambda_0^3}{\mathrm{j}2\pi^2 V} \qquad (6.24)$$

声压值增加了乘数

$$A_p = \frac{\lambda_0^3}{2\pi^2 V} \qquad (6.25)$$

是声压放大倍数,放大在使用如图 6.3(c)共鸣器时,把小孔放到耳内可以听到,这就是亥姆霍兹做实验的方法。声压放大倍数一般小于速度放大。

体积振动速度在短管内产生能量消耗

$$W = U^2 R_A = \frac{p^2}{4R_r} = \frac{p^2}{\rho_0 c_0}\frac{\lambda_0^2}{2\pi} \qquad (6.26)$$

$p^2/\rho_0 C_0^2$ 是声强(声功率密度),所以

$$A = \frac{\lambda_0^2}{2\pi} \qquad (6.27)$$

是共鸣器的吸收面积,这个面积比共鸣器,特别是其短管的面积大得多,共鸣器可形成重要的吸声体。

以上都是在共振频率下的现象,频率稍有不同,放大倍数,吸声面积都很快地减小,频带很窄。为了获得较好效果,有时在共鸣器内(短管内)故意加上阻尼,放大系数,吸声面积等在共振频率都减小了,但频带可以加宽。

6.3.2 声滤波器

声滤波器的原理与电滤波器完全相同,阻抗类比线路和电路也相同,滤波器是通过某些频率而阻碍其他频率的线路,可能是高通(高频通过)、低通或带通。一小段较粗的管道加一旁支短管可以使高频率直接通过,低频率在旁支中漏掉,这就成为一高通滤波器。在另一方面,一个较细管道隔一段膨胀一些或接一旁支空腔就成为声质量旁通声顺,使低频直接通过,高频在空腔内储存,这就是低通滤波器。旁支如是一共振线路(例如亥姻霍兹共鸣器)可让某些频率(共振频率上下)通过而成带通滤波器。连续用几节这样的构造将加强截止特性(通带与阻带的差别),如图 6.6。

这些线路的特性可用声压和体积速度的连续性计算,例如在图 6.6(a)的线路中,先假设最后一节 C_3,M_3 中的体积速度为 U_3(如 M_3 以后不再有其他元件则令其接地,连到下面的横线)。如此,则滤波器输出声压即为

$$p_0 = U_3(j\omega M_3 + R_3) \tag{6.28}$$

C_2, M_2 的接点 2(即 C_3 前的接点)的声压则为

$$p_2 = U_3/j\omega C_3 = p_0/j\omega C_3(j\omega M_3 + R_3) \tag{6.29}$$

通过前一个声质量 M_2 的体积速度即为

$$U_{23} = p_2/(j\omega M_2 + R_2) = U_3/j\omega C_3(j\omega M_2 + R_2)$$

在此点流入的体积速度应等于流出的体积速度

$$U_2 = U_3 + U_{23} = U_3[1 + 1/j\omega C_3(j\omega M_2 + R_2)] \tag{6.30}$$

由此可求得 C_2 中的体积速度 u_2,在 l 点的声压则是

$$p_1 = U_2/j\omega C_2 = U_3[1 + 1/j\omega C_3(j\omega M_2 + R_2)]/j\omega C_2$$

$$= p_0/[1 + 1/j\omega C_3(j\omega M_2 + R_2)]/[j\omega C_2(j\omega M_3 + R_3)] \tag{6.31}$$

用同样方法可求得图中第一个质量 M_1 中的体积速度,以及流向 l 点的体积速度 U_1。如果 l 点也经过力顺接到声源就可以求得声源的声压 p_i 与输出声压 p_0 相比,即得滤波特性。由 p_1、p_2 就可以看出频率越高 p_0 越大,这就是高通滤波器的特性。上面各个 M 值,各个 R 值,各个 C 值都是相同的,标以 1、2 只是表示它们在线路上的位置不同。

图 6.6 中的低通和带通滤波器可用同样方法计算。

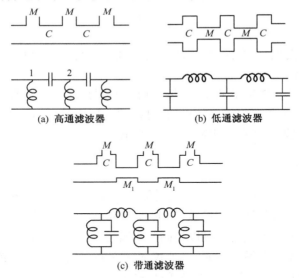

(a) 高通滤波器　　　　(b) 低通滤波器

(c) 带通滤波器

图 6.6　梯型声滤波器及其阻抗类比线路

(a)高通　(b)低通　(c)带通

电滤波器理论已达到极高水平,利用电滤波器的理论,设计声滤波器当可达到更高水平。用图 6.6 中的线路为例,说明原理比较简单易晓,并不是最佳方法。

第五章中,声源阵或接收阵,从另一种意义来说也是滤波器,不过不是甄别频

率范围,而是获得不同的指向性,(可称空间滤波器),频率滤波器的理论同样可以应用。

声滤波器的实际应用主要是在内燃机排气消声器。内燃机操作时,每一周汽缸内都有爆炸声(火花放电等),这些爆炸声随废气排出,并在出口产生喷气噪声,非常强大,性质在一般农业拖拉机上很明显。使用消声器的作用是令其容许气流通过,而使各种频率的噪声减小,所以基本是低通滤波器。降低内燃机排气噪声可在排气管道内或供气管道内使用吸声材料,多在通风系统内使用。管道内吸声材料的作用将在8.5节中讨论。做成低通滤波器的抗性消声器则是利用膨胀室原理。

(a)膨胀室消声器

图6.7是机器排气通过膨胀室消声器的基本构造和类比线路。

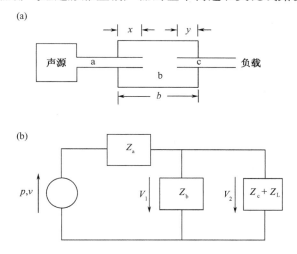

图 6.7　膨胀室消声器的构造和类比线路

空腔和管道的声阻抗均如上述。假设膨胀室的长度小于半波长,各个阻抗都可以按集总线路考虑,图上注为 x 和 y 的二管,长短也无甚影响。在高频,膨胀室接近半波长或更长时,管长就很重要了。同理,两管口的位置也只是在高频才重要。

按气流源考虑,声源体积流速 V 要分为 V_1、V_2 二部分。无消声器时发生作用的是 V_1,加上消声器后,发生作用的是 V_2。所以嵌入消声器的影响是使噪声降低

$$\left(\frac{V}{V_2}\right)^2 = \left(1 + \frac{Z_c + Z_L}{Z_b}\right)^2$$

或表为分贝数

$$IL = 20\log\left|1 + \frac{Z_c + Z_L}{Z_b}\right| \tag{6.32}$$

此值称为嵌入损失，Z_b 为空腔的声阻抗 $-j\rho_0 C_0^2/\omega V$，V 为空腔容积。Z_c 是尾管的声阻抗 $R_c + j\rho c\tan kL/A$，L 为管长，A 为其截面积，R_c 为其黏滞性声阻。Z_L 是尾管口的辐射阻抗，主要是其声阻 R_L 部分，把这些值代入（6.32）式即成为（设尾管长 L 甚短于波长），

$$IL = 10\log[(1 - (\omega/\omega_0)^2)^2 + Q^{-2}(\omega/\omega_0)^2] \tag{6.33}$$

式中 $\omega_0 = c_0\sqrt{A/VL}$ 和 $Q = \rho_0 c_0/(R_c + R_L)\cdot\sqrt{L/AV}$ 分别为消声器的共振频率和品质因数。在共振频率时

$$|L|_{\omega=\omega_0} = -20\log Q \tag{6.34}$$

嵌入损失为负值，噪声被加强，而且品质因数越大，噪声越强。只有在相当高的频率，嵌入损失才相当大，

$$|L|_{\omega\gg\omega_0} = 40\log(\omega/\omega_0) \tag{6.35}$$

如果声源做为声压声源（内部阻抗非常小），嵌入损失要把 a 管和 c 管都计入，

$$IL = 20\log\left|1 + \frac{Z_a(Z_c + Z_L + Z_b) + Z_b Z_c}{Z_b Z_L}\right| \tag{6.36}$$

$$\xrightarrow[\omega\gg\omega_0]{} 60\log(\omega/\omega_0) + 20\log Q \tag{6.37}$$

这比体积速度声源要高，声源的内阻抗有相当影响。（6.32）和（6.36）二式中都有 $Z_b + Z_c + Z_L$，这实际是 b、c 两部分组成的亥姆霍兹共鸣器的声阻抗。所以对气流声源（内阻抗大）而言，a 部分不起作用，消声器的嵌入损失（或衰减）等于共鸣器声阻抗与空腔声阻抗之比。对声压声源而言 a 部分要起作用，使嵌入损失有所改变，（可按阻抗网络计算）。或简言之，对气流声源而言，膨胀室消声器就是亥姆霍兹共鸣器，按声压声源而言，输入管使亥姆霍兹共鸣器的特性有所改变。实际系统的特性可能是在二者之间，图6.8是实验室测试的结果。输入声压和频率以及气流可分别控制，实验超过以上理论可适用的频率范围 220 Hz，在此频率嵌入损失达到最大，继续增加频率，在 400 Hz 左右，IL 接近零，以后将交替出现极大和极小，由膨胀室内驻波决定。正如理论所预计，在共振频率出现负嵌入损失，放大可超过 20dB。

图6.8中的风速影响很值得注意。在较高频率，风有助于嵌入损失，但影响不大，在共振频率风的影响特别显著，它使负衰减降低，甚至消除。无风时，曲线在 200 Hz 以下，大致符合以上的理论预计，共振频率大约 50 Hz，品质因数 Q 约为 10，这些都很合理。有风时，流阻增加，品质因数降低，尾管的声质量降低。

膨胀室长度接近或超过半波长时，其特性就要根据驻波分析。可证明进气管和排气管可以基本不算，主要是膨胀室内的驻波，嵌入损失为

$$IL = 10\log\left[1 + \frac{1}{4}(m - m^{-1})^2\sin^2 kl\right] \tag{6.38}$$

式中 m 为膨胀室截面积与二管截面积之比，l 为膨胀室的长度。$kl = n\pi$ 时 IL 为

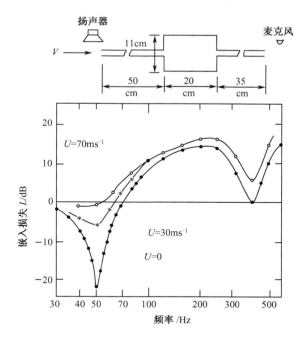

图 6.8　膨胀室消声器实验结果

零，$kl = \left(n + \dfrac{1}{2} \right) \pi$ 时，IL 极大。

　　抗性消声器的问题是反压（压降）和自噪声问题，管道声阻产生压降但不重要，主要的是管道的不连续处（扩大、缩小、弯头等），气流突然改变要产生压降，使排气系统的有效压力差减小，影响排气效率。气流速度大时还产生自噪声，也影响消声器的品质。这都是需要研究的问题。

　　（b）实用膨胀室消声器

　　在实际应用时，常把几个膨胀室串联成低频滤波器，其特性即按低频滤波器分析。为了避免低 IL 频率，几个膨胀室长度不同（截面积仍相同）。这样，嵌入损失可以比单室系统大得多。图 6.9 是几种商品消声器的剖开图，可示明其构造。

　　图 6.9 的各种设计基本原理仍是多级膨胀室消声器，但避免通气面积的突然变化，使消声性质提高不少。严格分析比较复杂，但不管构造如何，基本原理仍是声压和体积速度的连续性，由此可求出其声学特性。以直通设计（图 6.9 最上一种）为例，在每一级，中间细管为进、出气管，粗管与细管之间为膨胀室。细管可看做均匀管，其中满足平面波的运动方程，粗管中也满足管道中的运动方程，但外壁上质点速度为零，中心最大。粗细管之间，即细管管壁上，有小孔相通，根据细管内、外的声压不同产生质点速度，影响粗、细管中的质量连续方程。每一级的两端

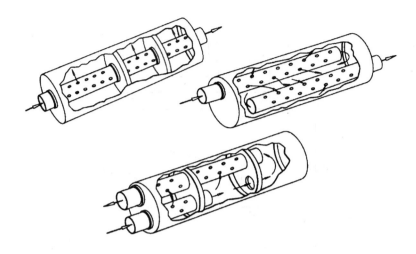

图 6.9 一些商品膨胀室消声器

使粗管中的质量速度为零,对细管中声波则无影响,只是后者要与下一级连续。根据这些关系就可以解得声压和质量速度的特性。比较复杂,但不困难。

6.3.3 扬声器箱

另一种常见的声学网络是扬声器箱或称音箱。扬声器特性将在下一章讨论。扬声器可设计得很好(指频率响应接近平直),但如在空气中使用,其前后面的辐射相位相反,将互相干涉,使质量受损,最好用无穷障板,把它前后面隔开,对扬声器的要求就是要有无穷障板的作用。扬声器箱主要起障板作用。

最简单的扬声器箱就是早期常用的简单木箱,后面开启,面板上装扬声器。这样,就增加了扬声器后面和前面的距离,起有限障板的作用。不过当箱的深度为四分之一波长时,后面辐射到达前面时,与前面辐射同相,声音大为加强,使频率响应不能平直。为了避免这种缺点,可使用完全封闭的箱子(但是留一小缝,使箱子内外压力平衡,免使扬声器膜片移位),箱内加较重的吸声材料,以减少它共振的影响。

低音反射箱进一步利用扬声器后面的辐射,方法是在面板上,扬声器下方开一通道,如果设计合适,扬声器后面的低频辐射经通道反射出来时已经过 180° 相角移动而加强扬声器前面的辐射,高频则被吸收,不发生干扰。低音反射箱的基本构造如图 6.10(a),图 6.10(b)是有低音反射箱的扬声器的类比声学线路。箱上不开口,就成封闭音箱,类比线路则减少最右面的支路。

在图 6.10(b)类比线路中,扬声器的电源已折合成声源,声压 $e_g Bl/(R_g + R_E)S_D$ 和内阻抗 $B^2 l^2/(R_g + R_E)S_D^2$,e_g 为功率放大器的电压输出,Bl 是扬声器磁道密度与线圈线长的乘积(见第七章),R_g 是功率放大器的内电阻,R_E 是

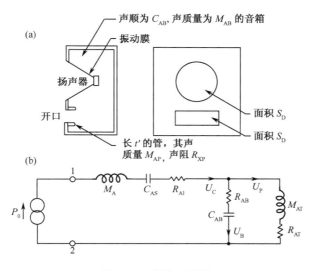

图 6.10　低音反射箱
(a)构造　(b)类比线路

扬声器线圈的电阻。扬声器运动部分(膜片、支撑)有声质量、声顺和声阻,扬声器前面有辐射声阻抗,再加上音箱的声质量,这几部分合成 M_A、C_{AS} 和 R_{A1}。R_{AB} 和 C_{AB} 是音箱的声阻和声顺。低音反射箱的通道有声质量和声阻,通道口有辐射声质量和声阻,加起来为 M_{AT} 和 R_{AT}。这就是整个声学网络。类比线路中各个原件都可以计算,所以线路完全可解。下面用简单计算估计线路的低频基本特性,假设扬声器膜片和音箱开口都可做为简单声源。

质点速度 V_c 通过 M_A C_{AS} R_{A2} 支路,其中包括扬声器前面的辐射阻抗,所以扬声器前面的声辐射与 V_c 成比例。同理,扬声器后面通过音箱开口的辐射与 V_p 成比例,根据类比线路中的并联线路很容易求出,

$$V_c = V_{AB} + V_p = V_p(1 + (R_{AT} + j\omega M_{AT})/(R_{AB} + 1/j\omega C_{AB}))$$
$$= V_p(1 + R_{AT} + j\omega M_{AT})j\omega C_{AB}/(1 + j\omega C_{AB}R_{AB}) \quad (6.38a)$$

或

$$\frac{V_c}{V_p} = 1 - \omega^2 M_{AT} C_{AB}\left(1 + \frac{R_{AT}}{j\omega M_{AT}}\right)(1 + j\omega C_{AB}R_{AB}) \quad (6.38b)$$

这并联线路有共振频率,大致满足(声阻都比较小)。

$$\omega_0^2 M_{AT} C_{AB} = 1$$

一般选择 $\omega_0/2\pi$ 接近扬声器本身的共振频率。在此频率以下,V_c 与 V_p 的符号相同,但扬声器膜片前面和后面的振动位相相反,所以 V_c 和 V_p 产生的膜片前方和音箱开口的辐射,位相也相反,形成偶极子。由于辐射阻也是与频率成正比,这个偶极子的辐射与频率3次方成正比,频率降低一倍,即每倍频程声压降低18 dB,有

时到 24 dB,比无穷障板中或完全封闭音箱的扬声器在低频声压降低快得多。

在频率为 $\omega_0/2\pi$ 时,由(6.38)式知 V_c 接近为零(这是面对反共振线路的后果),膜片辐射也几乎是零,声场辐射主要由开口负担。在共振频率以上,膜片与开口辐射同相,低频辐射增加,直至频率增加到全线路(从输入端 1、2 看来)的共振频率。频率更高,V_p 变得很小,开口辐射有限,箱内驻波可用吸声材料消减,扬声器的辐射特性就和无穷障板或完全封闭的音箱中相同了。一般从实验结果看来,低音反射箱在其有效范围内可提高发射声场 4~6 dB。在极低频(ω_0 以下)辐射较差。

6.3.4 气泡共振

水中气泡在声学中很重要,一方面它可使水中声波传播衰减,另一方面气泡的振动和闭合可产生极大压力以及噪声,光和电磁波辐射,在水中形成机械作用(见 14.5.1(c))。

水中气泡是一个阻尼质量弹簧系统,和 6.3.1 中讨论的一样,只是构造不同。设气泡半径为 a,在水下压力为 P_1 处(不一定在水面)。在平衡时,气泡内的压力也就是 P_1,气泡内是空气体积 V,其声顺为(见 6.3.1)

$$C_A = \frac{\Delta V}{p} = \frac{V}{\gamma P_1}$$

气泡在水中,沿半径振动,受力是由水中压力产生,沿半径向内,气泡表面向外位移 ξ(表面的正方向是沿半径向外),如所受总力为 f,f 即等于 $-4\pi a^2 P$,气泡体积的变化 $\Delta V = -4\pi a^2 \xi$,C_Δ 的式子对气泡就是

$$\frac{f/4\pi a^2}{\xi 4\pi a^2} = \frac{\gamma P_1}{\frac{4}{3}\pi a^3}$$

由此可求得气泡的力顺

$$C_M = \frac{f}{\xi} = \frac{1}{12\pi a \gamma P_1} \tag{6.39}$$

气泡振动质量是由辐射阻抗而来,如果气泡半径比共振时的波长短得多,就可以把它看作简单声源,根据球面波特性,可求得辐射力阻抗

$$Z_r = R_r + j\omega M_r = \frac{f}{u}$$

$$= \frac{4\pi a^2 p}{u} = 4\pi a^2 [j\omega\rho a/(1+jka)]$$

$$= 4\pi a^2 \rho_1 c_1 (ka)^2 + j\omega 4\pi a^3 \rho$$

式中 ρ_1,c_1 是 P_1 压力下,水的密度和声速。由辐射而引致的质量和力阻分别为

$$M_r = 4\pi a^3 \rho_1 \tag{6.40}$$

$$R_r = 4\pi a^2 \rho_1 c_1 (ka)^2 \tag{6.41}$$

因而无阻尼共振角频率为

$$\omega = \frac{1}{\sqrt{M_p C_M}} = \frac{1}{a}\sqrt{\frac{3\gamma P_1}{\rho_1}} \tag{6.42}$$

由于气泡是在水中,水比较容易传热,因而气泡中的空气不能处于完全绝热状态,要有能量损失。所以阻的部分,除辐射力阻外,应加气泡内的力阻,R_M 这部分力阻比较复杂,大致在共振频率 $\omega_0/2\pi$ 时,可以写做

$$\frac{R_M}{\omega_0 M} = 1.6 \times 10^{-4}\sqrt{\omega_0} \tag{6.43}$$

因而水下气泡的总力阻抗为

$$Z_M = (R_r + R_M) + j\left(\omega M_r - \frac{1}{\omega C_A}\right) \tag{6.44}$$

临界阻尼比

$$\zeta = \frac{R_M + R_r}{2\omega_0 M} = \frac{1}{2}(ka + 1.6 \times 10^{-4}\sqrt{\omega_0}) \tag{6.45}$$

这个比值也可以写做 $1/2Q$,

$$Q = \frac{\omega_0 M}{R_M + R} = 1/(ka + 1.6 \times 10^{-4}\sqrt{\omega_0}) \tag{5.46}$$

Q 称为共振体的质量因数,与电路中用法相同。

参 考 书 目

H F Olson. Classical Dynamical Analogies,3l in AIP Handbook,Ⅲ ed. 1972

L L Beranek. Acoustics. ASA,1986

L E Kinsler et al. Fundamentals of Acoustics,3rd Ed. Wiley,1982

D A Bies,C H Hansen. Engineering Noise Control. E FN STON,1996

H Kuttruff. Room Acoustics,Ⅲ ed. Elsevier,1991

习 题

6.1 一质量弹簧系统,固有角频率为 $\omega = 5$ Hz,将质量从平衡位置压下 0.03 m 再放松。求(a)其最初加速度,(b)振动的幅值和(c)所能达到最高速度。

6.2 已知 $x = A\exp(j\omega t)$ 的实数部分为 $A\cos(\omega t + \varphi)$,求证,$x^2$ 的实数部分不等于 x 的实数部分的平方。

6.3 0.5 kg 的质量用弹簧挂着,如多加 0.2 kg 的质量,弹簧多伸长 0.04m。如突然取掉 0.2kg 质量,0.5kg 即开始振动,在 1s 后,幅值降低到开始时的 1/e。计算 R_M,ω_0,A 及 φ。

6.4 临界阻尼的振子的解为 $x = (A + Bt)\exp(-\beta t)$ 证明这个解满足振动方程式。

6.5 0.5kg 质量挂在弹簧下,弹簧的力顺为 0.01m/N,系统的力阻是 1.4kg/s,质量上的驱动力为 $f = 2\cos 5t$。求(a)位移幅值,速度幅值和平均功率消耗的稳态值。(b)振动速度与力的

相角差。(c)系统的共振频率,和在共振频率下的位移幅值,振速幅值和平均功率消耗。(d)系统的 Q 值,和功率消耗为共振值50%以上的频率范围。

6.6 亥姆霍兹共鸣器的球,半径为0.1m。(a)在球上钻一孔(不另加颈)使其共振频率为320 Hz,孔径应是多少? (b)320Hz的入射平面声波在共鸣器内产生的声压为2Pa,声波的声压应是多大? (c)孔面积加倍,共振频率是多少? (d)如钻两个不相连的孔与(a)中孔的大小相同,共振频率将是多大?

6.7 全封闭扬声器箱,内部尺寸为 $0.3m \times 0.5m \times 0.4m$,其面板厚0.01m,开一圆孔直径0.2m。(a)做为亥姆霍兹共鸣器,箱的基频是多少? (b)孔中装一纸盆扬声器,其纸盆直径0.2m,重0.01kg,支撑片力顺为0.001m/N,求膜片的共振频率。假设系统的有效质量等于膜片本身的质量加箱内空气质量。(c)以共振频率驱动纸盆使振幅值为0.002m,其辐射功率为多少? (d)此时箱内声压是多少? 0.4×0.5 板上受力多少?

6.8 (a)海洋中10m深处,半径为0.01cm 空气泡的共振频率是多少? (b)计算其 Q 值。(c)计算其能量损失,辐射损失(即散射损失)与内部损失(吸收),哪个是主要的? (d)在共振频率,能量损失与入射声能之比(损失面积,或散射面积与吸收面积之和)是多大? 与气泡实际截面积比较如何?

6.9 用做消声器膨胀室的设备有输入面积为 S_1 的短管接到面积加大为 S_2 的短管,再接到面积为 S_1 的短管,两端的细管可以部分地伸入粗管而不影响其特性,求类比线路及输入、输出的声压比。假设三部分都短于半波长,可做为集总元件处理。

6.10 阻尼质量弹簧系统,如图6.1所示,上另加一阻尼质量弹簧系统 m'、k'、r',一般称为动态吸振器。讨论动态吸振器各元件在控制主振动系统的振动中所起的作用。

第七章 换能器原理

产生和接收声波都需要换能器。换能器是把一种能量转换为另一种能量的设备。在本章中,主要讨论电声换能器,即把电能转换成机械振动能或声能,和倒过来把机械振动能或声能转换为电能的设备。这包括扬声器、传声器、耳机、加速度计等。多数电声换能器是可逆的,也有的不可逆,例如电话机用的碳粒传声器,声波使膜片振动,改变碳粒间的压力,因而改变其电阻,引起电流的变化,但电流变化不能使膜片振动、发声。无论可逆或不可逆换能器,从电路的角度看来,都是四端网络,如图7.1,四个端子分两路,一路电,变量为电流 i 和电压 e,一路振动,速度 u 和力 f 是变量,振动一路可以按类比方法安排。

根据四端网络,可以写出电路和力路的方程如下:

$$\left. \begin{array}{l} e = iZ_{\mathrm{eb}} + uZ_{\mathrm{em}} \\ f = iZ_{\mathrm{me}} + uZ_{\mathrm{mo}} \end{array} \right\} \qquad (7.1)$$

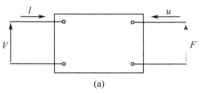

式中,Z_{eb} 为 $u = 0$ 时的电阻抗,即振动被阻挡时的电阻抗。

Z_{em} 是力电换能系数。

Z_{me} 是电力换能系数。

Z_{mo} 为 $i = 0$ 时的力阻抗,即电路为开路时的力阻抗。

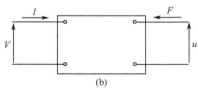

这些 Z 都是可以计算或测量的。这些关系一般用于线性系统,换能系数多半是纯阻,不可逆换

图 7.1 四端网络
(a)阻抗类比 (b)导纳类比

能器,其两个换能系数中有一个是零。可逆换能器,其两个换能系数的数值相等,符号相同或符号相反。

换能系数全相同的有电动换能器,$Z_{\mathrm{em}} = Z_{\mathrm{me}}$ 类比线路方程(7.1)成为

$$\left. \begin{array}{l} e = iZ_{\mathrm{eb}} + uZ_{\mathrm{em}} \\ f = iZ_{\mathrm{em}} + uZ_{\mathrm{mo}} \end{array} \right\} \qquad (7.2)$$

很容易画出类比线路。两个换能系数符号相反的,方程(7.1)将成为

$$\left. \begin{array}{l} e = iZ_{\mathrm{eb}} + uZ_{\mathrm{em}} \\ f = -iZ_{\mathrm{em}} + uZ_{\mathrm{mo}} \end{array} \right\} \qquad (7.3)$$

两边不对称,不易画出类比线路。如改用导纳类比,上式就可以变成

$$e = iZ_{eb} + fY_{em} \left.\begin{matrix} \\ \\ \end{matrix}\right\}$$
$$u = iY_{em} + fY_{mo}$$

$$(7.4)$$

式中 $Y_{em} = 1/Z_{em}$,而 $Y_{mo} = 1/Z_{mo}$ 开路力导纳,静电换能器可这样处理。下面具体讨论这两类换能器。

7.1 电 动 原 理

导线在与其垂直的磁场内,在垂直于磁场和导线方向运动,即在导线内产生电动力,两端之间出现电压,如图 7.2(a)

$$e = Blu \tag{7.5}$$

式中,B 为磁通密度(或称磁感应强度,每单位面积中韦伯数 Wb/m^2,现称为特斯拉(T)),l 为导线的长度(m)。倒过来,如果导线不动,在原来电动力的方向相反加一电流(仍是 2 点为正),导线即受一力与原来运动方向相同,力为

$$f = Bli \tag{7.6}$$

这就是电动扬声器,电动传声器等根据的原理,为了增加长度 l(有时可到 1 m 或更长),可做成磁场内的线圈。

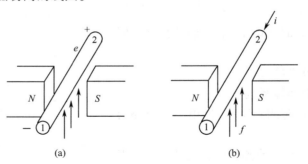

图 7.2 电动原理

(a)运动向上 2 点为正   (b)电流产生的力向上

加上电路本身和振动线路本身的影响,就可以写出如(7.1)式的类比方程,写成矩阵形式,即成为

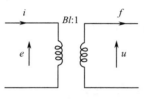

图 7.3 电动作用的
类比线路

$$\begin{pmatrix} e \\ f \end{pmatrix} = \begin{pmatrix} Z_e & Bl \\ Bl & Z_m \end{pmatrix} \begin{pmatrix} i \\ u \end{pmatrix} \tag{7.7}$$

基本关系(7.5)、(7.6)类似一变压器,如图 7.3。

图 7.3 是基本电动作用的类比线路,整个电动扬声器或电动传声器的类比电路要再加上两边的元件如(7.7)式。换能器就可以根据类比线路考虑和计算。不过要考虑具体要求,作为扬声器,目的就是得到宽频带范

围内的均匀声场,不因频率而变。传声器则要求声压或质点速度激发的电压不受频率影响。因此,实际换能器的线路比(7.7)式所示的要复杂,图7.4是现代直接辐射式扬声器截面图。

图7.4扬声器装在无穷障板中,使其背面的辐射不影响正面辐射,可以把扬声器看做活塞辐射,膜片按半径为 a 的活塞处理。图中的 b 值如比波长小得多,就可把膜片(商业称为纸盆)当做平面,误差不大。

图7.5为扬声器的类比线路,(a)是膜片振动的力学线路,膜片与音圈系统具有质量 M_{MD} 和力顺 C_{MS} 以及膜片上的辐射阻抗都是在膜振动速度 u 下工作的,所以这些元件在导纳类比下都是并联的,如质量弹簧系统底座驱动的情况,(b)是整个扬声器的导纳类比线路,电的方面计入电源和线圈的电阻和电感。(c)是(b)的另一形式,把力学部分折入电学线路,在后者中增加动生阻抗。(d)是把电学部分折入力学线路。这种折合是根据图7.3变压器线路考虑的, $e:u=f:i=Bl$ 。

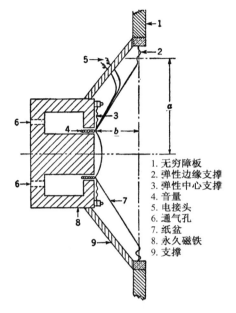

1. 无穷障板
2. 弹性边缘支撑
3. 弹性中心支撑
4. 音量
5. 电接头
6. 通气孔
7. 纸盆
8. 永久磁铁
9. 支撑

图7.4 直接辐射式扬声器截面图,无穷障板

扬声器在正面和背面都有辐射,所以在上述力学线路中画了两个辐射导纳 Z_{MR} ,相加为 $\frac{1}{2}Z_{MR}$ 。膜片背面的空腔和均压孔6(保持膜片后压力与大气相同)对膜片的振动影响很小,可以忽略(在很高频率可能共振,但已超过扬声器的使用范围了)。

扬声器的特性决定于膜片的振动速度,解图7.5(b)的线路或(c)的线路可得到速度 u ,再应用活塞辐射的公式即可求得在扬声器上加一电压,所产生的声压(远场)。这样计算比较繁复,分段考虑可以简单地得出近似结果。在低频率,电感可以不计,从图7.5(b)可见主要负载为力顺 C_{MS} ,得到的振速 u 与频率成正比,而远场的声压又与频率成正比,所以远场声压与频率的平方成正比,即每倍频程12dB,当频率增加到主共振 M_{MS} , C_{MS} 频率时,声压达到最大值。在主共振以上,力顺影响就小了,振速近似与 ωM_{MS} 成反比,即与频率成反比,但辐射阻是与频率成正比,远场声压基本不受频率影响,直到第二个共振,即 M_{MD} , $2X_{MR}$,(X_{MR} 为辐射阻抗的虚数部分)的共振,如力阻不太大的话。在频率更高时,声压与频率平方成反比,即 $-12\mathrm{dB/oct}$,这是直接辐射式扬声器的频率特性,用图来表示如图7.6,其纵

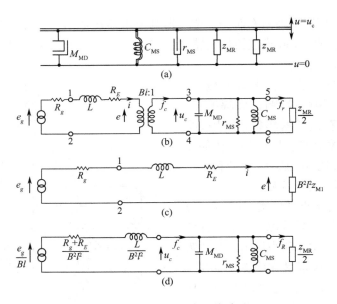

图 7.5　扬声器的类比线路

（a）直接辐射式扬声器的力学线路　（b）扬声器的电、力、声类比线路；
（c）折合成电学线路　（d）折合成力学线路

坐标与远场声压级成正比。

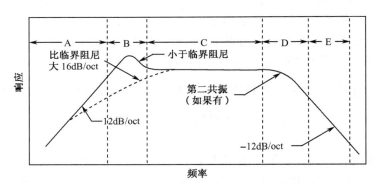

图 7.6　直接辐射式扬声器的频率特性

7.2　静 电 原 理

要从电容器说起。二平行平面电极就形成电容器,其电容量为

$$C_{ED} = \frac{\varepsilon_0 S}{X_0} \tag{7.8}$$

式中 S 为每一平面的面积，X_0 为二极板的距离，ε_0 称为介电常数，与所用单位有关，用实用单位伏特，安培，在空气中为 $8.85 \times 10^{-12} \mathrm{F/m}$，电容单位法拉（F）。电容器有一个电极固定，另一电极可振动，就组成静电换能器或电容换能器。有一个电极振动时，电容量成为

$$C_{\mathrm{E}}(x) = \frac{\varepsilon_0 S}{x_0 - x(t)} = C_{\mathrm{ED}}\left(1 + \frac{x(t)}{x_0}\right) \tag{7.9}$$

x_0 为稳态值，$x(t)$ 为微小变化。假设振动非常小，$[x(t)]^2 \ll x_0^2$。在电容器上加一电压 $E(t)$，设电压为 $E(x) = E_0 + e(x)$，其电荷就是，

$$Q(t) = E(t)C_{\mathrm{E}}(t) = E_0 C_{\mathrm{ED}}\left(1 + \frac{x(t)}{x_0}\right)\left(1 + \frac{e(t)}{E_0}\right)$$

$$= Q_0 + q(t)$$

式中 Q_0 为稳态值，$q(t)$ 为变化量，

$$q(t) = \frac{E_0 C_{\mathrm{ED}}}{x_0}x(t) + C_{\mathrm{ED}}e(t) \tag{7.9a}$$

在另一方面，如电容器上的电荷有变化，也可使电极受力。当有电荷 $Q(t) = Q_0 + q(t)$ 时，电容器上储存的静电能为 $\frac{1}{2}Q^2(t)/C(t)$，机械能为 $\frac{1}{2}x^2(t)/C_{\mathrm{MS}}$，$C_{\mathrm{MS}}$ 为活动电极的力顺。电容器储存的总能量为

$$W = \frac{1}{2}\frac{[Q_0 + q(t)]^2}{C_{\mathrm{ED}}\left(1 + \frac{x(t)}{x_0}\right)} + \frac{1}{2}\frac{x^2(t)}{C_{\mathrm{MS}}}$$

动电极所受的力是总能量的梯度，

$$f(t) = \frac{\mathrm{d}W}{\mathrm{d}x} = -\frac{Q_0^2 x(t)}{2x_0 C_{\mathrm{ED}}} + \frac{x(t)}{C_{\mathrm{MS}}} + \frac{Q_0 q(t)}{x_0 C_{\mathrm{ED}}} \tag{7.10}$$

（7.9）和（7.10）二式就是静电换能原理，改写为电流 $i = \mathrm{j}\omega q$ 和速度 $u = \mathrm{j}\omega x$ 的关系，静电换能原理就可以写做类比方程

$$e = \frac{i}{\mathrm{j}\omega C_{\mathrm{ED}}} - \frac{E_0}{\mathrm{j}\omega x_0}u$$

$$f = \frac{E_0}{\mathrm{j}\omega x_0}i + \left(\frac{1}{\mathrm{j}\omega C_{\mathrm{NS}}} - \frac{E_0 Q_0}{\mathrm{j}\omega 2x_0}\right)u \tag{7.11}$$

据此可以分析和计算换能器的特性。静电原理可以用于各方面，静电扬声器曾有一个时期很受注意，优点是构造简单，造价低廉，问题主要在膜片上，膜片要轻，要面积大（以能辐射低频），这种材料不易解决，此外扬声器需要高电压，在家庭中使用不便。用静电方法测量机器振动很简单，把一个电极移近机器表面就构成了电容器，可以测量，但这只能用于实验室，没有做成商品，最重要的应用是电容传声器，从 20 世纪 40 年代起，声压测量标准主要就是电容传声器，它工作稳定，灵敏度高。早时多用 1 英寸（膜片直径 24mm）的电容传声器，高频灵敏度较差，现在一般

声频测量用 12mm 传声器,特殊时用 6mm 甚至 3mm,后者几乎可测到 100kHz 以上已进入超声范围了。

7.2.1 电容传声器

图 7.7 是电容传声器的截面图。传声器要求声压(力)产生的电压或电流与频率无关,这是对线路的要求。

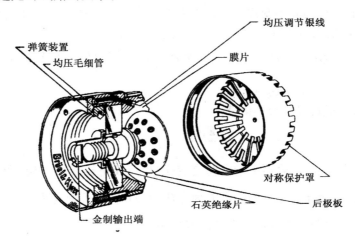

图 7.7　电容传声器构造图

膜片和支撑具有质量 M_{MD} 和力顺 C_{MS}。声波入射时在膜片上受力 f,把它推进少许 $x(t)$ 使电容量增加,但这不构成电输出,必须通过一个大电阻接到极化电压(大约 200V)。这样,电容变化就使膜片和固定极板上的电荷变化。这电荷变化就成一电流,通过一个电容器接到前置放大器放大成为电压输出。膜片与后极板间空隙极小,板上并穿小孔,形成声阻 R_{AS} 和声质量 M_{AS} 以抑制共振,极板和膜片间的空腔成一声顺 C_{A1},极板周围和后面空间则形成另一个声顺 C_{A2}。膜片面对辐射阻抗 $j\omega M_{AA}$(M_{AA} 见活塞辐射,膜片很小,在使用频率范围内辐射阻抗可视为零),电容传声器的声学部分,根据上面的讨论,类比线路即如图 7.8,包括辐射阻抗,C_{A1} 上的变化,耦合到电路(电荷变化)就得到电输出。

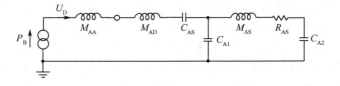

图 7.8　电容传声器的声学线路(阻抗类比)

电容传声器构造简单,理论也简单,按图7.8类比线路求解显得很复杂,但分不同频段去考虑就很简单了。(a)低频,声学线路中声质量和声阻都可不计,基本就成为 C_{AS} 和 C_{A2} 组成的分压器,输出与输入声压成正比,电输出也就和声压输入成正比了,这是主要工作频段。(b)接近第一共振,即所有声质量相加与 C_{AS},C_{A2} 的共振。由于较高声阻,即后极板小孔的声阻 R_{AS} 的抑制作用,使共振峰基本不存在,输出基本不提高,输出仍接近(a)段的输出。(c)频率高过第一共振,声质量起更大作用,使输出随频率平方减小。(d)均压孔和其前体积 M_{AS},C_{AS} 反共振,使输出更多下降。(e)频率相差不多的第二共振(M_{AS},R_{AS} 阻抗过大,等同于断路的影响),使输出上升。(f)在更高频率,恢复与频率平方成反比的输出下降。各频段传声器类比线路如图7.9。

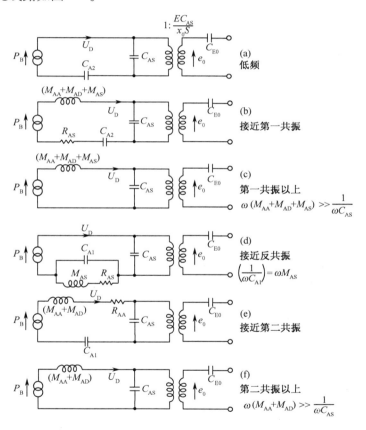

图7.9 电容传声器不同频段的简化类比线路

根据以上的分析,电容传声器的典型频率响应曲线即如图7.10所示。其有效工作频段在(a)段。因此,电容传声器的设计主要就是尽量提高其第一共振频率,并增加足够声阻使其在第一共振频率的输出基本保持低频率值。金属膜片的厚度和到其后极板的距离都只有 $20 \sim 30 \mu m$ 左右。

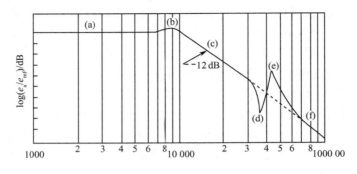

图 7.10　电容传声器频率响应图

　　电容传声器的输出阻抗即电容量,所以须把输出端直接联接到前置放大器,降低其输出阻抗,以便经电缆联出。此外,为了输出与输入呈线性关系,较大的极化电压是必需的(为了输出能达到几伏,极化电压一般用 200V)。这些都不便于普通使用。引入驻极体改变了情况。

7.3　驻　极　体

　　驻极体是一些相当于永磁体的绝缘材料,在较高温度时以强电场处理(20kV/cm),在冷却后可保留极化。在电容传声器的后极板上涂上一薄层驻极体(如聚四氟乙烯),极化后即成为极化电压,不再需要另加极化电压。这种驻极体电容传声器基本可代替空气电容传声器,而且在高湿度的气候中无击穿危险。这样,需要另加极化电压的问题解决了,电容量仍是很小。

　　用驻极体薄膜(如聚酯薄膜,厚度可接近 $6.25 \mu m$)直接压到穿大量小孔的后极板上,极化后,外面镀金属并与外壳联结做为联地电极,后极板绝缘为另一电极,这就成为驻极体传声器,如图 7.11。

　　电容传声器用空气隙,电容可达到 $10pF/cm^2$ 驻极体传声器原理基本与电容传声器同,但电容可达到 $50pF/cm^2$ 以上,减少了使用极化电压和电容低的问题,质量稍差,但可用做标准传声器,也可以在一般接受中应用。

　　驻极体(electret)是 1885 年英国科学家海韦赛特(O. Heaviside)命名的,但是直到 1962 年德国赛司勒(G. M. Sessler)教授发明了驻极体传声器才成为重要材料,现在小型驻极体传声器已成为廉价的高质量传声器,普遍使用于录声设备等中。电容传声器、驻极体传声器等一系列工作都是传声器小型化的努力,因为测量声场,要求传声器尺寸小于声波波长,否则散射波要使声场改变,所测就不是传声器不存在时的声场了。此外,传声器小型化对于细致调查声场声全息,声场显示等也是非常重要。所以电容传声器直径虽已小到 3mm,但小型化仍继续发展。赛司

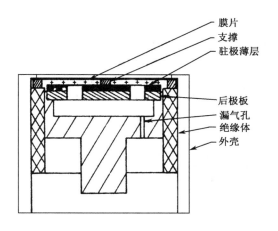

图 7.11　驻极体传声器

勒教授把微电子技术用于电容传声器制造,研制出膜片仅一毫米见方的电容传声器,前置放大器也用同样方法置于边框上,这是近年最大的发展。因为这种传声器是在硅底片上腐蚀制成的,所以称为硅传声器。硅传声器于 20 世纪 80 年代引起注意。赛司勒教授于 1992 年做出第一个硅传声器,基本构造如图 7.12。上部是分别制成的膜片,中间有一空隙,下部是驻极体 SiO_2 和基底 Si 一起制作,包括前置放大器,以后压到一起。

赛司勒的新创造是在 SiO_2 上喷涂一薄层绝缘体(赛称之为牺牲层)上镀金属薄膜,镀好后把绝缘体腐蚀掉即成。这样可做成牢固粘在 SiO_2 后和穿孔后极板上的 1 毫米见方的膜片,厚仅 1 微米,如集成电路。这样的传声器可同时在一片上做出几千几百,灵敏度可达 5mV/Pa。

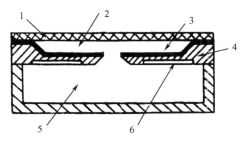

图 7.12　硅传声器原理

赛司勒还总结了其它原理的小型传声器的发展,如特别强调了多晶体的硅膜片,膜片黏结问题等。也有人提到助听器用硅传声器,瓦楞形膜片问题,水下声场测试问题,接收阵问题,以及使用光纤问题。传声器小型化理论和技术同步发展。

7.4　压 电 效 应

压电效应是 1880 年居里兄弟(Paul Jacquis 和 Pierre Curie)发现的,1917 年朗之万(Paul Langevin)发明石英晶体(水晶)换能器。压电效应已用于传声器,加速度计,特别是超声、水声换能器。压电材料有很大发展。压电效应和反压电效应可由图 7.13 装在刚性壁上的压电晶体的特性说明。

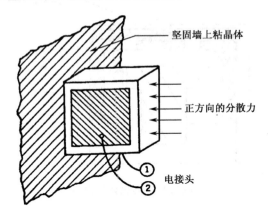

图 7.13　装在刚性壁上的压电晶体

力均匀地加到晶体表面时,使其向内(y 方向)位移 ξ。此位移的影响使两边电极①②上(x 方向)出现电压与 ξ 成比例。这是压电现象。如果没有外加力,而在电极上加一电压,就产生反压电现象,如原来加力 f 时①极为正,不加力而把①极接到电源的正极,②接到负极时,晶体膨胀,膨胀的力与电极上所加的电荷 q 成比例。变化比较小时,都是线性关系。换能关系可写做

$$\left.\begin{array}{l} e = -\tau\xi = -\dfrac{\tau}{\mathrm{j}\omega}u \\[3mm] f = \tau q = \dfrac{\tau}{\mathrm{j}\omega i} \end{array}\right\} \tag{7.12}$$

与静电换能关系(7.11)式中机、电互相影响部分完全相同。所以关于静电换能器的讨论,设计、特性基本适用于压电晶体换能器,晶体的类比线路及其声抗的频率特性如图 7.14,单元 R_1,M_1,C_1 和 C_0 的值不但与晶体尺度有关,并决定于晶体的切割方法。共振频率与反共振频率相差很少,是这种线路的特点。

石英是最早使用的压电晶体,天然生产的石英单晶比较丰富,很稳定,可用于

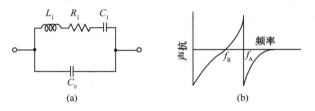

图 7.14　压电晶体的类比线路及其声抗

各种频率,到575℃(称为居里温度)失去压电性,是压电材料中居里温度最高的。罗歇盐($NaKC_4H_4O_6 - 4H_2O$)是最灵敏的压电材料,人工结晶,可做成很大晶体,机械加工方便,多用于较低频率。铌酸锂是较新的压电材料,可用于高超声频,聚二氟乙烯(PVDF)有良好电学和力学特性,但只能制成薄膜,因为是多晶体,须经极化,使微晶排列,可制成超声接收换能器,只是在特殊条件下使用。当前使用最广泛的,特别是在超声和水声换能器中,是压电陶瓷,例如锆钛酸铅(PZT),压电灵敏度也较高,而且居里点较高,超过300℃,但须在较高温度(低于居里点)极化(极化电场 $1.6 \sim 2.4 kV/mm$)。

晶体换能器可直接利用压电效应,例如图7.13所示的晶体就曾直接用于接收或发射超声波。这是横向振动(振动方向与电场垂直)。也用厚度振动(电场与振动方向相同),如图7.15所示。为了提高换能效率,一面固定的振子(如图7.13),其振动方向的尺度应为四分之一波长。如两面都自由振动时,其振动方向的尺度应为半波长,都是由使用频率决定。不同材料,不同振动方式,声速不同。

一般压电晶体具有 X,Y,Z 轴,X 轴是电轴,在此方向加一电流使晶体在 Y 轴方向(力轴)产生应力。相反,在 Y 轴方向加一应变,即在 X 轴方向得一电场。

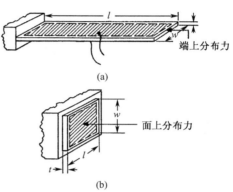

图 7.15 压电换能器使用的振动方式
(a)长度伸缩片   (b)厚度伸缩片

Z 轴则为光轴,光可正常透过,在别的方向光可能有双折射。各轴是互相影响的,所以晶片可以在不同方向切割(厚度在 X 方向则称为 X 切,等)以得到不同性质。表7.1给出常用晶片的压电性质。

使用厚度方向振动时,如频率较低,所需晶体的厚度就要很大,不甚方便。夹心结构就很适用,用两片钢板夹一层压电材料。在电学方面与两面粘上电极并无差别。但在力学上,钢铁中声速约 5000m/s,与石英或压电陶瓷差不多,共振只要求复合结构的厚度为半波长,很容易满足。此外,如面积较大,压电材料也可用几块拼起,不影响其性能。在许多情况下,可使用复合结构。

用得较多的复合结构是双晶片扭力结

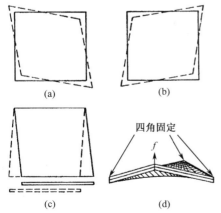

图 7.16 扭力双晶片
(a)、(b)、(c)切变单片   (d)扭力双晶片

表 7.1 压电材料的性质

性　　质	晶　　体					陶　　瓷		
	罗歇盐	ADP	LH	石英	亚铌酸铅	钛酸钡	PZT-4	PZT-5
可用应变	横向	横向	横、纵	横、纵		横、纵	横、纵	横、纵
切　　割	$X,45°$ $Y,45°$	$Z,45°$ L	Y	X,Y,AT	X			
电阻率 $\Omega \cdot m$			10^{10}	$>10^{12}$	10^{9}	$>10^{11}$	$>10^{12}$	$>10^{13}$
居里温度℃	55	~125	~76	575	550	115	320	365
最高湿度	70%	94%	95%					
密度 $(10^{3}kg/m^{3})$	1.77	1.80	2.06	2.65	5	5.6	7.6	7.7
厚度振动 $(10^{3}kHz \cdot mm)$			2.73	2.87	1.4	2.74	2	1.8

构。晶片可切成切变方片,在厚度方向加一电压时,方形晶片在对角线方向振动(如图 7.16(a)、(b)),从另一角度看,也是按平行四边形变(如图 7.16(c),变动很小,所以两种看法是一致的)。在一个对角线方向伸长,在另一对角线方向缩短。把两片切变片在相反方向粘牢,加一电压时在一个对角线方向一片伸长,另一片缩短,结果对角线弯曲,两角向下移。在另一对角线方向,运动正相反,两角向上弯。结果双晶片弯成马鞍状,两角向上,两角向下。如果把三个角固定,不许移动,四个角的位移就集中于第四角,其位移为原来的四倍。把第四角接联在膜片上,就可推动膜片振动,反之膜片振动就引起电极上的电压变化,这就是双晶片按图 7.16(d)运动的结果。

7.5　加速度计

　　测量振动就是利用隔振器原理,图 7.17 是用压电晶体的加速度计。把加速度计的底座固定在振动体上(用螺丝或用胶结),如图 7.17 的构造基本是隔振构造,以晶体为弹簧,上加较大的质量,底座随振动体振动时,质量的运动即如 6.2.2 节(b)讨论的那样,其振动速度与底座振动速度之比等于隔振比,其值见图 6.2 隔振曲线。如质量弹簧系统的固有频率很低,底座的振动频率比其固有频率高得多,质量的振动就很小,或基本不动。这样,底座的振动全部加在晶体上,其输出电荷变化与振动速度成正比,或输出电压与振动加速度成正比,这就是晶体加速度计的原理。

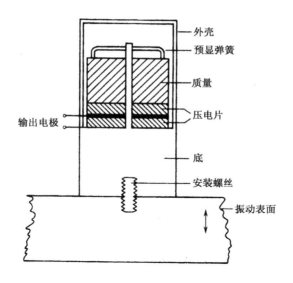

图 7.17　加速度计原理

加速度计的输出电压对时间积分或除以频率即与振动速度成正比,再积分就与位移成正比,所以用加速度计可以测振动加速度也可以测速度或位移。如要直接测振动速度可用电动系统,把晶体代以弹簧线圈,输出电压就与振动速度成正比,这在测量低频振动(如火车行驶中的振动)很有用。甚至只用弹簧,质量与底座间的相对运动可以记录下来或用机械方法指示。

7.6　互 易 校 准

电声换能器校准的特点是绝对校准的存在,只须要做基本量的测量,不必与一基准比较,也不必考虑换能器的构造,这就是互易校准。基本的是在声场中的互易校准,可在消声室内进行,或用耦合腔在室内进行。

假设声源很小,频率很低,其尺度比波长小得多(根据准确程度的要求,声源直径为波长的十分之一或几十分之一),活塞声源在其前距离 r 处产生的声压,按(5.1)式为

$$p = \frac{\mathrm{j}\omega\rho_0 S}{4\pi r}\exp[\mathrm{j}(\omega t - kr)]$$

其有效值可写做

$$p = \frac{\omega\rho_0 S^u}{4\pi r} \tag{7.13}$$

u 为活赛的振动速度(有效值)S 其面积。声场互易原理是:二换能器不动,换能器 A 以 u_A 振动,在换能器 B 的膜片处产生的声压 p_BA 与换能器 B 的振动 u_B 在换能器 A 的膜片处产生的声压 p_AB 相等,即

$$\frac{p_{BA}}{u_A S_A} = \frac{p_{AB}}{u_B S_B} \tag{7.14}$$

假设二换能器活塞面积不等。

可逆换能器本身也具有互易关系,根据换能器方程(7.1),知开路时振速产生的电压等于阻塞时电流产生的力,$|Z_{em}| = |Z_{me}|$,即

$$\frac{e}{u}\bigg|_{i=0} = \frac{f}{i}\bigg|_{u=0} \tag{7.15}$$

二者符号或者相同,或者相反,如只取数值就可以不计正负了。换一个写法,由(7.15)式可得(见(7.4)式)

$$\frac{e}{f} = \frac{u}{i} = M \tag{7.16}$$

式中 e 等于膜片上外加振动力 f 所产生的开路电压,e/f 为换能器作为传声器时的灵敏度(或称响应)。u 则是没有外加力时电流 i 所产生的自由振动速度。这个等式只是在活塞直径比波长小得多时才成立,u/i 为换能器用做扬声器时的发射灵敏度(响应),利用互易原理进行声场标准时,需要做三次实验如图7.18。用三具换能器,其中一具 A 只做传声器用,B 做传声器,也做扬声器,C 则只做扬声器,所以在声场互易标准中有一具可逆换能器就可以进行。第一次实验以 C 发声,B 接收;第二次 C 不动,B 换为 A;第三次 C 换为 B,A 不动。测量时,轴对准,距离 d 要够大($d^2 \gg \lambda^2, d^2 \gg a^2$),在接收器处声波接近为平面波。三次实验,$d$ 可采取同样值,记下发声器驱动电流和接收器的开路电压。

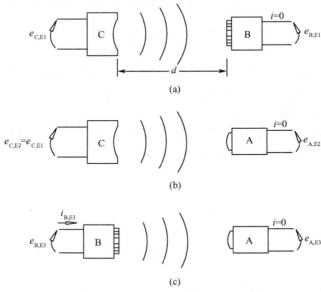

图 7.18　声场声压互易标准

根据(7.13)和(7.16)式,各次接收电压可写做

(1) $e_{BC} = i_c \cdot M_c \cdot \dfrac{f\rho_0 S_c}{2d} \cdot M_B$

(2) $e_{AC} = i_c \cdot M_c \cdot \dfrac{f\rho_0 S_c}{2d} \cdot M_B$

(3) $e_{AB} = i_B \cdot M_B \dfrac{f\rho_0 S_B}{2d} M_A$

三式可改写做

$$M_B M_C = \frac{2d}{f\rho_0 S_C} \frac{e_{BC}}{i_C} \tag{7.17}$$

$$M_A M_C = \frac{2d}{f\rho_0 S_C} \frac{e_{AC}}{i_C} \tag{7.18}$$

$$M_A M_B = \frac{2d}{f\rho_0 S_B} \frac{e_{AB}}{i_B} \tag{7.19}$$

三式相乘,开方,得

$$M_A M_B M_C = \left(\frac{2d}{f\rho_0}\right)^{3/2} \frac{1}{(S_C^2 S_B)^{1/2}} \left(\frac{e_{BC} e_{AC} e_{AB}}{i_C^2 i_B}\right)^{1/2}$$

除以(7.17)式,得

$$M_A = \left(\frac{2d}{f\rho_0}\right)^{1/2} \frac{1}{S_B^{1/2}} \left(\frac{e_{AC} e_{AB}}{e_{BC} i_B}\right)^{1/2} \tag{7.20}$$

同样,用(7.18)式(7.19)式除,可得 M_B、M_C,完成 A、B、C 的绝对校准。

声场声压互易校准是严格的,适用范围广,但由于声场有起伏,准确程度不能达到很高,实验过程也比较繁复,一般对传声器(例如,电容传声器)的校准就使用耦合腔互易校准。在一容量为 V 的空腔两端置传声器,实验方法仍同声场互易校准,这就可以在普通实验室内进行了。唯一不同是发声器产生的声压,代替(7.13)式,应为(根据6.3节空腔阻抗),

$$p = \frac{\gamma P_0}{\omega V} Su \tag{7.21}$$

在耦合腔校准中,(7.20)式要改为

$$M_A = \left(\frac{\omega V}{\gamma P_0 S}\right)^{1/2} \left(\frac{e_{AC} e_{AB}}{e_{BC} i_B}\right)^{1/2} \tag{7.22}$$

在耦合腔校准中,因为不受室内反射波的干扰,耦合腔的机械加工可达到很高准确程度,所以校准的准确程度也很高,可达到 0.05dB(接近 1%)。

扬声器体积较大,不适宜耦合腔标准,简单方法是用校准过的传声器测其面前的声场。这就不能用(7.16)式,$M = u/i$ 的定义了。一般把测得的声压折合成扬声器前 1 m 处的声压,扬声器发射灵敏度(或响应)表示为 p/i(1 m 处),或 p/ie(1 m 处)单位为 Pa/(V·A)(1 m 处)因为扬声器的音圈可根据驱动电路设计,用

伏安数可以互相比较。

参 考 书 目

Leo L. Beranek. Acoustics. ASA,1986

L E Kinsler. Fundamentals of Acoustics. J. Wiley,1982

习 题

7.1 一理想直接辐射扬声器装在无穷障板上,其特性如下:

纸盆音圈总质量　　　0.025 kg
支撑片力顺　　　　　10^{-5} m/N
空隙磁通密度　　　　1 T
音圈绕组线长　　　　10 m

假设在所考虑的频率范围内音圈的阻抗可略而不计,纸盆发射的空气负载阻抗率 400Ns/m^3。求:

(a) 扬声器共振频率;

(b) 如果计入空气负载,共振频率受何影响;

(c) 画出扬声器的响应—频率曲线。

7.2 为了取得无穷障板的效果,直接辐射扬声器常装在一全封闭扬声器箱的面板上。

(a) 画出具有扬声器箱的扬声器的类比线路。

(b) 如7.1题中的扬声器装到扬声器箱上,问扬声器箱的容积(除去扬声器所占的容积)至少多大,扬声器的共振频率提高在10%以内。知扬声器纸盆直径为0.20 m。

7.3 扬声器箱的面板或侧壁上开一孔(一般比扬声器膜片面积小)可以使扬声器背面发出的低频声音通过它发射到外面,因而改善扬声器的低频响应。这样的音箱称为反音箱或低音反射箱。在7.2题的音箱面板上扬声器下开一 $0.1 \times 0.2 \text{ m}^2$ 孔,求

(a) 扬声器加低频率反音箱的类比线路;

(b) 在500Hz以下的频率响应曲线。

假设音箱面板的厚度为0.01 m。

7.4 一个直接辐式小扬声器在对讲系统中用做扬声器也用做传声器,经过传声器校准,可认为其中质量和力顺都可以在可听声频范围内不计,其每一面辐射声阻抗率都是 $\rho_0 c_0$,作为传声器,其自由声场开路声压响应为 -80 dB(0 dB $=1$ V/Pa)。作为扬声器,其灵敏度是多少?假设发生器电阻为 0.2Ω,辐射是向半空间,假设音圈电阻 0.2Ω,空气隙磁通密度 $B = 2.2$ T,线圈的线长 $l = 2$ m,膜片有效半径0.04 m。

7.5 一动圈(电动式)传声器膜片面积为 5 cm^2,膜片换成同样大小的钢板刚体时,其在声场中表面收得声压为0.1 Pa,不换钢板,原膜片在同一声场中受到的声压是多大?已知膜片的声阻抗力 $(2 \times 10^6 + \text{j } 0)$ Pa·s/m^3。

7.6 电容传声器的灵敏度为 -32 dB(0 dB $=1$ V/Pa),传声器在空气中膜片可自由振动时电容为50.0 pF。膜片受阻塞(不能动)时,电容为48.0 pF。膜片后的空腔体积是0.2 cm^3,膜片面积是3 cm^2。画出传声器在低频的类比线路,并给出各原件的值(用 MKS 系统)。

7.7 电容传声器,其膜片位于小空腔一端,特性如下:

$$膜片力顺 = 5 \times 10^{-4} \text{ m/N}$$
$$膜片后空气力顺 = 2.2 \times 10^{-5} \text{ m/N}$$
$$极化电压 = 200 \text{ V}$$
$$膜片与后极板距离 = 10^{-4} \text{ m}$$
$$膜片面积 = 3 \text{ cm}^2$$
$$传声器电容 = 35 \text{ pF}$$
$$负载电阻 = 20\text{M}\Omega$$

膜片质量和声阻都可以不计。传声器膜片上收到的声压为 0.1 N/m²,求负载电阻上在频率为 $(3000/2\pi)$ Hz 的电压。

7.8 电容传声器膜片直径 0.012 m,膜片与后极板间距 0.00002 m,张力是 10 000 N/m。

(a) 如极化电压为 200 V,传声器低频灵敏度是多少? 单位用 V/Pa。

(b) 同样灵敏度用分贝表示是多少,0 dB = 1 V/Pa。

(c) 受到 1 Pa 声压时,膜片平均位置是多少?

(d) 这时其在负载电阻 5 MΩ 上的输出电压是多少,假设频率为 100 Hz,若膜片的平均位移 $\langle\delta\rangle = \dfrac{Pa^2}{8T}$,式中 P 为声压幅值(Pa),a 为膜片半径(m),T 为表面张力(N/m),膜片的力顺为 $1/8\pi T$。

7.9 小电容传声器,直径 6 mm,用做声压探头。钢膜片厚 10 μm,其上张力 10 000 N/m。膜片与后极板间距 10 μm,极化电压 150 V。

(a) 膜片的共振频率是多少?

(b) 开路电压响应级是多少? 0 dB = 1 V/Pa,求 10 kHz 时的输入阻抗,膜片阻塞时。

(c) 设传声器的衍射效应用于直径相同的球体,求其轴向自由声场响应级,0 dB = 1 V/Pa。

7.10 标准传声器,在初步测量中,证明传声器的灵敏度为另一可逆换能器的五倍。于是用可逆换能器为声源,传声器置于其前 1.5 m,输入电流为 1 A 时,传声器开路电压为 1 mV,频率为 500 Hz。

(a) 传声器的开路电压响应是多少?

(b) 试验中传声器受到声压是多少?

7.11 用两完全相同的可逆传声器做互易效准。两传声器相距 2 m,频率 2000 Hz,一传声器输入电流 1 A 时,另一传声器的输出开路电压为 0.1 mV。求传声器的开路电压响应级。

7.12 用比较方法进行传声器标准(二级标准)。标准传声器的灵敏度级是 -120 dB(0 dB = 1 V/Pa)。在同样声压下,标准传声器输出电压 1 mV,待测传声器输出 0.2 mV。

(a) 求待测传声器的灵敏度级。

(b) 求测量时的声压级。

第八章　声线和导波

声波有时在有边界的空间传播。声线是由于声波本身的特性，其能量传播限于一条细束上。在这线上，其性质仍是一维声波。声线一般要求频率较高，或其波长较之所在空间为短，理论是平面声波理论的发展。波长与限制其传播的尺度数量级接近时，传播就要受边界的影响成为导波，边界就构成波导，在传播方向上仍不受阻碍。管道传输是波导的一种。声线和导波的概念对于介质不均匀或边界性质不同时更为重要。

8.1　声　线　方　程

研究声学现象时，常用声线的概念，如在光学中用光线。不过声线的使用不仅是定性的，它是几何声学（或者声线声学）的基础。从波动方程开始。在不均匀介质中，波动方程是

$$\nabla^2 p - \frac{1}{c^2}\frac{\partial^2 p}{\partial t^2} = 0 \tag{8.1}$$

式中 $c = c(x,y,z)$。由一孔发出的声束，其强度必各处不同，同位相的面也相当复杂。为通用计，把(8.1)式的解可写做

$$\boldsymbol{p}(x,y,z,t) = A(x,y,z)\exp\left[\mathrm{j}\omega\left(t - \frac{\boldsymbol{X}}{c(x,y,z)}\right)\right] \tag{8.2}$$

$$\boldsymbol{X} = x\cos\varphi + y\sin\varphi$$

式中 φ 是波法线与 X 轴形成的角。如声速 c 是一常数 c_0，A 也就是常数，(8.2)式就代表平面波，p 为一正弦式函数，即正弦波。否则，$\boldsymbol{p}$ 就很复杂，X 为曲线坐标，φ 不是常数。如果在一个波长范围内，A 的变化很小，声速 c 的变化也很小，就可以在以下的推导中作相当近似。设 $\Gamma(\boldsymbol{X}) = \dfrac{\boldsymbol{X}}{c}$，在 Γ 等于常数的 $\boldsymbol{X}$ 值组成的曲面上，声压位相相同，是波阵面，满足 $t = \Gamma(\boldsymbol{X})$ 的 Γ 就是时刻 t 的波阵面。在另一方面 $\Gamma(\boldsymbol{X})$ 作为 t 的函数则是声线的路径，$\Gamma(\boldsymbol{X})$ 称为程函。如果整个介质还在运动（有风），在声线上的速度就是（由于声线随着介质运动），

$$\frac{\mathrm{d}\boldsymbol{X}}{\mathrm{d}t} = \boldsymbol{n}c + \boldsymbol{v} = \boldsymbol{v}_{\mathrm{ray}} \tag{8.3}$$

式中 $\boldsymbol{n}$ 是与波阵面垂直的波法线方向的单位向量，$c = c(x,y,z)$ 是声速，$\boldsymbol{v} = \boldsymbol{v}(x,y,z)$ 是风速。这是接近声线中心的情况，在接近边缘时，A 迅速降低，关系也有所不同。

（8.3）式实即推广的惠更斯（Huygens）原理：波阵面到达某处后，其上每一点即向前发出球面小波，经过短时间后，各小波按声速传播到前面，新波阵面就是各小波的包络（图8.1）。介质整体移动时，波阵面也随同移动。

如果介质无整体运动而声速只与 X 有关时，声线路径就比较简单。设声线上传播距离 ds，相应的 x 方向和 y 方向的距离为 dx 和 dy，因而

$$\frac{d}{ds}\left(\frac{\partial\Gamma}{\partial y}\right) = \frac{\partial}{\partial x}\left(\frac{\partial\Gamma}{\partial y}\right)\frac{dx}{ds} + \frac{\partial}{\partial y}\left(\frac{\partial\Gamma}{\partial y}\right)\frac{dy}{ds}$$

$$= \frac{\partial}{\partial y}\left(\frac{\partial\Gamma}{\partial x}\right)\cos\varphi + \frac{\partial}{\partial y}\left(\frac{\partial\Gamma}{\partial y}\right)\sin\varphi$$

$$= \frac{\partial}{\partial y}\left(\frac{\cos^2\varphi}{c} + \frac{\sin^2\varphi}{c}\right) = \frac{\partial}{\partial y}\left(\frac{1}{c}\right) \tag{8.4}$$

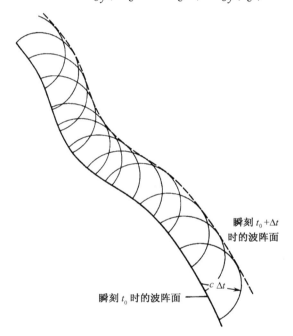

瞬刻 $t_0+\Delta t$ 时的波阵面

$c\,\Delta t$

瞬刻 t_0 时的波阵面

图8.1　惠更斯原理

同样可求得 $\dfrac{d}{ds}\left(\dfrac{\partial\Gamma}{\partial x}\right)$。如果 c 只与 x 有关，（8.4）式就是零，因而

$$\frac{d}{ds}\left(\frac{\sin\varphi}{c(x)}\right) = 0$$

或

$$\frac{\sin\varphi}{c(x)} = 常数 = \frac{\sin\varphi_0}{c_0} \tag{8.5}$$

式中在声线上某点的声速为 c_0，与 x 轴形成的角度为 φ_0，这个关系在分层介质中特别是在水声中非常重要。(8.5)式是斯涅耳定律(见4.1节)的推广，适用于变值 c。

在一般情况，可根据(8.3)式一点一点地画出声线，这样，工作比较繁复，因为得到一个波阵面后，在一个点上求声线(与波阵面垂直)必须算出附近几个点才比较准确。变通的办法是引入波慢度向量，$s(X) = \nabla \Gamma(X)$，由于后者与波阵面垂直，所以 s 在波法线方向 n。波阵面 $t = \Gamma(X)$，经过时间 Δt 后成为 $t + \Delta t = \Gamma(X + \Delta X) = \Gamma(X) + \nabla \Gamma(X) \cdot \frac{\partial X}{\partial t} \Delta t$。显见 $s \cdot \frac{\mathrm{d}X}{\mathrm{d}t} = 1$，由(8.3)式可得

$$s \cdot (nc + v) = 1$$

或

$$s = \frac{n}{c + n \cdot v} \tag{8.6}$$

这说明 s 是在波法线方向 n，其倒数等于声线速度，所以称为波慢度向量。(8.6)式也可以写做

$$n = \frac{cs}{\Omega} \tag{8.7}$$

$$\Omega = 1 - v \cdot s$$

将 n 式代入(8.3)式，得

$$\frac{\mathrm{d}x}{\mathrm{d}t} = \frac{c^2 s}{\Omega} + V \tag{8.8}$$

由此可直接算出声线速度的大小和方向，描绘声线，不必算几个点了。

另一个描绘声线的方法可以从

$$\frac{\mathrm{d}s}{\mathrm{d}t} = (\nabla s) \cdot \frac{\mathrm{d}X}{\mathrm{d}t} = \left(\frac{\mathrm{d}X}{\mathrm{d}t} \cdot \nabla \right) s$$

求得，结果是

$$\frac{\mathrm{d}s}{\mathrm{d}t} = -\frac{\Omega}{c} \nabla c - sx(\nabla \times V) - (s \cdot \nabla)v \tag{8.9}$$

式中叉乘表示矢乘(有向乘积)。用(8.9)式也可直接描绘声线。

8.2　费马原理

声线和光线都满足费马(Fermat)原理：在最快(或最慢)的路线传播，换句话说，声能由空间一点 A 传播到另一点 B 所采取的路线使传播时间为稳定值(最大或最小)，设路线为 l，即

$$T_{AB} = \int_A^B \mathrm{d}l / V_{\mathrm{ray}} \tag{8.10}$$

为稳定值，令 X' 代表 X 向量方向的单位向量，声线速度的向量 $\mathrm{d}X/\mathrm{d}t = V_{\mathrm{ray}} X'$ 满足

(8.3)式,由此可求得声线速度的绝对值

$$V_{\text{ray}} = \boldsymbol{V} \cdot \boldsymbol{X}' + [\, c^2 - v^2 + (\boldsymbol{V} \cdot \boldsymbol{X}')^2 \,]^{1/2} \qquad (8.10\text{a})$$

改积分变数为 q,q 是在由 A 到 B 的直线上的投影,令 $\boldsymbol{X}_q$ 为 $\boldsymbol{X}$ 对 q 的微商,(8.10)式可变为

$$T_{AB} = \int_0^{|X_B - X_A|} \frac{X_q^2 \mathrm{d}q}{\boldsymbol{V} - \boldsymbol{X}_q + [\,(c^2 - V^2)X_q^2 + (\boldsymbol{V} \cdot \boldsymbol{X}_q)^2\,]^{1/2}} \qquad (8.11)$$

求一积分的稳定值条件和求一函数的稳定值条件相似,即微商等于零。取原积分路线有稍微差别的一条路线,积分与原积分相减,差值应为零,与路线微差无关(只算到一阶)。在(8.11)式中,把 $\boldsymbol{X}_q$ 变为 $\boldsymbol{X}_q + \Delta \boldsymbol{X}_q$(全线各点),积分,与原积分比较。这称为变分法。推导起来很复杂,不过变分法有通解,即欧拉-拉格朗日(Euler-Lagrange)方程

$$\frac{\mathrm{d}}{\mathrm{d}q}\frac{\partial L}{\partial \boldsymbol{X}_q} - \frac{\partial L}{\partial \boldsymbol{X}} = 0 \qquad (8.12)$$

式中 L 是(8.11)式中的被积函数。经过运算,(8.12)式导至(8.3)和(8.8)式,所以声线和费马原理是一致的,声线是最快的路线。

8.3　分层介质

在均匀介质中,声线是直线,在研究反射、折射、焦聚等时,非常有用。但在非均匀介质中可能更有用。最常遇到的是分层介质,声速只在一个方向(取为 z)改变,如图 8.2 所示。

声速的高度分布主要是由于温度的变化,在水平方向变化很小。设声线在 xz 平面内传播,这并未增加限制,因为声线在水平方向不会改变,用 xz 平面只是取坐标的问题,不涉及实质。图 8.2 只是典型情况,季节不同、地区不同、早晚不同都要有出入,主要是接近地面处变化较大。都是假设介质不动。

8.3.1　表面层

在接近地面或海面处常有一层声速梯度为固定值的情况。这时,按斯涅尔定律

$$\frac{\cos\theta}{c(z)} = \frac{1}{c_0} = \text{常数} \qquad (8.13)$$

θ 是声线和 X 轴形成的角(即与 z 轴所形成的角 φ 的余角)速度梯度

$$\frac{c_2 - c_1}{z_2 - z_1} = g \qquad (8.14)$$

如为常数,z_1,z_2 二点就在一圆弧上,其圆心可以外推在一声速为零的线上。令 $z_2 - z_1$ 为 Δz,在图 8.3 上,可见

$$z_2 - z_1 = R(\cos\theta_1 - \cos\theta_2) \qquad (8.15)$$

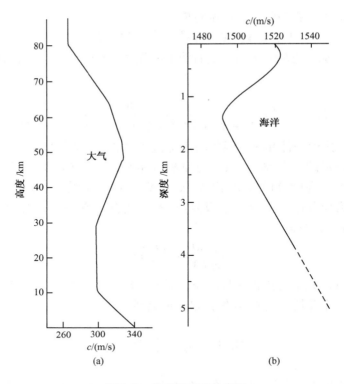

图 8.2　典型的声速轮廓图

(a)大气中　　　(b)海洋中

代入(8.14)式,根据(8.13)式可得

$$R = -\frac{c_0}{g} = -\frac{c}{g\cos\theta} \qquad (8.16)$$

为一常数,表面层速度梯度最大约 $0.016\mathrm{s}^{-1}$,所以 $R = 1500/0.016 = 9.4 \times 10^4\mathrm{m}$。说明声线上各点都在此圆上,或声线是圆弧,弯向低声速方向(R 为负值)如图 8.3,圆心相当于 $\theta = 90°$,或 $c = 0$。

根据图 8.3,可求出 Δz 与 z_1、z_2 间声线长度 Δr 的关系,可证明,近似地

$$\Delta z = \Delta r\tan\theta_0 - \frac{1}{2}\frac{g}{c_0}(\Delta r)^2 \qquad (8.17)$$

据此可以描绘整个声线的路径。

图 8.4 是海水下的声速梯度与声线图。D 为表面层的深度,层中的速度梯度是正,层下速度梯度是负,声线由深度 z_0 处发出,声线 1 向上

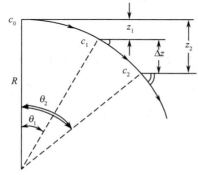

图 8.3　推导曲率半径 R 与梯度 g 的关系图

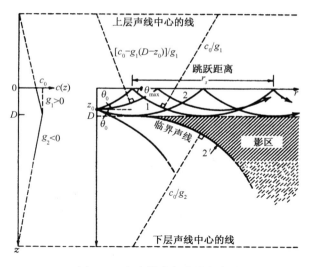

图 8.4　声速梯度与声线的弯曲

发,在表面上反射后,经过升速层,在层底掠过。声线 2 向下发出,在层底掠过后,再向上传播。初始发射角超过声线 1 或声线 2 的声线经过层底则进入降速部分,不再回到表面层。只有声线 1、2 之间的声线继续在层内传播,并多次在表面反射。声线 2′的初始角稍大于声线 2,成为临界声线,其与分层线之间形成影区,但影区由于散射、衍射、D 线的起伏等等原因,并不是完全寂静。在高千赫频率范围可能比边缘上低 40dB 以上,但低千赫范围内衰减则较少。表面层内传播的射线都不断跳越,跳越最远的是在层底掠过的声线如 1,这个最大跳越距离 r_s 是重要的参数,根据几何学可以求出

$$r_s = 2\sqrt{(2R - D)D}$$

但一般情况,R 比 D 大得多,近似值可写做

$$r_s = 2\sqrt{2RD} \tag{8.18}$$

上面讨论都假设介质不动,但如果有顺流或顺风,则更有助于现象的形成。

8.3.2　大气中传播

实际声线跳越的现象首先是在大气传播中观察到的。在第一次世界大战中,1917 年英国银城军火厂发生意外爆炸,在各地报道中发现了有"异常"传播现象。战后销毁德国剩余军火,在 1923 ~ 1926 年间组织了多次认真记录和测量。一次在法国拉古汀进行的爆炸,大约在一百公里以内是可听区,离爆炸点一百至二百公里为寂静区,几乎什么都没有记录到。在二百公里外收到了迟到的异常声音(比按声速计算所需时间长),根据计算这声音是在 17km 高处的逆温层反射回来的,证实声波的跳跃。反射可能是高处的云层或风引起的,后来证明高空的风和地面的

风完全不同。在银城爆炸中,不少人家发现寂静区内有玻璃破碎、动物受惊的现象,说明寂静区内虽然收不到可听声,但是有低频的声波。1921年9月21日在德国奥帕(Oppau)的一次爆炸,记录比较详细,如图8.5,实心圈处听得到声音,空心圈处则寂静。

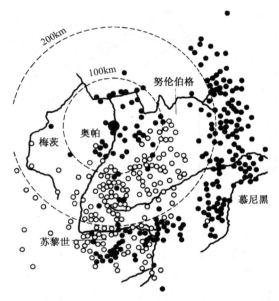

图 8.5　奥帕爆炸结果
空心圈处听不到声音,实心圈处听得到

　　图 8.5 的接收结果与上面所述相似,在一百至二百公里之间是寂静区,不过第二可听区偏向东南,解释是这时在同温层中正刮西风(一般高空的风速度都较大,常到每秒 100m)。从此实验可以判断爆炸声音之所以从高空反射回来,原因是风。前面已提到(惠更斯原理)声线也随介质运动,所以声线速度要变为 $c + v_x \sin\varphi$,而声线方程则为

$$\frac{\sin\varphi}{c + v_x \sin\varphi} = 常数$$

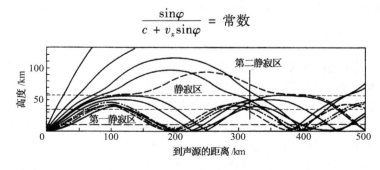

图 8.6　北半球夏日典型声线图(由东向西)

离地面近时,声速 c 的梯度(地面风速可以忽略不计)是负值,到一定高度时, $c + v_x \sin\varphi$ 要随高度增加,当其增加到与地面声速相等时,以后声线就转而句下了,根据上空声速和风速的分布,可以预计声线返回地面的路径。图8.6就是预计的北半球夏日由东向西传播的声线图,其中寂静区很明显。

8.3.3 深海声道

海水中情况不同,一部分声线(图8.4中声线1与声线2之间的)被约束在层内跳跃传播,但表面层很薄(也许只有几米),形不成寂静区,声波只是逐渐变为柱面波向外传播,因柱面波衰减比球面波小得多,所以传得很远。这称为表面声道,须要有正温度梯度。在声波搅动下使水混合是可以形成的,称为混合层,一经形成就可以维持不变,直到太阳照射把表面加热,使速度梯度渐减,以至消失。这常在下午发生,所以称为下午效应,到夜里,表面冷却又可能产生正梯度,但一般要小于 $0.016(\text{m/s})/\text{m} = 0.016\text{s}^{-1}$。在另一方面,深海声道经常存在,变化很少。图8.7为中纬度深海的典型声速轮廓。

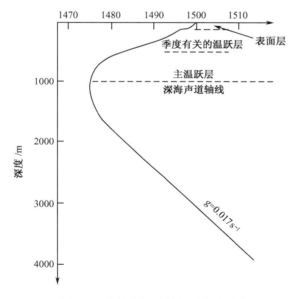

图8.7 中纬度深海的典型声速轮廓

除表面层不稳定外,其下深度越大,由于温度降低,声速不断下降,直到温度最低处(深度约在一千米或更深一些,各地、各季节不尽相同)声速达到最低值。更深,温度基本无变化,但压力增加使声速具有正梯度约 $0.017(\text{m/s})/\text{m}$ 即

$0.017s^{-1}$,直到海底,那里还可能受海底反射的影响。除北极地区外,各地海洋中的"轮廓"基本如此。声速最低处的上下就是深海声道。声线在深海声道轴线上面,由于负温度梯度,将向下弯。传过轴线后,由于是正梯度,改向上弯。所以向远方传播时,不断在轴线上下摆动但不离轴线,所以衰减很小,可以传到极远,有记录声波可从印度洋传到北冰洋,距离达18000km。轮船遇到灾难可以利用深海声道呼援。这个系统称为声发SOFAR系统,已在应用。利用深海声道内声波传播时间可以测定海水温度变化,预测大气中天气变化。在图8.7所示深海声速轮廓图中,声速最大变化不到30m/s,在基本声速约1500m/s中不过2%,但影响很大,用途也很大。在长距离传播时,基本可看作常数。

根据图8.2似乎大气中也应有高空声道,但尚未见到实验报道。

8.4 两界面间的导波

传播受局限的波动称为导波。前面(4.3节)讨论的蠕行波是导波的一种,细管中的声波(2.6节)也是导波,不过其特性同于平面自由波。在距离大于半波长的平板间,或在横方向大于半波长的管道中,导波就不是简单的平面波了,本节中讨论二平行边界间的导波,管道中的传播留到下一节中讨论。

8.4.1 颤动回声

严格说,颤动回声不是导波,这是一种特殊现象。在两座建筑间的窄巷中行走,拍掌声或脚步声听起来都改变了,不像撞击声,而像拨琴声,这就是颤动回声,在许多地方都有(如在乐山大佛旁攀缘上登的窄巷内),很引人注意。在两壁间发一短声,在壁上来回反射,形成一系列回声,听起来不是一个一个短撞击声,而是一个连续的不断衰变的有调声音,为何?图8.8是颤动回声记录的一个例子,在距离6m的两面墙间中点拍手,用传声器接收,放大后,用光学记录到胶片上,或直接记录到照像纸上的结果。声源和记录大致在两墙间的中点。

由图8.8可见回声是清楚的一个个脉冲,由于发声和接收都基本在中点上,两壁反射回来的脉冲大致同时到达,合成一个脉冲,相距约声波传过两壁间的时间,图上在旁的时间标记是60Hz脉冲记录。当两墙距离较大时(一百米,二百米),反射脉冲听得很清楚,历历可数。两墙距离较近时,如图上情况,在记录上,仍是一串回声,但听起来却连成一片,像弹琴的咚咚声,但是听不出声音的来源、方向。如果在偏开一些的地方听,则总觉得声音来自较近的一面墙。在墙外,如果墙不太高的话,也听到同样的声音,当然是来自墙内。

一连串脉冲声,如果脉冲距离较近(脉冲频率如进入可听声范围,听者感觉就是可听声),听起来就是连续的声音,脚步声成了弹琴的咚咚声了。这个问题可另从驻波理论考虑。

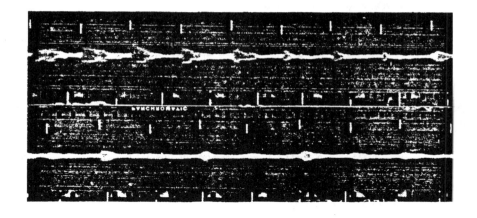

图 8.8　两壁间的颤动回声

两壁间的声波与 2.6.1 节讨论的驻波相似,固有振动是简正波的组合:

$$p = \sum_{(n)} A_n \cos\omega_n t \cos k_n z$$

$$k_n = \frac{n\pi}{l}, \ \omega_n = c k_n, \ n = 1,2,3,\cdots \tag{8.19}$$

l 为两壁的距离,法线方向取为 z 轴,两壁为 $z=0$ 和 $z=l$,如在 $z=s$ 处发声,壁间的声振动就满足波动方程

$$\frac{\partial^2 p}{\partial z^2} - \frac{1}{c_0^2} \frac{\partial^2 p}{\partial t^2} = -\rho \frac{\partial q}{\partial t} \delta(z-s) \tag{8.20}$$

式中 ρq 是声源的质量速度(密度乘以体积速度),δ 为狄拉克函数 $\delta(z-s)=0$,$z\neq 0$,而 $\int_0^l \delta(z-s)\,\mathrm{d}z = 1$。假设正弦式函数声源 $q=Q\sin\omega t$,(8.20)式就成为

$$\frac{\partial^2 p}{\partial z^2} + \frac{\omega^2}{c_0^2} p = -\rho\omega Q\cos\omega t \delta(z-s) \tag{8.21}$$

声场变化也按外加频率 $\omega/2\pi$ 而不是简正频率 $\omega_n/2\pi$ 了。解就可以写做

$$p = \sum_{(n)} A_n \cos k_n x \cos\omega t \tag{8.22}$$

代入(8.21)式

$$\sum A_n \frac{\omega^2 - \omega_n^2}{c_0^2} \cos k_n z = -\rho_0 \omega Q \delta(z-\rho)$$

两边乘以 $\cos k_n' z\,\mathrm{d}z$ 并对 z 积分,由于简正波是正交的

$$\int_0^l \cos k_n z \cos k_n' z\,\mathrm{d}z = \begin{cases} 0, \text{如 } n \neq n' \\ \dfrac{l}{2}, \text{如 } n = n' \end{cases}$$

所以积分并移项就得(略去 n 上的撇),

$$p_n = A_n \cos k_n z \cos \omega t$$

$$= -\rho_0 c_0^2 \frac{2}{l} Q \frac{\cos k_n s \cos k_n z}{\omega - \omega_n^2/\omega} \cos \omega t \tag{8.23}$$

总声压即各简正声压 p_n 之和,如外加声源是一短促脉冲声源,即只延续至 $t = t_1$,声源关闭,引起简正振荡。在 $t = t_1$ 时刻,声压必须是连续的,无突然变化,因此在 $t = t_1$ 以后,简正声压就是

$$p_n = -\rho_0 c_0^2 \frac{2}{l} Q \frac{\cos k_n s \cos k_n z}{\omega - \omega_n^2/\omega} \cos \omega t_1 \cos \omega_n (t - t_1) \tag{8.24}$$

声场是由各简正声压之和组成频率包括各简正频率 $\omega_n/2\pi$,而不是外加信号的频率 $\omega/2\pi$ 了。听起来音调为简正波中的基波频率 $\omega_1/2\pi$。

但简正函数乘积可以改变做

$$\cos k_n s \cos k_n z \cos \omega_n (t - t_1)$$

$$= \frac{1}{4} \Big[\cos\{\omega(t - t_1) - z + s\} + \cos\{\omega(t - t_1) + z - s\}$$

$$+ \cos\{\omega(t - t_1) - z + s\} + \cos\{\omega(t - t_1) + z + s\} \Big] \tag{8.25}$$

或每项的宗量可减去 2π 的整数倍数(适用于较长时间),因余弦函数的周期是 2π,可看出(8.25)式的前两项代表声信号分为向正 z 方向和反方向两个信号,(8.25)的后两项则是两个信号在壁面上反射的结果。再反射则宗量减 2π,如此类推。由于在 $t = t_0$ 时,信号在空间只存在于 $z = s \pm c_0 t_1$ 范围之内(设 $c t_1$ 小于 l 甚多),脉冲信号保持这个长度在两壁间往返反射,所以(8.24)和(8.25)二式只适用于

$$\left. \begin{array}{l} c_0 t_1 < c_0 t - 2h\pi \pm (z - s) < 2c_0 t_1 \\ c_0 t_1 < c_0 t - 2h\pi \pm (z + s) < 2c_0 t_1 \end{array} \right\} \tag{8.26}$$

和

之间,h 为正整数。这就是一串脉冲声,与上面根据声波传播的推论完全相同。这证明驻波理论并不改变声波传播的性质。在以上讨论中,忽略了外加声源在开通和关闭时,激起的全部瞬态现象。严格地说,在声源开通和关闭时,应满足声压连续和质点速度连续的条件,因此(8.24)式的时间因式应为

$$\cos \omega t_1 \cos \omega_n (t - t_1) - \frac{\omega}{\omega_n} \sin \omega t_1 \sin \omega_n (t - t_1) - \cos \omega_n t \tag{8.27}$$

但这并不改变声场的基本性质。颤动回声并不是完全不沿窄巷传播,不过只在较短距离内明显。

8.4.2 平面波

在两壁间,如果窄巷很长,就可能产生沿窄巷长度方向的导波。如窄巷宽度 l 小于半波长,波动就沿巷长方向 x 按自由行波传播,如 2.6 节中讨论的管中行波,这称为主波。如巷宽度大于半波长,或频率较高,除了主波以外,还要有在两壁间

反射前进的导波,其相速度 c_p 要大于自由波的速度 c_0,而其群速度 c_g(能量传播的速度,相速度则是相位变化的速度)则小于自由波的速度,可由图 8.9 上看出。

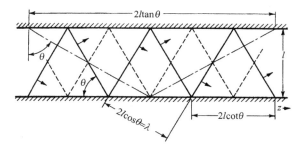

图 8.9　两平行刚性平面间第一个高频导波

图 8.9 中,实线是第一个高频导波的声压极大值的连续波阵面,其间的虚线则是质点振动极大值的连续波阵面。箭头与波阵面垂直,是波动传播方向,即波法线。两壁平面间距离是 l,波阵面与壁面所成的角是 θ,在刚性反射面情况下,入射波与反射波相等。声压极大的入射波阵面与声压极大的反射波阵面相连接,声压极小(质点速度极大)的入射波阵面与声压极小(质点速度极大)的反射波阵面相连接。形成图上实线互相连接,虚线互相连接的连续折线形式。波阵面与再反射的波阵面相距 $2l\cot\theta = \lambda$ 与自由波的速度 c_0 成比例。波阵面与再反射的波阵面在壁面上的距离 $2l\cot\theta$(如图 8.9 指出)则大于 λ,这与相速度成正比,大于自由波速度。波阵面距离 $2l\cos\theta$ 在巷长方向 x 的投影(图中未标),则与群速(能量传播速度)成正比,小于自由波的速度。以上是第一个高频导波的性质,在更高频率,每次来回反射波阵面的移动距离可能不止一个波长,上面的 λ 要改成 $m\lambda$,m 为正整数。具体关系

$$2l\cos\theta = m\lambda = mc_0/f$$

即

$$c_0 = 2lf\cos\theta/m \qquad (3.28)$$

此为自由波速度。相速度

$$c_p = 2fl\cot\theta/m = c_0/\sin\theta \qquad (8.29)$$

群速度

$$c_g = c_0\sin\theta \qquad (8.30)$$

(8.28)式也可以写做

$$\cos\theta = m\lambda/2l = mc_0/2lf \qquad (8.28a)$$

由此可求得

$$\sin\theta = \sqrt{1 - (mc_0/2lf)^2} \qquad (8.31)$$

因而

$$c_{\mathrm{p}} = c_0 / \sqrt{1 - (mc_0/2lf)^2} \tag{8.29a}$$

$$c_{\mathrm{g}} = c_0 \sqrt{1 - (mc_0/2lf)^2} \tag{8.30a}$$

以上是按几何声学分析。按波动声学(物理声学),两平行平面间的波动方程为

$$\frac{\partial^2 p}{\partial x^2} + \frac{\partial^2 p}{\partial z^2} - \frac{1}{c_0^2}\frac{\partial^2 p}{\partial t^2} = 0 \tag{8.31a}$$

在 x 方向应是行波,在 z 方向则是受边界条件的限制。如两个边界平面是刚性的(声阻抗率为无穷大)。边界条件为在 $z = 0$ 或 l 处

$$\frac{\partial p}{\partial z} = 0$$

所以一般解应为

$$p = \sum_{(n)} A_n \cos k_z z \mathrm{e}^{\mathrm{j}(\omega t - k_n x)} \tag{8.32}$$

代入波动方程(8.31),

$$k_z^2 + k_n^2 - \frac{\omega^2}{c_0^2} = 0 \tag{8.33}$$

边界条件要求

$$k_z l = n\pi, n = 1,2,3,\cdots$$

因而

$$k_n = \sqrt{\frac{\omega^2}{c_0^2} - k_z^2}$$

$$= \frac{\omega}{c_0} \sqrt{1 - \left(\frac{n\pi c_0}{\omega l}\right)^2} \tag{8.34}$$

如令 $k = \omega/c_{\mathrm{p}}$, c_{p} 为相速,则

$$c_{\mathrm{p}} = c_0 / \sqrt{1 - \left(\frac{nc_0}{2fl}\right)^2}$$

与(8.29a)式同。按一般规律,群速满足

$$\frac{1}{c_{\mathrm{g}}} = \frac{\partial}{\partial \omega}\frac{\omega}{c_{\mathrm{p}}} \tag{8.35}$$

代入 c_{p},可求得

$$c_{\mathrm{g}} = c_0 \sqrt{1 - \left(\frac{nc_0}{2fl}\right)^2}$$

与(8.30a)式同。

同样方法可用于边界非刚性的情况。如边界 $z = 0$ 仍为刚性,但 $z = l$ 处声导纳比 $g - \mathrm{j}b$ 不为零,这样,一般解仍可取为(8.32)式,否则,如两个表面的声导纳都不为零,就不能取余弦函数表达 z 向特性,须要有时取余弦有时取正弦,甚至取余弦与正弦之和,复杂性增加很多。为简单计,取一面刚性,所得另一面声阻抗(或导

纳)的影响仍不失其普遍性,设边界条件,

$$
\left.\begin{array}{lll}
z = 0 & & u/p = 0 \\
z = l & & u/p = Y = (g - \mathrm{j}b)/\rho_0 c_0
\end{array}\right\} \tag{8.36}
$$

式中 Y 为声导纳率,g 为声导比,b 为声纳比(单位面积上,质点速度与声压之比称为声导纳率,声导纳率乘以空气中的声阻抗率(特性阻抗 $\rho_u c_0$)则称为材料的声导纳比,g 和 b 为声导纳比的实部和虚部。(8.32)式已满足 $z = 0$ 处的边界条件,还应该满足 $z = l$ 处的边界条件 $u/p = Y$,按材料表面上的质点速度满足牛顿运动定律

$$
\mathrm{j}\omega\rho_0 u = -\frac{\partial p}{\partial z}
$$

对于第 n 项简正波

$$
p_n = A_n \cos k_z z \, \mathrm{e}^{\mathrm{j}(\omega t - k_n x)}
$$

$$
\mathrm{j}\omega\rho_0 u_n = A_n k_z \sin k_z z \, \mathrm{e}^{\mathrm{j}(\omega t - k_n x)}
$$

边界条件为

$$
\frac{u_n}{p_n}\bigg|_{z=l} = \frac{k_z \tan k_z l}{\mathrm{j}\omega\rho_0} = (g - \mathrm{j}b)/\rho_0 c_0 \tag{8.37}
$$

或

$$
k_z \tan k_z l = \mathrm{j}\omega\rho_0(g - \mathrm{j}b)/\rho_0 c_0 \tag{8.37a}
$$

这个式子解起来很复杂,只有声导纳非常小,式右可看做微量,解就比较简单。这时 $k_z l$ 仍近似地等于 $n\pi$ 如上,$\tan k_z l = \tan(k_z l - n\pi) \approx k_z l - n\pi$,(8.36)式可近似地写做

$$
k_z^2 l^2 - n\pi k_z l = \mathrm{j}\omega\rho_0 l(g - \mathrm{j}b)/\rho_0 c_0
$$

解之,可得,只算到一级微量,

$$
k_z l = \frac{n\pi}{2} + \sqrt{\left(\frac{n\pi}{2}\right)^2 + \mathrm{j}\omega l(g - \mathrm{j}b)/c_0}
$$

$$
\approx n\pi + \mathrm{j}\omega l(g - \mathrm{j}b)/n\pi c_0 \tag{8.38}
$$

如果 $z = l$ 处的表面为纯抗性(声阻等于零,或声导等于零),k_n 仍是实数值,声波在 x 方向的速度只是稍有改变,如此而已。但如声阻(或声导)不为零,声波在 x 方向传播还要受到阻尼,因而随距离衰减。在一般情况,k_z 为复值,因而 k_n 也是复值。按(8.33)式

$$
k_n^2 = \sqrt{\left(\frac{\omega}{c_0}\right)^2 - k_z^2}
$$

$$
= \sqrt{\left(\frac{\omega}{c_0}\right)^2 - \left(\frac{n\pi}{l}\right)^2 - \frac{2\mathrm{j}\omega}{c_0 l}(g - \mathrm{j}b)}
$$

或

$$k_n = \sqrt{\frac{\omega^2}{c_0^2} - \left(\frac{n\pi}{l}\right)^2 - \frac{\omega b}{c_0 l}} - \mathrm{j}\frac{\omega g}{c_0 l}\Big/k_{n0} \qquad (8.39)$$

式中

$$k_{n0} = \sqrt{\frac{\omega^2}{c_0^2} - \left(\frac{n\pi}{l}\right)^2 - \frac{\omega b}{c_0 l}} = \frac{\omega}{c_\mathrm{p}} \qquad (8.40)$$

为 k_n 的实数部分,即传播系数,将 k_n 值代入,按(8.32)式简正波 n 的声压为

$$p_n = A_n \cos k_z z \mathrm{e}^{\mathrm{j}\omega(t - x/c_\mathrm{p})} \mathrm{e}^{-g\frac{c_\mathrm{p}}{c_0}\frac{x}{l}} \qquad (8.41)$$

根据(8.39)式

$$c_\mathrm{p} = c_0 \Big/ \sqrt{1 - \left(\frac{nc_0}{2fl}\right)^2 - \frac{\omega b}{c_0 l}}$$

与(8.29a)式比,只是根号内多一微量,近似地与(8.29a)式同,即(8.29)

$$c_\mathrm{p} = c_0 / \sin\theta$$

式中 θ 为波阵面与 x 方向形成的角度,而(8.41)式可写做

$$p_n = A_n \cos k_z z \mathrm{e}^{-gx/l\sin\theta} \mathrm{e}^{\mathrm{j}\omega(t - x/c_\mathrm{p})} \qquad (8.41a)$$

所以表面声导纳比较小时,其作用是使传播声波的相速稍有不同,衰减系数与声导比成正比。

8.4.3 柱面波

两平行平面边界间的波动基本的还是柱面波,距离声源较远处(与波长比)柱面波的传播近似于平面波,平面声源在距离较近处也是平面波。在自然界中,海洋和大气都具有两个边界。对于大气,地面是硬边界,基本可以当做刚性表面。空气的特性阻抗 $\rho_0 c_0 \approx 400\mathrm{N}/(\mathrm{s \cdot m})$,而地面的特性阻抗接近 $5 \times 10^6 \mathrm{N}/(\mathrm{s \cdot m})$,可当做无穷大。大气顶上基本是真空,特性阻抗为零,是软界面。大气尺度虽然大,自然现象中(例如地震、火山爆发、风暴等)和一些人为现象(如爆炸、火箭发射等)常产生可观的低频声音,波长上千米,1960 年智利 8.9 级大地震,低频成分周期一小时,波长越过一千公里,颇受波导影响。对于海洋,水的特性阻抗约 $1.5 \times 10^6 \mathrm{N}/(\mathrm{s \cdot m})$,空气的 $400\mathrm{N}/(\mathrm{s \cdot m})$ 可以当作零,所以海面是软界面。海底泥石特性阻抗约 $5 \times 10^6 \mathrm{N}/(\mathrm{s \cdot m})$ 与水差不多,一般也当做硬界面,实际只是近似。所以两界面,在大气声学和水声学中主要是一硬一软。两面都硬只是实验中出现,不过可用同样解,只是常数不同罢了。

(a)固有振动,简正波

显见应取柱面坐标,取硬界面为 $z = 0$,另一界面,或软或硬,则为 $z = H$,H 为水深或大气层高度。这样做的好处是 z 方向(两边界层间的法线方向)的函数关系可取为 $\cos k_z z$,$z = 0$ 处的边界条件自然满足。在水平方向,如声压只与向径 r 有关,各向相同,波动方程即为

$$\frac{1}{r}\frac{\partial}{\partial r}\left(r\frac{\partial p}{\partial r}\right) + \frac{\partial^2 p}{\partial z^2} + \frac{\omega^2}{c^2(z)}p = 0 \qquad (8.42)$$

ω 为声波的角频率,自由波速度 c 为 z 的函数。解的一般形式即

$$p = \sum A_n Z_n(z) R(r) \exp(j\omega t)$$

略去时间因式,第 n 项简正波声压幅值就是

$$p_n = A_n Z_n(z) R_n(r) \qquad (8.43)$$

代入波动方程,并用它除,可得

$$\frac{\partial^2 Z_n}{\partial z^2}\Big/ Z_z + k_z^2 = 0 \qquad (8.44)$$

$$\frac{1}{r}\frac{\partial}{\partial r}\left(r\frac{\partial R_n}{\partial r}\right)\Big/ R_n + k_n^2 = 0 \qquad (8.45)$$

式中

$$k_n^2 = \frac{\omega^2}{c^2} - k_z^2$$

(8.44)式显见为贝塞尔方程,在 r 方向无边界,所以应是行波,取 R 的行波解(见 2.7 节),

$$R_n(r) = J_0(k_n r) - jN_0(k_n r) \qquad (8.46)$$

$$\xrightarrow[k_n r \to \infty]{} \sqrt{\frac{2}{\pi k_n r}} \exp\left[-j\left(k_n r + \frac{\pi}{4}\right)\right]$$

$$\xrightarrow[k_n r \to 0]{} j\frac{2}{\pi}\ln(r)$$

在 z 方向则应是驻波,取 $Z_n = \cos k_z z$ 已满足 $z = 0$ 处的边界条件。在 $z = H$ 处的边界条件是

$$\begin{aligned}\cos k_z z\,|_{z=H} &= 0 \qquad (\text{软边界})\\[1mm]\frac{\partial}{\partial z}\cos k_z z\,|_{z=H} &= 0 \qquad (\text{硬边界})\end{aligned}\right\} \qquad (8.47)$$

在 z 方向取函数关系 $\cos k_z z$,以及在此边界条件实际上已假设了 $c(z) = c_0$,在 z 方向无变化。这当然是近似。不过前面在讨论水声中速度轮廓时已知在深海中声速的变化不过 2%(大气中变化较大,但除地面近处出入较大外,直到 70km 高度,声速变化不过 10%),所以当做声速不变,误差不大,因此 z 方向的波数为

$$\begin{aligned}k_z H &= \frac{(2n-1)\pi}{2} \qquad (\text{软边界})\\[1mm]&= n\pi \qquad\qquad (\text{硬边界})\end{aligned}\right\} \quad n \text{ 为正整数} \qquad (8.48)$$

R 函数中的常数 k_n,即远距离传播的波数则是

$$k_n = \sqrt{\left(\frac{\omega}{c_0}\right)^2 - \frac{(2n-1)^2\pi^2}{4H^2}} \qquad (\text{软边界})$$

$$\sqrt{\left(\frac{\omega}{c}\right)^2 - \left(\frac{n\pi}{H}\right)^2} \qquad \text{（硬边界）} \tag{8.49}$$

第二边界的软硬,影响就在 k 上。在软边界时,声压为

$$p_n = A_n \left[J_0(k_n r) - jN_0(k_n r) \right] \cos \frac{(2n-1)\pi z}{2H} \tag{8.50}$$

$$p_n \underset{k_n r \to \infty}{\longrightarrow} A_n \sqrt{\frac{2}{\pi k_n r}} \cos \frac{(2n-1)z}{2H} \exp\left[j\left(\omega t - k_n r + \frac{\pi}{4} \right) \right] \tag{8.51}$$

在硬边界时, k_n 及 k_z 作相应改变。在距离较远处 $(r \gg \lambda > H)$ 成为简单柱面波。但在 z 方向则是驻波,要求 k_n 为实数,或

$$n < kH/\pi + 1/2 \tag{8.52}$$

$k = \omega/C_0$,否则 k_n 为虚数, p_n 很快衰减为零。声压通解为

$$p = \sum A_n \left[J_0(k_n r) - jN_0(k_n r) \right] \cos \frac{(2n-1)\pi z}{2H} \exp(j\omega t) \tag{8.53}$$

A_n 等是任意常数,由声源的性质和位置决定。p_n 称为简正波,因为它是简谐函数,而不同 n 值的 p_n 互相正交,即

$$\int_V p_m p_n \mathrm{d}V = 0, \quad m \neq n \tag{8.54}$$

（b）受迫振动

如两界面间有一点声源,位置在 $z = z_0$, $r = 0$,所激起的波动可用简正波理论求解,简正波理论是严格理论,前面取 z 方向的声压关系为 $Z(z) = \cos \dfrac{(2n-1)\pi z}{2H}$ （软界面）,只是一个近似的方法,并不是简正波理论的局限。并不限于恒温介质。完全可以根据实际速度轮廓求得严格的 $Z(z)$ 函数,也许比较复杂。在有时严格的简正函数还是必需的,例如特别注意混合层(声发通道)、北冰洋以及其它特别通道时,都须要更加严格。不过虽然水下声速轮廓可能不同,但只有两种情况可解。(1)完全刚性的底,(2)底是液体性质的。这也不是对简正波理论的局限,只是能用三角函数或指数函数表示深度变化的范围而已。

在 $r = 0$, $z = z_0$ 点有一点声源时,令 $r = 1$ 时 $p = 1$,波动方程即是

$$\frac{1}{r} \frac{\partial}{\partial r} r \frac{\partial p}{\partial r} + \frac{\partial^2 p}{\partial z^2} + \left(\frac{\omega}{c(z)}\right)^2 p = -\frac{2}{r} \delta(r)\delta(z - z_0) \exp(j\omega t) \tag{8.55}$$

式中 $\delta(z - z_0)$ 为狄拉克 δ 函数

$$\delta(z - z_0)\,|_{z \neq z_0} = 0, \quad \int_0^H \delta(z - z_0)\mathrm{d}z = 1$$

$\delta(r)$ 则是柱面波三维狄拉克 δ 函数,要用体积积分,

$$\left. \begin{array}{l} \delta(r)\,|_{r \neq 0} = 0 \\[2mm] \oint \delta(r) r \mathrm{d}\varphi = 2\pi r \end{array} \right\} \tag{8.56}$$

积分围线过 $r=0$ 点。(8.55)的右方是从 $-\rho\dfrac{\partial q}{\partial t}$ 得来的,取声压的峰值 p 在 $r=1$ 处为 1。声波是在两边界之间传播,可以简正波表示,

$$p = \exp(\mathrm{j}\omega t)\sum_n R_n(r)Z_n(z) \tag{8.57}$$

仍用一般表示,$R_n(r)$ 代表柱面发散,$Z_n(z)$ 则形成驻波。把此值代入(8.55)式,两边各乘以 $Z_{n'}(z)$ 并对 z 积分,由于 $Z_n(z)$ 是正交的,积分的结果是

$$\frac{1}{r}\frac{\partial}{\partial r}r\frac{\partial R_n}{\partial r} + k_n^2 R_n = -\frac{1}{r}\delta(r)Z_n(z_0) \tag{8.58}$$

此式为贝塞尔方程,其解为汉克尔函数如前,$H_0^{(2)} = J_0(k_n r) - \mathrm{j}N_0(k_n r)$。声压的全解即为

$$p = -\mathrm{j}\pi\sum_n \big[J_0(k_n r) - \mathrm{j}N_0(k_n r)\big]Z_n(z_0)Z_n(z)\exp(\mathrm{j}\omega t)$$

$$\xrightarrow[k_r r\to\infty]{} -\mathrm{j}\sum_n \sqrt{\frac{2\pi}{k_n r}}Z_n(z_0)Z_n(z)\exp\Big[\mathrm{j}\Big(\omega t - k_n r + \frac{\pi}{4}\Big)\Big] \tag{8.59}$$

$Z_n(z)$ 的形式和特征值 k_n 则用 Z_n 的方程(8.44)定。式中每一项简正波的相速为

$$c_{pn} = \omega/k_n \tag{8.60}$$

(8.59)式是归一化的结果,$r=1$ 时,$p=1$。如果按以前,假设声源强度为 $Q\exp(\mathrm{j}\omega t)$,代入波动方程,所得声压应为(8.59)式乘以 $\mathrm{j}\omega\rho_0 Q$,即前面系数改为 $\omega\rho_0 Q$。与以前所讨论的平面波相同,如第二边界具有非零或无穷大的声导纳率,k_n 可为复数,所得是阻尼波,逐渐衰减。在实际工作中,如(8.59)式的总和,加起来将十分复杂。如果频率较高,n 值较大,各简正波的相位作无规分布。(8.59)式就可用有效值相加,即

$$p^2 = (\omega\rho_0 Q)^2 \sum_{(n)} \frac{2\pi}{k_n r}Z_n^2(z_0)Z_n^2(z) \tag{8.61}$$

相加就很简单了。由于频率所限,n 值是有限的(见(8.52)式),所以(8.61)式也是有限项数的和。如 $Z_n(z)$ 函数取为 $\cos(2n-1)\pi z/2H$,在 z 轴上,z 等于 $2H/(2n-1)$ 的奇数倍处,$Z_n(z)$ 就是 -1,偶数倍处则是 $+1$。在这些点,几乎 p_n 都是最大(由于 z_0 不能改变,$Z_n(z_0)$ 值将有出入,p_n 值也受影响)。如果在这些点接收,并将奇数点的输入翻转(取负值)以后相加,各点输出都是同相,所得值将为 p_n 值的 n 倍(接收包括零点),而其它 n 波则只是无规相加,总值不到 $\sqrt{n}$ 倍。这是突接收 n 波的办法,可称作空间滤波方法。

8.5 波 导 管

波导管是二维受到限制的波导。管中声波,其横向小于半波长的,已见于 2.6 节中的讨论。现在只讨论横向大于半波长的均匀管道。在一维波导中的平面波是

由二个自由波组成,见8.4.2节中的讨论。在另一方面也可直接由波动方程写出

$$p_n = A_n \cos k_z z \exp j(\omega t - k_n x)$$

$$= \frac{1}{2} A_n \exp j(\omega t - k_n x - k_z z)$$

$$+ \frac{1}{2} A_n \exp j(\omega t - k_x x + k_z z) \tag{8.62}$$

柱面波同样可写成两个自由波。

$$p_n = A_n \pi [J_0(k_n r) - jN_0(k_n r)] \cos k_z z \exp j\omega t$$

$$= \frac{1}{2} A_n \pi [J_0(k_n r) - jN_0(k_n r)] \exp j(\omega t - k_z z)$$

$$+ \frac{1}{2} A_n \pi [J_0(k_n r) - jN_0(k_n r)] \exp j(\omega t + k_z z)$$

$$\xrightarrow[k_n r \to \infty]{} \frac{1}{2} A_n \sqrt{\frac{2\pi}{k_n r}} \exp j(\omega t - k_n r - k_z z)$$

$$+ \frac{1}{2} A_n \sqrt{\frac{2\pi}{k_n r}} \exp j(\omega t - k_n r + k_z z) \tag{8.63}$$

两个柱面波, $\cos k_z z_0$ 已吸收入 A_n ,所以一维波导中的导波是自由波在两界面上反复反射的结果。讨论导波的特性也可以从自由波讨论。以下可证明二维波导中的导波则是由四个自由波合成。

8.5.1 矩形波导

在矩形管道中的声波可写做各简正波的和

$$p_{mn} = A_{mn} \cos \frac{m\pi y}{l_y} \cos \frac{n\pi z}{l_z} \exp j(\omega t - k_{mn} x) \tag{8.64}$$

管道截面为 $l_y \times l_z$ 两个方向取为 y 和 z ,传播方向取为 x ,假设硬表面代入波动方程(亥姆霍兹方程)

$$\nabla_p^2 + k^2 p = 0 \tag{8.65}$$

得

$$\left(\frac{m\pi}{l_y}\right)^2 + \left(\frac{n\pi}{l_z}\right)^2 + k_{mn}^2 = k^2$$

或

$$k_{mn}^2 = k^2 - \left(\frac{m\pi}{l_y}\right)^2 - \left(\frac{n\pi}{l_z}\right)^2 \tag{8.65a}$$

m, n 为任意整数。(8.64)即(8.65)的解。当然 k_{mn} 必须为实数。边界条件是四壁皆是刚体时,

$y = 0$ 和 l_y 处, $\dfrac{\partial p}{\partial y} = 0$

$z = 0$ 和 l_z 处, $\dfrac{\partial p}{\partial y} = 0$

管道中的声波(8.64)式可分解为四个行波如前所述。

如果壁面不是刚性,边界条件就要不同。现以 $y = l_y$ 处非刚性为例,假设其余三壁都是刚性。在 l_y 方向上声压的 y 因式设为

$$Y(y) = \cos k_y y \tag{8.66}$$

相应的质点速度 v 满足

$$\rho \frac{\partial v}{\partial t} = -\frac{\partial Y}{\partial y} = k_y \sin k_y y$$

或

$$v = \frac{1}{j\omega\rho} k_y \sin k_y y$$

质点速度与声压之比

$$\left. \frac{v}{Y} \right|_{y=ly} = \frac{1}{j\omega\rho} k_y \tan k_y l_y$$

这应该等于壁面的力导纳率,$\dfrac{(g-jb)}{\rho_0 c_0}$,即阻抗率 $R + jX$ 的倒数($g - jb$ 称为导纳比)边界条件即为

$$k_y \tan k_y l_y = jk(g - jb) \tag{8.67}$$

$k = \omega/c_0$ 这个式子和前面的相同,一般只能用数值解。但如果 $k(g - jb)$ 甚小于 1,近似解就很简单。这时解(8.64)只有微小变化,即

$$k_y \approx \frac{m\pi}{l_y}$$

如 $m = 0$,式即成为

$$k_y^2 = jk(g - jb)/l_y$$

(8.65)式成为

$$k_{on}^2 = k^2 - jk(g - jb)/l_y - \left(\frac{n\pi}{l_z}\right)^2$$

或 $$k_{on} = k_{on}^0 - \frac{1}{2}k(b + jg)/l_y k_{on}^0 \tag{8.68}$$

式中 $k_{on}^0 = \sqrt{k^2 - \left(\dfrac{n\pi}{l_y}\right)^2}$, $-\dfrac{1}{2}kg/l_y k_{on}^0$ 则是衰减常数。如 $m \neq 0$,(8.67)式可写作

$$k_g \tan(k_y l_y - m\pi) = jk(g - jb)$$

$k_y a - m\pi$ 甚小于 1,解即是

$$k_y = \frac{m\pi}{l_y} + jk(g - jb)/(m\pi)$$

而

$$k_{mn} = k_{mn}^0 - k(b + \mathrm{j}g)/l_y\, k_{mn}^0 \tag{8.69}$$

式中 k_{mn}^0 是刚性壁的波数,改正项与(8.68)式中相似,但后者多一因数 1/2,侧壁引起的衰减与材料的声导成正比,掠入射时($m = 0$ 时)降低一半。声纳则影响传播速度,也是在掠入射时影响只有一半。

同样方法适用于所有壁面,但在一般情况,如对面墙壁的性质相同,取 $y = \pm l_y/2, z = \pm l_z/2$ 为壁面,横向函数在序数 m 或 n 为奇数时取为正弦,m 或 n 为偶数时取为余弦。即可求解。取(m, n 为奇数时取 $\sin$, m, n 为偶数时取 $\cos$)

$$p = A \frac{\cos}{\sin}(k_y y) \frac{\cos}{\sin}(k_z z) \exp[\mathrm{j}(\omega t - k_{mn}x)] \tag{8.70}$$

可求得

$$\left.\begin{aligned}
k_{oo} &= k - \frac{L}{2S}(b + \mathrm{j}g), \quad m = n = 0 \\
k_{on} &= k_{on}^0 - \frac{k}{k_{on}^0}\Big(\frac{1}{2l_y} + \frac{1}{l_z}\Big)(b + \mathrm{j}g), \quad m = 0, n > 0 \\
k_{mo} &= k_{mo}^0 - \frac{k}{k_{mo}^0}\Big(\frac{1}{l_y} + \frac{1}{2l_z}\Big)(b + \mathrm{j}g), \quad m > 0, n = 0 \\
k_{mn} &= k_{mn}^0 - \frac{k}{k_{mn}^0}\frac{L}{S}(b + \mathrm{j}g), \quad m > 0, n > 0 \\
k_{mn}^0 &= k\Big[\Big(1 - \Big(\frac{m\pi}{l_y}\Big)^2 - \Big(\frac{n\pi}{l_z}\Big)^2\Big)\Big]^{\frac{1}{2}}
\end{aligned}\right\} \tag{8.71}$$

式中

$$L = 2(l_y + L_z), S = l_y l_z, k = \omega/c$$

简正波 $m = 0, n = 0$ 称为管道中的主波,衰减最小,传播得最远。$k_y y$ 和 $k_z z$ 都比 1 小得多,所以 $\cos k_y y, \cos k_z z$ 都可以用其近似式,主波的方程式为

$$\begin{aligned}
p =\ & A\Big(1 - \frac{1}{2}ky^2(b + \mathrm{j}g)/l_y\Big)\Big(1 - \frac{1}{2}kz^2(b + \mathrm{j}g)/l_z\Big) \\
& \cdot \exp\Big(-\frac{L}{2S}gx\Big)\exp\Big[\mathrm{j}\Big(\omega t - \Big(k - \frac{L}{2S}b\Big)x\Big)\Big]
\end{aligned} \tag{8.72}$$

每传播 1 m,衰减 $Lg/2S$ Np(奈培)或 $8.686Lg/2S$ dB,高阶(m, n 不为零)简正波的衰减则几乎加倍,相当距离后就不重要了。此外从(8.72)式可看出管道内的行波不再是平面波,y 值,z 值越大,波阵面的畸变也越大。这现象在高阶简正波中更为显著。

管道中主波的特性阻抗也不同于大气中,从(2.48)式可求出

$$Z_0 = \frac{p}{u} = \frac{\mathrm{j}\omega\rho}{\mathrm{j}(k - Lb/2S)} = \frac{\rho c}{1 - Lb/2Sk} \tag{8.73}$$

大于空气中的特性阻抗(如 b 为正),如果计入衰减则成为复值。Z_0 基本是空气的

特性阻抗与管壁阻抗的反应并联的结果。特性阻抗的影响,幅值在接近管壁处的加大,以及主波的衰减都说明在管道中有声波传播时,管壁上的声压要激起管壁材料内的声波,因而使管内声波畸变并吸收其部分能量,如前述的导波(图4.5)。

8.5.2 圆形波导

特性基本与上相似,只是数学表达不同。波动方程用柱面坐标,亥姆霍兹方程可写做

$$\frac{1}{r}\frac{\partial}{\partial r}\, r\,\frac{\partial p}{\partial r} + \frac{\partial^2 p}{\partial z^2} + k^2 p = 0 \qquad (8.73\text{a})$$

解为

$$p = AR(r)Z(z)\exp(j\omega t) \qquad (8.74)$$

与(8.42)式及其解形式相同,但此时 z 方向为行波。代入(8.73a)式,分离变数,得

$$\frac{\partial^2 Z}{\partial z^2} + k_n^2 Z = 0 \qquad (8.75)$$

$$\frac{1}{r}\frac{\partial}{\partial r}\frac{\partial R}{\partial r} + (k^2 - k_n^2)R = 0 \qquad (8.76)$$

以上各式与8.4.3节的基本相同,只是在一维波导中 $R(r)$ 是要寻求柱面波行波解,$Z(z)$ 则是要寻求其柱波解。圆形管道中正好相反,须求柱面驻波和 z 向行波。

如是刚性管道,$R(r)$ 的解是

$$R(r) = J_0(k_r r),\; k_r^2 = k^2 - k_n^2 \qquad (8.77)$$

边界条件则是壁面上质点速度为零

$$\frac{\partial}{\partial r}R(r)\,|_{r=a} = -k_r J_1(k_r a) = 0 \qquad (8.78)$$

或 $J_1(ka) = 0$,a 为管道半径。根据(8.78)式,需要 J_1 的根,这可以根据贝塞尔函数的特性求得。

贝塞尔函数的特性。贝塞尔方程

$$\frac{1}{x}\frac{\partial}{\partial x}\left(x\,\frac{\partial J_m}{\partial x}\right) + \left(1 - \frac{m^2}{x^2}\right)J_m = 0$$

$$J_m(x) = \frac{1}{m!}\left(\frac{x}{2}\right)^m - \frac{1}{(m+1)!}\left(\frac{x}{2}\right)^{m+2}$$
$$+ \frac{1}{2!(m+2)!}\left(\frac{x}{2}\right)^{m+4} - \cdots$$

用 J_m' 代表 $\frac{\partial}{\partial x}J_m$,…

$$J_0' = -J_1,\; (xJ_1)' = xJ_0$$
$$xJ_m' = mJ_m - xJ_{m+1},\; 2J_m' = J_{m-1} - J_{m+1}$$

$$J_0(x) = 1 - \left(\frac{1}{2}x\right)^2 + \frac{1}{1^2 \cdot 2^2}\left(\frac{1}{2}x\right)^4 - \frac{1}{1^2 \cdot 2^2 \cdot 3^2}\left(\frac{1}{2}x\right)^6 + \cdots$$

令 $k_r a = \beta\pi$，$J_m(k_r a) = 0$ 的根为 $\beta_{m1}, \beta_{m2}, \beta_{m3}, \cdots$。可求得

$$\beta_{01} = 0.7655, \quad \beta_{02} = 1.7571, \quad \beta_{03} = 2.7546, \cdots$$
$$\beta_{11} = 1.2197, \quad \beta_{12} = 2.2330, \quad \beta_{13} = 3.2383, \cdots$$
$$\beta_{21} = 1.6347, \quad \beta_{22} = 2.6793, \quad \beta_{23} = 3.6987, \cdots$$

而 $R(k_r r)$ 的解为 $J_0(\beta_{1n}\pi r/a)$，$n = 1, 2, 3, \cdots$。此值满足波动方程和边界条件。代入(8.75)式，求其平面行波解，得

$$Z(z) = A_n \exp\{j[\omega t - (k^2 - \beta_{on}\pi/a)^{1/2}z]\} \tag{8.79}$$

声压的解就是

$$p_n = A_n J_0(\beta_{1n}\pi r/a) \exp\{j[\omega t - (k^2 - \beta_{on}\pi/a)^{1/2}z]\} \tag{8.80}$$

这就是 n 阶简正波，声压是各简正波的和。由上面贝塞尔函数的解可以看出 β_{1n} 大约比 β_{0n} 大 0.5，所以简正数 n 在径向有个 n 节线(或节圆，$p = 0$)。

管壁的阻抗可与矩形管道相同的方法处理。壁上的质点速度满足 $j\omega\rho V = J_0' = -J_1$ 的关系，因此管壁上的声导纳比 $g - jb$ 满足

$$\frac{k_r J_1(k_r a)}{j\omega\rho J_0(k_r a)} = \frac{(g - jb)}{\rho c} \tag{8.81}$$

由贝塞尔函数的特性知(代入 $J_m(x)$ 可得)，

$$\frac{J_1(x)}{J_0(x)} = \frac{\dfrac{x}{2} - \dfrac{x^3}{16} + \dfrac{x^5}{384} + \cdots}{1 - \dfrac{x^2}{4} + \dfrac{x^4}{64} + \cdots}$$

如 x 小于 1，即得，$x/2 - x^3/8 + x^5/48 - \cdots$。如 k_a 值比 1 小得多，中只取级数的第一项，可得

$$\left.\begin{array}{l} k_r^2 = 2jk(g - jb)/a \\ k_z = (k^2 - k_r^2)^{1/2} \approx k - (b - jg)/a \end{array}\right\} \tag{8.82}$$

主波声压即为

$$p = A\left[1 - \frac{1}{2}k(b + jg)\frac{r^2}{a}\right]\exp(-gz/a)\exp\left[\omega t - \left(k - \frac{b}{a}z\right)\right] \tag{8.83}$$

和矩形管道相似，圆形管道声波也是由若干简正波组成，传播距离远时则只剩主波。简正波的严格解可由(8.81)式的解得到，只是比较复杂而已。

参 考 书 目

A D Pierce. Acoustics. ASA, 1989

L E Kinsler et al. Fundamentals of Acoustics. Wiley, 1982

P M Morse. Vibration and Sound. A S A, 1981(中译本，振动和声. 1988)

P M Morse and U Ingard. Theoretical Acoustics. McGraw-Hill, 1968(中译本，杨训仁，吕如榆.

理论声学. 北京:科学出版社,1980)

L M Brekhovskikh. Waves in Layered Media. A. S. USSR,1960(俄文原本)(Beyer. 英译本,Academic Press,1980. 杨训仁. 中译本. 北京:科学出版社,1985)

杨训仁. 大气声学. 北京:科学出版社,1997

习　题

8.1　求证当周围流动为零时,声线路径满足下列微分方程

$$\frac{\mathrm{d}}{\mathrm{d}t}\left(c^{-1} \frac{\mathrm{d}x}{\mathrm{d}l} \right) = \nabla c^{-1}$$

式中 l 是沿路径的距离。

8.2　证明上题的微分方程为费马原理的直接结果。由(8.10)式出发,令 $V=0$,一步一步推到最后结果。

8.3　在静止的介质中,声速只与球面坐标的向径 r 有关,推出其中声线是否限于一个平面内。

8.4　一无风的大气中,声速 $c(z)/c_0$ 在 $0 < z < H$ 范围内为 1 , $z > H$ 时 $c(z)/c_0 = 0.9 + 0.1z/H$,求在水平方向的跳跃距离 $R(\theta_0)$ 与初斜角 θ_0 的关系。在地面上有无接收非常声(跳跃声)的最小距离? 假设声源是在地面上。

8.5　无流动的介质中,声速 $c(z)$ 为 $c_0 \cosh(z/H)$,求经过原点,与垂直方向成 θ_0 角,在 xz 平面内的声线路径。

8.6　声源与接收点在地面上高度 h 相同,距离 d 。声速 $c(z)$ 线性地随高度增加,如 $c(z) = c_0 + \Delta z$ 。某条声线在声源与接收点之间在地面上反射一次,并且只限于一次。假设反射点与声源距离为 x 。

(a) 证明 x 满足下列三次方程

$$2x^3 - 3dx^2 + (2b^2 + d^2)x - b^2 d = 0$$

式中　 $b^2 = h^2 + 2h/\gamma$, $\gamma = x/c_0$;

(b) 求这方程的解所代表的声线路径,具有三条可能路径的条件是什么?

8.7　在静止的介质中,声速随球坐标系统的向径 r 增加而减小, $c(r) = c_0 - \Delta r$ 。

(a) 求证球面坐标的狄拉克 δ 函数满足

$$\int_0^r \delta(r) 4\pi r^2 \mathrm{d}r = 4\pi r^2$$

(b) 在原点上有一声源,其强度为 $Qe^{j\omega t}$,波动方程则为

$$\frac{\partial^2 p}{\partial r^2} - \frac{1}{c^2}\frac{\partial^2 p}{\partial t^2} = -j\omega\rho_0 Q \frac{1}{4\pi r^2}\delta(r)e^{j\omega t}$$

(c) 波动方程的解为

$$p = \frac{A}{r}\exp[j\omega(t - r/c)]$$

8.8　宽 30m,深 10m 的灌溉渠已充满水,其底是完全刚性。求其最低简正波的截止频率和相速度。

8.9　一长为 L ,内截面积为 S 的均匀管,两端封闭,沿管轴方向建立起驻波,频率为 $\omega/2\pi$,振幅为 X_0 。求证管内声压幅值为

$$\omega X_0 \rho_0 c_0 \sin \left[k\left(x - \frac{L}{2} \right) \middle/ \cos\left(\frac{kL}{2} \right) \right]$$

并证明维持此声场所需振动力的幅值(不计管壁的振动)为 $2S\omega X_0 \rho_0 c_0 \tan(kL/2)$,式中 $k = \omega/c$。

8.10 一边长 0.6m 的方管传送冷却空气,管内有 200Hz 风扇噪声。如果在管的内壁上铺衬声阻抗比 $Z/\rho c = 2 + j5$(在 200Hz)的吸声材料,试求为降低风扇噪声 60dB 所需铺衬的长度,为达到同样目的(降低噪声 60dB),也可采用亥姆霍兹共鸣器,每个共鸣器内空气体积 7L,通过管壁上直径为 b 的圆孔与管联接,调节孔径使共鸣器的共振频率为 200Hz。这样的共鸣器需要几个可达到降低风扇噪声 60dB 的目的?

8.11 如果管道横截面积 S 随 X 缓慢变化,证明在频率低时,声波动方程为

$$\frac{\partial p}{\partial t} = -\frac{\rho_0 c_0^2}{S}\frac{\partial Su}{\partial x}, \quad \rho\frac{\partial u}{\partial t} = -\frac{\partial p}{\partial x}$$

$$\frac{1}{S}\frac{\partial}{\partial x}\left(S\frac{\partial p}{\partial x} \right) = \frac{1}{c^2}\frac{\partial^2 p}{\partial t^2}$$

如 $S = S_0[y(x)]^2$,证明,若令

$$p = \frac{A}{y}\exp\left[-j\frac{\omega}{c}\int \tau dx + j\omega t \right]$$

就能近似地满足波动方程,式中设

$$\tau^2 = 1 - \left(\frac{c}{\omega} \right)^2 \frac{1}{y}\frac{\partial^2 y}{\partial x^2}$$

同时 $d\tau/dx$ 与 ω/c 比可忽略不计(此方法称 WKB 近似法)。再证,$y(x) = e^{x/h}$ 时 τ 为常数,相速为 $c_0 \Big/ \sqrt{1 - (c/\omega h)^2}$。试问,当 ω 小于 c/h 时,后果如何。

8.12 一截面积为 S_1 的管道接到截面积为 S_2 的管道。(a)推导由第一管道传到第二管道的声强公式。(b)在何等条件下,传到第二管道的声强大于入射声强?请给予解释。(c)求出在第一管道中的驻波比(极大声压与极小声压之比)与二管直径比 S_1/S_2 的关系。

8.13 一截面积为 S_1 的管道内的流体具有特性阻抗 $\rho_1 c_1$,隔一橡皮膜接至直径为 S_2,容有特性阻抗 $\rho_2 c_2$ 流体的第二管道。(a)导出功率传递比值的公式。(b)求出 100% 功率传递的条件。

8.14 一截面积 S_1 的管道中有声压幅值为 B 的声波传到截面积 S_2 较细的管道内,后者的长度无限。(a)求第二管道中声压幅值比 P 大 50% 的 S_1/S_2 比值。(b)如细管在距两管接点四分之一波长处截断,并以刚性帽盖上。求在盖上的声压幅值与粗管入射的声压幅值之比。(c)两个声压比与直径比的关系如何?

第九章　驻　　波

声波在完全封闭的空间内形成驻波,第二章讨论的管乐器、喇叭,第六章中讨论的亥姆霍兹共鸣器、滤波器等都是驻波的例子。完全封闭的意义是各个方向都有边界(声阻抗率大得多的硬边界或声阻抗率小得多的软边界)。本章讨论的驻波,出现在各方向的尺度都近于或大于波长的空间。有限的管中的驻波沿管长的声压有典型的分布,大小、正负不断变化。在大空间中则更复杂,不仅在一个方向,在各方向声压都有分布。讨论大空间驻波的性质,和讨论管中驻波性质相似,都是把复杂的声压分布分解为若干基本分布形式,称为简正波或简正振动,了解简正波的特性,也就可求得简正波的综合,复杂驻波的性质了,这个方法在讨论导波时也用过,所以也不限于驻波,正像在研究电波的时候,用傅里叶分析把电波分解为简谐波(正弦波)分量,而研究后者。简正波也是互相正交的简谐波,用于空间变化。本章的讨论只限于房间内的驻波现象,但其应用决不限于房间,所得公式、结论完全可用于类似问题,如在水槽内进行超声处理,其中的驻波的作用,声波的波长为毫米级比水槽尺度小得多,与分米级的声波在大厅堂中完全相似。在金属中,晶格振动在 10^{12} Hz 以上,也适用简正波理论(称为声子理论),这在固体理论中很重要。甚至微波炉中电磁波的分布也是相似问题。所以本章是以房间为例,研究简正波理论和应用。

9.1　室 内 声 学

声波在室内传播与在空间或半封闭空间(如平行边界间或管道内)传播完全不同。声波波长大致与房间尺度是同数量级或更短时,声波一经声源发出将往返反射于各墙壁间多次而形成不同的简正波,非但不像在自由空间中那样强度与距离平方成反比,反而有些远处的点上声强比近声源处更高。简正波的互相作用,使声强在声源旁虽是最强,离开声源渐渐降低,但不远处却又升高,随距离增加而升降起伏不已。19 世纪的物理学家往往以光波比拟声波,在实验中得到无法解释的现象。光波与声波不同,在室内,光波和声波的差别更显得突出。第一,光速大,光速是每秒三十万公里,在室内一秒要反射上千万次,能量很快消失。声速只有约每秒三百米,一秒钟只反射几十次,能量消失很慢。第二,一般墙面反射光能,最高只有 80% 左右,每次反射,损失大。声波由于固体和空气特性阻抗的巨大差别,每次反射,能量损失在一般建筑材料上不过 1% ~3%,对声波而论,室内基本是四面玻璃镜子(当然不止四面),使一切模糊不清,前后发音混淆难分。波长的巨大差别,使墙面对光波是粗糙不堪,而对声波则光滑如镜。第三,能量不同,人耳对声音非常灵敏,而动态范围大。由于这些原因,声驻波须特殊考虑。形成驻波的基本原因和形式,声学与光学或电磁波差别不大,但简正波的频率范围则大相径庭。声学频率低,可听声最低频 20Hz,波长 17m 大于一般房间尺度。即使 1000Hz 声波长 0.34m,与普通房间尺度只差十倍左右。可见光的波长是 $4 \times 10^{-7} \sim 8 \times 10^{-7}$m,在波动力学中,势阱中电子状态极其丰富,与声波相差几个数量级,简正频率的分布大不相同,特别是较低声频更需要特别考虑。由于声波的速度低(与光波几乎差一百万倍),声场的建立与衰变有极大特殊性,尤其是衰变(混响)已成为判断室内音质的主要参量,需要讨论。在频率较高时,简正波密度较大,声波也可以认为是能量流动,和水流相似,并用相似方法处理,这就是声学的统计理论,将于下一节讨论。

9.1.1 简正波

现在考虑矩形房间 $l_x l_y l_z$ 内的简正波。声波动方程为

$$\frac{\partial^2 p}{\partial x^2} + \frac{\partial^2 p}{\partial y^2} + \frac{\partial^2 p}{\partial z^2} + \frac{1}{c^2} \frac{\partial^2 p}{\partial t^2} = 0 \tag{9.1}$$

须用直角坐标。如六个表面都是刚性,边界条件即是

$$\left.\begin{array}{l} x = 0 \text{ 和 } l_x \text{ 处}, \quad \dfrac{\partial P}{\partial x} = 0 \\[2mm] y = 0 \text{ 和 } l_y \text{ 处}, \quad \dfrac{\partial P}{\partial y} = 0 \\[2mm] z = 0 \text{ 和 } l_z \text{ 处}, \quad \dfrac{\partial P}{\partial z} = 0 \end{array}\right\} \tag{9.2}$$

因而(9.1)式的解可写做

$$p = A\cos \frac{2\pi f_x x}{c} \cos \frac{2\pi f_y y}{c} \cos \frac{2\pi f_z z}{c} \exp(\mathrm{j}2\pi f_n t) \tag{9.3}$$

式中

$$\left.\begin{array}{l} f_x = n_x c/2l_x, \quad n_x = 0,1,2,\cdots \\ f_y = n_y c/2l_y, \quad n_y = 0,1,2,\cdots \\ f_z = n_z c/2l_z, \quad n_z = 0,1,2,\cdots \end{array}\right\} \tag{9.4}$$

将(9.3)式代入波动方程(9.1)式得

$$f_x^2 + f_y^2 + f_z^2 = f_n^2 \tag{9.5}$$

这是简正波 $p_n, n = (n_x, n_y, n_z)$ 的特性,总声压是各简正波之和。f_n 可写做

$$f_n = \frac{c}{2}\left[\left(\frac{n_x}{l_x}\right)^2 + \left(\frac{n_y}{l_y}\right)^2 + \left(\frac{n_z}{l_z}\right)^2 \right]^{1/2} \tag{9.6}$$

(9.3)式中每一个余弦函数可分解为两个指数函数,三个余弦函数和时间函数相乘得八项行波函数,其形式为

$$p = \frac{1}{8}A\left[\exp\left(\mathrm{j}\frac{2\pi f_x}{c}x\right) + \exp\left(-\mathrm{j}\frac{2\pi f_x}{c}x\right) \right]\left[\exp\left(\mathrm{j}\frac{2\pi f_y}{c}y\right) + \exp\left(-\mathrm{j}\frac{2\pi f_y}{c}y\right) \right]$$

$$\cdot\left[\exp\left(\frac{\mathrm{j}2\pi f_z}{c}z\right) + \exp\left(\frac{-\mathrm{j}2\pi f_z}{c}z\right)\cdot\exp(\mathrm{j}2\pi ft)\right]$$

$$p_{n1} = \frac{1}{2}A\exp\left[\mathrm{j}(\omega t - k(x\cos\alpha + y\cos\beta + z\cos\gamma))\right] \quad (9.7)$$

式中方向余弦为

$$\cos\alpha = \pm f_x/f, \quad \cos\beta = \pm f_y/f, \quad \cos\gamma = \pm f_z/f \quad (9.8)$$

也就是原来方向余弦为 f_x/f、f_y/f、f_z/f 的行波本身加上它在四壁、顶、地反射而得的七个行波。所以一个简正波是由八个行波合成的。α,β,γ 是波法线与 x、y、z 轴所作的角度。

9.1.2 简正频率

（a）矩形室内的简正频率数

（9.6）式的简正频率看起来像空间一个点，其坐标为 $(n_x c/2l_x$，$n_y c/2l_y$，$n_z c/2l_z)$，到原点的距离是 f_n，利用这种相似性，可以用简正频率空间表示简正频率的特性。取 f_x，f_y，f_z 为坐标轴，这个坐标系统的一个点 (f_x,f_y,f_z) 就代表一个简正频率或一个简正波。在某一频率以内（小于这个频率）的代表点数就是这个频率以内的简正波数。图 9.1 是一简正频率空间的例子。这是赛宾（W. C. Sabine）五十年前发现混响定律的"恒温实验室"，尺寸是 2.4m×4.2m×6m，450～550Hz 频带中的简正波组成的点阵。

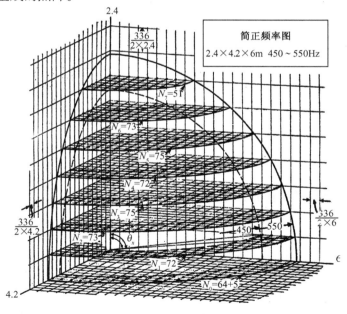

图 9.1　简正频率空间

在 f_x 方向每距离 $c/2l_x$ 有一个简正波代表点,在 f_y 方向每 $c/2l_y$ 有一个简正波代表点,在 f_z 方向每 $c/2l_z$ 有一个简正波代表点,所以每个简正波占一个频率空间体积 $(c/2l_x) \times (c/2l_y) \times (c/2l_z) = c^3/8V$,$V = l_x l_y l_z$ 是房间的容积。频率在 f 以内的简正波应在半径为 f 的圆球内,因为 f_x, f_y, f_z 等只能是正值,在圆球的一个卦限内,数目是卦限体积除以每个简正波占的矩形块体积,

$$N_0 = \frac{1}{8} \cdot \frac{4\pi}{3} f^3 \Big/ \frac{c^3}{8V} = \frac{4\pi V}{3c^3} f^3 \qquad (9.9)$$

这是简正波数的经典公式。在图 9.1 上可见,代表点并不是均匀分布在卦限内,轴上、面上都有代表点,所以上面的平均算法对这些点都少算了,矩形块被切损一半。如果代表点非常多,这样引起的误差不大,可以不计。但在低频率,在声频关系就很大,需要补算。可以想像每个代表点周围都有一个体积 $c^3/8V$ 的范围,所以平均的算法只算了面上的点的一半,轴上的点的四分之一。面上的简正波要补充一半,在 $f_y f_z$ 面上每 $(c/2l_y) \times (c/2l_z)$ 有一点,所以

$$N_{sx} = \frac{1}{2} \frac{\pi f^2}{4} \Big/ \frac{c^2}{4l_y l_z} = \frac{\pi l_y l_z f^2}{2c^2}$$

在三个面上共需要补充

$$N_s = \frac{\pi S f^2}{4c^2} \qquad (9.10)$$

式中

$$S = 2(l_y l_z + l_z l_x + l_x l_y)$$

为房间的总面积。另外还有三个轴上的简正波,这些代表点的矩形块在 N_0 中都被切去 1/4,在 N_s 中又切去 1/2,所以要补上 1/4,即

$$N_L = \frac{1}{4} \big[(f/(c/2l_x) + f/(c/2l_y) + f/(c/2l_z)) \big] = \frac{Lf}{8c} \qquad (9.11)$$

式中

$$L = 4(l_x + l_y + l_z)$$

是室内各边的总长度。所以室内频率低于 f 的简正波数为以上三项之和,

$$N(f) = \frac{4\pi V}{3c^3} f^3 + \frac{\pi S}{4c^2} f^2 + \frac{L}{8c} f \qquad (9.12)$$

在 $f \pm \Delta f/2$ 范围内的简正波数为

$$\Delta N(f) = \Big(\frac{4\pi V}{c^3} f^2 + \frac{\pi S}{2c^2} f + \frac{L}{8c} \Big) \Delta f \qquad (9.13)$$

上面是按照简正频率空间考虑的,如果按简正波的性质考虑,也可以用另一方法分类。已知简正波的分频率 f_x, f_y, f_z 与它的方向余弦成比例,由 (9.8) 式,简正频率图内每一个点不但代表简正波的频率,也表示其传播方向,由原点到代表点的方向即简正波的正向传播方向。n_x, n_y, n_z 都不为零表示传播方向不与传播墙面平行,也不与任何边平行,所以是斜向波,或非掠射波。根据前面的讨论,斜向波的数目为

$$N_{obl} = N_0 - N_s + N_L$$

或

$$N_{obl} = \frac{4\pi V}{3c^3}f^3 - \frac{\pi S}{4c^2}f^2 + \frac{L}{8c}f \qquad (9.14)$$

n_x, n_y, n_z 中有一个是零则代表与某一对墙平行或相切的波,可称为切向波或掠射波,数目是

$$N_{\tan} = \frac{\pi S}{2c^2}f^2 - \frac{L}{2c}f \qquad (9.15)$$

n_x, n_y, n_z 中有两个是零则是轴向波或双掠射波,数目是

$$N_a = \frac{L}{2c}f \qquad (9.16)$$

三项加起来仍是 $N(f)$,也可以同样求得频率增量的简正波数。

在一般情况,(9.12)式的 $N(f)$ 值,或(9.13)式 $\Delta N(f)$ 值中第一项最重要,第二项较小但不可忽略,第三项则不重要,可以忽略,由图 9.1 中可见。在 2.4m × 4.2m×6m 室中,450~550Hz 间共有简正波 560,其中斜向波 495,切向波 118,轴向波 6。但如果按 ΔN(9.13)式的三项写,则是 495,62,1,两者的大小次序清晰可见。但这是比较高的频率,如果频率减半,等于 225~275Hz,这三个数就成 62,15,0 了,两者关系更突出。(9.12)式误差很小,一般只是差一个 ±1。图 9.2 是一个例子,理论曲线(虚线)基本符合实际计数(实线),但由于房间边长呈简单比例 1:1.5:3,简并较多,出入较大,基本趋势完全正确,在一般应用时,略去轴向波的修正项,误差仍极有限,推广到非矩形室更为方便,简正波数及增量可写作

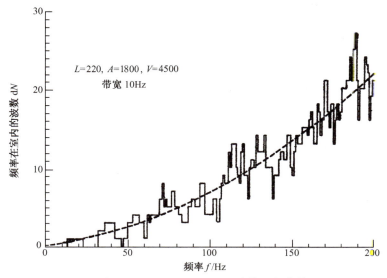

图 9.2　3m×4.5m×9m 室内简正频率数

$$N(f) \approx \frac{4\pi V}{3c^3}f^3 + \frac{\pi S}{4c^2}f$$

$$= \frac{4\pi V}{3c^3}f^3\left(1 + \frac{3\lambda}{16\Lambda}\right)$$

$$\Delta N(f) = \frac{4\pi V}{3c^3}f^3\left(1 + \frac{\lambda}{2\Lambda}\right)\Delta f$$

式中 λ 为波长，$\Lambda = 4V/S$ 为室内平均自由程(见后)。

简正波是正交的，n_x, n_y, n_z 三个 n 中不完全相同(至少有一个不同)的两个简正波相乘后在室内空间积分就等于零，这有利于声场在室内的分布。但还有一个简并的问题，两个简正波可能具有相同的频率，这就使如图 9.2 的简正频率数曲线不平滑，也反映到声场的不均匀。大凡室内三个尺度相等或呈简单比数时，简并就比较多。在房间用为混响室以测量声吸收材料时，或房间较小时，简并最宜避免。一个避免的办法是取三个尺度的等比为 $1/q:1:q$，q 不是整数(如 $\sqrt{2}$)，另一个方法是取三个尺度成调和级数比(倒数呈等差级数，如 $(4,5,6)$，$(5,6,7)$ 等)。

表 9.1 中，三个房间体积相近，当立方形边长比为 $1:1:1$ 时，在 90Hz 内共有简正波 28 个，简并成 8 个不同频率，当立方形边长比为 $1/\sqrt{2}:1:\sqrt{2}$ 时，简正波有 27 个，简并成 17 个不同频率，但当边长比为 $1/7:1/6:1/5$ 时，简正波有 28 个并无简并。简并的影响主要在低频率，在高频率简正波密集，简并的影响就小了。从这个比较可见调和级数边长比可能是最好的减少简并的办法。

(b)非矩形室

还有一个问题，上面的讨论都限于矩形室，其它形状的房间如何? 任何形状的室内，声场都是由不同的固有振动，即简正波组成的，简正波的形式(如矩形室的 (9.3) 式)由房间形状决定，各有不同。但简正频率的分布写成 (9.12)、(9.13) 式似可推广到任何形状，V 取为室内的总体积，S 取为各墙壁、顶棚和地板的总面积，含 L 的项可略去。这种推想已经对一些形状的研究证实，可以采用。举一柱形室，半径 a，高 l，为例。用柱面坐标，波动方程的解为

$$p = \genfrac{}{}{0pt}{}{\cos}{\sin}(m\varphi)J_m\left(\frac{2\pi f_r r}{c}\right)\cos\left(\frac{2\pi f_z z}{c}\right)\exp(j\omega_n t) \tag{9.17}$$

此处计入圆周上的变化 $\cos(m\varphi)$ 或 $\sin(m\varphi)$，因而柱面波的解也成为 J_m，以反映全部简正波。仍假设全部刚性墙面，边界条件为

$$\left.\begin{array}{l} \dfrac{\mathrm{d}J_m}{\mathrm{d}r}\bigg|_{r=a} = 0 \\[3mm] \dfrac{\mathrm{d}}{\mathrm{d}z}\cos\left(\dfrac{2\pi f_z z}{c}\right)\bigg|_{z=0,l} = 0 \end{array}\right\} \tag{9.18}$$

解为

表 9.1　简正频率的不同分布/Hz

V = 5.67m×5.67m×5.67m				V = 4m×5.67m×8m				V = 4.86m×5.67m×6.80m			
n_x	n_y	n_z	f	n_x	n_y	n_z	f	n_x	n_y	n_z	$\hat{f}$
1	0	0		0	0	1	21.2	0	0	1	25
0	1	0	30	0	1	0	30	0	1	0	30
0	0	1		0	1	1	52	1	0	0	35
1	1	0		1	0	0		0	1	1	39.1
0	1	1	42.4	0	0	2	42.4	1	0	1	43.3
1	0	1		1	0	1		1	1	0	46.1
1	1	1	52.0	0	1	2	47.4	0	0	2	50
2	0	0		1	1	1	56.1	1	1	1	56.1
0	2	0	60	0	2	0		0	1	2	53.3
0	0	2		1	0	2	60	0	2	0	60
2	1	0		0	2	1		1	0	2	61
1	2	0		0	0	3	63.6	1	1	2	61.1
1	0	2	67.1	1	1	2	67.1	0	2	1	65
2	0	1		0	1	3	70.4	1	2	0	69.5
0	1	2		1	2	0		2	0	0	70
0	2	1		0	2	2	73.5	1	2	1	73.8
2	1	1		1	2	1		2	0	1	74.3
1	2	1	73.5	1	0	3	76.5	0	0	3	75
1	1	2		1	1	3	76.5	2	1	0	76.2
2	2	0		2	0	0		1	2	1	76.5
0	2	2	84.8	0	0	4	84.9	0	2	2	78.1
2	0	2		2	0	1		2	1	1	80.1
3	0	0		0	2	3	87.5	0	1	3	80.8
0	3	0		2	1	0		1	0	3	82.8
0	0	3		0	3	0	90	1	2	2	85.6
2	2	1	90	0	1	4		2	0	2	88
2	1	2						0	3	0	90
1	2	2									

$$f_r = \frac{\alpha_{mn}c}{2a},\alpha_{mn} \text{ 列于 9.2 表中}$$

$$f_z = \frac{n_z c}{2l},n_z = 0,1,2,\cdots$$

$$f_n = \frac{c}{2}\sqrt{\left(\frac{n_z}{l}\right)^2 + \left(\frac{\alpha_{mn}}{a}\right)^2}$$

$$(9.19)$$

α_{mn} 的项列于表 9.2 中。

表 9.2　圆柱形室 $\dfrac{c}{d\alpha} J_m(\pi\alpha) = 0$ 解的特性值 α_{mn}

m ＼ n	0	1	2	3	4
0	0.0000	1.2197	2.2331	3.2383	4.2411
1	0.5861	1.6970	2.7140	3.7201	4.7312
2	0.9722	2.1346	3.1734	4.1923	5.2026
3	1.3373	2.5513	3.6115	4.6428	5.6634
4	1.6926	2.9547	4.0368	5.0815	6.1103
5	2.0421	3.3486	4.4523	5.5108	6.5404
6	2.3877	3.7353	4.8600	5.9325	6.9811
7	2.7304	4.1165	5.2615	6.3477	7.4065
8	3.0709	4.4031	5.6576	6.7574	7.8264

$$\alpha_{mo} \approx m/\tau \qquad (m \gg 1)$$

$$\alpha_{mn} \approx n + \frac{1}{2}m + 1 \qquad (m > m, \; n \gg 1)$$

根据 α_{mn} 值和 n_z 值就可以构成频率空间如图 9.3，但在圆柱室的情况，除 $m = 0$ 外，简正波都有简并问题，对每一组 m_x, n_y, n_z 值都有 $\cos(m\varphi)$ 和 $\sin(m\varphi)$ 两个简正波据有相同的频率。为了能表明这一点起见，使用正负值区别 m，$\sin(m\varphi)$ 的简正波 m 值为正，$\cos(m\varphi)$ 的简正波 m 值取负，$\alpha_{-mn} = \alpha_{mn}$，这样，简正波就可以区分了。简正频率空间由像图 9.3 的片组成，每一片是同一 n_z 值的简正波所在，每隔 $c/2l$ 一片，组成频率空间。片上对角线是 $m = 0$ 线，代表 $\varphi = 0$ 即 r 一轴向波。m 不同值的线与之平行，一边是负一边是正，对 $m = 0$ 线对称。基本在 x 和 y 方向的线代表不同的 n 值。$m = n = 0$ 的简正波是 z 轴向波，振动与 z 轴平行。$n_z = 0$ 的简正波振动方向与地板平行，称为 φ, r 切向波。$n_z = m = 0$ 的简正波，振动只是在半径方向，称为 r 轴向波。$n_z = n = 0$ 的简正波接近弯曲表面，可称为 φ 轴向波。后者是吸收最大的，而 r 轴向波则是吸收最小的。

图 9.3 上的小圆圈是简正频率的代表点，原点到代表点的距离等于频率，但连接线与简正波的方向无关，分布也不均匀。简正波数的统计可用上面矩形室同样的分类统计方法，不过由于 α_{mn} 值与 m, n 的关系比较复杂，所以只能用其渐近值，$\alpha_{mn} = n + \dfrac{1}{2}m + 1(n > m, n \gg 1)$ 用到 m, n 不同值。计数的结果是

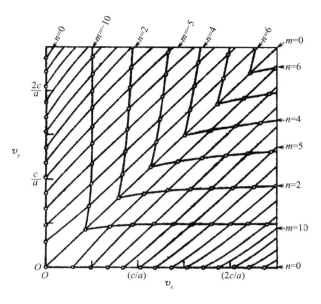

图 9.3　圆柱室内的简正频率面

$$\Delta N(f) = \left(\frac{4\pi V}{c^3}f^2 + \frac{\pi S}{2c^2}f + \frac{L}{8c} \right)\Delta f \qquad (9.20)$$

式中

$$\left. \begin{array}{l} V = \pi a^2 l = 圆柱形室体积 \\ S = 2\pi a^2 + 2\pi al = 其总面积 \\ L = 4\pi a + 4l \end{array} \right\} \qquad (9.21)$$

体积、面积都在预料中,但边的总长度成这样,很合理但是不易预计。除此以外,(9.20)式与(9.13)式完全相同,(9.12)和(9.13)式可推广到非矩形室(略云边长项)的估计是合理的。锥形室、球形室等都可验证,只是其中频率图上更不均匀了,也反映声场分布更不均匀。

9.2　阻尼简正波

如果墙壁不是刚性,简正波就受到阻尼,情况就有改变。如果墙壁、顶棚、地板的声阻抗较大,或声导纳比 $g-jb$ 甚小于 1,则仍可近似地采用 8.5 节中处理管道传播的方法,推广到三维。声压写做

$$p = A \frac{\cos}{\sin}(k_x x) \frac{\cos}{\sin}(k_y y) \frac{\cos}{\sin}(k_z z) \exp(j\omega_n t) \qquad (9.22)$$

式中

$$k_x = 2\pi f_x x/c, \quad k_y = 2\pi f_y y/c, \quad k_z = 2\pi f_z z/c$$

cos 和 sin 函数的选择要使 p 在墙面上为最大而不是接近零。把 p 代入波动方程可得

$$f_x{}^2 + f_y{}^2 + f_z{}^2 = f_n{}^2 \qquad (9.23)$$

$f_n = \omega_n/2\pi, k_n = 2\pi f_n/c$。有阻尼时,所有 f 值都是复数,但导纳比小时 f_x, f_y, f_z 仍接近其刚性墙值

$$f_x \approx n_x c/2l_x, f_y \approx n_y c/2l_y, f_z \approx n_z c/2l_z \qquad (9.24)$$

n 为偶数时用于 cos 函数,n 为奇数时用于 sin 函数,三方向同。这是假设对面的墙声学特性都相同,事实上把声压写成 (9.22) 式,坐标取自三个方向的中心线,就是假设声学特性对称的,并且也只适用于声学特性对称的情况。假设墙面材料都是局部反应的,设两面 x 墙 $(x = \pm l_x/2)$ 的声导纳比(法向质点速度与声压之比)为 $g_1 - jb_1$,y 墙 $g_2 - jb_2$,z 墙 $g_3 - jb_3$。边界条件就是,如管道传播中所列,设 n 均为偶数,

$$\left. \begin{array}{l} k_x \tan k_x l_x/2 = jk_n(g_1 - jb_1), x = \pm l_x/2 \\ k_y \tan k_y l_y/2 = jk_n(g_2 - jb_1), y = \pm l_y/2 \\ k_z \tan k_z l_z/2 = jk_n(g_3 - jb_1), z = \pm l_z/2 \end{array} \right\} \qquad (9.25)$$

如其一 n 值为奇数,相应的 tan 项应是 $-$ cot。如果 $n_x = 0$,$k_x l_x/2$ 就是微量,k_x 式成为

$$k_x^2 l_x/2 \approx jk_n(g_1 - jb_1)$$

或

$$k_x^2 \approx 2jk_n(g_1 - jb_1)/l_x \qquad (9.26)$$

如果 $n_x \neq 0$,k_x 式就可写做

$$k_x \tan(k_x l_x/2 - n_x\pi/2) = jk_n(g_1 - jb_1) \qquad (n_x \text{ 是偶数})$$
$$k_x \text{ctg}(k_x l_x/2 - n_x\pi/2) = -jk_n(g_1 - jb_1) \qquad (n_x \text{ 是奇数})$$

或 $k_x l_x/2 - n_x\pi/2$ 是微量,可求得

$$k_x^2 l_x/2 - n_x\pi k_x/2 = jk_n(g_1 - jb_1)$$

解

$$k_x \approx \frac{n_x\pi}{l_x} + 2jk_n(g_1 - jb_1)/n_x\pi \qquad (9.27)$$

或

$$k_x{}^2 \approx \left(\frac{n_x\pi}{l}\right)^2 + 4jk_n(g_1 - jb_1)/l_x \qquad (9.27a)$$

$(g_1 + jb_1)$ 项比掠入射简正波 $(n_x = 0)$ 的同样项 (9.26) 加倍,如管道传播情况 (8.5 节)。

同样方法应用到 y 向和 z 向,得

$$k_y^2 = 2jk_n(g-jb)/l_y, \qquad\qquad (n_y = 0) \left.\right\}$$
$$= \left(\frac{n_y\pi}{l_y}\right)^2 + 4jh_n(g-jb)/l_y, \qquad (n_y \neq 0) \qquad (9.28)$$

和

$$k_z^2 = 2jh_n(g-jb)/l_z, \qquad\qquad (n_z = 0) \left.\right\}$$
$$= \left(\frac{n_2\pi}{l_z}\right)^2 + 4jk_n(g-jb)/l_z, \qquad (n_z \neq 0) \qquad (9.29)$$

由以上 k_n^2, k_y^2, k_z^2 值因 $k_n^2 = k_x^2 + k_y^2 + k_z^2$, 可求出简正波的频率 f_n 为三个平方的和开方乘以 $c/2\pi$,

$$f_n = f^0 + \frac{c}{\pi}\left[\frac{1}{2}\frac{b_1}{l_x} + \frac{1}{2}\frac{b_2}{l_y} + \frac{1}{2}\frac{b_3}{l_z}\right]$$
$$+ j\frac{c}{n}\left[\frac{1}{2}\frac{g_1}{l_x} + \frac{1}{2}\frac{g_2}{l_y} + \frac{1}{2}\frac{g_3}{l_z}\right] \qquad (9.30)$$

式中

$$f^0 = \left[\left(\frac{n_x c}{2l_x}\right)^2 + \left(\frac{n_y c}{2l_y}\right)^2 + \left(\frac{n_z c}{2l_z}\right)^2\right]^{1/2} \qquad (9.31)$$

为墙面刚性时的简正频率。在(9.30)式的修正项中取了 $f \approx f_0$ 近似忽略了二者的差别。式中各项前的 $\frac{1}{2}$ 表示在掠射波(相应的 $n=0$)的情况要乘以 $\frac{1}{2}$, 非掠射波则不乘。$\frac{2\pi f_n}{c}$ 称为本征值。令

$$\Delta\omega_n = 2c\left[\left(\frac{1}{2}\right)\frac{b_1}{l_x} + \left(\frac{1}{2}\right)\frac{b_2}{l_y} + \left(\frac{1}{2}\right)\frac{b_3}{l_z}\right] \left.\right\}$$
$$\kappa_n = 2c\left[\left(\frac{1}{2}\right)\frac{g_1}{l_x} + \left(\frac{1}{2}\right)\frac{g_2}{l_y} + \left(\frac{1}{2}\right)\frac{g_3}{l_z}\right] \qquad (9.32)$$

为角频率修正量, 本征值的实数部分 xc。$\omega_n = \omega_n^0 + \Delta\omega_n$ 及衰变系数或本征值的实数部分, 简正波声压即可写做

$$p_n = A\frac{\cos}{\sin}(k_x x)\frac{\cos}{\sin}(k_y y)\frac{\cos}{\sin}(k_z z)\cdot\exp(j\omega_n t - \kappa_n t) \qquad (9.33)$$

κ_n 为衰变系数, 等于每秒钟衰变的 Np(奈培)数, $1Np = 8.686dB$, 可求得混响时间 $T = \frac{6.9}{\kappa}$ 墙壁阻抗的影响是简正频率改变与声纳有关, 衰变则由声导决定。

前已阐明, 在矩形室中的简正波系由八个平面行波组成, 是一起始的行波在三对墙面间往返反射所形成。墙面阻抗的影响既可用简正波理论求得, 同样也应可用自由行波理论求得。为简单起见, 先看声波在两 x 墙间反射的影响, 墙面声导纳比仍设为 $g_1 - jb_1$。入射角为 θ 的声波, 其反射系数为

$$R(\theta) = \frac{z\cos\theta - 1}{z\cos\theta + 1} = \frac{1 - y_1/\cos\theta}{1 + y_1/\cos\theta} \tag{9.34}$$

式中

$$y_1 = 1/z = g_1 - jb_1$$

为墙壁导纳比甚小于 1，声波在时间 t 内传播的距离是 ct，但这距离是在与 x 轴成 $\pm\theta$ 角的方向，其在 x 方向的分量为 $ct\cos\theta$。在两 x 墙之间反射一次行经的距离等于墙间距离 l_x，所以在时间 t 内一共反射 $ct\cos\theta/l_x$ 次，每反射一次，声压按反射系数(9.34)降低，所以在 t 时间内降低

$$p_t = p_0 \left(\frac{1 - y/\cos\theta}{1 + y/\cos\theta} \right)^{ct\cos\theta}/l_x \tag{9.35}$$

如果 $y/\cos\varphi$ 甚小于 1（这和 θ 有关，y 很小，但若 θ 大，$\cos\theta$ 也很小，在 θ 近于 90°时 $y/\cos\theta$ 就不很小了），p_t 就近似于（直到 θ 接近 90°，或掠射波情况以前），

$$\begin{aligned} p_t &\approx p_0 \left(\frac{1 - (y/\cos\theta)(ct\cos\theta/l_x)}{1 + (y/\cos\theta)(ct\cos\theta/l_x)} \right) \\ &= p_0 \frac{1 - yct/l_x}{1 + yct/l_x} \\ &\approx p_0 \exp(-2yct/l_x) \end{aligned} \tag{9.36}$$

衰变影响

$$2yc/l_x = 2c(g - jb)/l_x \tag{9.37}$$

与(9.27)式中的 x 项中完全相同，这是 θ 不近于 90°或 n_x 不等于零的情况。如用到掠射波，$n_x = 0$，上面近似就不对了，前面已讨论过。θ 不可能等于 90°，因为声压作用下，墙壁材料内必引起声波，因而反作用于壁前的声波。θ 离 90°稍远，或声波与壁面所成的角较大，衰变系数为 $2c(g - jb)/l_x$，如说在理想的 $\theta = 90$°时衰变系数为零（墙壁完全无反应），在平衡时，稍差于 90°时衰变只有一半，似乎也是合理的。但这不是证明，严格关系还是要靠简正波研究。

9.3 简正波的激发

室内声场由众多简正波组成，各简正波幅值大小则由声源决定。设在室内一点 $r_0(x_0, y_0, z_0)$ 有声源 $q = Q_0\exp(j\omega t)$，求在另一点 $r(x, y, z)$ 的声压。假设矩形室 $l_x l_y l_z$，事实上大部分结果可推广到非矩形室。若 q 是简单声源，其直接辐射为

$$p = \frac{jf\rho Q_0}{2|r - r_0|}\exp[j(\omega t - k(r - r_0))] \tag{9.38}$$

直达声形成有规律的声场，幅值与距离成反比，而相位与距离成比例。这部分声场与经过反射而形成的无规声场不同，而独立于无规声场之外，在简单声场源旁，声压达到极大值。

9.3.1 平均声场

直达声在各方向先后到达壁面经过反射,损失一部分能量后,在室内形成幅值、位相各不相同的无数小波,组成无规声场。继续经过多次反射后,一些频率消耗掉,另一些频率得到加强,形成一些简正波(固有振动,共振)。室内声场,除直达声外,即一般简正波。形成简正波所需时间很短,听者不大感觉。例如,在一200m³ 矩形室内,平均自由程(见下节)只有 4m,经过五次反射,只需 $20/340 = 0.06s$ 简正波基本就建立起来了,其过程听者很难觉察。

无规声场的能源仍是 r_0,只是经过一次反射,能源函数要乘以平均反射系数 R,波动方程为

$$\nabla^2 p - \frac{1}{c^2}\frac{\partial^2 p}{\partial t^2} = -\rho_0 R \frac{\partial q}{\partial t}\delta(\boldsymbol{r}_0) \tag{9.39}$$

$\delta(\boldsymbol{r}_0) = 0$,若 $\boldsymbol{r} \neq \boldsymbol{r}_0$, $\iiint \delta(\boldsymbol{r}_0)\,\mathrm{d}V = 1$。把简正波写成

$$p_n = A_n \varphi_n(\boldsymbol{r})\exp(j\omega_m - \kappa_n)t \tag{9.40}$$

κ_n 见上节。简正函数 φ_n 如(9.22)式满足波动方程

$$\nabla^2 \varphi_n - \left(\frac{j\omega_n - \kappa_n}{c}\right)^2 \varphi_n = 0$$

不同号数 n 简正波仍基本是正交的,即 $\int_V \varphi_m \varphi_n \mathrm{d}V$ 是微小值可忽略,若 $m \neq n$ 无阻尼时应是零)。声源函数可分解为简正函数 φ_n 的和,正如一时间函数可分解为傅里叶级数一样(事实上,声源函数分解为简正函数是三维傅里叶级数),令

$$RQ_0\delta(\boldsymbol{r}_0) = \sum_{(n)} Q_n \varphi_n(r)$$

两边乘上 $\varphi_m(r)$,在室内体积积分

$$R\iiint Q_0 \varphi_m(r)\delta(\boldsymbol{r}_0)\mathrm{d}V = Q_n\iiint \varphi_m(r)\varphi_n(r)\mathrm{d}V$$

进行积分,$m \neq n$ 时右边为零,$m = n$ 时可求得 Q_n

$$Q_n = \frac{1}{V\Lambda_n}RQ_0\varphi_n(r_0) \tag{9.41}$$

式中

$$\Lambda_n = \frac{1}{V}\iiint \varphi_n^2(r)\mathrm{d}V = \frac{1}{8}, \frac{1}{4}, \frac{1}{2}(n_x, n_y, n_z \text{ 三者中都不是零},$$

$$\text{有一个是零,或有两个是零}) \tag{9.42}$$

式中假设 $\varphi_n(\boldsymbol{r}) = \cos\dfrac{n_x\pi_x}{l_x}\cos\dfrac{n_y\pi y}{l_y}\cos\dfrac{n_z\pi z}{l_z}$,或如(9.33)式对称形式。因为正弦函数、余弦函数的均方值都是1/2。把 A_n 值代入(9.40)式即简正波 n,而声压的全式是直达声和所有激发起的简正波之和。A_n 值的求得要根据(9.39)式,把简正波

φ_n 和简正声源 Q_n 代入(9.39)式,知 $\nabla\varphi_n = \dfrac{(j\omega_n - \kappa_n)^2}{c^2}$,得

$$\left[\frac{(j\omega_n - \kappa_n)^2}{c^2} - \frac{(j\omega)^2}{c^2}\right]A_n\varphi_n(\boldsymbol{r}) = -j\omega R\rho_0 Q_n\varphi_n(\boldsymbol{r})$$

或

$$A_n\varphi_n(\boldsymbol{r}) = \frac{\omega R c_0^2 \rho_0 Q_0}{V\Lambda_n}\frac{\varphi_n(\boldsymbol{r}_0)\varphi_n(\boldsymbol{r})}{2\omega_n\kappa_n + j(\omega^2 - \omega_n^2)}$$

κ_n^2 甚小,与 ω^2 和 ω_n^2 比已忽略。直达声加各简正波即室内总声压

$$\begin{aligned}
p &= \frac{j f\rho Q_0}{2\,|\,\boldsymbol{r} - \boldsymbol{r}_0\,|}\exp[j(\omega t - k(\boldsymbol{r} - \boldsymbol{r}_0))] \\
&\quad + R\rho c^2 Q_0 \exp(j\omega t)\sum_{(n)}\frac{\omega}{V\Lambda_n}\frac{\varphi_n(\boldsymbol{r}_0)\varphi_n(\boldsymbol{r})}{2\omega_n\kappa_n + j(\omega^2 - \omega_n^2)}
\end{aligned} \tag{9.43}$$

简单声源主要激发简正频率相近的简正波。ω 与 ω_n 相差较大时,激发甚小,激发的大小还同声源位置有关,声源位于某一简正波 φ_n 的节点时激发甚小,只有在简正波声压腹点附近激发才可观。所以在矩形室中在屋角可激发起所有频率相近的简正波,因为在屋角上各简正波声压都是极大。

声压的均方值非常重要,因为只有它可以直接测量。由(9.43)式可求得均方声压(对时间),

$$\begin{aligned}
p^2 &= \frac{f^2\rho_0^2 Q^2}{8(\boldsymbol{r} - \boldsymbol{r}_0)^2} \\
&\quad + \frac{R^2\rho_0^2 c_0^4}{2V^2}\sum_{(n)}\frac{1}{\Lambda_n^2}\frac{\varphi_n^2(\boldsymbol{r}_0)\varphi_n^2(\boldsymbol{r})}{(2\omega_n\kappa_n/\omega)^2 + (\omega_n^2/\omega - \omega)^2}
\end{aligned} \tag{9.44}$$

在平方平均中,由于简正函数的正交性,不同于 φ_n 的简正函数与 φ_n 的乘积,积分是零,所以只剩 φ_n^2 项。这个式子或其平方根可以用实验验证,图9.4就是一例。在混响室内的声源发出无规噪声信号,在其前记录声压频谱所得。从图上可见,在声源附近,声压基本是由声源发出的直达声,噪声信号,几乎看不出共振的简正波痕迹,距离较远,简正波的峰渐渐明显,直达噪声信号不断衰减。到距离70cm处,直达噪声几乎全被掩蔽,只见简正波峰了。

(9.44)式中的混响声比较复杂,较难应用。如果用稍宽的频带噪声激发,知 $2\kappa_n$ 是声压的衰变常数,与统计声学中能量衰变常数相当,(9.44)式就可简化为

$$p^2 = \frac{\pi}{2}(f\rho Q)^2\left[\frac{1}{4\pi(\boldsymbol{r} - \boldsymbol{r}_0)^2} + \frac{4(\Lambda - \bar{\alpha})}{s\bar{\alpha}}\left(1 + \frac{\lambda}{2\Lambda}\right)\right] \tag{9.44a}$$

式中 $\bar{\alpha}$ 是室内平均吸声系数,λ 是波长,Λ 是平均自由程。

在一平面行波中,声强为 $p^2/\rho c$,声能密度为 $p^2/\rho c^2$,因声能随声波的声速 c 向前传播。但在室内声场(一般可称扩散声场)内,声波在各个方向传播,声能密度不传播,仍是 $D = p^2/\rho c^2$,声强则由于声波由各方向传来,在某方向置一单位面积求

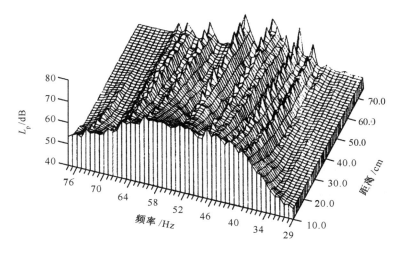

图 9.4 在 200m³ 混响室中,距噪声源渐远,所测得频谱的变化

其在一秒钟内接收的声能(声强的定义)则要在各入射方向中平均得 $I = p^2/4\rho c = Dc/4$。但仍都与 p^2 成比例。图 9.4 是在室内墙角发声而求得的声强与频率的关系。设 κ_n 均等于 10,可见简正波已充分激发,在各点的声场反映简正波的线均已加宽,但频率不同,地点不同,简正波的大小、加宽和融和情况都不相同。从(9.44)式可见,任何一个驻波,其响应在最大响应之半(半宽度)约在 $f_n \pm (\kappa_n/2\pi)$ 二频率之间,半宽度是 (κ_n/π),在较高频率,简正频率离得近,就可能融合到一起了。在一定频率之上,即使声源发射单频,也有可能得到平滑的频率响应曲线和均匀声场。

9.3.2 声场起伏

设声源发射频率范围是 $f \pm \Delta f/2$,在 Δf 内的简正波数由(9.13)式知激发简正波的数目,平均简正波间的频率差,只计一级近似,为

$$\frac{\Delta f}{\Delta N_0} = \frac{c^3}{4\pi V f^2} \tag{9.45}$$

频率宽度大于简正波平均距离的条件是

$$\Delta f + \kappa/\pi > \frac{c^3}{4\pi V f^2}$$

或

$$f^2 > \frac{c^3}{4\pi V(\Delta f + \kappa/\pi)} \tag{9.46}$$

衰变系数 κ 与混响时间直接有关。声压衰变规律是 $\exp(-\kappa t)$。混响时间的定义是声压降低 60dB 的时间,即 $p^2 = 10^{-6}$ 衰变,所以

$$e^{-2\kappa T} = 10^{-6}$$

可求得

$$T = \frac{6.9}{\kappa} \qquad (9.47)$$

或

$$\kappa = \frac{6.9}{T}$$

以此代入(9.46)式,即得与混响时间的关系。

严格说来,室内声场的起伏总是有的,因为任何一点的声压都是若干简正函数相加,其相位、大小都不同,互相干扰,除有平均值外(或均方值的平均),室内各点上颇有出入(如图 9.5)。令 $\langle p^2 \rangle$ 为平均均方声压,$\langle \mathrm{d}p^2 \rangle$ 为平均均方声压起伏,$\delta = \langle \mathrm{d}p^2 \rangle / \langle p^2 \rangle$ 为均方声压起伏率。尖括号表示在室内的体积平均。非掠射波基本与

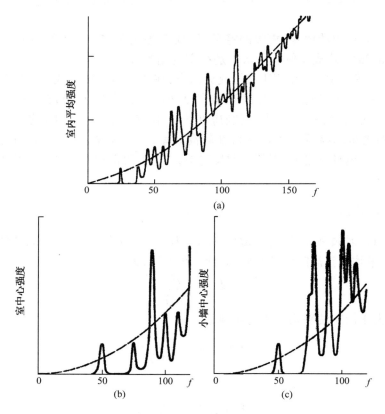

图 9.5 3m×4.5m×6m 室内频率响应
(a)平均 (b)室中心 (c)小墙的中心

$$\varphi_n(x, y, z) = \cos\frac{n_x \pi x}{l_x} \cos\frac{n_y \pi y}{l_y} \cos\frac{n_z \pi z}{l_z}$$

成比例,φ_n 的起伏率与 p_n 的起伏率相同。φ_n 的均方值为 $1/8$(n 都不是零),均方起伏率为

$$\delta_1 = \langle (\varphi_n^2 - \langle \varphi_n^2 \rangle)^2 \rangle^{\frac{1}{2}} / \langle \varphi_n^2 \rangle$$

$$= \left(\frac{19}{512}\right)^{\frac{1}{2}} \Big/ \frac{1}{8} = \left(\frac{19}{8}\right)^{\frac{1}{2}}$$

如果有 N_0 个简正波,$\langle (\varphi_n^2 - \langle \varphi_n^2 \rangle)^2 \rangle^{\frac{1}{2}}$ 和 $\langle \varphi_n^2 \rangle$ 都要乘以 N_0,结果就是

$$\delta_0 = \left(\frac{19N_0}{512}\right)^{\frac{1}{2}} \Big/ \frac{N_0}{8} = \left(\frac{19}{8N_0}\right)^{\frac{1}{2}} \tag{9.48}$$

简正波的影响直接简单的相加是由于简正波互相基本正交的缘故,交叉项的平均是零。N_0 是非掠射波的数目,

$$N_0 = \left(\frac{4\pi V f^2}{e^3} - \frac{\pi S f}{c^2} + \frac{L}{8c}\right)\Delta f \tag{9.49}$$

用同样的方法可求得单掠射波(只对一对墙壁掠射,n_x, n_y, n_z 中有一个是零)的起伏率 δ_1,这是简正函数是两个余弦函数相乘,

$$\delta_1 = \left(\frac{5N_1}{64}\right)^{\frac{1}{2}} \Big/ \frac{N_1}{4} = \left(\frac{5}{4N_1}\right)^{\frac{1}{2}} \tag{9.50}$$

N_1 是单掠射波的数目,

$$N_1 = \left(\frac{\pi S}{c^2}f + \frac{L}{2c}\right)\Delta f \tag{9.51}$$

同理,对于双掠射波,只有一个余弦函数,

$$\delta_2 = \left(\frac{N_2}{8}\right)^{\frac{1}{2}} \Big/ \frac{N_2}{2} = \left(\frac{1}{2N_2}\right)^{\frac{1}{2}} \tag{9.52}$$

$$N_2 = \frac{L}{2c}\Delta f \tag{9.53}$$

方均声压起伏总值

$$\mathrm{d}p^2 = \left[\frac{N_0^2}{k_0^4}\left(\frac{19}{8N_0}\right) + \frac{N_1^2}{k_1^4}\left(\frac{5}{4N_1}\right) + \frac{N_2^2}{k_2^4}\left(\frac{1}{2N_2}\right)\right]^{\frac{1}{2}} \tag{9.54}$$

各 N 值都比例于频带宽度,如声场激发是以窄带噪声,Δf 即声源的频带。如用单频激发,Δf 即取为 κ/π,由简正波的频带宽度决定,三种简正波起伏不同。(9.54)式也可用于声衰变过程,其中每一项要加上相应的指数衰变因数。

以上把简正波分为三类,是假设室内六面声学性质相同。如不是如此,非掠射波项 δ_0 仍与上相同,其余要各分为三项,求出其 δ 和 N_0 每一对墙上导纳引致的衰变常数 κ 只由两墙总的声导纳决定,分布于两墙或集中于一墙(例如在混响室内

测量吸声材料时)结果相同。

求得声压起伏的另一方法是把简正波组看成无规分布系统。这样,用单频激发时,室内声压的方均根值(数值)就是按瑞利分布,其在 x 与 $x + dx$ 之间的概率就是

$$p(x)\,dx = x\exp(-x^2/2)\,dx \tag{9.55}$$

此处 $p(x)$ 代表概率。可求出 x 的平均值为

$$\bar{x} = \int_0^\infty xp(x)\,dx = \sqrt{\pi/2} = 1.25$$

标准偏差(起伏率)是

$$\sigma = ((\overline{x^2}) - \bar{x}^2)^{\frac{1}{2}}$$
$$= \left(2 - \frac{\pi}{2}\right)^{\frac{1}{2}} = 0.655 \tag{9.56}$$

x 的主要值在 $\bar{x} - \sigma$ 与 $\bar{x} + \sigma$ 之间起伏,起伏倍数是

$$\frac{\bar{x} + \sigma}{\bar{x} - \sigma} = 3.20$$

用分贝表示 $\delta = 10\log 3.2 = 5.5\text{dB}$,和上面相比,大约相当于 $N_0 = 5$,即单频激发,出现五个较大的简正波时,$\kappa/\pi \approx 5\Delta f/\Delta N$,要求激发频率

$$f^2 > 60T/V \tag{9.57}$$

如果用窄带噪声信号激发,Δf 即激发频带宽度,这时激发起的声场是若干均方声压相加,如果把为些当做随机信号,较多数平方相加所得是 χ^2 分布,

$$p(\chi^2)\,d\chi^2 = \frac{1}{2^{N-2}\Gamma^{(N-2)}}\chi^{N-2}\exp(-\chi^2/2)\,d\chi^2 \tag{9.58}$$

激发起的简正波数 $N = N_0 + N_1 + N_2$。Γ 是 gamma 函数。为了表示声级变化,可令

$$y = \ln\chi^2 \tag{9.59}$$

代入,得到 y 的分布

$$p(y)\,dy = \frac{1}{2^{n/2}\Gamma(N/2)}\exp\left(\frac{N}{2}y - \frac{1}{2}\right)dy \tag{9.60}$$

由此可求得 y 的空间平均值和均方值

$$\langle y \rangle = \frac{\Gamma'(N/2)}{\Gamma(N/2)} \qquad \langle y^2 \rangle = \frac{\Gamma''(N/2)}{\Gamma(N/2)}$$

因而求得标准偏差为

$$\sigma^2 = \langle y^2 \rangle - \langle y \rangle^2 = \frac{\Gamma''(N/2)}{\Gamma(N/2)} - \left(\frac{\Gamma'(N/2)}{\Gamma(N/2)}\right)^2$$
$$\approx \frac{2}{N} + \frac{2}{N^2}, \qquad (N/2)^2 \gg 1 \tag{9.61}$$

由 σ 可求得起伏如上,与上面求得的相近。不过上面是按三类简正波计算后加在一起的,其中暗含衰变系数一致的假设。较严格的算法是根据声压的总值计算,室

内激起的稳态均方声压为

$$p^2 = \frac{f^2 \rho^2 Q^2}{8 \mid \boldsymbol{r} - \boldsymbol{r}_0 \mid^2}$$
$$+ \frac{\rho^2 c^4}{2V^2} \sum_{(n)} \frac{1}{\Lambda_n^2} \frac{\varphi_n^2(\boldsymbol{r}_0) \varphi_n^2(\boldsymbol{r})}{(2\omega_n \kappa_n / \omega)^2 + (\omega_n^2 / \omega - \omega)^2} \qquad (9.62)$$

其中第一项直达声部分无起伏问题,暂时忽略。其简正声压部分可化简,取全室平均,并假设各简正波频率在激发频带之内的均充分激发,即 $\omega_n = \omega$,均方声压即是

$$\langle p^2 \rangle = A \left[\frac{N_0}{\kappa_0^2} + \frac{N_1}{\kappa_1^2} + \frac{N_2}{\kappa_2^2} \right] \qquad (9.63)$$

均方声压的均方起伏,按分类计算结果,就是

$$\langle \mathrm{d}p^2 \rangle = A \left[\frac{19N_0}{8\kappa_0^4} + \frac{5N_1}{4\kappa_1^4} + \frac{N_2}{2\kappa_1^4} \right]^{1/2} \qquad (9.64)$$

式中

$$A = \rho^2 c^4 / 8V^2 \qquad (9.65)$$

均方声压的起伏率就是

$$\delta = \langle \mathrm{d}p^2 \rangle / \langle p^2 \rangle \qquad (9.66)$$

如果各 κ 值都相等,式中即抵消掉,其近似值

$$\delta \approx \left(\frac{19N_0}{8N^2} + \frac{5N_1}{4N^2} + \frac{N_2}{2N^2} \right)^{\frac{1}{2}} \qquad (9.67)$$

$N = N_0 + N_1 + N_2$ 如上。空间分布的一例见图 9.6。

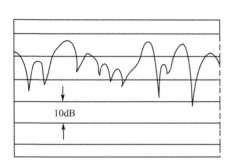

纯音的空间分布

$f = 400\text{Hz}(100\text{m}^3$ 混响室 $)$

(a)

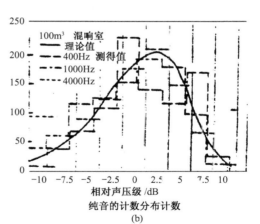

相对声压级 /dB

纯音的计数分布计数

(b)

图 9.6 纯音激发的声场的空间分布

(a)沿地板的声压分布 (b)不同声压的统计分布(曲线为瑞利分布曲线)

声场起伏随 N 值增加而减小,但声场的不均匀性并不减少。在墙壁附近均方声压平均大于全室平均,在室中心区则较小。如声源是在室内平均位置,均方声压就比例于简正波

$$\varphi_n^2 \;=\; \cos^2\frac{n_x\pi x}{l_x}\cos^2\frac{n_y\pi y}{l_y}\cos^2\frac{n_z\pi z}{l_z}$$

之和。在屋角 $x=y=z=0$ 处 $\varphi_n^2=1$,在一面墙上,$x=0$,φ_n^2 平均为 $1/4$,在一边上,$y=0$ 和 $z=0$,φ_n^2 平均则为 $1/2$,都不相同。现在来看在 x 墙前声压变化情况。由图9.1上看到简正波可分为八层,每一层上 x 因式都相同 $\cos^2\dfrac{n_x\pi x}{l_x}$ 其 y 和 z 因式有各种不同值,平均后各层都相同。因此,每一层可用 $\cos^2\dfrac{n_x\pi x}{l_x}$ 代表。各层的简正波数目也基本相同。注意 $n_x=0$ 的简正波激发为 $1/2$,在墙前 x 方向的相对均方声压应为

$$\sum_{(n)}\frac{\varphi_n^2(x,y,z)}{\Lambda_n} \;=\; \frac{1}{N}\Big(1 + 2\cos^2\frac{\pi x}{l_x} + 2\cos^2\frac{2\pi x}{l_x} + \cdots + 2\cos^2\frac{N\pi x}{l_x}\Big)$$

N 在这个例子中是7。级数相加等于

$$1 + \frac{\sin 2N\dfrac{\pi x}{l_x}\cos\dfrac{\pi x}{l_x}}{2N\sin\dfrac{\pi x}{l_x}} - \frac{\sin^2\dfrac{\pi x}{l_x}}{N}$$

在 $x=0$ 或 l_x 墙面上总和为2。离开墙面,总和渐小,到 x 轴中间附近 p^2 值仍有起伏,但平均值小于1。在其它方向也有同样变化,在两墙相交的边上最大为4,在三墙相交的角上则为8。

如 N 值较大,总和的第三项就非常小,可忽略。$N\pi x/l_x$ 基本等于 $2\pi fx/c$,$\sin\pi x/l_x$ 接近 $\pi x/l_x$,$\cos\pi x/l_x$ 接近于1,相对声压的极限是

$$p^2 \approx 1 + \frac{\sin 2kx}{2kx}$$

与自由行波从各方向射向 x 墙所得的干涉图样相同。

9.4　室内声场衰变　混响

室内建立起稳态声场如(9.62)式后,如在 $t=0$ 时刻突然停止声源,声场即开始衰变。直达声部分经过从声源到达墙壁的传播时间以后即完全停止。各简正波按其衰变常数衰变,总声压则是各衰变简正波之和,衰变就不像简正波的简单指数式衰变那么简单了,仍假设声源已把频带内的简正波充分激发(9.62)式是初始条件,不计直达声,衰变的声压即为

$$p^2 = A \sum_{(n)} \frac{\varphi_n^2(\boldsymbol{r}_0)\varphi_n^2(\boldsymbol{r})}{\Lambda_n^2 \kappa_n^2} \exp(-2\kappa_n t) \qquad (9.68)$$

常数 A 除包括 (9.62) 式的常数 $\rho^2 c_0^4/2v^2$ 外并与切断声源时其位相有关,此外假设 ω_n 基本等于 ω。式中 $\Lambda_n = \langle \varphi_n^2(\boldsymbol{r}) \rangle$ 即在室内体积的平均值,对于非掠射波(n_x, n_y, n_z 全不为零),单掠射波(n 中有一个是零)和双掠射波(n 中有两个是零)分别为 $\frac{1}{8}$,$\frac{1}{4}$,$\frac{1}{2}$。如果声源和传声器各在一个屋角上 $\varphi_n^2(\boldsymbol{r}_0) = \varphi_n^2(\boldsymbol{r}) = 1$;如果其中有一个在屋角上,相应的 φ_n^2 即为 1;如果声源或接收器在空中摆动,在各位置中平均,则摆动相应的 $\langle \varphi_n^2 \rangle$ 等于 Λ_n,分母中成为 Λ_n 一次方;如果声源和接收器分别都在空中摆动,在各位置中平均,$\langle \varphi_n^2(\boldsymbol{r}_0) \rangle$ 和 $\langle \varphi_n^2(\boldsymbol{r}) \rangle$ 都等于 Λ_n,分母上的 Λ_n 都被抵消。

κ_n 是 n 简正波的衰变常数,每一个 n 值都是由三项合成的如 (9.32) 式。具体到各类简正波可以求得

非掠射波
$$\kappa_0 = 2c\left(\frac{g_1}{l_x} + \frac{g_2}{l_y} + \frac{g_3}{l_z}\right)$$
$$= \frac{2c}{V}(g_1 l_y l_z + g_2 l_z l_x + g_3 l_x l_y)$$

单掠射波

切 x 墙
$$\kappa_{1x} = \frac{2c}{V}\left(\frac{1}{2}g_1 l_y l_z + g_2 l_z l_x + g_3 l_x l_y\right)$$

切 y 墙
$$\kappa_{1y} = \frac{2c}{V}\left(g_1 l_y l_z + \frac{1}{2}g_2 l_z l_x + g_3 l_x l_y\right)$$

切 z 墙
$$\kappa_{1z} = \frac{2c}{V}\left(g_1 l_y l_z + g_2 l_z l_x + \frac{1}{2}g_3 l_x l_y\right)$$

双掠射波

沿 x 轴向
$$\kappa_{2x} = \frac{2c}{V}\left(g_1 l_y l_z + \frac{1}{2}g_2 l_z l_x + \frac{1}{2}g_3 l_x l_y\right)$$

沿 y 轴向
$$\kappa_{2y} = \frac{2c}{V}\left(\frac{1}{2}g_1 l_y l_z + g_2 l_z l_x + \frac{1}{2}g_3 l_x l_y\right)$$

沿 z 轴向
$$\kappa_{2z} = \frac{2c}{V}\left(\frac{1}{2}g_1 l_y l_z + \frac{1}{2}g_2 l_z l_x + g_3 l_x l_y\right)$$

$$(9.69)$$

相应的简正波数是

非掠射波
$$N_0 = \left(\frac{4\pi V}{c^3}f^2 - \frac{\pi S}{c^2}f + \frac{L}{8c}\right)\Delta f$$

单掠射波

  切 x 墙 $N_{1x} = \left(\dfrac{2\pi l_y l_z}{c^2} f - \dfrac{2l_x}{c} \right) \Delta f$

  切 y 墙 $N_{1y} = \left(\dfrac{2\pi l_z l_x}{c^2} f - \dfrac{2l_y}{c} \right) \Delta f$

  切 z 墙 $N_{1z} = \left(\dfrac{2\pi l_x l_y}{c^2} f - \dfrac{2l_z}{c} \right) \Delta f$

双掠射波   (9.70)

  沿 x 轴向 $N_{2x} = \dfrac{2l_x}{c} \Delta f$

  沿 y 轴向 $N_{2y} = \dfrac{2l_y}{c} \Delta f$

  沿 z 轴向 $N_{2z} = \dfrac{2l_z}{c} \Delta f$

在一般情况,各面墙壁的声阻抗相近,不同影响只在于面积大小,衰变公式(9.68)就包括相应的七项,为七类简正波的衰变,衰变曲线是七个衰变简正波之和,七个都是简单衰变,声级随时间直线地降低,开始衰减时声压由被激发最大的简正波组(非掠射波)决定,但被激发低但衰变慢的掠射波逐渐控制,总衰变曲线逐渐向上弯曲。图 9.7 是空混响室(赛宾的恒温室)里计算衰变曲线与实验测得的衰变曲线的比较,墙壁声导纳比 g 根据实验归纳为 0.0024,以此计算出七条衰变曲线相加,得总衰变曲线

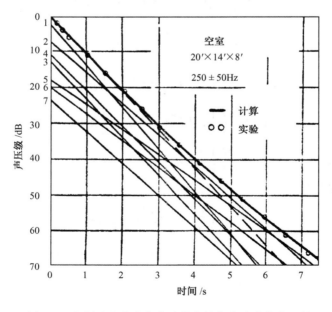

图 9.7 空混响室内声衰变计算曲线与实验曲线的比较

$$p^2/p_0^2 = 0.633\exp(-t/0.37) + 0.201\exp(-t/0.499)$$
$$+ 0.0507\exp(-t/0.412) + 0.0828\exp(-t/0.435)$$
$$+ 0.0172\exp(-t/0.617) + 0.0105\exp(-t/0.516)$$
$$+ 0.00433\exp(-t/0.49) \tag{9.71}$$

实验曲线几乎与此计算曲线完全符合,曲线的编号是按衰变开始时声压大小排列的。从(9.71)式和图上都看出双掠射波在衰变中基本都处于低声压状态,对总声压级几乎不起作用。这和上面估计,简正波中主要的是非掠射波和单掠射波,或在简正波数的公式(9.12)中主要的是前两项,都完全符合。

常遇到的问题是一面墙上吸收很大,其余则吸收很小,在混响室内进行吸声材料测量时即是如此,在未加处理的集会厅堂中,听众占满地面也是这样。在这种建筑中的声衰变过程主要是两类简正波起作用,一是非掠射波(斜射波),激发强,开始时控制声场,但衰变快,一是掠射吸声面的简正波,开始时不重要,但衰变慢,逐渐成为主导。图9.8是图9.7的混响室只在 $4.2\text{m} \times 6\text{m}$ 地板上铺 Celotex 甘蔗板时的衰变比较。250Hz 和 500Hz 的吸声系数 $\alpha_n = 4g$ 和掠入射吸声比 μ 不同,用两项计算所得衰变曲线与实验符合很好,曲线弯曲更甚。

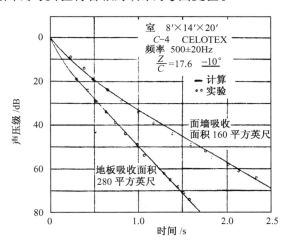

图 9.8 计算和实验声衰变曲线的比较,
一面墙吸收的情况

9.5 统计能量理论

声场中由于简正波共振的关系,频率响应总是由大量简正波共振峰组成,共振峰的频率分布由声场的几何尺度和激发频率决定。在大空间中,或频率较高时,共振峰就连成一片,峰的性质就不明显,这时可用统计方法处理大量简正波的组合,只考虑其能量关系而忽略其波动性质,这就是统计能量方法。简正波共振峰的半宽度为 κ/π(见 9.3.1 节),而平均简正频率距离约为 $\mathrm{d}f/\mathrm{d}N_0 = c_0^3/(4\pi Vf^2)$(由(9.9)式)。如果半宽度大致等于或大于平均简正频率距离的二倍,带宽内平均有两个简正波,各简正波就基本融合到一起,共振性质不明显了。算到整齐数字,这就须要频率大于

$$f_{\mathrm{sch}} = 2000\sqrt{T/V} \tag{9.72}$$

这个频率称做施略德(Schroeder)频率,在 f_{sch} 以上,声场就可以当做为连续介质的流动,像水流一样处理,不再考虑声的波动性质。或者把声场像气体或电子气一样看做大量"声粒子"组成,每个声粒子都以声速运动,但方向不同,在均匀声场中,声粒子的密度,处处相同。声粒子运动方向也是各种方向的分布都相同。这种概念是赛宾最早提出的,"声粒子"的名称可能是后来库特鲁夫(H. Kuttruff)提出来的。

9.5.1 统计声学

厅堂是社会活动的场所,必要条件是良好的聆听环境,如果讲话、音乐听不好,其功能就有缺陷了。所以室内声学研究的目的就是如何获得良好的聆听环境。主要的科学问题是混响和扩散,特别是混响、室内混响影响聆听条件,这是人们在早期就认识到的问题。我国在南北朝时期(公元第六世纪中叶)梁朝周兴嗣把散见的王羲之书法一千字编辑成韵文,称千字文,内有"空谷传声、虚堂习听"之句,可见当时回声、混响都已经是普通常识。但是在我国古时似乎不在乎混响的干扰,农村演戏就是野台子戏,在庙前搭一个台子就演起戏,都是露天;在城市,戏院有围墙,有的也有顶,但基本都是棚子,四面通风,而且体积很小,人很挤。皇家戏院也只是听者在室内,不是大的厅堂。问题主要是使歌唱、音乐有足够强度。因此地方戏几乎都是高腔,歌唱家嗓音训练有素,加以大锣大鼓,以吸引听众。在西方就不同了,古希腊时代,Vitruvius《十建筑书》很有名,谈到声音必须不受阻挡,也谈到避免回声。古希腊、罗马时代(因为在热带)都是露天剧场,也主要是使声音增强,减少干扰的问题。后来发展到中欧、北欧天气有时很冷,就须要在室内了。剧院发展到多层楼厅,平面面积小,剧院体积小,听众离戏台近,混响问题也不严重。但罗马天主教的发展,和以后新教的发展,都建起大量教堂,力求其雄伟、豪华。例如米兰大教堂,体积二十万立方米,内部全是大理石,显得极其庄严伟大,但星期作礼拜时,从未到过一千人,风琴声混响八秒钟,讲一句话就成为一团糊涂,人都听不懂。这些教会到我国建教堂,传教,也有相似问题。当时科学家都认识,问题是在混响,但如何控制或改进他们束手无策。后来,特别是到 19 世纪,不少科学家作了体形研究,即如何安排厅堂形状和反射面可以把声音都向听者反射? 但这些研究也都不成功。到 19 世纪中叶,美国摩门教成立不久后,因不受欢迎率众西逃,到盐湖城建立了中心,建成了摩门教堂(Mormon Tabernacle),容五千人,做礼拜时无声学问

题。这个教堂,平面图、截面图都是椭圆,在讲台上掉一根针,最后一排也可以听到。(这是焦聚的作用)。因教徒凝聚力很强,礼拜时经常满座,混响时间不长,所以没有困难。人们就以为椭圆能解决声学问题,于是椭圆礼堂建了不少,而问题依然存在。哈佛大学在它的福阁艺术博物馆(Fogg Art Museum)中也建了一个椭圆大教堂为授课之用。建成后完全不能用,校长请物理系讲师赛宾(W. C. Sabine)研究解决的办法。这时19世纪伟大声学家瑞利和廷达尔(Tyndall)也意识到混响是吸声问题,但还无人做过认真研究。赛宾花了五年时间,基本靠夜晚工作(白天要上课),从教堂借来长椅垫作吸声材料,仪器是风琴管,自制的滚筒记时器和自己的耳朵,于1900年取得最后成果,得到了赛宾混响时间公式,从而开创了建筑声学这第一门现代声学分支学科。他自己后来负责设计了波士顿音乐厅,至今仍是全世界上三个最佳音乐厅之一。除了混响问题外,室内声学还有一个扩散问题,室内混响合适了,还希望演奏音乐时更好地体现它的优美,甚至于比自然声更好听。20世纪50年代以来,因音乐厅建筑的需要,这方面有了大量研究。因为这涉及人的听觉和个人的爱好,从物理学方面的研究只是一个方面。所以现在虽然已有大量结果,但研究仍在继续进行,下面将再讨论。

(a)混响公式

赛宾混响公式为

$$T_{60} = \frac{0.163V}{A} \tag{9.73}$$

$$A = \sum_{(n)} S_i \alpha_i$$

式中,V 为体积,A 为总吸声量,S_i 为吸声系数为 α_i 的面积,T_{60} 为混响时间,等于室内声能密度(或声压平方,声能密度 $D = p^2/\rho c^2$)降低 10^6 倍(60dB)的时间。用声级计测量并记录的混响时间曲线如图9.9,由图上可见在声衰变中伴有起伏,声源频率越窄,起伏越大,与静态响应(见9.3.2节)中相同。

在赛宾公式中,$S_i \alpha_i$ 为 i 墙的吸声量(单位仍是 m^2,赛宾称比值的单位为开窗)。α_i 等于被吸收的能量与入射能量之比是墙壁材料的固有特性(与频率有关),与声源大小、位置、墙的位置、墙与其他部分的关系(例如另一墙的吸声系数)等都无关。α_i 可以在吸声材料不同安排下测定混响时间而求出。例如,室内不放任何其他材料,六个面都是混凝土,测量混响时间,用(9.73)式就可以算出混凝土墙的吸声系数。知道了混凝土墙的吸声系数,在某一面上放其它材料(例如椅垫)再测混响时间,就可由(9.73)式计算出椅垫的吸声系数,等等。

这里,α 严格应称为赛宾吸声系数,因为是由赛宾公式求得的。(9.73)式的常数是由室内平均自由程 $4V/S$(见后)求得。声在室内往返反射时,平均在两次反射之间所传播的距离称为平均自由程。在时间 t 内,声传播距离 ct,反射 $ct/(4V/S)$ 次,每次吸收 α,声能密度的变化是

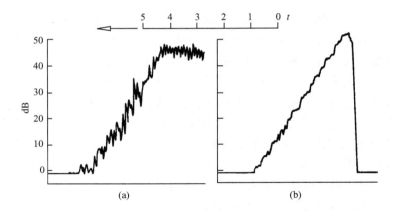

图 9.9 混响曲线

(a) 窄带声源 1000 ± 50Hz 突然停止后的混响

(b) 宽带噪声 (主要频率 600 ~ 1200Hz)

$$D \equiv D_0(1 - \alpha)^{Sct/4V}$$

$$= D_0 \exp[\ln(1 - \alpha) \cdot Sct/4V] \tag{9.74}$$

如有不同 α 的面积 S，$\ln(1 - \alpha) \cdot S$ 就要变成 $\sum\limits_i \ln(1 - \alpha_i) \cdot S_i$，如果 α_i 都比 1 小得多，近似地 $\ln(1 - \alpha_i) \approx -\alpha_i$，混响时间就满足

$$10^{-6} = \exp[-(\sum\limits_i S_i\alpha_i)cT_{60}/4V] \tag{9.75}$$

或

$$T_{60} = \frac{4V \cdot 6}{c\sum\limits_i S_i\alpha_i}\ln 10$$

$\ln 10 = 2.3025$，$c = 340$，代入，结果如 (9.73) 式，

$$T_{60} = \frac{0.163V}{\sum\limits_i S_i\alpha_i}$$

这就是赛宾混响公式，常数为 0.163，但要注意，α 的定义不同。从这结果可看出赛宾公式只适于 α 很小的情况，否则 (9.74) 式直接给的混响时间就是

$$T_{60} = \frac{0.163V}{-\sum\limits_i S_i\ln(1 - \alpha_i)} \tag{9.76}$$

这个式子称为艾润 (Eyring) 公式或 Norris-Eyring-Schuster and Waitzmann 公式更准确一些，因为 Norris，Eyring 和 Schuster and Waitzmann 都曾独立地得到过这个公式。

(9.75) 式也是耶格 (G. Jaeger) 从理论得到的结果。如果室内声能密度 D 是均匀的，在壁面上一个单位面积在一秒钟内得到的能量 (声强度)，如果声能全是由正面 (法线方向) 射来的，这个值应是 cD。因声能传播的速度是 c，但声能是从

各方向传来的,在 θ 方向则应乘以 $\cos\theta$,在半球面内平均

$$I = \frac{cD}{4} \qquad (9.77)$$

如声源发射功率 W,平衡关系是

$$V\frac{\partial D}{\partial t} + \frac{cD}{4}\left(\sum_i S_i\alpha_i\right) = W \qquad (9.78)$$

如果声源停止,声能密度变化规律就是(9.78)式的解(没有声源)

$$D = D_0\exp\left[-\left(\frac{ct}{4V}\sum_i S_i\alpha_i\right)\right] \qquad (9.79)$$

(9.76)式就直接从这个式得到。

(b)空气吸收

如果计入声波在空气中传播时受到吸收,(9.79)式的指数项就应增加 mct 项, m 是空气中每单位距离的能量吸收系数。增入后,混响时间就成为

$$T_{60} = \frac{0.163V}{-\sum_i S_i\ln(1-\alpha_i) + 4mV} \qquad (9.80)$$

以代替(9.76)式,α_i 都很小时 $-\sum_i S_i\ln(1-\alpha_i)$ 简化为 $\sum_i S_i\alpha_i$。

Jaeger 公式(9.78)也可用于受激状态,在声源 W 作用下,首先要发出球面波,不受四壁影响。球面球到达壁面被反射,失去被壁面吸收的部分,在(9.78)式控制下逐渐形成稳定声场,但因声源是继续不断辐射着直达声部分依然存在。总解很容易求得,

$$D = \frac{W}{4\pi r^2 c_0} + \frac{4W(1-\bar{\alpha})}{c_0\sum_i S_i\alpha_i}\left[1 - \exp\left(-\frac{c_0 t\sum_i S_i\alpha_i}{4V}\right)\right] \qquad (9.81)$$

式中 $\bar{\alpha}$ 为各表面的平均吸声系数。$\sum_i S_i\alpha_i$ 也可以写做 $S\bar{\alpha}$,S 为室内总面积,(9.81)式是室内声场逐渐建立中的声能密度。指数项很快就消失,室内稳态声场,改用均方声压,就是

$$p^2 = \frac{W\rho_0 c_0}{4\pi r^2} + \frac{4W\rho_0 c_0(1-\bar{\alpha})}{S\bar{\alpha}} \qquad (9.82)$$

常数

$$\frac{S\bar{\alpha}}{1-\bar{\alpha}} = R \qquad (9.83)$$

称为房间常数。在实验中,证明房间常数与赛宾吸声量 $S\alpha$ 相等,这是由于吸声系数定义不同的缘故。(9.82)式与简正波声压公式(9.44)的近似式基本相同。

以上混响和声场建立的讨论适合于一般厅堂体形,如体形特殊(如突出一块,矮深的楼厅,深远的后台,等等),就需要修正,主要是修正平均自由程 $\Lambda = 4V/S$ 的

值,过渡现象和平均自由程有关。在建筑模型内测量,或用电子计算机在数学模型中计算都可以求出平均自由程的实际值,以修正混响公式。

稳定声场的(9.82)式,根据混响时间公式(9.73)和(9.83)式,可以写成

$$p^2 = \frac{\rho_0 c_0 W}{4\pi r^2} + \frac{4\rho_0 c_0 W T_{60}}{0.163V} \tag{9.84}$$

声压和到声源的距离 r 以及室内混响时间 T_{60} 都有关,在近距离直达声较强基本不受混响的影响,听起来很清楚。距离远了,直达声就不起作用。直达声与混响声(9.84)式中的两项相等的距离 r_0 称为混响距离或混响半径,值为

$$r_0 = 0.1\sqrt{\frac{V}{\pi T_{60}}} \tag{9.85}$$

如果声源有指向性,在听者的方向强度为周围平均强度的 Q 倍,Q 称为指向性因数(例如讲话人在墙根,墙的反射使 $Q=2$),混响距离即成为

$$r_0 = 0.1\sqrt{\frac{QV}{\pi T_{60}}} \tag{9.86}$$

显见直达声和混响声都会有起伏,混响距离的两个公式都不是准确值。

(c)扩散声场

声场扩散有两种提法,一种是赛宾理论的要求,室内声能密度处处相同,声波传播方向也是完全均匀。另一种提法是厅堂主要要求混响时间适宜。但使厅堂音质好,除了混响要求以外还有第二个评价标准,这个要求也一般地称作扩散。现在只讨论物理学上的扩散,音质方面的要求则留到下一节。

室内声场由大量简正波组成,后者则是 2 个、4 个或 8 个行波组成。所以归根结底,室内声场是由大量行波组成,即声压幅值

$$\left.\begin{aligned} P &= \sum P_n \exp(-jk\boldsymbol{n}_q \cdot \boldsymbol{r}) \\ \rho cV &= \sum P_n \boldsymbol{n}_q \exp(-jk\boldsymbol{n}_q \cdot \boldsymbol{r}) \end{aligned}\right\} \tag{9.87}$$

式中声压 P,质点速度 V 表示为幅值(略去时间因数 $\exp(j\omega t)$ 但包括位相),$\boldsymbol{n}_q$ 为单位波法线(数值为1,方向是波法线方向),$\boldsymbol{r}$ 则是传播方向的矢量。若是单频信号,这是严格表示方法。每一个 P_n 就可以看做是一个"声粒子",各"声粒子"做无规运动,没有方向相同的,但速度一致。单个的 P_n 基本是平面波,其声能密度与平方值的时间、空间平均成正比

$$\begin{aligned} D_n &= \overline{[P_n\cos(\omega t - k_n r)]^2}/\rho c^2 \\ &= \frac{1}{2}|P_n^2|/\rho c^2 \end{aligned} \tag{9.88}$$

$|P_n|$ 代表幅值。声波(9.87)的声能密度则为

$$D = \frac{1}{\rho c^2}\Big[\sum_{|n|} P_n \exp(-jk_n\boldsymbol{n}_q \cdot \boldsymbol{r})\Big]^2_{平均}$$

$$= \frac{1}{\rho c^2} \Big[\sum_{(m,n)} P_m \exp(-\mathrm{j} k_m \boldsymbol{n}_q \cdot \boldsymbol{r}_q) \cdot P_m \exp(-\mathrm{j} k_n \boldsymbol{n}_q \cdot \boldsymbol{r}) \Big]^2_{\text{平均}}$$

按照复数乘法。显见,$m \neq n$ 时,P_m,P_n 项还是不少,但有正,有负,数值不同,相加后,互相抵消,和为接近于零的微小值。$m = n$ 时,则符号都相同,平均成为均方值,

$$D = \frac{1}{2\rho c^2} \sum P_n^2 = \frac{1}{2\rho c^2} P^2 \tag{9.89}$$

这个能量要向四面八方传播,其一小部分传向 (θ, φ) 方向,θ 和 φ 是圆柱面坐标,θ 是在 (x,y) 平面上与 x 轴所成的角,φ 是在空间与 z 轴所成的角,在一小锥体中,其立体角为 $\Delta\Omega$,每单位时间传出的能量为

$$\Delta D = \frac{I_1(\theta, \varphi)}{c} \Delta\Omega$$

若 I 与方向无关,各方向积分就是

$$D = \frac{4\pi I_1}{c} \tag{9.90}$$

这是充分扩散的条件。这是在声场中的声强度。另一个标识扩散声场的现象是在面积较大的平面墙壁上受到的声能照射,声音从壁前各方向传来,每单位面积、单位时间受到照射的声强度,如 I_1 在各方向相同,是

$$I = \int_0^{2\pi} \int_0^{\frac{\pi}{2}} I_1 \cos\varphi \sin\varphi \mathrm{d}\varphi \mathrm{d}\theta$$

$$= \pi I_1 = \frac{cD}{4} \tag{9.91}$$

此式在讨论 Jaeger 方程时曾经使用 (9.77) 式。

在实际房间中实现完全扩散比较困难,即使激发的声场接近扩散,在混响中,由于前面讨论过的各种简正波衰变率不同,也会改变。如墙壁有使声音集中在某些区域的倾向,扩散就根本不可能了。在室内摆一些扩散体(要与波长相近)可以增加扩散。但扩散体要有一定数量才能有效,这在一般厅堂中是不可能的,只能在用于声学测量的混响室中使用。在厅堂中有效的是施略德(Schroeder)扩散体。利用二次余量,素数根、Galois 场等的"相移栅"都可成为扩散体。按理说,使墙面散射可将其分做许多比波长小得多的窄条,在反射声波时,各窄条产生无规分布的不同位相移动(变化)。垂直入射的声波,在较远方向收到的反射波就是各窄带发出的小波总和(惠更斯原理),比例于

$$P \sim \exp(\mathrm{j}\omega t) \sum_{(n)} |R_n| \exp[-\mathrm{j}(nkd\sin\theta + \varphi_n)] \tag{9.92}$$

式中,R_n 是第 n 窄条的反射系数。θ 是接收方向与墙法线之间的角度,φ_n 是第 n 窄条的反射相角。如果 $|R_n|$ 都相同,φ_n 都相同,墙的反射主要是镜面反射,在适当方向(如 4.1 节所述)还有极大,一般都比镜面反射小。如果使 $|R_n|$ 或 φ_n 做随机分布,就可以使辐射分向其他方向,镜面反射减小。但使相角做随机分布,就需要

无穷条,这是不可能的。这是利用伪随机分布的原因,上面所述二次余量等是数论中产生伪随机数的办法。

二次余数是在一较大的素数 p 下,自然数的平方余数。QRD(quadratic residue diffuser)扩散体是一排槽(或称井),槽深按二次余数排列,产生位移,扩散体表面上反射波的位相因数,$n = 1,2,3,\cdots$。

$$r_n = \exp(-j2\pi n^2/p) \tag{9.93}$$

位相差为 2π 或 2π 的整数倍,信号没有差别,所以 n^2 大于 p 时可减去 p 或 p 的倍数,因而称为二次余数,p 取为较大的系数,用数论的语言

$$n^2 \equiv S_n(\mathrm{mod}p) \tag{9.94}$$

S_n 是余数。所以 n^2 这个数列只可能有 $1,2,3,\cdots,p-1$(除去 p 的倍数)。这是一个周期,最多有 $p-1$ 个数做伪随机排列。槽深按 $(\lambda/2)n^2/p$ 排列就可以实现(9.93)式的相移栅的作用。图9.10 是反射相移栅的一个例子,p 为17,图9.11 是这个反射相移栅的散射图,频率为设计频率的三倍,可见 QRD 适用的频率范围很大。

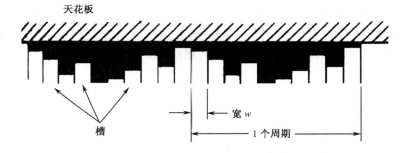

图9.10 音乐厅天花板的反射相移栅,$p = 17$

图9.11 的扩散体是一维的,可用于音乐厅中增加左右方向的扩散。如果需要也可以做二维相移栅,在各方向都增加扩散。上面的相位因式成为两个方向的因式相乘,

$$a_{mn} = \exp\left[-j2\pi\left(\frac{m^2}{p_1} + \frac{n^2}{p_2}\right)\right] \tag{9.95}$$

两个方向的素数 p 可相同,也可用两个不同的素数 p_1 和 p_2。

素数根系统的相位因式是

$$a_n = \exp[-j2\pi q^n/p] \tag{9.96}$$

同样,n 是自然数,p 是素数,q 是较小的素数,须能产生从 1 到 $p-1$ 全部的数。例如,$p = 7$,可能的 q 是 2 或 3,但 2 只能产生 2,4,1,用时须重复。3 是素数根,可产生从 $1 \sim 6$ 全部数。Galois 场是阶数为素数 P^m 的数列,符号 $\mathrm{GF}(P^m)$ 比以上更复杂一些。

相移栅,特别是 QRD 已在实际上大量应用,但实践证明,所用材料虽然全无吸

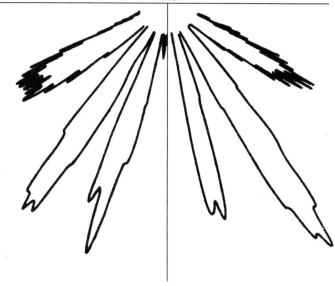

天花板

图 9.11　图 9.10 的反射相移栅的散射图,频率为设计频率的三倍

声性能,但做成 QRD 扩散体后,吸声系数可达到较高值,这个现象还没有简单的解释,但实际上非常显著。图 9.12 是商品 QRD 扩散体的构造和特性。

原则上,QRD 扩散体的每一个"井"都可以用共振频率合适的亥姆霍兹共鸣器代替,整个扩散体可由体积相同,颈长和面积不同的方盒代替,特性相同。

（d）平均自由程

平均自由程是声波(或声粒子)在室内来回反射每次所经过的距离的平均值。从一面墙上某一点开始,设声粒子从这点向四面八方发射,把半球面分做大量的小立体角 $\mathrm{d}\Omega$,某一 $\mathrm{d}\Omega$ 内散射出声粒子碰到第一个表面所经过的距离为 l,所有声粒子由该点发出到第一次碰撞的平均距离就是

$$l_{\mathrm{av}} = \frac{1}{\pi} \int_{2\pi} l \mathrm{d}\Omega \cos\theta$$

积分在所有 $\mathrm{d}\Omega$ 上进行,2π 是半空间的立体角(半球面的面积除以半径平方),θ 是在 $\mathrm{d}\Omega$ 内发出的声粒子与表面法线所成的角度,表面上向半空间发射粒子,在 θ 方向发射粒子的概率为 $\frac{1}{\pi}\cos\theta\mathrm{d}\Omega$($\mathrm{d}\Omega$ 在 θ 方向),所以平均值是 l 对这概率的积分。l_{av} 是墙上一点发出声粒子的平均自由程,室内的平均自由程应是壁上所有点发出声粒子的平均自由程的平均,也就是说要求 l_{av} 的室内面积的平均,因此,平均自由程是

$$\Lambda = \frac{1}{S} \iint_S \frac{1}{\pi} \iint_{2\pi} l\cos\theta\mathrm{d}\Omega\mathrm{d}S$$

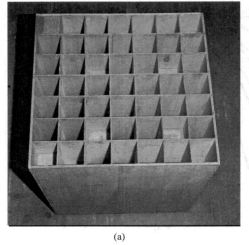

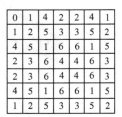

0	1	4	2	2	4	1
1	2	5	3	3	5	2
4	5	1	6	6	1	5
2	3	6	4	4	6	3
2	3	6	4	4	6	3
4	5	1	6	6	1	5
1	2	5	3	3	5	2

井深的分布于二维
的一次余数扩散器
质数为 7

(a)   (b)

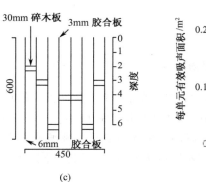

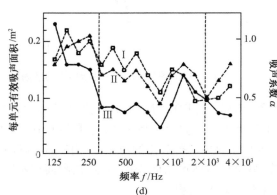

(c)   (d)

图 9.12　商品 QRD 扩散体

（a）实物　（b）井深分布　（c）基本构造和材料

（d）吸收特性，48 块单元在混响室内测量的结果

$$= \frac{1}{\pi S} \iint_{2\pi} \mathrm{d}\Omega \iint_S l\cos\theta \mathrm{d}S = \frac{4V}{S} \tag{9.97}$$

第一行经过变量交换变成第二行,面积积分中 $l\cos\theta \mathrm{d}S$ 是斜截面为 $\mathrm{d}S$ 的柱体体积,积分是 $2V$,Ω 的积分是 2π,于是得到上面结果。

直接用声粒子撞击表面的次数计算可以更简单。如一声粒子带的能量是 e_i,在 Δt 时间中声粒子撞击的平均次数是 ΔN,在这时间内撞向室内面积的总能量是 $\sum \Delta N e_i$,这将在壁上产生能通量为

$$\sum \Delta N e_i = IS\Delta t$$

I 为壁面上的声强,(9.77)式给出的是 $cD/4$,$\sum e_i$ 为室内总声能 DV,代入,解

$$\Delta T = \frac{4V}{cS}\Delta N$$

平均每次碰撞的时间 $\Delta t/\Delta N$ 为

$$T = \frac{4V}{cS}$$

声速是 c，所以平均自由程 Tc 为

$$\Lambda = \frac{4V}{S}$$

与上面(9.97)相同。两种计算结果相同，但基本概念有所不同。一种是具体计算碰撞一次所传递的距离，加以平均。一种则是计算一定时间内的碰撞次数，因而求得平均时间，再求平均距离。

（e）隔声耦合房间

在扩散声场情况，解隔声问题用统计概念也很简单。假设有两个房间 V_1, $S_{\alpha1}$ 和 V_2, $S_{\alpha2}$，其间有一共同壁面 ΔS（可能是一薄壁，也可能是一开口或裂缝），在第一个房间中置一声源 W（功率）时，能量平衡使第一室中能量增加速度

$$V_1 \frac{\mathrm{d}D_1}{\mathrm{d}t} = -\frac{c}{4}A_{\alpha1}D_1 - \frac{c}{4}\tau D_1 \Delta S + \frac{c}{4}\tau D_2 \Delta A + W \qquad (9.98)$$

式中右边第一项是全室墙壁吸收的能量，$A_{\alpha1}$ 是吸声量，等于面积乘吸声系数。第二项是经 ΔS 透射到第二室的能量，第三项则是由第二室透射回的能量，第四项是供给的能量，都是每秒的值，τ 称为透射系数。第二室的能量平衡式为

$$V_2 \frac{\mathrm{d}D_2}{\mathrm{d}t} = -\frac{c}{4}A_{\alpha2}D_2 - \frac{c}{4}\tau D_2 \Delta S + \frac{c}{4}\tau D_1 \Delta S \qquad (9.99)$$

符号与上相同。在稳态时，$\mathrm{d}D_1/\mathrm{d}t = \mathrm{d}D_2/\mathrm{d}t = 0$，由上面二式可求得

$$\frac{D_2}{D_1} = \frac{P_2^2}{P_1^2} = \frac{\tau\Delta S}{\tau\Delta S + A_{\alpha1}}$$

噪声降低为此值的分贝数

$$L_{\mathrm{NR}} = L_1 - L_2 = R_{\mathrm{TL}} + 10\log\left[\tau + \frac{A_{\alpha2}}{\Delta S}\right] \qquad (9.100)$$

$R_{\mathrm{TL}} = 10\log(1/\tau)$ 称为公共墙的透射损失，是该墙的材料的特性。这个公式也是测量透射损失的根据，在由两个混响室组成，中间可装待试墙壁的实验窗，根据由这个公式测量的结果，就可以算出该墙壁的透射损失。

从(9.98)和(9.99)二式也可以求出声源突然停止后的混响情况。因为两室间不停透射声能，它们中的混响都不是简单的指数式的衰变，而各含两个衰变项，可写成

$$(D_1, D_2) = (A_1, A_2)\exp(-\alpha t) + (B_1, B_2)\exp(-bt) \qquad (9.101)$$

代入上述(9.98),(9.99)二式，令 $W = 0$，即得

$$\begin{bmatrix} V_1 a + \dfrac{c}{4}(A_{\alpha 1} + \tau \Delta S) & -\dfrac{c}{4}\tau \Delta S \\ -\dfrac{c}{4}\tau \Delta S & -V_2 a + \dfrac{c}{4}(A_{\alpha 2} + \tau \Delta S) \end{bmatrix} \begin{bmatrix} A_1 \\ A_2 \end{bmatrix} = \begin{bmatrix} 0 \\ 0 \end{bmatrix} \quad (9.102)$$

B_1, B_2, b 有同样公式。根据这些,可以求出 $a, A_1/A_2, b, B_1/B_2$ 而得二室中的衰变曲线。上面已说,两条衰变曲线都不是简单的指数曲线。衰变开始时,声能密度较大的一室透射到另一室的能量较多,所以后者衰变较慢,直到两室声能密度相等时,以后就按较快的衰变系数衰变了。声能密度原来较大的室中,衰变先是较快,待两室声能密度相同后,衰变速度就一致了,能量交换使一致速度继续保持。

以上的讨论可延伸至多室耦合,能量平衡关系在多室之间也是保持的。图 9.13 是三室耦合,声源在第一室,停止后三室中的声衰变结果说明上面的分析。

$$\frac{cA_{\alpha 2}}{4V_2} = \frac{c\tau_{12}}{4V_1} = \frac{cA_{\alpha 1}}{4V_1} \Big/ 10, \ \tau_{13} = 0$$

$$\frac{cA_{\alpha 2}}{4V_2} = \frac{cA_{\alpha 1}}{4V_1} \Big/ 2, \ \frac{c\tau_{23}}{4V_2} = \frac{cA_{\alpha 1}}{4V_1} \Big/ 5$$

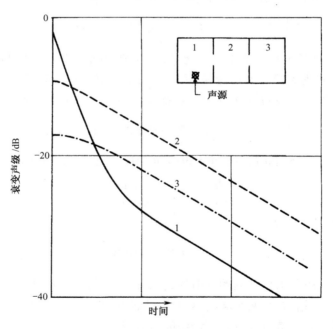

图 9.13　三室耦合时的声衰变关系

(f) 隔振

整个建筑物,及其他大型物体或设备的振动实为固体中声波传播问题,不过更为复杂,因为固体除了与空气中声波相同的纵波外,还有与传播方向垂直的横波。

但基本处理方法仍与上相同,只是有些特殊问题。如果物体不大,频率较低,就可按照 6.2 节中集总元件处理,房内机械(如通风机之类)就是这样。质量弹簧系统就是使机器产生的振动力量不致引起整个建筑的激烈振动。建筑物需要隔振的最大振源是地震。一次八级地震可能使大量房屋倒塌,成千上万居民伤亡,是严重问题。防震主要有两个方法,一是把整个建筑物做成一个混凝土的整体,并牢牢固定到地下岩石上,地震只能使整个建筑物晃动,不至破坏,另一个方法就是隔振,原理与 6.2 节所述完全相同,用质量弹簧系统,建筑物本身几百吨,几千吨,做成低频共振系统不难。有的大旅馆,经过隔振,其地下有地铁车辆经过,对客房毫无干扰。质量弹簧系统从灵敏仪表到巨大建筑,效果都很好。

9.5.2 厅堂音质

厅堂建筑的主要用途是听和看,听讲话、歌声、音乐,看表演、展览。看的问题主要是艺术问题。听则要求适当的混响和扩散,但同时也要避免音质缺点。音质缺点可能是外来噪声干扰,厅内回声和焦点,及其它不利聆听的情况,除此以外,混响和扩散问题,还有主观方面。

(a)适当的混响

混响时间过长要使人烦恼,讲话不清,音乐模糊,一千多年来一直造成干扰。但也不是混响越短越好,在无混响的空间(例如消声室,其中以高效率的尖劈材料处理,吸声系数超过 99%)听起声音来像在空旷的野外,生硬利落,按音乐家的说法,声音非常干。混响是否适当要由听觉要求和个人爱好决定。对于语言,基本要求是语言清晰度(发出一百个音节,准确听到的百分数),大概达到 80% 才算好。在一般住房内混响时间以在 0.5s 左右为宜,在大型厅堂中则要求混响时间较长些以增加声音强度(如(9.84)式混响声强度与混响时间成正比),一般采取 1.2 s 左右。对于音乐则不仅是清晰度问题,混响使人感觉音乐更为温暖、亲切,有重要烘托作用,所以混响时间要更长,歌唱可在 1.6 s 左右,器乐 1.8 ~ 2.0 s,要具体看音乐的性质,大凡轻快的音乐混响要短些,庄重、严肃的音乐,混响较长,具体要求则是音乐家的事。

(b)扩散, IACC

除了一般扩散要求(声场均匀,方向均匀)外,从 20 世纪 60 年代起,声学家特别重视了在厅堂中的声学"空间感"。空间感就是在扩散声场中声音来自不同方向,人耳不能辨别声音传来的方向,而想像是由于头上一个声源发来,想像的声源比目睹的声源要宽,因而有空间的感觉。这种感觉显然与混响无关,用扬声器把录声在"干"的空间(消声室)再放出,不管所录是在多长混响时间的厅堂中放出的,听录声毫无任何空间感。空间感也不只是声场扩散的反应,在消声室中用电声源从各种方向发向听者,可证明此点,而只要少数反射声就可以给予空间感,条件是:

1. 反射声要不相干。

2. 其强度要越过一定阈级。

3. 其在直达声到达后的延迟时间不超过 100ms，即反射声要是早期反射声。

4. 它们必须来自侧向。

这里特别提出侧向反射声的重要性。空间感的客观测量方法，可以在听者两耳处用传声器接收音乐，或用人工模拟的人头模型两耳接收，求两路信号的互相关函数。如果音乐声是从正面传来，两耳收到的信号完全相同，相应的互相关函数就是 1。两耳收到的信号互不相干，互相关函数就是零。所以互相关函数的大小反映空间感的大小。用数学公式表示，如两耳收到的信号分别为 $g_1(t)$ 和 $g_r(t)$ 归一的互相关函数是

$$\varphi_{rl}(\tau) = \frac{\int_0^{t_0} g_r(t) g_1(t+\tau) \, dt}{\left\{ \int_0^{t_0} [g_r(t)]^2 dt \int_0^{t_0} [g_1(t)]^2 dt \right\}^{1/2}} \tag{9.103}$$

取 $t_0 = 100\mathrm{ms}$，两耳间互相关的定义是

$$IACC = \varphi_r(\tau) \text{ 的最大值}, |\tau| < 1\mathrm{ms} \tag{9.104}$$

实验证明，在音乐厅中，混响时间在二秒上下，稍有变化不影响音质，但声强最重要。与声强相关的最重要因素是与混响无关的 IACC，此外是体形的宽度，IACC 小，厅窄都是听者欢迎的。这都说明侧向反射声的重要性。

参 考 书 目

Morse P M. Sound and Vibration. Chap Ⅷ, Acoust. Soc. Am. 1981

Kuttraff H. Room Acoustics. Elsevier, 1991

F V Hunt, L L Beranek, Dymaa. Analysis of sound decay in retangular. rooms. J. Acoust. Soc. Am, 1939, 11:80~94

Schroeder M R. Number Theory in Science and Communication. Springer, 1984

Beranek L L. Concert and Opera Halls, How They Sound, Acoust. Soc. Am. 1996(中译本，王季卿等，音乐厅和歌剧院，上海：同济大学出版社，2002)

Morse P M, Ingard K U. Theoretical Acoustics, Chap. 9. McGraw-Hill, 1968(中译本，杨训仁，吕如榆，理论声学第九章，北京：科学出版社，1986)

习 题

9.1 一边长为 $b, b\sqrt{1/2}$ 和 $b\sqrt{2/3}$ 的矩形房间，其所有壁面均为局部反应表面，声阻抗比为 $5 - \mathrm{j}(20/kb)$，求出 $\dfrac{7c_0}{2b}$ 的频率以内所有简正波的特征值(实部和虚部)。如有一简单声源 q 位于房间的一角，绘出与声源相对的一角上和房间中心的响应曲线，即声压对频率 kb 的曲线，kb 从 0 到 10。

9.2 有一半径和高度均为 b 的圆柱房间，所有壁面都是局部反应表面，声阻抗比如上题，

按上题作类似计算并绘成曲线,范围是 kb 从 0 到 10。

9.3 一矩形办公室高 4.5 m,宽 6 m,长 9 m,墙上为抹灰、木板、玻璃等,平均吸声系数 0.03。地板上有地毯,吸声系数 0.2,顶棚有吸声材料,吸声系数 0.4。混响时间是多少? 一般室内有 6 人工作,每人吸声量 0.35,室内有四架打字机操作,各发出噪声每秒 1 尔格(10^{-7}J)。求室内的声压级。

9.4 一礼堂高 9 m,宽 15 m,长 30 m,装有木坐椅 500 个,系数为 0.015,地板上有两条走道由台(深 5m)前通至后端,墙面、天花板、地板的吸声数为 0.03,礼堂空时,混响时间是多少? 满座时混响时间是多少。已知观众的吸声系数为 0.8,要使满座时,礼堂内声压级达到 90 dB(0 dB $=20$ μPa),电声系统的输出功率应是多少? 礼堂空时,声压级达到多少?

9.5 一圆柱形室半径 5m,高 4 m,天花板、地板都是平面。画出在 f 到 $f+5$ 之间的简正波数与频率 f 的关系,f 为 0~50。频率高到多少,这曲线就达到基本平滑的程度?

9.6 一矩形走廊宽 2 m,高 3 m,长 10 m,画出 f 至 $f+5$ 之间的简正频率数与频率 f 的关系,f 为 0~100,f 到多高,曲线达到基本平滑?

9.7 一正立方室,每边 5 m,天花板和地板的平均吸声系数为 0.2,四壁的为 0.04,只在天花板和地板之间来回反射的简正波混响时间是多少? 不触及天花板和地板的呢? 列出频率由 0~100 Hz 之间的所有简正波,并给出每一个简正波的波节面和相应的混响时间。

9.8 第 6 题的走廊中各表面的平均吸声系数是 0.1,列出各简正波的频率波节和混响时间,频率范围 0~100 Hz。

9.9 在第 7 题的室内,激发起 $f=98$ Hz 至 $f=102$ Hz 间的所有简正波,各达到同样的初始幅值。都激发起哪些简正波? 画出声源停掉后,在室中心,在一面墙的中心和在距两面墙各 1.67 m,高 2.5 m 的一点上的衰变曲线。

9.10 在第 7 题的室内一面墙的中心具有声源 $q = 15\sin(40\pi t) - 10\sin(120\pi t) + 3\sin(300\pi t)$ 画出在信号的一周内在(a)全室中心,(b)对面墙的中心和(c)离声源最远的一角上的声压随时间变化的曲线。

9.11 画出第 10 题的声源关掉后各点的声压衰变曲线,各表面的吸声系数如第 7 题所述。

9.12 重复以上二题,假设各表面吸声系数均变为 0.1。

9.13 列出二次余数 QRD 井深系列,取大素数为:(a)7,(b)11,(c)17。设计频率取为 500 Hz。

第十章　吸　声　材　料

　　吸声材料用于厅堂音质的混响控制,也用于降低机器噪声和环境噪声,以保证人们的工作条件和休息条件。一般在混响控制中吸声材料不太重要,因为在大型厅堂中,听众区已供给相当的吸声量,普通建筑材料虽然吸声系数很小(1% ~ 3%),但面积很大,也有相当贡献,如果设计好,几乎不必另加吸声材料,就可达到使用目的,只有特殊情况才使用吸声材料。但在噪声控制中和在特别建筑中,要大量使用吸声材料,一般固体材料的声特性阻抗比空气的特性阻抗大几千倍至几万倍,能量交换困难,吸声本领不大。只是固体中具有孔隙,使空气在其中摩擦消失能量才能形成吸收,微管和窄缝是吸声性质的基础。人为地在板材上制造微孔或窄缝可制成性质可控制和可设计的吸声材料(微穿孔板和微缝板)。在另一方面,利用多孔性材料也可制成高效率的吸声材料,并且成本较低,只是吸声性质难以预先设计或计算。在这些情况下,由于空气与固体骨骼之间声阻抗率相差过大,不必考虑其相互作用,但吸声材料如用于水中,或在空气中固体骨骼较软,人为穿孔就不现实,固体和流体相互影响不可忽略,须把吸声材料看做复合材料,研究其中声波传播性质,问题要更为复杂。

10.1　均匀材料的吸声特性

　　声波从第一种介质射入第二种介质时的反射和透射问题已在 4.2 节中讨论。现在讨论声波自空气中射向声学材料时的问题。可能有两种不同情况,或者材料的厚度甚大于相关声波的波长,声波射入后可不必考虑其后表面的作用,这是厚材料的问题。或者材料的厚度小于相关声波的波长,材料后面的表面要再发生反射与透射问题,影响到前面的关系,这是薄板材料的问题,现分别考虑这两种情况。

10.1.1　厚层材料的反射和吸收

　　设材料的声特性阻抗为 Z,其与空气的声特性阻抗 $\rho_0 c_0$ 之比为声阻抗比 $z = Z/\rho_0 c_0 = r + jx$,$r$,$x$ 分别为声学材料的声阻比和声抗比。可分别考虑正入射和斜入射情况,都与 4.2 节中相似但稍有不同。

　　(a)正入射

　　声波由空气中垂直入射于声学材料表面时,声压和质点速度是连续的,以 i,r,t 表示入射,反射,透射

$$p_i + p_r = p_t \tag{10.1}$$

$$u_i - u_r = u_t \qquad (10.2)$$

(10.2)式也可写做

$$(p_i - p_r)/\rho c = p_t/Z \qquad (10.2a)$$

声反射系数为

$$R = \frac{p_r}{p_i} = \frac{Z - \rho c}{Z + \rho c} = \frac{z - 1}{z + 1} \qquad (10.3)$$

反射的能量与 $|R|^2$ 成比例,所以能量吸声系数为

$$\alpha_n = 1 - |R|^2$$

$$= 1 - \left| \frac{z - 1}{z + 1} \right|^2$$

把 z 的复数值代入化简,可求得

$$\alpha_n = \frac{4r}{(1 + r)^2 + x^2} \qquad (10.4)$$

可见,只有 $x = 0, r = 1$ 完全匹配时,才能得到完全吸收,$\alpha_n = 1$。

(b)斜入射

入射方向与材料表面的法线成 θ 角时,按 4.2 节的讨论,入射角等于反射角,都是 θ,折射角 φ 则一般小于 θ,声压与质点速度的连续性成为

$$\left. \begin{array}{l} p_i + p_r = p_A \\ (p_i - p_r)\cos\theta/\rho c = p_t\cos\varphi/Z \end{array} \right\} \qquad (10.5)$$

据此可求出斜入射时的吸声系数,结果比较复杂。根据实验结果,许多材料都是局部反应材料,好像材料是由大量在材料厚度方向的毛细管组成,材料内的声波只是在法线方向传播,即 $\varphi = 0$。在局部反应的材料上,(10.5)的第二个方程改为

$$(p_i - p_r)\cos\theta/\rho_0 c_0 = p_t/Z \qquad (10.5a)$$

与第一个方程一起可求得斜入射反射系数

$$R_\theta = \frac{z\cos\theta - 1}{z\cos\theta + 1} \qquad (10.6)$$

因而斜入射吸声系数为

$$\alpha_\theta = 1 - \left| \frac{z\cos\theta - 1}{z\cos\theta + 1} \right|^2$$

$$= \frac{4r\cos\theta}{(1 + r\cos\theta)^2 + x^2\cos^2\theta} \qquad (10.7)$$

入射角 θ 越大,α_θ 越小,不过在扩散声场中,入射角大的概率要大,二者有互相抵消的倾向。

(c)漫入射

在扩散声场中,如各方向入射的概率相同,在 θ 和 $\theta + d\theta$ 与 φ 和 $\varphi + d\varphi$ 之间(θ, φ 为球面坐标的与 Z 轴形成的角和在平面内与 X 轴形成的角)的概率就其所

含的立体角 $\sin\theta \mathrm{d}\theta \mathrm{d}\varphi$,而 α_θ 须乘以 $\cos\theta$ 才成为沿法线射入材料的能量比率。吸声系数是各方向射入材料的吸声系数的统计平均,因而称为统计吸声系数

$$\alpha_{\mathrm{st}} = \left(\frac{1}{\pi}\right)\int_0^{2\pi}\mathrm{d}\varphi\int_0^{\pi/2}\alpha_\theta\cos\theta\sin\theta\mathrm{d}\theta \tag{10.8}$$

这个积分做起来很复杂,莫尔斯和博鲁特具体做了计算,得到的结果是

$$\alpha_{\mathrm{st}} = \left\{\frac{\cos\beta}{z}\right\}\left\{1 - \left[\frac{\cos\beta}{z}\right]\ln(1 + 2z\cos\beta + z^2)\right.$$
$$\left. + \left[\frac{\cos(2\beta)}{z\sin\beta}\right]\arctan\left[\frac{z\sin\beta}{1 + z\cos\beta}\right]\right\} \tag{10.9}$$

式中 z 是阻抗比的绝对值 $\sqrt{r^2 + x^2}$,β 是阻抗比的相角 $\arctan\frac{x}{r}$。

(10.9)式用起来也很复杂,实际意义不大,但(10.8)式可给出统计吸声系数,由于 α_θ 是乘以 $\cos\theta\sin\theta = \frac{1}{2}\sin2\theta$ 后的积分,$\theta = \pi/4$ 被强调,因而频率特性受到影响。根据(10.8)式做数值解也不困难,但得不到如(10.9)的通解,只能用到具体问题。

10.1.2 薄层材料

如果材料厚度远小于波长,其后表面的反射就要影响前表面的反射关系。设材料的特性阻抗为 $Z_1 = z_1\rho_0 c_0$,厚度为 l,其后为另一种介质,声特性阻抗为 $Z_2 = z_2\rho_0 c_0$,如图10.1 材料层中叠加从第二介质反射回的声波。

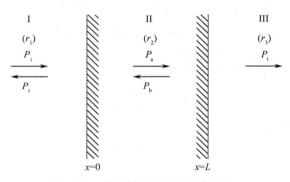

图 10.1 薄层材料后声阻抗率为 Z_2

材料中有入射波 $p_a(x)$ 和反射波 $p_b(x)$,其中声压和质点速度可写做(略去正弦式时间因式)

$$\left.\begin{aligned}p(x) &= p_a\exp\{\gamma(l - x)\} + p_b\exp\{-\gamma(l - x)\}\\u(x) &= (p_a/Z_1)\exp\{\gamma(l - x)\} + (p_b/Z_1)\exp\{-\gamma(l - x)\}\end{aligned}\right\} \tag{10.10}$$

式中,$\gamma = -(jk + \alpha)$,而入射波与反射波满足在 $x = l$ 处的反射定律,

$$p_b/p_a = (Z_2 - Z_1)/(Z_2 + Z_1)$$

代入(10.10)式,可证明在 $x = 0$ 处入射声阻抗率为

$$z = z_1 \frac{z_2\cosh\gamma l + z_1\sinh\gamma l}{z_2\sinh\gamma l + z_1\cosh\gamma l} \tag{10.11}$$

以此 z 值代入(10.3)式,进行运算,即可求得吸声系数。

如材料层后是同样材料,$z_2 = z_1$,可求得 $z = z_1$,入射声阻抗率即均匀材料的声阻抗率。

在另一方面,如材料层后是刚性墙面,$z_2 = \infty$,代入(10.11)式即得

$$z = z_1\coth\gamma l \tag{10.12}$$

如果材料和后面刚性墙之间有一空气层,其厚度 D,则 $z_2 = \coth(jkD) = -j\cot(kD)$。若 D 等于半波长,$kD = 2\pi D/\lambda = \pi$,$z_2$ 就等于无穷大,结果同(10.12)式。$z = z_1\cosh\gamma l$,但若 D 等于四分之一波长,则 $kD = \pi/2$,z_2 等于零,而入射声阻抗比

$$z = z_1\tanh\gamma l \tag{10.13}$$

在一般情况,可从(10.11)式求得反射系数

$$R = \frac{z-1}{z+1} \tag{10.14}$$

$$= \frac{z_1(z_2-1)\cosh\gamma l + (z_1^2 - z_2)\sinh\gamma l}{z_1(z_2+1)\sinh\gamma l + (z_1^2 - z_2)\sinh\gamma l} \tag{10.15}$$

如材料内的阻尼很小,$\gamma l \approx -j\dfrac{\omega l}{c} = -j\dfrac{2\pi l}{\lambda}$,$\lambda$ 为材料内的波长。由(10.14)式可见,如 $l = \lambda/4$,cosh 项为零,sinh 项为 $-j$,如 $z_1^2 - z_2 = 0$ 反射系数即为零。换言之,如中间层厚四分之一波长,其特性阻抗为空气与第二介质的声特性阻抗的几何平均值,即无反射,这和光学中相似。

以上分析方法也扩大到任何层数。

10.1.3 空气中的薄层固体

如薄层材料后面是空气,离墙很远,基本是自由空间,则 $z_2 = 1$(即 $z_2 = \rho c$)代入(10.11)式,材料的入射阻抗比即为

$$z = z_1\frac{1 + z_1\tanh\gamma l}{\tanh\gamma l + z_1}$$

$$\approx 1 + z_1\tanh\gamma l \tag{10.16}$$

如略去分母中的微量 $\tanh\gamma l$。由此可求出空气中薄板的吸声系数

$$\alpha = 1 - \left|\frac{z_1\tanh\gamma l}{z\tanh\gamma l + 2}\right|^2$$

如 $|\gamma l|^2 \ll 1$,近似值为

$$\alpha \approx \frac{4(1 + x_1 kl - r_1 \alpha l)}{(2 + x_1 kl - r_1 \alpha l)^2 + (r_1 \alpha l + x_1 \alpha l)^2} \tag{10.17}$$

比 $z_2 = 0$ 时的 α_0 要小。

板的隔声性能很重要。设有正面入射的平面波,入射声压在 $x = 0$ 处是 p_1。根据反射定律,产生材料内的声压 $p_1 = \frac{2z_1}{z_1 + 1} p$,传播到 $x = l$ 成为 $p_1 \exp(-\gamma l) = p$

$\frac{2z_1}{z_1 + 1} \exp(-\gamma l)$ 在此处又经材料到空气的反射,在空气中 $p_2 = \frac{2/z_1}{1/z_1 + 1} p$ 或

$p_2 = \frac{2}{1 + z_i} \frac{2z_1}{1 + z_1} p \exp\left(-j\frac{\omega}{c_1} - \alpha\right) l$,所以传声系数为

$$\tau = \frac{p_2}{p_1} = \frac{2}{1 + z} \frac{2z}{1 + z} \exp\left(-j\frac{\omega}{c} - \alpha\right) l$$

$$= \frac{4z_1}{(1 + z_1)^2} \exp(-jkl - \alpha l) \tag{10.18}$$

一般情况,$z \gg 1$,如果材料厚度 l 比其中波长 $\lambda_1 = c_1/f$ 小得多,即可得近似值

$$\tau \approx \frac{4\exp(-\alpha i)}{z(1 + jkl)} = \frac{4\rho c \exp(-\alpha l)}{\rho_1 c_1 + j\omega \rho_1 l} \tag{10.19}$$

式中 $\rho \gamma l = m_r$ 为每单位面积的材料质量。所以传声系数比例于材料中的声波衰减,并与材料的声阻抗率加其单位质量抗成反比。传声损失为

$$TL = 20\log(1/\tau)$$
$$= 20(\log(\rho_1 c_1 + j\omega m_1)/4\rho c + 8.686\alpha_s l) \tag{10.20}$$

如果板是柔软的,它受到声压 p 入射时就会发生整个的随波振动,不经过板内声波传播而直接传声到 p_2。简单说,p 引致板的振动,$u_2 \geqslant \frac{p}{j\omega m_1}$ 板的振动在背面发出声波 $p_2 = u_2 \rho c$。因而

$$TL = 20\log(j\omega m_1/\rho c) \tag{10.21}$$

这就是平常用的质量定律。所以质量定律只能用于可随入射声波振动的柔软薄板,如果板较硬,较厚就要考虑其声阻抗和边界条件的影响,传声损失要更大。(10.21)式用到墙壁、间隔等,多半不能符合实验,实际关系要更加复杂。

10.2 穿孔吸声体

10.2.1 圆管的声阻抗

主要的吸声材料是靠声波通过材料的孔隙,与固体骨骼相互摩擦而消耗其能量。孔隙形状可有不同,骨骼也有软硬,但圆管内的声阻抗是基础,可以适用和推广其他形状,可以推广到计入管壁的振动(软骨骼的情况)。圆管内声波传播也应服从一般声波满足的流体动力方程——即欧拉提出的运动方程和连续性方程,

如 2.1 节所述。但在吸声材料中,声波密切与固体接触,要有能量交换,主要是黏滞性与热传导的作用。根据克希霍夫的研究结果,运动方程只受黏滞系数的影响,而连续性方程则只受热传导系数的影响。这很合理,因为运动方程是质点速度变化的方程,质点速度在接触固体时,当然黏滞系数要起作用,实验也证明如此。连续性方程涉及气体密度的变化,当然与温度有关,因而受热传导系数的影响。这种区分大大简化推导工作,根据运动方程,计入黏滞系数,很容易地可求出管内的声阻抗及其特性。这是本节的内容。严格理论是瑞利给的,经克兰道尔简化,并取得近似式。

10.2.2　理论和近似值

设有一圆管,半径 a,长度 t,二者均甚小于声波波长。取柱面坐标系统,管轴为 z 轴,管内一点到轴线距离为径坐标 r。为求得管内空气的运动方程,把管内空气看做是由大量圆柱层组成,如图 10.2,求各层在声波作用下在轴向的运动。

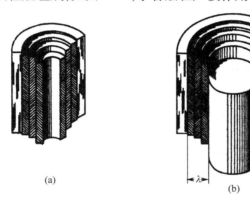

(a)　　　(b)

图 10.2　较细管中的层流

环受力是声压梯度,同邻环的摩擦力与质点速度在 r 方向的梯度成正比。设声波为正弦式波,时间微商就等于以 $j\omega$ 相乘,因此运动方程为,按柱面坐标,

$$j\omega\rho_0 u - \frac{\eta}{r}\frac{\partial}{\partial r}\left(r\frac{\partial u}{\partial r}\right) = -\frac{\partial p}{\partial z} \tag{10.22}$$

或

$$u - \frac{\eta}{j\omega\rho_0}\frac{1}{r}\frac{\partial}{\partial r}\left(r\frac{\partial u}{\partial r}\right) = -\frac{1}{j\omega\rho_0}\frac{\partial p}{\partial z}$$

左边是贝塞尔方程的样子,其解为 $J_0(\sqrt{-j}k_0 r)$,$k_0 = \sqrt{\omega\rho_0/\eta}$,$\eta$ 是空气中的黏滞系数,在 15℃ 下约 1.85×10^{-5} kg/sm,ρ_0 为空气密度,约 1.2kg/m³。(10.22)式的解就是

$$u = -\frac{1}{j\omega\rho_0}\frac{\partial p}{\partial z} + A J_0(\sqrt{-j}k_0 r)$$

A 为任意常数。在管壁上 $r=a$ 质点速度因摩擦而为零,由此可求得 A 的值,管中的质点速度为

$$u = -\frac{1}{j\omega\rho_0}\frac{\partial p}{\partial z}\left[1 - \frac{J_0(\sqrt{-j}\,k_0 r)}{J_0(\sqrt{-j}\,k_0 a)}\right] \tag{10.23}$$

在管壁上为零,在轴上最大。管中的平均质点速度为

$$\bar{u} = \frac{1}{\pi r_0^2}\int_0^a u2\pi r dr$$

$$= -\frac{1}{j\omega\rho_0}\frac{\partial p}{\partial z}\left[1 - \frac{2}{\sqrt{-j}\,ka}\frac{J_1(\sqrt{-j}\,k_0 a)}{J_0(\sqrt{-j}\,k_0 a)}\right] \tag{10.23a}$$

由于贝塞尔函数的积分关系

$$\int xJ_0(x)\,\mathrm{d}x = xJ_1(x)$$

如果是一短管,管长 $t \ll \lambda$,管两端的声压差 Δp, $-\partial p/\partial z$ 可以写成 $\Delta P/t$。因而求得短管声阻抗率

$$Z_1 = \frac{\Delta p}{\bar{u}} = j\omega\rho_0 t\left[1 - \frac{2}{\sqrt{-j}\,k}\frac{J_1(\sqrt{-j}\,k)}{J_0(\sqrt{-j}\,k)}\right]^{-1} \tag{10.24}$$

式中把 $k_0 a$ 写成 $k = a\sqrt{\omega\rho_0/\eta}$,为无量纲量。

贝塞尔函数

$$J_1(\sqrt{-j}\,x) = \mathrm{ber}_1(x) + \mathrm{jbei}(x)$$

$$J_0(\sqrt{-j}\,x) = \mathrm{ber}_0(x) + \mathrm{jbei}(x)$$

都可在数学表中查得,但查得后还须要复数计算,比较复杂,一般可用近似值。

如果 $\sqrt{-j}\,k$ 的值小于1,就可以取

$$J_0(x) = 1 - \frac{x^2}{4} + \frac{x^4}{192}$$

$$J_1(x) = \frac{x}{2}\left(1 - \frac{x^2}{8} + \frac{x^4}{192}\right)$$

各最小的三项,代入 $x = \sqrt{-j}\,k$,算出 Z。结果是

$$Z_1 = \frac{8\eta t}{a^2}\left(1 + j\frac{k}{6}\right)$$

$$= \frac{8\eta t}{a^2} + \frac{4}{3}j\omega\rho_0 t \tag{10.25}$$

第一项 $R = 8\eta/a^2$ 称为泊箫叶(Poiscuille)系数,泊箫叶定律如果用到物体在空气中的运动,说明力阻与 a^2 成反比,但物体的体积或重量与 a^3 成正比,所以越大的物体所受的相对力阻越小。可以估计出,一头大象从高空落下来要摔得粉碎,人落下来也要摔死,老鼠可能只摔昏,比老鼠小的动物摔也摔不死。用到管内流体,管径越大,对管内流体力阻越小,管径越小,流阻越大。如果管径小到一定程度(比如一毫米或更小)力阻就很大,用细管组合起来就可成为很好的吸声材料,微穿孔

吸声体,多孔性材料等的吸声,根据即在此。(10.25)式的第二项说明细管中空气密度有效值增加了三分之一,但质量抗还是比阻小得多,即使 $k=1$,从(10.25)式看来,声抗只有声阻的 $\frac{1}{6}$,这是吸声频带宽的基础。

如果 $k>10$,频率高或管径大时,贝塞尔函数在宗量大时的近似关系是

$$\frac{J_1(x\sqrt{-j})}{J_0(x\sqrt{-j})} = -j$$

代入(10.24)式,$k>10$ 时

$$Z_1 = j\omega\rho_0 t\Big[1 + \frac{2j}{k\sqrt{-j}}\Big]$$

$$= j\omega_0 t + \frac{\sqrt{2\omega\rho_0\eta}}{a_0}(1+j)t \tag{10.26}$$

这里密度 ρ 的改变有限,但阻与 a 成反比,不是像 k 值小时的与 a^2 成反比。相对说来,阻变小了,声阻系数则称为亥姆霍兹(Helmholtz)值,抗与阻的比小得多了,在 $k=10$ 时,为 1/8,与 k 值小时的情况比值相反。(10.25)、(10.26)二式是 Zwikker 和 Kosten 的经典著作《吸声材料》一书所用。但 k 值在 1~10 之间对微穿孔板特别重要,如果能找到一个能完全代替(10.24)式的简单公式就更方便了。

统一的近似式可根据(10.25)和(10.26)两个近似式求得能连接二式的过渡方程。根据二式,声阻部分是

$k<1$ 时, $\qquad 8\eta t/a^2$

$k>10$ 时, $\qquad \sqrt{2}\eta tk/a = (8\eta t/a^2)\cdot\sqrt{2}k/8$

k 大时的阻等于 k 小时的阻乘以 $\sqrt{2}k/8$。如果提出共同之因数,把其乘数平方相加再开方就得到一个过渡函数,改用管的直径 d 代替半径得 $d=2a$,统一声阻式

$$\frac{32\eta t}{d^2}\sqrt{1+\frac{k^2}{32}}$$

k 值小时,根号内的第二项可忽略,k 值大时第一项可忽略。声抗稍有不同

$k<1$ 时, $\qquad \omega\rho_0 t\Big(1+\frac{1}{3}\Big)$

$k>10$ 时, $\qquad \omega\rho_0 t\Big(1+\frac{\sqrt{2}}{k}\Big)$

各有两项,有一项二者相同,另一项 1/3 在 k 值大时要过渡到 $\sqrt{2}/k$,满足要求的是

$$\omega\rho_0 t[1+(3^2+k^2/2)^{1/2}]$$

统一的声阻抗近似式为

$$Z_1 = \frac{32\eta t}{d^2}\sqrt{1+\frac{k^2}{32}} + j\omega\rho_0 t\Big[1+\Big(3^2+\frac{k^2}{2}\Big)^{1/2}\Big] \tag{10.27}$$

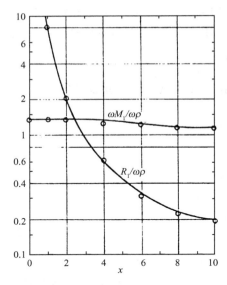

图 10.3　近似声阻抗公式与
准确公式的比较

实线——准确公式　圆圈——近似公式

式中
$$k = d\sqrt{\omega\rho_0/4\eta}$$
它适用于任何 k 值。近似式与准确式的比较见图 10.3,实线代表准确式(10.24),圆圈代表近似式(10.27),二者非常接近,所以后者只能用圆圈代表以资区别。可以证明近似式的误差小于 6%,而且在 $k=1$ 和 $k=10$ 处比(10.25)和(10.26)式更准确,因为后二者是在更小和更大处的近似。(10.27)式非常重要,因为 k 在 1~10 之间的阻抗值是很有需要的。例如,$d=0.5\text{mm}$,$f=100\sim 4000\text{Hz}$ 时,k 值约为 $d\sqrt{f}/10$(d 的单位改用 mm),是 1.5~10。

(10.23a)式是管内声传播的基本方程式,如不算方括号内的量,它就是自由空间中的运动方程(10.2)的无阻尼一维式。方括号内是因计入黏滞性而增加的因式。这使空气密度的有效值成为

$$\rho = \rho_0\left[1 - \frac{1}{k\sqrt{-\mathrm{j}}}\frac{J_1(k\sqrt{-\mathrm{j}})}{J_0(k\sqrt{-\mathrm{j}})}\right]^{-1}$$
$$= \rho_0\left[1 + \left(3^2 + \frac{k^2}{2}\right)^{1/2} - \mathrm{j}\frac{8}{k^2}\left(1 + \frac{k^2}{32}\right)^{1/2}\right] \quad (10.28)$$

代入近似式,欲求得管内声波传播的规律,还需要空气压缩率的有效值,后者受热传导系数的影响,以后再讨论。

10.2.3　微穿孔板

穿孔板的发展已超过半个世纪,以其有可控制的共振特性,一时很受重视,但使用时须另加多孔性材料以补其吸收能力不足。根据圆管中声阻与管径平方成反比的关系,知管径小到一定程度,声阻就可以达到有效吸收的程度,不须另加多孔性吸声材料,这就是微穿孔板的概念。在板上穿以丝米(小于毫米)级的孔,孔径 d,板厚 t,穿孔面积与板面积的比 σ 就是穿孔比,每一个孔可看做一小管,管径 d,管长 t(即板厚)。每一个孔的声阻抗是 Z_1 如上,如果孔间距离比较大,板的声阻抗要除以 σ,相对声阻抗或声阻抗比则是 $Z_1/\sigma\rho c$。不过还必须加末端修正。

声阻和声抗都需要修正。声阻修正是由于声流动进入小孔须要压缩很多倍,就要有一部分擦着板面进入,流出,因而要消耗能量。根据殷伽(U. Ingard)的研

究,在板面摩擦产生的声阻是 $\frac{1}{2}\sqrt{2\omega\rho_0\eta}$,因而使小管的声阻增加。声亢的修正则是由于空气在小管内振动时,管口上要有活塞发射,根据瑞利理论,小管两端的活塞发射等于管长增加 $0.85d$。两项合起,使微穿孔板的相对声阻抗率或阻抗比成为

$$z = r + \mathrm{j}\omega m$$

$$r = \frac{32\eta t}{\sigma\rho_0 c_0 d^2}k_r, \quad k_r = \sqrt{1 + \frac{k^2}{32}} + \frac{\sqrt{2}}{32}k\frac{d}{t} \quad (10.29)$$

$$\omega m = \frac{\omega t}{\sigma c_0}k_m, \quad k_m = 1 + \left(3^2 + \frac{k^2}{2}\right)^{-1/2} + 0.85\frac{d}{t}$$

声抗的改正较大,几乎和小管的声抗相等,即使板厚等于零,小孔的声抗还不很小。声阻的修正则有限。

微穿孔板(MPP)的声阻抗比 z 可在驻波管内测量。把 MPP 装在驻波管内,与后面的管端隔一距离 D,板后空腔的声抗比为 $-\cot(\omega D/c)$ 或 $-\cot(2\pi D/\lambda)$,λ 为管内波长。调整频率使 MPP 与空腔共振,微穿孔极面上声压为极大值。这时 MPP 的声抗比 $\omega m = \cot(2\pi D/\lambda)$,整个结构的声阻抗简单地成为 MPP 的声阻,板面上成为声压极大,板的反射系数是

$$R = \frac{r-1}{r+1}$$

板面上的声压为

$$P_1 = P_i + P_r = P_i\frac{2r}{r+1}$$

在板前距离 l 为 $\lambda/4$ 处为声压极小(与板面上相反),声压为

$$P_2 = P_i - P_r = P_i\frac{2}{r+1}$$

二者之比

$$P_1/P_2 = r \quad (10.30)$$

即声阻比。声抗比中的 λ 要代以实测距离,因管中声速值未知,因此 $\lambda = 4l$,而

$$\omega m = \cot(\pi D/2l) \quad (10.31)$$

用探管或传声器在管内检测声压极大,极小即可测得声阻抗比。实验证明声阻抗与管内质点速度有关,图 10.4 是实验结果。

实验用的 MPP 板厚 1 mm,穿孔直径 1 mm,穿孔面积与总面积的比是 0.011,用几种不同的 D 值和相应的共振频率,测得结果在质点速度低时 r 和 m 符合理论结果。在驻波管内使用的声压级是在 80~150dB 之间,在孔内产生的质点速度峰值 v 最大可到 15m/s(各种频率不同)。大约在 $v>1$ m/s 时出现非线性特性。声阻比变为

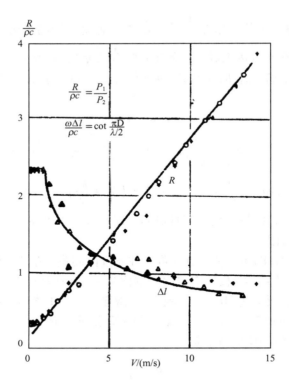

图 10.4　MPP 声阻比及声质量比与管内质点速度峰值的关系

$$r = \frac{v}{\sigma c_0} \qquad (10.32)$$

符合 Ingard 和 Ising 的推论。非线性声阻与线性声阻 r（10.29）衔接，但不同时存在,即低速时为线性声阻（10.29）,高速时符合非线性声阻（10.32）。声质量 m 与此相似,质点速度低时实验值符合线性声质量（10.29）。质点速度 $v > 1$ m/s 时渐渐降低,到 v 相当高时,m 降到低速值的 70% 左右,速度在 10 m/s 以后渐趋稳定,好像质量的末端修正减小了一半。一个经验公式与实验结果相当符合的是

$$m = \frac{t}{\sigma c_0}\left[1 + \left(3^2 + \frac{k^2}{2}\right)^{-1/2} + 0.85\,\frac{d}{t}\left(1 + \frac{v}{\sigma c_0}\right)^{-1}\right] \qquad (10.33)$$

高速和低速的 r 和 m 所服从的规律不同,但是连续,这可以理解。低速时,一切服从线性规律。当质点速度大到一定程度时（$v = 1$ m/s 左右）,空气流出口后形成喷注,服从非线性规律 $\Delta P = \rho_0 v^2$,流阻（质点速度所受声阻）与流速成比例。同时,声质量在低速时服从线性规律,其末端修正值来自小管两端的活塞辐射。当质点速度在出口形成喷注后,该处的活塞辐射即被破坏,辐射减少,质量的末端修正也减小,减小的多少和喷注声阻有关,最后末端修正减少一半只剩一端的修正,也是合理的,由此可说明 r 和 m 的非线性部分。

微穿孔板的声阻和声质量在高低速下虽有不同,但不影响其使用。线性式主要在一般情况有用。产生 1 m/s 左右以上的质点速度与穿孔比 σ 和共振情况都有关,大致说来总要在声压级 100dB 以上,才超过一般情况。非线性值则用于高声强的条件,须根据声强高低具体设计,此时声阻抗与孔径无关,可根据声强和气流选择孔径和穿孔比以达到最佳结果,可用于喷气飞机的进气管道中。

10.2.4 微穿孔吸声体

图 10.5 是微穿孔吸声体(MPA)及其阻抗类比线路(或等效电路),穿孔板的声阻抗率是 $R + \mathrm{j}\omega M$,后腔 $-\mathrm{j}\rho_0 c_0 \cot(\omega D/c)$,声源是入射声波,根据 Thevenin 定律,等效声源是开路(流为零,即在固体表面前)的声压和内阻抗,即 $2p, \rho_0 c_0$。

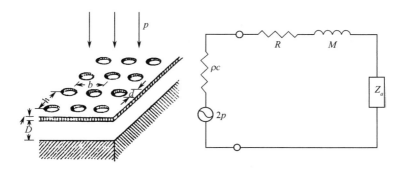

图 10.5   微穿孔吸声体及其阻抗类比线路

根据图 10.5 中的等效电路可求出吸声系数 α,即线路中消耗的能量与入射的能量(或最大能量)之比,在正入射时,吸声系数等于

$$\alpha_n = \frac{4R\rho_0 c_0}{(\rho_0 c_0 + R)^2 + (\omega M - \rho c \cot(\omega D/c_0))^2}$$

$$= \frac{4r}{(1 + r)^2 + (\omega m - \cot(\omega D/c_0))^2} \tag{10.34}$$

其中阻抗比

$$r = \frac{32\eta t}{\sigma \rho_0 c_0 d^2} k_r, \quad k_r = \sqrt{1 + \frac{k^2}{32}} + \frac{\sqrt{2}}{32} k \frac{d}{t}$$

$$\omega m = \frac{\omega t}{\sigma c_0} k_m, \quad k_m = 1 + \left(3^2 + \frac{k^2}{2}\right)^{-1/2} + 0.85 \frac{d}{t}$$

而

$$k = d\sqrt{\omega \rho_0 / 4\eta}$$

是关键性的常数,如前所述,k 在 1 上下时,$R/\omega M \approx 6$,吸声体是宽频带的共振吸声体,k 到 10 时 $R/\omega M \approx 1/7$ 已无甚频带意义,如果说吸收,也几乎只能吸收单频率。

所以 k 称为**穿孔板常数**。现将基本常数 $\rho_0 = 1.2 \text{ kg/m}^3, c_0 = 340 \text{ m/s}, \eta = 1.85 \times 10^{-5} \text{ kg/sm}$ 代入，使上面涉及的常数更易于直觉观察，这样可得

$$\left.\begin{array}{l} k \approx d\sqrt{f/10} \\[2mm] r/k_r = \dfrac{32\eta t}{\sigma\rho_0 c_0 d^2} \approx \dfrac{0.15t}{\sigma d^2} \\[3mm] \omega m/k_m = \dfrac{\omega t}{\sigma c_0} \approx \dfrac{1.85 \times 10^{-3} ft}{\sigma} \end{array}\right\} \tag{10.35}$$

式中单位有改变：t, d 单位是 mm，f 的单位仍是 Hz，σ 为百分数% 。

由(10.33)式，可知 MPA 的最大的吸声系数

$$\alpha_0 = \frac{4r}{(1+r)^2} \tag{10.36}$$

其频率满足

$$\omega_0 m = \cot(\omega_0 D/c_0) \tag{10.37}$$

$\omega_0 m$ 为任何正值，$\omega_0 D/c_0$ 总是小于 $\pi/2$，所以余切可以用近似式，共振频率公式成为

$$\omega_0 m - \frac{1}{\omega_0 D/c} + \frac{\omega_0 D/c}{3} = 0 \tag{10.37a}$$

解之

$$\omega_0 D/c_0 = \frac{1}{\sqrt{g+1/3}} \tag{10.38}$$

式中

$$g = \omega_0 m/(\omega_0 D/r_0) = mc_0/D \tag{10.39}$$

在一般情况下，知 $\omega_0 m$ 可求得 $\omega D/c_0$，将(10.37)式改写做

$$\omega_0 D/c = \text{arccot}\,\omega_0 m \tag{10.37b}$$

两边除以 2π，得

$$D/\lambda_0 = \frac{1}{2\pi}\text{arccot}\,\omega_0 m \tag{10.40}$$

式中 λ_0 为共振频率相当的波长 c_0/f。

由(10.33)式可求得吸声系数为最大值 α_0 之半的条件，半吸收频率满足

$$\omega_{1,2} m - \cot(\omega_{1,2} D/c) = \mp(1+r) \tag{10.41}$$

ω_1 为低半吸声频率，ω_2 为高半吸声频率，$\omega_2 - \omega_1$ 为吸声频带，宽度称半吸声带宽。(10.41)式可另写做

$$\omega_{1,2} D/c_0 = \text{arccot}\big[\pm(1+r) + \omega_{1,2} m\big] \tag{10.41a}$$

显见，如 ω_1 较低，$\omega_1 m$ 也较小，可以用近似式

$$\omega_1 D/c = \text{arccot}(1+r) - \frac{\omega_1 m}{1+(1+r)^2}$$

按余切的增量公式处理。按(10.39)式 $m = gD/c$，代入上式，移项、整理，可得

$$\omega_1 D/c = \mathrm{arccot}(1 + r) \Big/ \left(1 + \frac{g}{1 + (1 + r)^2}\right) \tag{10.42}$$

可直接求得 ω_1。如果 $\omega_2 m$ 也甚小于 $1 + r$，用同样近似可得

$$\omega_2 D/c = [\pi - \mathrm{arccot}(1 + r)] \Big/ \left(1 + \frac{g}{1 + (1 + r)^2}\right) \tag{10.43}$$

吸声频带的频程就是二式之比

$$F = \frac{\omega_2}{\omega_1} = \frac{\pi}{\mathrm{arccot}(1 + r)} - 1 \tag{10.44}$$

在这计算中，ω_1 基本无误差，如 g 甚小于 1，ω_2 的误差也不大，所以频程 F 的值误差也不大。但根据(10.35)式，降低 g 只能靠降低共振频率 f，主要是降低孔径 d，这就是用微穿孔的原因。

根据半吸声频率公式(10.41)可以做另一近似计算。可以利用余切的近似式

$$\cot A \approx \frac{1}{A} + \frac{A}{3} \tag{10.45}$$

如在求 ω_0 时所用。这个近似式可用于 $A < \pi$ 的情况。用于 ω_1，因 $\omega_1 D/c$ 甚小，无甚误差。但如 $\omega_2 D/c$ 接近 π（g 极小的情况）时，误差可能较大。代入半吸声频率公式(10.41)，得

$$\omega_{1,2} m - \frac{1}{\omega_{1,2} D/c} + \frac{\omega_{1,2} D/c}{3} = \mp (1 + r)$$

ω 的解为

$$\omega_{1,2} = \mp \frac{1 + r}{2\left(m + \dfrac{D}{3c}\right)} + \sqrt{\left[\frac{1 + r}{2\left(m + \dfrac{3D}{c}\right)}\right]^2 + \frac{1}{\left(M + \dfrac{D}{3c}\right)\dfrac{D}{C}}} \tag{10.46}$$

频带宽度为 $\Delta\omega$，

$$\Delta\omega = \omega_2 - \omega_1 = \frac{1 + r}{m + \dfrac{D}{3c}} \tag{10.47}$$

在 g 极小时，带宽 $\Delta\omega$ 可能比(10.47)式稍小。(10.46)的二式相乘得

$$\omega_1 \omega_2 = \frac{1}{\left(m + \dfrac{D}{3c}\right)\dfrac{D}{c}} = \omega_0^2 \tag{10.48}$$

根据(10.38)式，共振频率为高低半吸声频率的几何平均值。由此可见，微穿孔吸声体的频率吸声曲线，在对数坐标上基本是对称的。上面的频带宽度 $\Delta\omega$ 也可以直接从(10.41)的二式相减求得。

由(10.44)式知，微穿孔吸声体吸声频带的频程 F 只与其声阻比有关，其他参数只影响频带的位置（具体频率），不能改变其吸声频程。如果要求吸声系数高，

可取 $r=1$（最大吸声系数 $\alpha_n=1$），吸声频程 $f_2/f_1=5.8$ 即 2.5oct，如取 $r=2$，最大吸声系数降低为 0.89，但吸声频程增为 8.8，即 3.1oct，超过三个倍频程。所以可在吸声系数和频程之间作选择，声阻大，吸声减而频程增。

具体频带则由(10.47)式决定，换个写法，

$$\Delta\omega D/c = \frac{1+r}{g+\dfrac{1}{3}} \tag{10.47a}$$

与 r 有关并由 $g+\dfrac{1}{3}$ 控制，后者和共振频率有关，按(10.38)式，上式可写做

$$\Delta\omega D/c = (1+r)(\omega_0 D/c)^2 \tag{10.47b}$$

所以最后是由共振频率控制。吸声体的频率特性由 r 和 $\omega_0 D/c$（或 g）决定。

根据(10.24)式的 r 和 $\omega_0 m$ 的关系得

$$\omega_0 m = \frac{1}{8}\frac{k_m}{k_r}rk^2$$

即使 k 从 1 变到 10，k_m 变化也很小，如 r 只是 1 或 2，k_r 变化也不大，所以主要是 k。如果 $\omega_0 m$ 大，就要取较大的 k 值，至少大于 2 或 3。如果不能满足，(10.41a)就只能用数值解。

频率方程(10.37)和(10.41)的解可简单明了地用图解表示。如图 10.6，横坐标是 $\omega D/c$（与频率成正比），纵坐标是 $\cot(\omega D/c)$，曲线是余切函数曲线，可通用于

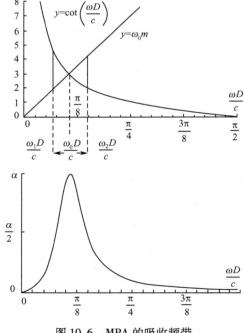

图 10.6　MPA 的吸收频带

微穿孔吸声体。在曲线上取一点，其纵坐标等于 $\omega_0 m$，横坐标就是 $\omega_0 D/c_0$，此点代表共振点。从原点画一斜线至共振点，就是 ωm 线，其斜率等于 g。在共振点左右各在余切线和 g 线（ωm 线）之间画一垂直线段，长度为 $1 + r$，这两个线段所在位置即半吸收点，其间是吸收频带。

由以上可知，只要 $\omega_0 m$ 和 r 值已知，整个频率特性，吸收范围和吸声系数都可求得。但更基本的是穿孔板常数 k 和声阻比 r，因为 $\omega_0 m$ 也是由此二者决定。不仅如此，MPA 的结构，d, t, b, D 等常数也都可根据 k 和 r 决定（常数 d, t, b, D 和共振频率 f_0 中有两个可自由选择，但 d 和 f_0 中只有一个可自由选择）。换言之，微穿孔吸声体的基本参数为 k 和 r，据之可以决定吸声体的吸声特性，也可以求出吸声体的结构。在另一方面，由吸声体吸声特性的要求，或由吸声体的结构都可以求得应有的 k 和 r 值，使吸声体容易制备，k 值可在 2 或 3 上下，$r = 1$ 时，半宽度在 1 ~ 2oct 之间，r 值大，半宽度加大，但最大吸收降低，整个吸声曲线在 $r = 1$ 的曲线之下，并无好处。要求频带更宽，则须要降低 k 值（见下）。

10.2.5　统计吸声系数

上节讨论的是声波正入射时的吸声系数，如声波以与吸声体的法线成 θ 角入射，声阻抗率即有不同。声波在穿孔板表面上，入射的质点速度是其在板法线方向的分量 $u\cos\theta$。在空腔内，板上各个小孔就发生大量小波，根据惠更斯原理，这些小波就形成仍在 θ 方向传播的声波，这声波经反射回到穿孔板时，与此时在空气中传来的声波要有一个路程差 $2D/\cos\theta - 2D\tan\theta\sin\theta$ 或 $2D\cos\theta$。因此 MPA 在 θ 角入射时，声阻抗比为

$$z_\theta = r\cos\theta + j\omega m\cos\theta - j\cot(\omega D\cos\theta/c_0) \qquad (10.49)$$

吸声系数为

$$\alpha_\theta = \frac{4r\cos\theta}{(1 + r\cos\theta)^2 + (\omega m\cos\theta - \cot(\omega D\cos\theta/c_0))^2} \qquad (10.50)$$

在斜入射时，r 的有效值减小至 $r\cos\theta$，所以 r 值大于 1 时，吸声系数反而要增加。m 和 D 的减小等效于 ω 升高。在共振时 $\omega\cos\theta$ 等于 ω_0，所以共振角频率增加至 $\omega_0/\cos\theta$。共振曲线与正入射时大致相同，只是按 $\cos\theta: 1$ 移至较高频率，最大吸收增加（r 大时）或减小（r 小时）。

在扩散声场中（如混响室或比较混响的空间），各种角度以同样概率向微穿孔吸声体入射，有效吸声系数为 α_θ 对 θ 的平均。取球面坐标 θ, φ，以微穿孔板的法线为轴，θ 就是入射角，φ 是周角，平均吸声系数或统计吸声系数

$$\alpha_{\mathrm{st}} = \frac{被吸收的能量}{总入射能量} = \frac{\int \alpha_\theta \cos\varphi \mathrm{d}\Omega}{\int \cos\varphi \mathrm{d}\Omega}$$

由于 α_θ 只和 θ 有关,积分取顶点在原点,顶角为 $\pi/2$ 的立体角。顶角为 2θ 的圆锥面与顶角为 $2(\theta+\mathrm{d}\theta)$ 的圆锥面之间的立体角 $\mathrm{d}\Omega=2\pi\sin\theta\mathrm{d}\theta$,积分

$$\alpha_{\mathrm{st}} = \int_0^{\pi/2} \alpha_\theta \sin 2\theta \mathrm{d}\theta \tag{10.51}$$

α_{st} 是 θ_θ 的加权平均。α_θ 的峰值频率已向高频转移,按 $\sin 2\theta$ 加权,其最大值在 $\theta=\pi/4(45°)$,α_{st} 的峰值 α_m 其角频率 $\omega_m=\xi_m\omega_0$ 在 $\pi/4$ 的可能性大,$\omega_m\cos(\pi/4)=\omega_0$,或频率比 $\omega/\omega_0=\xi_m=1.41$。计算结果证明在 $k=2$ 附近时,的确如此。k 值较大时,或 $r<1$ 时,因吸声频带较窄,ξ_m 要小于此,可能到 1.33。k 值较小时,或 r 值大时,吸声频带宽,ξ_m 要大,有时大到 1.6 或更多。吸声频程(半吸收频率之比 ω_2/ω_1)在漫入射时与正入射基本相同,只是随 ω_m 向高频转移。最大吸收比正入射低,但 r 值大时,则相差较小,这些关系完全为实验证实,根据正入射吸声曲线基本可以预测扩散场吸声曲线,这是给工作很大便利,因为无论在计算或者在测量中,前者比后者要简单得多。有了正入射吸声曲线,按频率比 ξ_m 移至高频,就基本得到扩散场吸声曲线。

10.2.6 双层微穿孔吸声体

双层结构是加宽 MPA 吸声频带的一个有效办法。原理是双共振器,如果 MPA 有两个共振频率,吸收频率范围即大为扩张。做一共振频率高的微穿孔板加空腔,后面再加一微穿孔板加空腔以使吸收频率向低频延长,同时也向高频率延长,如图 10.7 所示。两层微穿孔板可完全相同,用不同空腔就可得到适宜的频率了。正入射时的声阻抗比可求得是

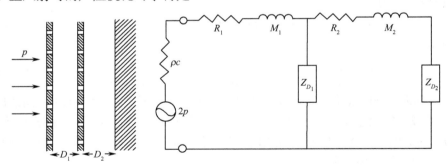

图 10.7　双层微穿孔吸声体及阻抗类比线路

$$z = r_1 + \mathrm{j}\omega m_1 - \mathrm{j}\cot(\omega D_1/c) + \frac{\cot^2(\omega D_1/c)}{r_2 + \mathrm{j}\omega m_2 - \mathrm{j}\cot(\omega D_1/c) - \mathrm{j}\cot(\omega D_2/c)}$$

$$\tag{10.52}$$

在高频率,$\cot(\omega D_1/c)$ 很小,最后一项可忽略,声阻抗比基本等于

$$z_h \approx r_1 + \mathrm{j}\omega m_1 \tag{10.53}$$

只有第一个共振线路的 r 和 m 起作用。在低频率，$\omega D/c$ 都很小，余切项很大，近似地，可把 $(r+j\omega m)^2/\cot^2(\omega D/c)$ 之类的项忽略掉，双层结构的阻抗比成为

$$z_l = r_1 + j\omega m_1 + (r_2 + j\omega m_2)\frac{\cot^2(\omega D_1/c)}{(\cot(\omega D_1/c) + \cot(\omega D_2/c))^2} - j\cot[\omega(D_1 + D_2)/c]$$

若二 MPP 相同，令 $\cot x \approx \dfrac{1}{x}$，阻抗比即为

$$z_l \approx (r + j\omega m)\left(1 + \frac{D_2^2}{(D_1 + D_2)^2}\right) + \frac{1}{j\omega(D_1 + D_2)/c} \qquad (10.54)$$

两个空腔相加，r 和 ωm 也稍加大。高低两个共振频率可能相差很多，吸收频带可达到三或四倍频程以上。在中间频率，总声阻要大于 r，所以每一个 MPP 的声阻比最好小于 1。如果两个共振频率相差过大，中间频率的吸声系数要有一个低谷，主要是总声阻的作用。所以两个共振频率相差不宜过大。图 10.8 是一个说明。

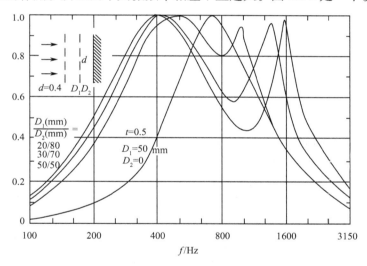

图 10.8　双共振器的频率特性，$t = 0.5$，$d = 0.4$，$b = 3.5\text{mm}$
双共振频率差别的增加

图 10.8 中，单共振器，$D = 50$ mm，吸声频率宽 1.6 oct。双共振器空腔 50-50，带宽 2.5 oct 几乎加宽 1 oct，但中间吸收由 1 降至 0.8，仍是较好的吸声体。如双层 30-70，带宽 2.8 oct，又增宽了 32%，但中间吸收降至 0.6 以下，就比较差。如 20-80，带宽更增至 3.3 oct 再增 40%，中间吸收只有 0.45，就不值得了。

10.2.7　多共振 MPA

事实上微穿孔吸声体本身就是多共振器，不需要双层 MPP，也具有很多共振频率，一般使用时显不出来，问题在如何使其发生影响。图 10.6 表明 MPA 的共

振点由余切曲线与 ωm 线相交形成。但余切曲线是多支的,$\cot(x+n\pi)=\cot x$,基本吸声频率利用的只是 $0\sim\pi$ 之间的余切曲线,$\pi\sim2\pi$ 之间,$2\pi\sim3\pi$ 之间等每一 π 段都有一支余切曲线,只要把声抗比 ωm 线延长(在相当范围内,m 基本是常数,不因频率不同而变)就和各支余切曲线相交,形成共振点。在声抗比线上下各画一条平行线相距 $(1+r)$,与各支余切曲线相交,即各共振的半吸收点,其间为半吸声频率范围,成半吸声频带。图10.9 示明多吸声频带的原理。

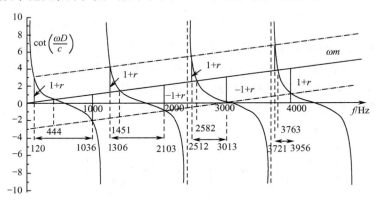

图 10.9　MPA 的多吸声频带

由此可见,多共振性质是 MPA 的一般性质,任何情况下都是如此。但当 $\omega_0 m$ 值较大(与 1 比)时,或 ωm 线斜度 g 较大时,这些线与余切曲线第二支、第三支等相交时已到曲线直上部分,频率差很小,吸声频带很窄。在正入射测量中可以明显地看出,在扩散声场中由于平均关系,只稍有痕迹,甚至连痕迹都没有。知 $\omega_0 m$ 与 rk^2 成正比,r 的影响是双重的,一方面 r 增加使 ωm 线更陡,频带更窄,但 r 增加也使 $1+r$ 线离得更远,频带可加宽,二者相抵,影响不大。主要影响在 k 值,如图10.8,k 约为3.2,吸声频带说明此点。图10.8 中单共振器正入射时的吸声频带只有 1.6 oct,第一个次频带只有 0.02 oct,第二个更小。次吸声频带越来越窄。具体计算,在扩散场吸声系数中,由于平均关系,次频带越来越模糊,基本不起吸声作用,k 更大时更是如此。

k 值小时,ωm 线比较平缓,如图10.9 所示,与余切曲线各支相交于较平的区域,次吸声频带甚至可比主吸声频带更宽(按频率计算,不是按频程计算);这时在扩散场内的平均不但不使次吸声频带消亡,几个次吸声频带甚至可与主吸声频带连成一片,使主吸声频带的上限频率失效,把吸收延长到甚高频率,图10.10 的 $k=1$ 情况就是如此。这时吸收频谱有几个特点:除了吸收频带向高频延伸外,不同 r 值的最大吸声频率也不相同(正入射时仍相同),r 值越大,频移 ξ_m 也越大,原因是频带宽度不同,r 值越大,主频带越宽,而且不像 k 值大时那样,r 值大的吸收频率曲线完全在 r 值小的频率曲线下面。r 值不同,最大吸收系数相差较小,在

$r = 1 \sim 3$ 时,最大吸收几乎相同,$\alpha_m = 0.8$。r 值不同时,吸收曲线最大差别是高频延伸不同。一般总是经过最大吸收后,随着频率比 ξ 的增加,吸声系数在不断起伏中降低。$r = 1$ 时在 ξ 为 10 以前,吸声系数一直大于 0.4,但 $r = 3$ 时,吸声系数除起伏外,在 $\xi = 6.3$ 以后就小于 0.4 了。$r = 5$ 时更提前到 $\xi = 4.2$,但最大吸收只有 0.6,如果算半吸收 0.3 的话,也一直到 $\xi = 6.3$。这种吸声系数在高频降落的程度和 k 值有关,$k = 0.5$ 时几乎不降落,而在 $k = 1.6$ 时,只是在 $r = 1$ 时吸声频带稍有延伸。所以在 $k = 0.5 \sim 1.6$ 之间,MPA 的多共振特性,颇有实际意义。在以上讨论中,主要是考虑频率比 ξ,在 MPA 中决定性的参数是 k 和 r,具体的 ω_0 值或 f_0 值是可以选择的,所以上面所有结论都是可以用于低频吸声体,也可以用于高频吸声体。

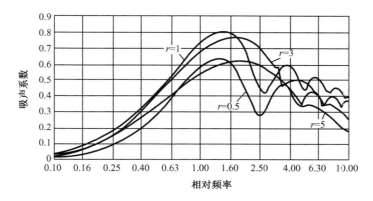

图 10.10 $k = 1$ 时的扩散场吸声特性

10.2.8 微缝吸声体

用微缝板做成吸声体也可以得到良好吸声特性,与微穿孔板相似。微窄缝板的基础是窄缝的吸收。设板上有长缝,缝宽 $d = 2a$,板厚 t(缝的深度),缝长 $2l$。设 l 比 a, t 都大得多。取坐标系统,设 x 轴与板面垂直,即在缝深的方向,y 与缝垂直,在缝宽的方向,缝的两边为 $y = \pm a, 2a = d, z$ 为缝长方向,缝的两端是 $z = \pm l$,假设声波系垂直入射,缝内声波也是在 x 方向传播。与圆管内传播相似,运动方程应包含由黏滞性引起的横向变化,但此时因只有 y 方向的边界即缝壁,拉普拉斯算子要写成直角坐标的形式,即运动方程为

$$\rho_0 \frac{\partial u}{\partial t} - \eta \frac{\partial^2 u}{\partial y^2} = -\frac{\partial p}{\partial x} \tag{10.55}$$

解为质点速度

$$u = \frac{-1}{j\omega\rho_0} \frac{\partial p}{\partial x} \left[1 - \left\{ \cosh\left(\sqrt{\frac{j\omega\rho_0}{\eta}} y \right) \Big/ \cosh\left(\sqrt{\frac{j\omega\rho_0}{\eta}} a \right) \right\} \right]$$

满足(10.55)及边界条件,在两壁($y = \pm a$)上为零,在中心最大。

用与处理微穿孔板相似的方法可以求得微缝板的统一声阻抗比(适用于所有频率)的近似公式

$$z = \frac{12\mu t}{\sigma c d^2}\sqrt{1 + \frac{k^2}{18}} + \frac{\mathrm{j}\omega t}{\sigma c}[1 + (5^2 + 2k^2)^{-1/2}] \qquad (10.56)$$

与微穿孔板的阻抗比相似,只是常数不同,式中

$$k = \frac{d}{2}\sqrt{\omega/\mu} \qquad (10.57)$$

与微穿孔板相同,只是二式中的 d 现在为缝宽。

还有末端修正问题,其声阻部分是由于气流被挤入窄缝,有一部分要沿板面流过所受的摩擦(黏滞性)损失。这与微穿孔板毫无区别,所以也是 $\frac{1}{2}\sqrt{\omega\rho_0\eta}$。但声抗不同,声抗是由于管端振动的声波辐射,现在管端是 $(2l \times 2a)$ 矩形面积活塞的辐射,这个问题在数学上还未能得解。如果 $l \gg a$,把缝口看做半长径为 l,半短径为 a 的椭圆就容易求解了,因为长方形接近扁长的椭圆。瑞利有椭圆辐射的理论和计算结果可以引用。他推导的方法与圆辐射的推导相似,但做了一些简化。求得椭圆面上的总体积速度 Q 与在其中心所产生声压 P 之比,他称之为传导率 c,

$$P = \iint\frac{q\mathrm{d}S}{r} = \frac{Q}{l}\int_0^{\pi/2}\frac{\mathrm{d}\theta}{(1 - e^2\omega^2\theta)^{1/2}}$$

$$c = \pi Q/P = \pi l/F(e) \qquad (10.58)$$

式中

$$F(e) = \iint_0^{\pi/2}\frac{\mathrm{d}\theta}{(1 - e^2\cos^2\theta)^{1/2}} \qquad (10.59)$$

是全椭圆积分(第一类),用级数表示,

$$F(e) = \frac{\pi}{2}\left(1 + \frac{1^2}{2^2}e^2 + \frac{1^2\cdot3^2}{2^2\cdot4^2}e^4 + \frac{1^2\cdot3^2\cdot5^2}{2^2\cdot4^2\cdot6^2}e^6 + \cdots\right)$$

e 是椭圆率,$\cos\varphi = a/l$,可求得

$$e = \sqrt{1 - \left(\frac{a}{l}\right)^2} = \sin\varphi \qquad (10.60)$$

c 与活塞本身的传导率组合形成的阻为

$$\frac{1}{\dfrac{1}{c} + \dfrac{t}{s}} = \frac{S}{aF(e) + t}$$

式中 S 是椭圆的面积,πla,此式表明缝的末端修正为

$$\delta = aF(e) = \frac{1}{2}dF(e) \qquad (10.61)$$

$l = a$ 时,$e = 0$,椭圆成为圆,$F(e) = \pi/2$,圆的末端修正为 $\delta = \frac{\pi}{4}d$ 这个值比普通

接受的值 0.85 稍小，根据瑞利的讨论，0.85 是近似值的上限，所以（10.61）式的值是合理的。按椭圆求得的末端修正值 δ 随椭圆率增加而增加，数值变化如表 10.1 所示。

表 10.1　椭圆缝的质量抗末端修正

l/a	$e = \sqrt{1 - (a/l)^2}$	$\delta/d = \dfrac{1}{2}F(e)$
1	0.00000	0.7854
2	0.86603	1.0785
5	0.97980	1.508
10	0.99499	1.845
20	0.99815	2.192
50	0.99980	2.663
100	0.999949	2.988
200	0.999888	3.348
500	0.999996	3.792
1000	0.999999	4.016
2000	0.99999975	4.500

由表 10.1 可见，末端修正可达到缝宽的几倍，使微缝板的声抗很大，l/a 最大可选择为 1 000 或较小。

把末端修正加入（10.56）式，就可以求得微缝板的声阻抗比，与微穿孔板相似，就是

$$z = r + \mathrm{j}\omega m$$

$$r = \frac{12\mu t}{\sigma c_0 d^2}k_r, \quad k_r = \sqrt{1 + \frac{k^2}{18}} + \frac{\sqrt{2}}{12}k\frac{d}{t}$$

$$\omega m = \frac{\omega}{\sigma}\frac{t}{c}k_m, \quad k_m = 1 + (S^2 + 2k^2)^{-1/2} + \frac{1}{2}F(e)\frac{d}{t}$$

（10.62）

再加上深度为 D 的后腔就成为微缝吸声体，其共振频率，吸声系数，半吸收频率等均可适用微穿孔吸声体的公式（10.36）～（10.41）等，只是 r，m 不同罢了。

与微穿孔吸声体比较，微缝吸声体的声阻比要小两倍多，而声抗比由于末端修正大得多，则较大。因此，共振需要的后腔深度 D 较小，但吸收频带较窄。微缝的长宽比 $2l/d$ 很有关系，长宽比大，这些性质更要突出。微缝板的孔隙率 σ 为缝宽与缝间中心距之比。孔隙率小（如微穿孔板常须 1% 以下），即使缝很窄，缝间距离还可以相当大，这样使微缝板的制备比较简单。因此，上述声阻比小和声抗比大的

问题可用较窄的缝和较深的缝(较厚的板)补偿,微缝吸声体可设计得与微穿孔吸声体特性相近。

10.2.9　水中共振吸声体

共振吸声体利用孔隙中摩擦损失来吸收声能的办法和 $\eta/\rho_0 = \mu$ 运动黏滞系数有关(声阻比例于 η,声抗比例于 $\omega\rho_0$,改正因数都与 $\omega\rho_0/\eta$ 有关)。空气中 μ 大约是 $1.5\times10^{-5}\,\mathrm{m^2/s}$,在水中则约 $0.1/10^3 = 10^{-4}\,\mathrm{m^2/s}$,再加上 ρ_0c 值的不同(空气中 $400\,\mathrm{kg/m^2s}$,水中 1.5×10^6),按(10.31)式,水中 r 值为空气中的一倍半,而 m 值则是 $1/4.5$。这样高阻低抗的特性是宽频带的基础,所以微穿孔吸声体可用于水中较低频率,而且吸收性质更好。水中 $k = a\sqrt{\omega\rho_0/\eta} = (d/\delta)\sqrt{f}$ 比空气中的 $d\sqrt{f/10}$ 要低,共振频率可达 $1\sim2\,\mathrm{kHz}$。但对水声应用来说这还是低频,在很多水声探索,通信应用中常到几十千赫,k 值以及 $\omega_0 m$ 值(和空气中相同,$\omega_0 m = \dfrac{1}{8}\left(\dfrac{k_m}{k_r}\right)rk^2$),都很大,吸收频带就很窄了,所以水声应用不现实。

由于水中特性阻抗 $\rho c = 1.5\times10^6\,\mathrm{kg/m^2s}$ 很大,完全可以利用固体吸声。橡胶若成分合适可以做到阻抗完全与水匹配,称为 ρc 橡胶,再充以杂质可增加其内部阻尼,成为很好的宽带吸声体。但这样用法,其厚度要达到四分之一波长以上才最有效。用橡胶做成双共振吸声体可以在较宽频带中吸收,也不需要很大厚度,图 10.11 是它的基本构造。

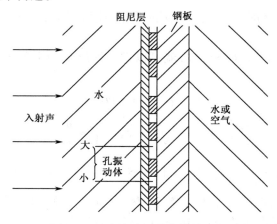

图 10.11　水声共振吸声体截面图

水声吸收的要求与空气声不同。比如在舰艇上为了不反射超声的探测信号,频率范围不必过广,只要在探测信号使用的范围就够了,也许一个倍频程。但吸声系数必须高,比如使反射系数为 10%,吸声系数则要求 99%,为避免正面反射,只考虑正入射就够了。钢铁的特性阻抗(约 $46\times10^6\,\mathrm{kg/m^2s}$)与水的相差不太大,所以在薄钢板的情况(厚度 3 ~ 12 mm)钢板的振动必须计入,只有厚钢板(20 mm 以上)才能作为刚体,完全反射。在图 10.11 的构造中,橡胶厚度约 4 mm 由两层合成,内层冲出 2 mm 和 5 mm 直径的圆孔,形成共振空腔。两层橡胶间和橡胶到钢板的黏接不可有气泡,以免形成额外的不利共振腔。小孔的作用主要是增加外层橡胶板的顺性使其与外面介质(水)匹配。大孔是双共振腔。前面是一活塞,可以看做薄膜,其质量和劲度对水来说都不足道,与空腔一起成为共振器或质量弹簧系统。当膜片向内压入时,空腔周围的橡胶壁受到向中心的拉力,因此激起橡胶壁的振动,这种振动完全和一个底端不动,上端膨胀、压缩振动的橡胶柱相似,加上底板的振动形成第二个共振器。整个系统的类比线路,如图 10.12。

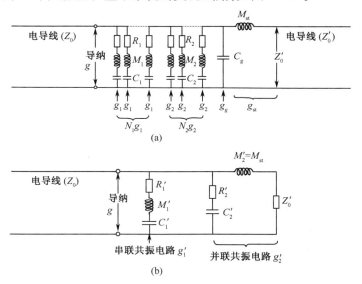

图 10.12 水声共振体的类比线路

设吸声结构的入射导纳比为 $g = Z_0 u/p$,Z_0 为水的特性阻抗,u 为吸声结构的平均振动速度,p 为其上的声压。要求不反射,g 的理想值是 1。

导纳包括各方面的贡献

$$g = g_g + N_1 g_1 + N_2 g_2 + g_{st} \qquad (10.63)$$

式中,g_g 是橡胶板的导纳比,橡胶的体积是不大变的,如果在一个方向受压缩或膨胀,必在横向膨胀或收缩。吸声结构的橡胶板在横向无可伸缩,所以在法线方向的导纳比非常小。$N_1 g_1$ 是大孔共振器的导纳比(N_1 是每平方米大孔的数目),$N_2 g_2$ 是小孔共振器的导纳比(N_2 是小孔在每平方米中的数目)二者的 g 都是按下列的形式计算

$$g_n = \frac{Z_0}{R_n + j\omega M_n + 1/j\omega C_n} = \frac{j\omega C_n R_n}{1 - \omega^2/\omega_n^2 + j\eta_n} \qquad (10.64)$$

n 为 1 或 2,ω_n 是共振角频率,η_n 是损失因数,

$$\eta_n = \omega C_n R_n, \quad \omega_n^2 = 1/M_n C_n \tag{10.64a}$$

橡胶板的导纳比可简写为

$$g_g = j\omega C_g Z_0, \quad C_g = d/C_l^2 \rho_g \tag{10.65}$$

式中 C_g 是橡胶板的力顺率，d 为其厚度，c_1 是橡胶中的纵波速度，ρ_g 是橡胶的密度。钢板的导纳比则为

$$g_{st} = \frac{Z_0}{j\omega M_{st} + Z_0} \tag{10.66}$$

式中 M_{st} 是钢板的面密度，Z_0 是其后的水或空气的特性阻抗。

由以上的分析看来，各项都有变化，还有复数关系，使 g 严格等于 1 是不可能的。但是如果只要求吸声系数 α 为 0.99，可允许 $0.82 \leqslant g \leqslant 1.22$，适当选择孔的尺寸，橡胶的特性和穿孔的数目，完全可在相当频率范围内满足要求。

同样原理也适用于空气声。用大量薄塑料盒排在墙上，调谐盒面和盒侧壁的共振频率和阻尼，要求在几个倍频程内吸声系数大于 0.4 或 0.5 完全是可能的，可满足空气声中降低噪声或控制混响的要求。

10.3　多孔性材料

多孔性材料含有大量微孔和缝隙。材料薄时，吸声特性主要由黏滞损失和其表面密度决定。但如厚度接近或超过波长，声波在其中传播的距离较长，就要考虑到空气黏滞性和热传导作用。多孔性材料的固体骨骼在空气声中一般当做硬骨骼，因为空气的声阻抗率很小，骨骼不随之振动。所以讨论空气中的多孔性材料时，只讨论其中空气的运动。在水中则不同，要区别硬骨骼与软骨骼，水中软骨骼多孔性材料有两相，声波传播要更复杂。

10.3.1　圆管和窄缝中的声传播

在上一节中曾求得圆管中声波的复值密度（10.28）

$$\rho = \rho_0 \left[1 - \frac{2}{k\sqrt{-j}} \frac{J_1(k\sqrt{-j})}{J_0(k\sqrt{-j})} \right]^{-1}$$

写成统一近似式则为（10.28a）

$$\rho = \rho_0 \left[1 + \left(3^2 + \frac{k^2}{2} \right)^{-1/2} - j\frac{8}{k^2} \left(1 + \frac{k^2}{32} \right)^{1/2} \right]$$

式中 d 为管的直径，穿孔板常数则是

$$k = d\sqrt{\omega\rho_0/4\eta}$$

在窄缝中则是

$$\rho = \rho_0 \left[1 - \frac{1}{k\sqrt{j}} \tanh(k\sqrt{j}) \right]^{-1}$$

$$= \rho_0 \left[1 + (S^2 + 2k^2)^{-1/2} - \mathrm{j} \frac{3}{k^2} \left(1 + \frac{k^2}{18} \right)^{1/2} \right] \qquad (10.67)$$

k 值与上形式相同,但 d 代表缝宽。

若目的在求短管或线缝的声阻抗率,如上节,即此已足。若为较厚材料,需计入声波速度的变化,则还需要复值压缩率,或热传导的影响。

知气体方程为

$$P = \rho R_1 T$$

微分得

$$\frac{p}{P_0} = \frac{\rho_1}{\rho_0} + \frac{T_1}{T_0} \qquad (10.68)$$

P_0, ρ_0, T_0 分别为空气中压力,密度和温度的平均值,p 为超压(声压),ρ_1 为密度变化,T_1 为超温(温度变化)。在声波的绝热过程中

$$\frac{p}{\gamma P_0} = \gamma \frac{\rho_1}{\rho_0} \qquad (10.69)$$

式中 γ 为空气的定压比热与定容比热之比,等于 1.4。在(10.68)和(10.69)二式之间消去密度或声压,得

$$\frac{T_1}{T_0} = (\gamma - 1) \frac{\rho_1}{\rho_0}$$

在声波中,随着声压变化,温度也有变化。但在细管或窄缝中,固体的壁上因其热容量比空气大得多,温度不会随声波改变,即在壁上 $T_1 = 0$,因而热量有传送。在上式中应加上热传导项而成

$$\rho_0 c_1 \frac{\partial T}{\partial t} - K \nabla_1^2 T = \rho_0 c_p (\gamma - 1) \frac{T_0}{\rho_0} \frac{\partial \rho}{\partial t}$$

式中 c_p 是空气的定压比热容,K 是空气中热传导系数,∇^2 是拉普拉斯算符。发生热传导是因为管中或缝间超温不均匀之故(壁上为零),热量传导与温度梯度成比例,$\mathbf{H} = - K \nabla T$,热量的流动到一点因流出流入不同而导致温度改变 $- \nabla \cdot \mathbf{H}$,等于 $K \nabla^2 T$,这是式中拉普拉斯项的来源。不过这里只用 ∇^2 的横向部分 ∇_1^2,略云声波传播方向的项,因为后者只代表能量的损失,不影响温度的分布。用于简谐波 $p_0 \exp(\mathrm{j}\omega t)$,可用 $\mathrm{j}\omega$ 代替时间微分,并利用(10.68)式,消去 ρ_1/ρ_0,上式即成为

$$T_1 - \frac{\kappa}{\mathrm{j}\omega\gamma} \nabla_1 T_1 = \frac{\gamma - 1}{\gamma} \frac{T_0}{\rho_0} p \qquad (10.70)$$

式中

$$\kappa = K/\rho_0 c_p$$

为空气中的热扩散系数,或温度计传热系数(瑞利语)。横向拉普拉斯算符

$$\nabla_1 = \frac{1}{r} \frac{\partial}{\partial r} \left(r \frac{\partial}{\partial r} \right) \qquad \text{圆管}$$

$$\nabla_1 = \frac{\partial^2}{\partial y^2} \qquad \text{窄缝}$$

如前,事实上(10.70)式的样子也和上节处理黏滞性的方程相同,只要改成相应的常数就可得到(10.70)式的解,

$$\frac{T_1}{T_0} = (\gamma - 1) \frac{p}{\gamma P_0}\Big[1 - \frac{J_0(r \sqrt{-\mathrm{j}\omega\gamma/\kappa})}{J_0(a \sqrt{-\mathrm{j}\omega\gamma/\kappa})}\Big] \qquad \text{圆管}$$

或

$$\frac{T_1}{T_0} = (\gamma - 1) \frac{p}{\gamma P_0}\Big[1 - \frac{\cosh(y \sqrt{\mathrm{j}\omega\gamma/\kappa})}{\cosh(a \sqrt{\mathrm{j}\omega\gamma/\kappa})}\Big] \qquad \text{缝}$$

代入(10.68)式,求得相对密度变化(称为压缩系数)

$$\frac{\rho_1}{\rho_0} = \frac{p}{\gamma P_0}\Big[1 + (\gamma - 1) \frac{J_0(r \sqrt{-\mathrm{j}\omega\gamma/\kappa})}{J_0(a \sqrt{-\mathrm{j}\omega\gamma/\kappa})}\Big] \qquad \text{圆管}$$

或

$$\frac{\rho_1}{\rho_0} = \frac{p}{\gamma P_0}\Big[1 + (\gamma - 1) \frac{\cosh(y \sqrt{\mathrm{j}\omega\gamma/\kappa})}{\cosh(a \sqrt{\mathrm{j}\omega\gamma/\kappa})}\Big] \qquad \text{缝}$$

这就是圆管和缝中的连续性方程,取截面上的平均值如前,并且据以求出复值压缩模量 $p/(\bar{\rho}_1/\rho_0) = \rho_0 \frac{\partial p}{\partial \rho}$,可得

$$K_T = \gamma P_0\Big[1 + (\gamma - 1) \frac{2}{k' \sqrt{-\mathrm{j}}} \frac{J_1(k' \sqrt{-\mathrm{j}})}{J_0(k'\sqrt{\mathrm{j}})}\Big]^{-1} \qquad \text{圆管} \qquad (10.71)$$

或

$$K_T = \gamma P_0\Big[1 + (\gamma - 1) \frac{1}{k'\sqrt{\mathrm{j}}}\tanh(k\sqrt{\mathrm{j}})\Big]^{-1} \qquad \text{缝} \qquad (10.72)$$

式中 $k' = a \sqrt{\omega\gamma/k}$,$a$ 为半径(圆管),或半宽度(缝),圆管部分都是瑞利总结 Kirchhoff 理论的结果,以下理论是他发展的。密度中所用复函数近似式的结果也可用于此处。由复值密度及压模量可求得复值声速 $c = \sqrt{K_T/\rho}$,或传播系数(波数)$h = \omega/c$ 直接表示相位变化和传播衰减,在圆管中缝中也相似。

$$h = \omega/c$$
$$= \omega\Big(\frac{\gamma P_0}{\rho}\Big)^{-\frac{1}{2}}\Big[1 - \frac{2}{k \sqrt{-\mathrm{j}}} \frac{J_1(k \sqrt{-\mathrm{j}})}{J_0(k \sqrt{-\mathrm{j}})}\Big]^{-1/2}\Big[1 + \frac{(T-1)}{k' \sqrt{-\mathrm{j}}} \frac{J_1(k' \sqrt{-\mathrm{j}})}{J_1(k' \sqrt{-\mathrm{j}})}\Big]^{1/2}$$

这些式子都很复杂,可否化简?

比较密度和压缩模量中复函数的宗量 k((10.24)式)和 k'((10.72)式)

$$(k/k')^2 = (\rho_0\omega/\eta)/(\omega\gamma/\kappa)$$
$$= \rho_0\kappa/\eta\gamma = K/\eta\gamma c_p \qquad (10.73)$$

代入常数值,$K = 0.026\mathrm{W} \cdot \mathrm{m}^{-1}\mathrm{K}^{-1}$,$\gamma = 1.4$,$\eta = 1.85 \times 10^{-5}\mathrm{Pa} \cdot \mathrm{s}$,$c_p = 1.032\mathrm{kJ} \cdot \mathrm{kg}^{-1}\mathrm{K}^{-1}$,可得 $(k/k')^2 = 0.97$,基本等于 1。这不但使根据 k 和 k' 的大小以区分高

频,低频的分法已趋于一致,在公式中令 $k = k'$ 亦将大大化简传播系数公式。压缩模量中的复函数可用密度中复函数的近似式代,由(10.28)式知,在圆管中

$$\left[1 - \frac{2}{k\sqrt{-j}}\frac{J_1(k\sqrt{-j})}{J_0(k\sqrt{-j})}\right]^{-1} \approx 1 + \left(3^2 + \frac{k^2}{2}\right)^{-1/2} + \frac{8\eta}{j\omega\rho_0 a^2}\left(1 + \frac{k^2}{32}\right)^{1/2} = X$$

可求得

$$\frac{2}{k\sqrt{-j}}\frac{J_1(k\sqrt{-j})}{J_0(k\sqrt{-j})} \approx 1 - \frac{1}{X}$$

此处以 X 代 $1 + \left(3^2 + \frac{k^2}{2}\right)^{-1/2} + \frac{8\eta}{j\omega\rho_0 a^2}\left(1 + \frac{k^2}{32}\right)^{1/2}$,代入压缩模量的因式

$$1 + (\gamma - 1)\frac{2}{k\sqrt{j}}\frac{J_1(k\sqrt{j})}{J_0(k\sqrt{-j})} \approx \gamma\left(1 - \frac{\gamma-1}{\gamma}\frac{1}{X}\right)$$

由此可将以上各式简化

密度 $\qquad\qquad \rho = \rho_0 X$ (10.28a)

压缩横量 $\qquad K_T = P_0\left(1 - \frac{\gamma-1}{\gamma}\frac{1}{X}\right)^{-1}$ (10.71a)

声阻抗率 $\qquad Z = \sqrt{K_T\rho} = \rho_0 c_0 X^{1/2}\left(\gamma - (\gamma-1)\frac{1}{X}\right)^{-1/2}$ (10.74)

声速 $\qquad\quad c = \sqrt{K_T/\rho} = c_0(\gamma X - \gamma - 1)^{-1/2}$ (10.75)

式中

$$X = 1 + \left(3^2 + \frac{k^2}{2}\right)^{-1/2} + \frac{8\eta}{j\omega\rho_0 a^2}\left(1 + \frac{k^2}{32}\right)^{1/2}$$ (10.76a)

$$k = (\omega\rho a^2/\eta)^{1/2}$$

或

$$X = 1 + \left(3^2 + \frac{k^2}{2}\right)^{-1/2} + \frac{8\kappa}{j\omega\gamma a^2}\left(1 + \frac{k^2}{32}\right)^{1/2}$$ (10.76b)

$$k = (\omega\gamma a^2/\kappa)^{1/2}, a \text{ 为半径}$$

两种表示等值,严格地说(10.76a)式适于(10.28a)及(10.74)(10.75)中有关 ρ 的部分,(10.76b)则适用于有关 K_T 的部分。窄缝同样适用(10.28a)~(10.75)各式,只是 X 值不同,应改用

$$X' = 1 + (S^2 + 2k^2)^{-1/2} + \frac{3\eta}{j\omega\rho_0 a^2}\left(1 + \frac{k}{18}\right)^{1/2}$$ (10.77)

k 式相同,但 a 为半宽度,$\eta/\omega\rho_0$ 可改 $\kappa/\omega\gamma$ 如上。

各种高频和低频近似式如表10.2、表10.3所列。

表 10.2 圆管参数的近似值

参　数	$k=\sqrt{\dfrac{\omega\rho_0 a^2}{\eta}}=\sqrt{\dfrac{\omega\gamma a^2}{\kappa}}<1$	$k=\sqrt{\dfrac{\omega\rho_0 a^2}{\eta}}=\sqrt{\dfrac{\omega\gamma a^2}{\kappa}}>10$
密度 ρ	$\rho_0\left(\dfrac{4}{3}+\dfrac{1}{j\omega}\dfrac{8\eta}{\rho_0 a^2}\right)$	$\rho_0[1+2(\eta/j\omega\rho_0 a^2)^{1/2}]$
压缩模量 K_T	$P_0\left[1-(\gamma-1)\dfrac{j\omega a^2}{8\kappa}\right]$	$\gamma P_0\left[1-2\left(\sqrt{\gamma}-\dfrac{1}{\sqrt{\gamma}}\right)\sqrt{\dfrac{K}{j\omega a^2}}\right]$
声阻抗率 Z	$\rho_0 c_0\sqrt{\dfrac{8\eta}{j\omega\rho_0\gamma a^2}}\left[1+\dfrac{j\omega\rho_0 a^2}{12\eta}-(\gamma-1)\dfrac{j\omega a^2}{16\kappa}\right]$	$\rho_0 c_0\left[1+\sqrt{\dfrac{\eta}{j\omega\rho_0 a^2}}-\left(\sqrt{\gamma}-\dfrac{1}{\sqrt{\gamma}}\right)\sqrt{\dfrac{\kappa}{j\omega a^2}}\right]$
声速 c	$c_0\sqrt{\dfrac{j\omega\rho a^2}{8\eta\gamma}}\left[1-\dfrac{j\omega\rho_0 a^2}{12\eta}-(\gamma-1)\dfrac{j\omega a^2}{16\kappa}\right]$	$c_0\left[1-\sqrt{\dfrac{\eta}{j\omega\rho_0 a^2}}-\left(\sqrt{\gamma}-\dfrac{1}{\sqrt{\gamma}}\right)\sqrt{\dfrac{\kappa}{j\omega a^2}}\right]$

表 10.3 窄缝参数的近似值

参　数	$k=\sqrt{\dfrac{\omega\rho_0 a^2}{\eta}}=\sqrt{\dfrac{\omega\gamma a^2}{\kappa}}<1$	$k=\sqrt{\dfrac{\omega\rho_0 a^2}{\eta}}=\sqrt{\dfrac{\omega\gamma a^2}{\kappa}}>10$
空气密度 ρ	$\rho_0\left(\dfrac{6}{5}+\dfrac{1}{j\omega}\dfrac{3\eta}{\rho_0 a^2}\right)$	$\rho_0[1+2(\eta/j\omega\rho_0 a^2)^{1/2}]$
压缩模量 K_T	$P_0\left[1-(\gamma-1)\dfrac{j\omega a^2}{3\kappa}\right]$	$\gamma P_0\left[1-2\left(\sqrt{\gamma}-\dfrac{1}{\sqrt{\gamma}}\right)\sqrt{\dfrac{k}{j\omega a^2}}\right]$
声阻抗率 Z	$\rho_0 c_0\sqrt{\dfrac{5\eta}{j\omega a^2\gamma}}\left[1+\dfrac{j\omega\rho_0 a^2}{5\eta}-(\gamma-1)\dfrac{j\omega a^2}{6\kappa}\right]$	$\rho_0 c_0\left[1+\sqrt{\dfrac{\eta}{j\omega\rho_0 a^2}}-\left(\sqrt{\gamma}-\dfrac{1}{\sqrt{\gamma}}\right)\sqrt{\dfrac{\kappa}{j\omega a^3}}\right]$
声速 c	$c_0\sqrt{\dfrac{j\omega\rho_0 a^3}{3\eta\gamma}}\left[1-\dfrac{j\omega\rho_0 a^2}{5\eta}-(\gamma-1)\dfrac{j\omega a^2}{5\eta}\right]$	$\rho_0 c_0\left[1-\sqrt{\dfrac{\eta}{j\omega\rho_0 a^2}}-\left(\sqrt{\gamma}-\dfrac{1}{\sqrt{\gamma}}\right)\sqrt{\dfrac{\kappa}{j\omega a^3}}\right]$

　　有一点在这里需要说明,这里的阻抗率定义是 p/u,在微穿孔吸声体一节是阻抗率的定义是 $\Delta p/u$,这是分布系统(如一般在介质中)与集总系统(如微穿孔板厚度内)不同的缘故,分布系统用声压与速度之比,集总系统用压差与速度之比,这是规律。p/u 也称为波阻抗率。

　　圆管或窄缝如果长(深)度有限,就要用压差表示,同时要加上末端修正,如前。二表中,低频压缩模量 K_T 与 P_0 成比例而不是与 γP 成比例,说明在低频时,孔内空气做恒温变化,如牛顿理论。

10.3.2 多孔性吸声材料

　　多孔性吸声材料内具有大量细管、窄缝以及空穴等,如果细管(或窄缝)是整齐地平列如图 10.13(c)(瑞利模型),材料的声密度和声阻抗就是单管(或缝)的值除以孔隙率 σ(材料内空气的体积与总体积之比,与穿孔板的穿孔比 σ 不同,但作用相同)。但这只是假想的情况,实际材料中的细管(或窄缝)是粗细,长短,方向都具有无规分布的组合,如图 10.13(b),甚至于还有死管,空穴。但如果只有空穴如图 10.13(a)的(如闭孔泡沫塑料),就不成为吸声材料了。

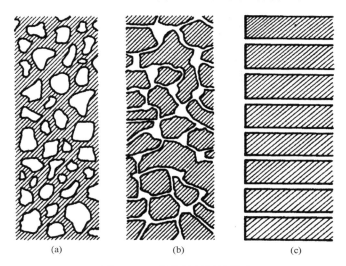

(a)   (b)   (c)

图 10.13　多孔性材料的构造

多孔性吸声材料虽然是细管的无规组合,其特性仍是在单管(或窄缝)基本特性的框架内。先讨论密度,从(10.28a)式,可见 ρ 分作两部分,前一部分是 ρ_0 的倍数,根据频率高低的不同,或管径大小的不同,倍数在 $1 \sim 4/3$ 之间,变化不大,从运动方程看,这一部分是质点加速度 $\partial u/\partial t$ 与声压梯度 $\partial p/\partial x$ 的比值。第二部分是虚数,与 η 成正比($k^2 = \omega\rho_0 a^2/\eta$),代表能量损失,为质点速度 $u((\partial u/\partial t)/\mathrm{j}\omega)$ 与声压梯度的比值。这一部分可看做是 $8\eta/\mathrm{j}\omega a^2$ 或稍大。这两部分都应除以孔隙率 σ,如瑞利模型。不过与瑞利模型不同的是材料中的细管各种方向都有,说不上质点速度了,要改用其统计结果,即在一个面上的体积流速 v,密度函数涂以孔隙率后,还应乘以结构常数 χ 以反映体积流速的关系。结构常数除包括上述频率和管径的影响外,要包括管的方向弯曲及空穴的影响(可能相当大)。以方向为例,如多孔性材料是由一束细管形成,如瑞利模型,但方向与声场方向倾斜 θ 角,管内的声压梯度是宏观声压梯度的 $\cos\theta$ 倍,管内产生的加速度合到宏观体积流速又要乘以 $\cos\theta$,结果结构常数就要有一因数 $1/\cos^2\theta$。如果材料内细管方向做无规分布,结构常数就成为 $1/\cos^2\theta$ 在各 θ 角值中的平均值,结构常数等于 3! 一般说来, χ 是在 $3 \sim 7$ 之间。根据这些因素,多孔性吸声材料中的有效空气密度就是

$$\rho = \frac{\chi}{\sigma}\rho_0 + \frac{r}{\mathrm{j}\omega} \tag{10.78}$$

式中 r 为流阻常数,结构常数 χ 和孔隙率 σ 的影响已计入,

$$r = \frac{1}{\sigma}\frac{8\eta}{a^2} \tag{10.79}$$

材料中的运动方程为

$$-\frac{\partial p}{\partial x} = \frac{\chi}{\sigma}\rho_0\frac{\partial v}{\partial t} + rv \qquad (10.80)$$

压缩模量的问题则简单,它也要除以孔隙率,如密度,但因不涉及流动,因而和结构常数无关。所以吸声材料中空气的连续性方程和压缩模量满足

$$\frac{1}{\rho_0}\frac{\partial\rho}{\partial t} = \frac{1}{K}\frac{\partial p}{\partial t} \qquad (10.81)$$

即

$$K = \frac{1}{\sigma}K_T \qquad (10.82)$$

K_T 是管中的压缩模量(10.71a)。多孔性吸声材料的声阻抗率是

$$Z = \sqrt{\rho K} \qquad (10.83)$$

声速是

$$c = \sqrt{K/\rho} \qquad (10.84)$$

把以上各式代入即得。如果吸声材料做成一层装在坚硬的壁上,其表面上的声阻抗率即

$$Z_l = \frac{1}{j}\sqrt{\rho k}\cot(\omega l/\sqrt{K/\rho}) \qquad (10.85)$$

l 是材料厚度。将 Z_l 写成 $R_l + jX_l$,吸声系数就是

$$\alpha = \frac{4R\rho_0 c_0}{(R_l + \rho_0 c_0)^2 + X_l^2} \qquad (10.86)$$

在扩散场中统计吸声系数 α_{st} 满足前面的(10.51)式。

由表 10.2,10.3 可见,在高频 $k > 10$ 时,声阻抗率 $\sqrt{K_T\rho}$ 几乎是纯阻,因而材料内也主要是声阻,吸收效率较大。在低频($k < 1$)抗的部分较大,吸收就很差。如要增加吸收,只能加大厚度 l 使其接近四分之一波长(材料内的波长与空气中的波长相近),余切项近于零,或把材料移到接近离壁四分之一波长处,即材料后留一空腔。如果空腔厚度为 l',根据界面上的声压和体积速度连续的关系,可求得材料表面上的入射声阻抗率

$$Z_{l+l'} = Z\frac{jZ + Z_0\cot(\omega l/c)}{Z\cot(\omega l/c) + jZ_0} \qquad (10.87)$$

式中 Z 和 c 分别为材料的波阻抗和声速,jZ_0 为空腔的声阻抗 $-j\rho_0 c_0\cot(\omega l'/c_0)$。(10.87)式与 $\cot(A + B)$ 的公式相似,等效于材料厚度的增加。图 10.14 是一些吸声材料的安装方法的典型。其中除了直接贴和点胶结基本装于硬壁面外,木枋架或吊装都允许空腔,特别是吊装,空腔几乎无限。

使用多孔性吸声材料,如果松散材料(如矿渣绵、石绵、棉花、化学纤维等)一般厚度约 4~5cm 有时到 10cm,如制成砖、毡、板等则是 2~3cm,泡沫塑料、加气混

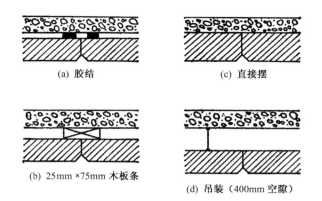

图 10.14　吸声材料的安装方法

凝土、加气石膏,微孔吸声砖等一般 5~10cm(玻璃绵和玻璃绵制品对人有害、不宜使用),基本都只吸收高频。一般认为最佳设计是取流阻 r 与厚度 l(以 cm 计)的乘积为 1000~3000Pa·s/m³。这样,声阻抗率不致太高,吸声系数也不过低。但即使如此,使吸声系数达到 0.8,就要求

$$lf_{0.8} \geqslant 4000 \qquad (10.88)$$

式中 $f_{0.8}$ 要达到吸声系数为 0.8 的频率/Hz,l 最小的厚度/cm。要求低频,甚至中频,吸收较好,就不经济。多孔性材料还有一个问题,就是有所谓呼吸现象,即吸收尘土,不易清洁,更无法油漆粉刷而不把它的孔堵上。为此,多孔性砖、板等可在面上穿以半透的孔和缝,或孔、缝为基础做出设计,加大吸声面积,提高中频的吸收能力,同时砖或板面可以油漆粉刷,不影响吸收性质。如果用较大空腔增加中频吸收,表面上可加穿孔比较高如 20% 的穿孔护面板,也可以油漆粉刷。但不可用塑料薄膜保护多孔性材料,以免损伤其吸声能力。

增加低频率吸收的办法是用薄板共振体。在硬壁前装一可振动的薄板(胶合板、塑料板,金属板等)就组成薄板共振体,板是质量,板后空气是弹簧,可以在其共振频率 f_r 附近吸收,

$$f_r = \frac{600}{\sqrt{dW}} \qquad (10.89)$$

式中 d 为板后空腔的深度/cm,W 为薄板的面密度/(kg/cm²),如在薄板固定处加适当阻尼(胶黏,摩擦等),或充以泡沫塑料,可以加宽共振曲线,增加吸收频率范围。

10.3.3　吸声材料的测量

多孔性吸声材料的基本参数是它的孔隙率 σ,结构常数 χ 和声阻常数 r。历史上提出了不少测量系统,但都比较复杂。只有 Cremer 提出的流阻测量系统,简单

并易于操作,示于图 10.15。流阻是多孔性材料最重要的参数,流阻测量也是最重要的测量。更直接与应用有关的则是吸声系数与声阻抗的测量。

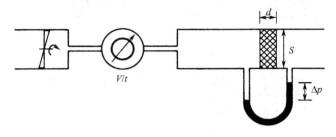

图 10.15　流阻测量系统

（a）驻波管测量

驻波管或阻抗管测量比较简单,是研究吸声材料的经常手段。管一般是内径为 10cm(为低频用)或 3cm(为高频用)长为一两米的厚铜管。一端是声源,另一端装待测材料,后面有刚性活塞,可直接接触或留一空腔。测量声压,用一探管伸入驻波管。声源和待测材料都固定不动,探管可移动,并有标尺标出其位置。管内测量条件不变。以驻波比测量求材料的吸声系数或声阻抗率(见 4.2节)。

另一种方法是传递函数法,比以上的驻波比法要更为快捷,但测量技术完全不同。在阻抗管壁上装两支特性完全相同的传声器,或用探管或传声器在两个位置测量。一个测点可在材料表面处,如不便也可以离开一个小距离,另一个测点则更远,称二点为 1 和 2,测其上声压 p_1 和 p_2。根据 p_1 和 p_2 计算其自谱和互谱,这可直接把 p_1 和 p_2 输入 FFT 分析器中求得。用双传声器法需要在测试前后校准使之具有同样灵敏度和相位关系,但用起来简捷便利、结果可靠,更为适用。用单传声器对声源有特殊要求,可能较慢,但没有传声器失配的问题,也可以用。

管中的声速、波长可用以前办法测量,也可以计算声速

$$c_0 = 331.45 \sqrt{(t + 273)/273}$$

式中 t 为摄氏度数。波长

$$\lambda = c_0/f$$

20℃时,空气密度,

$$\rho_0 = 1.186 \ \text{kg/m}^3$$

大气压力基准值

$$P_0 = 101.325 \ \text{kPa}$$

空气特性阻抗为 ρc_0,按实测温度和压力修正。

在管中有入射波和反射波,声压为

$$P_I = \hat{P}_I e^{jk_0 x} \tag{10.90}$$

$$P_R = \hat{P}_R e^{-jk_0 x} \tag{10.91}$$

式中 P_I，P_R 是基准面（$x = 0$）上的入射和反射声压幅值（复值），传播系数 $k_0 = k_1' - jk_0''$ 也是复数。在两个传声器的位置，声压就是

$$P_1 = \hat{P}_{1I} e^{jk_0 x_1} + \hat{P}_{1R} e^{-jk_0 x_1} \tag{10.92}$$

$$P_2 = \hat{P}_{2I} e^{jk_0 x_2} + \hat{P}_{2R} e^{-jk_0 x_2} \tag{10.93}$$

入射波的传递函数是

$$H_I = \frac{P_{2I}}{P_{1I}} = e^{-jk_0(x_1 - x_2)} = e^{-jk_0 s} \tag{10.94}$$

式中 $s = x_1 - x_2$ 是两个传声器位置之间的距离。反射波的传递函数则为

$$H_R = \frac{P_{2R}}{P_{1R}} = e^{jk_0(x_1 - x_2)} = e^{jk_0 s} \tag{10.95}$$

总声场的传递函数为

$$H_{12} = \frac{P_2}{P_1} = \frac{e^{jk_0 x_2} + r e^{-jk_0 x_2}}{e^{jk_0 x_1} + r e^{-jk_0 x_1}} \tag{10.96}$$

可改写做声压反射系数

$$r = \frac{H_{12} - H_I}{H_R - H_{12}} e^{j2k_0 s} = r_r + jr_i \tag{10.97}$$

改用自谱表示

$$S_{11} = P_1 P_1^* \tag{10.98}$$

P_1^* 表示 P_1 的共轭复数，以下同，

$$S_{22} = P_2 P_2^* \tag{10.99}$$

互谱

$$S_{12} = P_1 P_2^* \tag{10.100}$$

$$S_{21} = P_2 P_1^* \tag{10.101}$$

因而传递系数

$$H_{12} = \frac{S_{12}}{S_{11}} = |H_{12}| e^{j\varphi} = H_r + jH_i \tag{10.102}$$

或

$$H_{12} = \frac{S_{22}}{S_{21}} = |H_{12}| e^{j\varphi} = H_r + jH_i \tag{10.103}$$

或

$$H_{12} = \left[\frac{S_{12}}{S_{11}} \frac{S_{22}}{S_{21}} \right]^{1/2} = H_r + jH_i \tag{10.104}$$

其中（10.102）式可正常使用，其余在特殊需要时（如有噪声干扰）用。H_r 和 H_i 分别为 H_{12} 的实部和虚部。

反射系数 r 可根据(10.97)求出。吸声系数

$$\alpha = 1 - | r |^2 = 1 - r_\mathrm{r}^2 - r_\mathrm{i}^2 \tag{10.105}$$

材料的声阻抗率

$$Z_\mathrm{s} = R_\mathrm{s} + jX_\mathrm{s} = \left[(1 + r)/(1 - r) \right]\rho c_0 \tag{10.106}$$

声导纳率为其倒数。

（b）混响室测量

混响室体积应在 $200\mathrm{m}^3$ 左右。四壁和上下表面尽量光滑、坚硬。试件面积 $10\mathrm{m}^2$。混响室有时还另加扩散装置。在有无试件的条件下，分别测量混响时间，用赛宾混响公式计算出材料的吸声量和吸声系数。混响室测量有国际标准和国家标准，以便各实验室的测量结果可互相比较。混响室测量结果比驻波管测量结果（可折合扩散场的统计吸声系数）更接近实际使用情况，但因安装条件和使用环境不尽相同，使用时仍须稍加调整。

（c）现场测量

这特别适用于大型厅堂（剧院）中的听众吸收。过去从赛宾混响理论提出后，对听众和座椅的测量很多，但把结果用到实际厅堂，出入常很大。在大型厅堂中，听众吸收占总数的 $75\% \sim 85\%$，所以这个问题很重要。后来证明，听众和座椅吸收应以占地面积计，而不按个数计，用吸声系数表示。实验证明，只要座位全都坐满，每人占地 $0.45 \sim 0.79\mathrm{m}^2$ 范围内，都可按面积计算吸收。

在音乐厅内测量听众吸收的步骤如下：在建造中，内部装修全部完毕而尚未按装座椅时，测出六个频率的混响时间（$125\mathrm{Hz}, 250\mathrm{Hz}, \cdots, 4000\mathrm{Hz}$），用已知各表面材料的吸声系数，用赛宾公式计算混响时间，并对吸声系数稍做调节使计算值混响时间与实测值符合。这时，主要吸收在顶棚和四壁（约占总值的 $85\% \sim 95\%$），有关材料的吸声系数可以准到三位。安装座位以后，再测定各频率的混响时间，由于听众面积和乐队面积以外的各表面吸声系数已知，就可以算出空座位的吸声系数。第三步是测满座时的混响时间（专门组织测试，或在音乐演奏时录声，从各种乐器突然暂停后的衰变记录求得混响时间），用同样方法求得听众的吸声系数。这样得到的结果，由于情况大同小异，也可以用到其他或新建音乐厅中。这样，大型厅堂的混响设计可以达到高准确度。使用赛宾混响公式

$$T_{60} = \frac{0.163 V}{A}$$

$$A = S_\mathrm{A}\alpha_\mathrm{A} + S_0\alpha_0 + \sum S_i\alpha_i + 4mV$$

式中 S_A 是听众区面积/m^2，α_A 是听众区吸声系数，S_0 是乐队区面积，即舞台面积，如乐队并不占满舞台，则只是舞台面积的一部分。S_i 等是其它主要面积，如顶棚、四壁、楼座下的拱腹、楼座前沿等。这些可称为厅堂的余部，其总面积称为余部面积 S_R，其平均吸声系数称为余部吸声系数 α_R，$S_\mathrm{R}\alpha_\mathrm{R} = \sum S_i\alpha_i$。$m$ 是空气中的能量

衰减系数,单位 m^{-1},低频很小,与室内温度、湿度有关。

10.4 毕奥多孔性介质理论

以上讨论,多孔性吸声材料限于硬骨骼固体材料对空气声的作用,由于气体与固体的巨大声阻抗率的差别,可认为固体骨骼完全不动,只考虑空气介质中声波的传播。多孔性材料用于液体中,情况就完全不同,声波不但在液体中传播,也在固体中传播,二者还有互相作用,问题非常复杂。毕奥(M. A. Biot)对充满液体的多孔性固体介质作了大量研究,工作了 40 年,取得大量成果,被称为 20 世纪中对连续介质力学的重大发展。在声学方面,毕奥提出简单半唯象理论,分别考虑固体和液体的运动,即把固体液体系统看做两个互相渗透的"有效介质"。系统中有固体波和液体波,但不是互不影响。固体波受液体的影响,液体波受固体的影响。毕奥理论的重要结果是预言在充满液体的多孔性可渗透固体中总会有快、慢两种压缩波。

一个最简单的液体—固体系统就是一系列等距排列的固体(有机玻璃)薄板,板间充满流体(水)。这个系统中的声波传播很容易计算。

图 10.16 是计算所得的有机玻璃-水系统的声慢度面的图。与以前相同,慢度 $S = k/\omega$,k 为波矢量,ω 为角频率。图上,S_1 是与板面平行方向的慢度,S_3 是与板面垂直方向的慢度。从图上可见,若 $S_1 = 0$,在垂直方向只有一个慢度的值,而在与板平行的方向($S_3 = 0$)却有两种纵波传播。实际测量完全证实这个结论,慢度测得值与计算值最大相差 3%。这只给一基本概念,实际多孔性材料要复杂得多,需要具体分析。

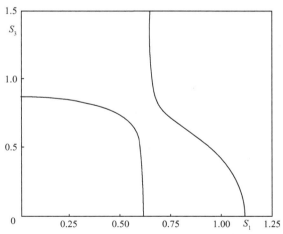

图 10.16 交替有机玻璃板-水层(孔隙率 60%)
S_1 与板平行的慢度,S_3 与板垂直的慢度

10.4.1　毕奥充满液体的多孔性固体的运动方程

毕奥根据他的双有效介质的概念,列出了充满液体的多孔性固体的运动方程。基本假设为:

(1) 用两个不同的位移场方程(一个是液体的,一个是固体的)足够描述系统的特性。

(2) 两种成分的质量中心有相对位移并不产生作用力。这就是假设样品中液体是连续的。

(3) 液体不产生,也不对,切向力反应。

(4) 液体与固体相对运动时的黏滞性阻尼是声衰减的来源;阻尼系数本身可能与频率有关。

令 $u(r, t)$ 为固体位移,$U(r, t)$ 为液体位移,P, Q, R, N 则是一些系数。这些符号都是毕奥原文中使用的,要注意不可误会(特别是毕奥用 u, U 代表位移而不是振动速度)。于是运动方程就是,按半唯象论

$$\rho_{11} \frac{\partial^2 u}{\partial t^2} + \rho_{12} \frac{\partial^2 U}{\partial t^2} = P \nabla(\nabla \cdot u) + Q \nabla(\nabla \cdot U)$$

$$- N \nabla X \nabla X u + bF(\omega)\left(\frac{\partial U}{\partial t} - \frac{\partial u}{\partial t}\right) \quad (10.107a)$$

$$\rho_{22} \frac{\partial^2 U}{\partial t^2} + \rho_{12} \frac{\partial^2 u}{\partial t^2} = R \nabla(\nabla \cdot U) + Q \nabla(\nabla \cdot u) - bF(\omega)\left(\frac{\partial U}{\partial t} - \frac{\partial u}{\partial t}\right)$$

$$(10.107b)$$

式中 $bF(\omega)$ 是与频率有关的阻力系数,一般为复值,但如 $F(0)$ 取为 1,则为实数值,b 即阻力系数直流值。(10.107)基本是由阻尼材料中的运动方程(1.27b)发展而来的。

10.4.2　假想实验

(10.107)式是根据固体液体系统的弹性分析取得的,$\rho_{11}, \rho_{12}, \rho_{22}$ 与应变张量的系数成比例,P, Q, R 与应力张量系数成正比,这些系数之间有种种关系。毕奥根据三个假想实验(实即特殊情况)的结果推出 N 应为固体骨骼的切变模量,P, Q, R, N 与固体骨骼的体积模量 K_b 的关系和 P, Q, R, N 与固体材料的体积模量 K_s 及液体材料的弹性模量 K_1 的关系,因而求得

$$P = \frac{(1 - \varphi)(1 - \varphi - K_b/K_s)K_s + \varphi(K_s/K_1)K_b}{1 - \varphi - K_b/K_s + \varphi(K_s/K_1)} + \frac{4}{3}N \quad (10.108a)$$

$$Q = \frac{(1 - \varphi - K_b/K_s)\varphi K_s}{1 - \varphi - K_b/K_s + \varphi(K_s/K_1)} \quad (10.108b)$$

$$R = \frac{\varphi^2 K_s}{1 - \varphi - K_b/K_s + \varphi(K_s/K_1)} \qquad (10.108c)$$

式中 N 和 K_b 是纯骨骼的弹性系数,与液体无关,等于把材料中液体烘干后的弹性模量,可以直接测量,K_s, K_1 则分别是固体和液体材料的弹性模量,一般是已知的。所以 P, Q, R 可以根据(10.108)式计算,φ 是液体所占体积的比值。

关于密度项则直接与固体和液体材料的密度有关

$$\rho_{11} + \rho_{12} = (1 - \varphi)\rho_s \qquad (10.109a)$$

$$\rho_{22} + \rho_{12} = \varphi\rho_1 \qquad (10.109b)$$

ρ_{12} 实际代表液体给固体加上的惯性(而不是黏滞性)曳力(当后者对前者加速时),或相反。于是固体波的运动方程(10.107a)就可以写做

$$(1 - \varphi)\rho_s \frac{\partial^2 \boldsymbol{u}}{\partial t^2} = -\rho_{12}\left(\frac{\partial^2 U}{\partial t^2} - \frac{\partial^2 u}{\partial t^2}\right)$$
$$+ bF(\omega)\left(\frac{\partial U}{\partial t} - \frac{\partial u}{\partial t}\right) + 空间微商项 \qquad (10.110)$$

除黏滞性阻力($bF(\omega)$)外,固体骨骼与液体中有一个对另一个加速总有一反作用力(与$(1-\varphi)\rho_s$成比例)加于固体。比例常数 ρ_{12} 则代表在各向同性均匀系统中的感生密度张量,并且总是负值,比例于液体密度,

$$\rho_{12} = -(\alpha - 1)\varphi\rho_1$$

α 是几何常数,总是大于 1,与固体或液体材料无关,由骨骼结构决定。

衰减项 $bF(\omega)$ 与黏滞系数有关。由 Poiseuille 定律,在半径为 a 的直管内 $k = \varphi a^2/8$,显见 $b = \eta\varphi^2/8$,这是阻力项的极限,$F(\omega)$ 因数只是在黏滞趋肤层厚度($\sqrt{2\eta/\rho\omega}$)小于管径时才起作用。(10.110)式可改写做

$$(1 - \varphi)\rho_s \frac{\partial^2 \boldsymbol{u}}{\partial t^2} = -\bar{\rho}_{12}\left(\frac{\partial^2 U}{\partial t^2} - \frac{\partial^2 u}{\partial t^2}\right) + 空间微商项 \qquad (10.111)$$

式中

$$\bar{\rho}_{12} = \rho_{12} + \frac{jbF(\omega)}{\omega}$$

事实上 $\bar{\rho}_{12}$ 是 ρ_{12} 常出现的形式。以液体为主的运动方程(10.107b)也可以写成与(10.111)同样的形式。

10.4.3 简正波特性

按一般习惯,固体液体系统中每一种波形都可以写做 $\exp[j\omega(t - r/V)]$,V 为相速。(10.107)式的解有两种纵波(称为快波和慢波)和一种横波或切变波。这些波形的相速分别是

$$V^2(横) = \frac{N}{(1 - \varphi)\rho_1 + \varphi\rho_1 - (1/\alpha)\varphi S_1} \qquad (10.112)$$

$$V^2(快,慢) = \frac{\Delta \pm \sqrt{\Delta^2 - 4(\rho_{11}\rho_{22} - \bar{\rho}_{12}^2)(PR - Q^2)}}{2(\rho_{11}\rho_{22} - \bar{\rho}_{12}^2)}$$

$$\Delta = P\rho_{22} + R\rho_{11} - 2Q\rho_{12} \tag{10.113}$$

10.4.4 低频

如果频率很低,黏滞性趋肤层厚度 $\sqrt{2\eta/\rho_1\omega}$ 甚大于多孔性固体的典型孔隙尺寸,液体就和固体骨骼一起振动,以上相速值中就可假设 $\omega \to 0$,而横波的相速和快纵波的相速都成为实数,

$$V^2(横) = \frac{N}{(1-\varphi)\rho_s + \varphi\rho_1} \tag{10.113a}$$

$$V^2(快) = \frac{H}{(1-\varphi)\rho_s + \varphi\rho_1} \tag{10.113b}$$

$$H = P - 2Q + R = \frac{K_s + [\varphi(K_s/K_b) - (1+\varphi)K_b]}{1 - \varphi - K_b/K_s + \varphi(K_s/K_1)} + \frac{4}{3}N \tag{10.113c}$$

两个相速公式的分母都是总密度,分子则分别是切变弹性模量和有效压缩弹性模量。这个结果是在毕奥工作以前 Gassmann 得到的,所以一般称为 Biot-Gassmann 结果。注意,如果 α 为无穷大,可以得到同样结果,效果都是 $u = U$,这些结果都是合理的,但是慢纵波如何? 慢波也涉及固体和液体的相对运动,所以在低频率,由于液体的黏滞性,其运动只服从扩散方程而非波动方程,基本形式为

$$C_D \nabla^2 \xi = \frac{\partial \xi}{\partial t} \tag{10.114a}$$

式中 ξ 代表统一的坐标(P_1 或 $\nabla \cdot U$ 或其他)而 C_D 则可写成

$$C_D = \frac{kK_1}{n\varphi}\left[1 - \frac{k_1}{\varphi\left(K_b + \frac{4}{3}N\right)}\right]\left\{1 + \frac{1}{K_s}\left[\frac{4}{3}N\left(1 - \frac{K_b}{K_s}\right)K_b - \varphi\left(K_b + \frac{4}{3}N\right)\right]\right\}$$

$$\tag{10.114b}$$

这是直接由(10.107)式求得的低频率极限。(10.114)式是描写可渗透介质的准稳态流动数最完整的公式,但比较复杂。有两种特殊情况,结果比较简单,但却有实际意义。

(1)骨骼特别硬。K_D, N 都比 K_1 大得多,(10.114b)的近似值就是

$$\lim_{K_b, N \gg K_1} C_D = \frac{bK_1}{i\varphi}$$

在介质的一端加一压力脉冲,就会扩散到另一端。砂岩中充水或玻璃珠烧结充水都是此类。

(2)骨骼非常软。K_b, N 比 K_1, K_s 小得多,固体成分也很少,如高分子材料的水凝胶就是如此。这时极限是

$$\lim_{K_b, N \gg K_b, K_s} C_D = \frac{K}{\eta}\left(K_b + \frac{4}{3}N\right)$$

这两种情形都经广泛实验验证。

10.4.5 高频

高频是指黏滞性附面层厚度 $\sqrt{2\eta_1/\rho\omega}$ 比典型孔径小得多的情况。三种简正波,快波慢波和横波都成为行波,相速如(10.112)和(10.113)式所示。可讨论几种特殊情况。

首先是悬浮液。$K_D = N = 0$,按毕奥理论,切变和慢波都不存在($PR - Q^2 = 0$),在高频只剩下快纵波,速度是

$$V^2(快, K_b = N = 0) = \left[\frac{1-\varphi}{k_s} + \frac{\varphi}{K_1}\right]^{-1} \frac{\varphi(1-\varphi)\rho_s + (\alpha - 2\varphi + \varphi^2)\rho_1}{\alpha\rho_s\left[(1-\varphi)\rho_s + (1-\alpha^{-1})\varphi\rho_1\right]}$$

$$(10.115)$$

如惯性曳力参数 α 极大,液体与固体的运动完全锁在一起($u = U$),波速就简单得多,等于

$$\lim_{\alpha \to \infty} V^2(快, K_b = N = 0) = \frac{\left[(1-\varphi)/K_s + \varphi/K_D\right]^{-1}}{(1-\varphi)\rho_s + \varphi\rho_1} \qquad (10.116)$$

此值也适用于悬浮液中的低频极限(与 α 值无关)。

其次,可见如固体骨骼非常坚硬,(10.113)的复杂压缩波速度在高频率要大大化简,$K_b, N \gg K_1$,速度极限为

$$V^2(快) = \sqrt{\frac{K_b + (4/3)N}{(1-\varphi)\rho_s + (1-\alpha^{-1})\varphi\rho_1}} \qquad (10.117a)$$

$$V^2(慢) = \sqrt{\frac{K_1}{\alpha\rho_1}} = \frac{V_1}{\sqrt{\alpha}} \qquad (10.117b)$$

快波速度相当于固体骨骼带着一部分液体(不是全部)的振动,在另一方面,慢波速度则只是液体的振动。后者也拉下一些,原因是液体振动要通过弯弯曲曲的固体内的孔隙。

此外,仍是在硬骨骼范围内,我们注意 α 已被证明与所谓流体力学曳力参数 λ 有关。λ 的定义是,在一假想的实验中,固体骨骼的速度 $\partial u/\partial t$ 固定液体被拖动,骨骼产生的客观液体速度 $\partial U/\partial t$ 要小于固体速度 $\partial u/\partial t$,关系是

$$\frac{\partial U}{\partial t} = \lambda \frac{\partial u}{\partial t}$$

流体力学曳力参数 λ 在 $0 \sim 1$ 之间。已知 $\alpha = (1-\lambda)^{-1}$,(10.113)和(10.117a,b)中都出现的有效密度可写做 $\rho_{eff} = (1-\varphi)\rho_s + \lambda\varphi\rho_1$。

如果多孔性固体中充以超流体 ^{4}He,因为超流体的黏滞系数为零,所以总是符

合高频率的条件,同时超液体^{4}He的弹性系数比水的高两个数量级,使用(10.117a,b)式更为准确。可以断定所谓第四声就是慢波,后者的速度非常准确的是$V_1/\sqrt{\alpha}$,所以测第四声的速度可以准确地求得α值,这个值适用于其它任何液体(α是几何常数)。结论是

(1)第四声是毕奥的传播慢波。

(2)任何多孔性可渗透的固体充以超液体^{4}He都显有慢波传播。

(3)第四声可直接给出任何液体所需要的高频慢波的关键α值。

所以,高频的α值可测量,前面已知,K_b和N可由干速度测量取得。所以三种简正波的相速都可以预计。慢波测量已有大量工作,如表10.4。

表 10.4 观察过的慢波系统

	软骨骼	硬骨骼
低频(扩散)	高分子凝胶	岩石、烧结玻璃珠
高频(传播)	未处理的玻璃珠(用压力拘束)	氦Ⅱ中第四声烧结玻璃珠其它人造介质

慢波应在充满液体的多孔性固体中都存在,但有些系统中还没有观察到,相信要有解释。此外在孔隙率很低的系统中,慢波速度的测量与理论不相符合的情况很可观,也有系统性,相信还有毕奥理论中未包含的原因,多孔性介质的理论从毕奥起已有相当发展,但还在发展中。

参 考 书 目

Lord Rayleigh. Theory of Sound,Ⅱ Chap XⅥ. McMillan,1929

W C Sabine. Collected Papers. Harvard,1992

L B Crandall. Theory of Vibrating Systems and Sound,Appendix A. Van Nostrand,1927

C Zwikker,C W Kosten. Sound Absorbing Materials. Springer,1949

(吕如榆译. 吸声材料. 北京:科学出版社,1960)

马大猷. 微穿孔板吸声结构的理论和设计. 中国科学,1975 年 1 期:38 ~ 50

Potential of Microperforated Panel Absorbers. J. Acoust. Soc. Am,104(1998):2861 ~ 2866

L Cremer. Wellentheoretische Raumacustik,3,4Kap. Hirzel,1976

L L Beranek. Sound Absorption in Concert Halls. J. Acoust. Soc. Am. ,104(1998):3169 ~ 3177

E G Richardson. Technical Aspect of Sound, Vol. Ⅱ. Elsevier,1957

(中译本,声学技术概要(中册). 北京:科学出版社,1965).

I Tolstoy,ed. Twenty-one Papers by M. A. Biot. ASA, 1992

D L Johnson. Recent developments in the acoustic properties of porous materials in D Sette,ed. , Frontiers in Physical Acoustics. North Holland, 1986

习　题

10.1　一平面波射向有机玻璃窗,窗的面密度是 $m_s(kg/m^2)$,弯曲刚度 $g_s + jr_s$。窗的面积很大,其周围支撑的作用可以不计,因而窗的运动方程可写做

$$m_s \frac{\partial^2 \eta}{\partial t^2} = -(g_s + jr_s) \nabla^4 \eta + P_0$$

式中 η 为位移(向外),P_0 为大气压力。如声波入射角为 φ,求证有机玻璃窗的声阻抗率为

$$Z_s = \frac{p}{u_0} = j\omega m_s + (r_s - jg)\left(\frac{\omega^3}{c^4}\right)\sin^4\varphi$$

求反射声与入射声能量之比与入射角的关系。

10.2　有效声压 50 Pa,频率 1 kHz 的平面声波在水中垂直地射向水与空气的交界面。(a)透射到空气中的有效声压是多少? (b)水中入射波和空气中的透射波强度各多少? (c)空气中透射波的强度与水中入射波的强度比是多少 dB? (d)如果声波由空气传入水中,计算与以上(a),(b),(c)相当的量。

10.3　一种吸声砖的声阻抗率为 900 - j1200 Pa·s/m。(a)达到最低反射的入射角多少? (b)入射角为 80° 时,能量反射系数是多少? (c)正入射时,能量反射系数是多少?

10.4　海水中沙底的特性是密度 1700 kg/m³,声速 1600 m/s。(a)相当于全反射时临界入射角是多少? (b)能量反射系数为 0.25 时入射角是多少? (c)正入射时能量反射系数是多少? 临界入射角是折射角最大时的入射角。

10.5　要求使声波由水中透射入钢体达到最大。(a)钢表面所铺材料最佳特性阻抗是什么? (b)如果铺 1 cm 厚的材料,使频率为 20 kHz 的声波完全透射入钢体,材料的密度和声速是多大?

10.6　处理流体阻尼的纳维-斯托克斯一维方程,如略去其中非线性项可写做

$$\rho_0 \frac{\partial u}{\partial t} = -\frac{\partial p}{\partial x} + \eta\left[\nabla^2 u + \frac{1}{3}\frac{\partial}{\partial x}\nabla u\right]$$

在微孔理论中略去了方括号中的第二项,实即假设了 u 对 x 的变化比 u 对 R 的变化小得多,估计这一项与 $\nabla^2 u$ 相对大小。这种忽略在什么条件下是可取的?

10.7　像瓶子一样的亥姆霍兹共鸣器具有一长颈,长 5 cm,直径 1 cm,共振频率 250 Hz,估计共鸣器的声阻抗中的声阻部分;由于颈中黏滞损失的能量与管口辐射所损失的能量孰大。如颈长 5 mm,直径 1 mm 而共振频率仍为 250 Hz 时如何?

10.8　圆管的声阻抗按严格理论为

$$Z_1 = j\omega\rho_0 t\left[1 - \frac{2}{\sqrt{-jk}}\frac{J_1(\sqrt{-jk})}{J_0(\sqrt{-jk})}\right]$$

$k = a\sqrt{\omega\rho_0/\eta}$。求得了 Z_1 的低频近似值(10.25)式和高频在近似值(10.26)式和结合二式的统一近似值(10.27)式。以曲线比较准确值与各近似值(各有声阻和声抗)的关系,范围 $k = 0.5 \sim 20$。

10.9　需要一低频吸声体最高吸声系数为 1,半吸收范围 250 ~ 1000Hz,试用微穿孔吸声体完成之。

10.10　一声学材料,流阻 $r = 500$ m²/(N⁻¹·s),孔隙率 $P_p = 0.7$ 和有效密度 $m_p = 5$(为正

常空气密度的 5 倍),其特性阻抗

$$Z_{p0} = \rho_0 c_0 \sqrt{\dfrac{m_p + (r_p / \mathrm{j}\omega\rho_0)}{\gamma P_p}}$$

画出材料粘到坚墙上和与坚墙隔一 4cm 的空气隙时的声阻抗率。画频率 f 由 $0 \sim 3000$ Hz 之间在两种情形下声阻率和声抗率的变化,材料的弯曲变化不计。

10.11 平面声波在法线方向入射击于上项材料,画出在两种情形下,吸声系数与频率的关系,$0 < f < 2000$ Hz。

10.12 一通风管道要用 10.10 题中的材料做衬里,以最有效地衰减 1000 Hz 声音。材料直接固定在管壁上,后者可作为刚体看待,要选择材料厚度以获得最佳效果。要得到对 1000 Hz 声音每米衰减的最大值,材料应厚多少?

第十一章　有源噪声和振动控制

低频噪声和振动的控制历来是比较困难的,比较昂贵的,甚至不可能。原因是涉及波长很长。如果用无源控制,吸声材料要很厚,消声器要很大,弹性材料(用于隔振)要很软、很厚。早在20世纪30年代,就萌发了有源控制(ANC)的概念,1933年,Paul Lueg取得了有关的专利。但在当时的技术水平,这是无法实现的,只是一种梦想。到20世纪50年代,电子技术有了发展,1953年Harry F. Olsen做出了"电子吸声器"。在室内、头盔下、耳机中等消除噪声。由于电子设备和控制理论的限制,这种系统也无法推广。只是到了70年代末和80年代才出现第二次跳跃,重新引起对有源控制的注意,计算机、微电子技术的成熟以及控制理论的发展使有源控制成为可能。近30年,有源噪声和振动控制成为声学,特别是噪声控制中发展最快的一个分支,取得不少重要的成果。当前,理论已比较成熟,大型噪声严重的工业设施,控制已不成问题。但推广达到广泛使用,还须解决一些技术问题。主要是换能器和驱动器:能长时期在严酷的工业环境中连续操作的稳定、大功率、低频率的声源和振动源以及耐用的传感器。

Lueg原始的概念不过是用一换能器(控制声源)发出反相噪声以抵消原有噪声,因而达到噪声降低的目的。控制噪声则用电子方法从原有噪声的测量中取得,如此而已。这个简单概念用了大半个世纪,还要继续努力,才能实现。有源控制只适用于低频(约500Hz以下),高频在空间相位变化大,就不容易控制了。

11.1　有源控制的基础

有源噪声控制是利用一个或多个次级噪声源发出噪声以抑制原有噪声。次级噪声源使用电子线路和扬声器,其发出的噪声功率须等于或大于原有噪声源的噪声功率,才能实现控制。控制机理有以下三种。

首先是抵消。次级噪声源产生与原有噪声反相的噪声将其抵消。这可称为"反声",平常对有源噪声控制常以此解释。飞机上或汽车中的乘客可在头盔中用扬声器产生反声以减少噪声的干扰。不过用这方法只在一定范围内有效,在有些地方噪声会增大。在管道内一维系统则无困难。另外,对一关闭的大型动力设备(例如航空发动机试验间,输油管道的加压站等)的排气口外,也可加反相次声源以减少在室外发射的噪声。在户外用反声完全消除原始噪声不可能,但可降低低频率噪声十分贝左右。

第二种机理是改变原始噪声源的辐射特性。在一巨大原始噪声源旁放一噪声功率相同的反相次级声源,整个发射噪声功率都大为减少。这不是抵消,次级声源加入后,与原始声源组成偶极声源。次级声源的作用是使原始声源的辐射阻抗变成主要是声抗,而声阻很小。

第三种机理是吸收。原始噪声驱动次级声源(例如扬声器的膜片)的振动,后者就把能量吸收了。次级声源应在原始噪声源附近才能发生作用。次级声源虽然吸收了能量,但由于电动扬声器的效率很低,仍需要相当电功率驱动之,以产生足够大的幅值和适当的相位关系,以吸收原有噪声。

以上三种机制在实际有源控制系统中或单独,或同时起作用,依具体线路(整个控制系统的编排)而定。实际使用的系统主要有两种,即前馈式有源控制系统和反馈式有源控制系统。

前馈式有源控制系统在控制点前一定距离用传感器(传声器、加速度计等)拾取噪声源噪声,经过控制器(一般常用数字式滤波器)将其调制到预计当噪声传播到控制点一段距离后应具有的特性,在该点用控制扬声器反相发出,以抵消原有噪声。这种系统比较适用于通风管道中的周期性或无规噪声。在工作环境(如温度、压力、湿度等)变化时,容易受影响。要其在控制点后的声场中设一传声器拾取误差信号(剩余噪声),用以控制对滤波器的微调,可形成自适应系统,不受环境或操作的影响。

反馈式有源噪声控制系统则不需拾取原有噪声,只要在控制点或控制点后一定距离拾取剩余噪声信号,通过控制器(一般用滤波器系统),使其具有原有噪声到达控制点时所应具有的特性,由控制扬声器反相发出即可。在这种系统中,拾取噪声信号的传声器就是误差传声器,所以系统具有自适应的性质,构造很简单。但控制目标是使误差传声器处噪声达到最低值,所以经过控制器成为控制信号,需要放大倍数很大。此外,为了简化对控制器的要求,提高控制效果,拾声点(误差传声器)与控制点(控制扬声器)越近越好,这样也减少电路的不稳定,这是须注意的。误差信号(原有噪声与控制噪声之差)的强弱标志控制的效果,与放大倍数成反比。误差信号用它的平方期望值表示,据以设计数字式控制器的算法语言。也可以用它的最小均方值,称为LMS法。对于复杂噪声系统,须在多点拾取剩余噪声信号,考虑到全面噪声控制效果,更需要包括各点误差信号的LMS法了。

有源噪声控制在管道中的使用,研究得较多,也比较有成效。在户外声源的控制也很成功,在室内噪声的研究很多,过去只能说有部分的成功,受室内大量简正波的影响。但利用简正波的性质,又可使室内噪声控制达到新水平。此外,噪声多半是由振动的物体或表面产生的,有源振动控制也是噪声控制的措施。本章将在这些方面作一概述。

11.2 管道中声波传播的控制

11.2.1 平面声波传播的控制

管道内的平面声波传播最适于有源控制,也是有源控制最早的对象。一般较长的通风管道可以用无源方法控制(加吸声衬里,抗性装置等),但在低频效率都很低,所以有源控制是理想的措施。现在这方面的有源控制系统已发展成熟,国外有商品应市。

管道有源噪声控制系统所用元件都比较小,可装在管壁上,不影响气流通畅。所用扬声器可能经三五年要更换,无其它维修要求,只是安装需要行家。但只能用于管道中的主波,高阶波切入后,由于截面上声场不均匀,将无能为力。

11.2.2 管道中高阶简正波的控制

对于高阶简正波只能一个一个地单独控制。因此,这和管道的尺度有关。在巨型通风系统,管道可能是一两米宽高,简正波最低可在 100Hz 上下,就是控制到 200Hz 也有五六个简正波。每个简正波要一个误差传感器和一套控制器,以分别控制。整个系统需要五六个误差传感器和五六套控制器。如果要控制到 800Hz,则需要 64 个误差传感器和 64 套控制器。

这种系统虽然很复杂,据报道效果很好,可降低噪声 25~30dB。安装前须作大量测试,安装也需要对系统深切了解。

11.2.3 周期性噪声前馈式控制器

有源控制器主要有两种,前馈式和反馈式。前者又分为两类,周期性和无规噪声控制器,这是当前控制管道噪声最常用的系统。现在先从周期性控制器谈起。

图 11.1 是管道内周期性噪声前馈式控制器的简图。这是最简单的控制器。旋转机器所产生的噪声与机器同步,所以噪声信号可以从机器上装的转速计的电输出拾取。转速计的电输出与机器噪声同步,基频相同,但波形不同。遄过采样、数字滤波调节,信号的相对大小和相角都可调节,滤波器的加权函数 w 由控制器的算法线路调节。这样可以抑制相当于控制信号的所有谐波。数字滤波器的基本特性是其输出为

$$y(n) - \sum_{k=1}^{N} a_k y(n-k) = \sum_{r=0}^{M} b_r x(n-r) \qquad (11.1)$$

式中 $x(n)$ 是输入信号采样后第 n 点的量值,$y(n)$ 则是相应的输出,输出、输入都受其以前量值的影响。在信号分析中,频谱很重要,所以傅里叶变换和 z 变换是常用的。z 变换定义是

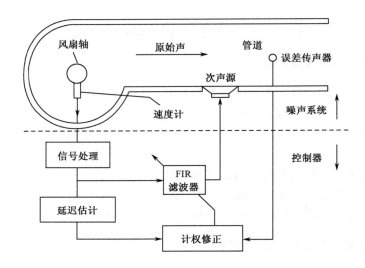

图 11.1　管道内周期性噪声前馈控制器

$$
\left.
\begin{aligned}
X(z) &= \sum_{n=-\infty}^{\infty} x(n) z^{-n} \\
x(n) &= \frac{1}{2\pi \mathrm{j}} \oint_x X(z) z^{n-1} \mathrm{d}z
\end{aligned}
\right\}
\tag{11.2}
$$

与傅里叶变换相似,但变换是在复值平面,(z 平面,$z = re^{j\omega}$)上进行。y 信号也同样处理。所得 $H(z) = Y(z)/X(z)$ 相当于傅里叶变换所得的频率响应,其分子,分母都是 z^{-1} 的多项式,在一般情况可写做

$$
H(z) = \frac{A \displaystyle\prod_{r=1}^{M} (1 - c_r z^{-1})}{\displaystyle\prod_{k=1}^{N} (1 - d_k z^{-1})}
\tag{11.3}
$$

c 和 d 分别代表 H 的零点和极点。图 11.2 是只有极点、没有零点的滤波器,这种滤波器称为有限脉冲响应(FIR)滤波器。左边进入的信号是 $x(n)$,经过 z^{-1} 是前一个时间 τ 到的信号 $x(n-1)$,再前面是 2τ 前的 $x(n-2)$ 等等。垂直线上的 W_0,

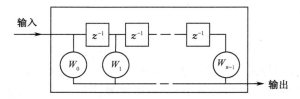

图 11.2　三级 *FIR* 滤波器,级间延迟时间 τ,
加权量 w 等可控制

W_1,…是对相应输入信号的加权量（乘数），最后输出是 $y(n)$ 如（11.1）式（此处 y 不受过去的 y 值的影响）。加权量用算法控制。

图 11.1 中的误差传声器不要求响应平直，相角为零等，因为任何频率响应的问题都可在控制器内解决。最普通的廉价传声器就足够了。扬声器也是普通的，功率够就可以，但是，因一般用于低频率，扬声器膜片的振幅要大。数字信号的处理已超过本书范围，细节请参考专著。

11.2.4 无规噪声前馈式控制器

如果原始噪声是无规噪声，控制信号就不能从机器上取，而在机器前一些距离设一控制传声器拾取，其余与周期性噪声控制器相似。当然，无规噪声控制器也可以用于周期性噪声，但是它反倒不如后者直接取噪声信号效果好。反过来，周期性噪声控制器对无规噪声则毫无作用。无规噪声控制的 FIR 滤波器输出可再经一组 FIR 滤波器（组成无限脉冲的响应 IIR 滤波器），再接到扬声器（如图 11.3）。这样，系统方程 H 就既有极点，又有零点，增加抑制噪声的能力。

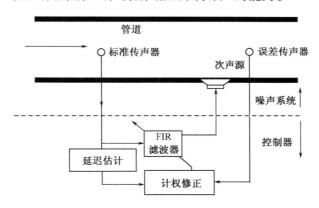

图 11.3　管道中无规噪声的前馈有源控制器

在无规噪声控制器中，控制传声器不但接受原始噪声，也接受次级扬声器发回的噪声，因而降低其能力。用指向传声器（只接受原始噪声）或指向扬声器（只向更远辐射）都可解决问题，而技术上也是可能的，但是增加系统的复杂性很多。

前馈控制器一般可以在一个倍频程范围内降低噪声 $10\sim15\mathrm{dB}$（图 11.4），无规噪声控制器的数字滤器至少需要 200 级，而周期性噪声控制器的滤波器如图 11.2，每个谐波只需二三级就够。

前馈式有源噪声控制器可以设计得非常完善，具有相当高的抑制噪声能力。不过环境改变，或工作条件改变，就使其抑制噪声的能力改变。设置误差传声器及其通路可使系统获得自适应能力。用误差传声器输出调节各加权量的算法，可使误差传声器处的声压有效值常处于最低水平，保证控制器抑制噪声的能力。

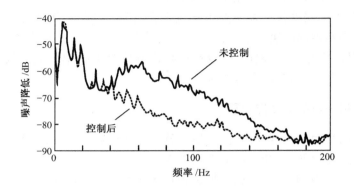

图 11.4　无规噪声前馈有源控制器典型特性

11.2.5　反馈式有源控制器

在反馈式控制器,控制传声器和误差传声器可合成一个,或距离非常近,都在次级扬声器前,或更下游的地方(图 11.5)。控制要求传声器处声压为零(别处则不一定),控制线路简单,但如上述需要放大倍数较大,因而可能不稳定,有时要用滤波或相移方法消除其啸叫。一般噪声抑制可达到 5～20dB。由于其构造简单(可能只是放大器),效果也不错,很值得注意。

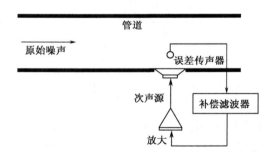

图 11.5　管道中无规噪声的反馈式控制器

在管道噪声有源控制器中,无规噪声的控制机理与周期性噪声控制机理不同。在无规噪声控制中,次级声源部分吸收,部分反射原始噪声。周期性噪声控制中,次级声源改变原始声源的辐射声阻抗,减少其辐射功率,也吸收一部分。因此,在无规噪声控制中,次级声源和原始声源之间的声级会比不控制时升高可达 3dB,而在周期性噪声控制中,次级声源和原始声源之间形成明显的驻波。

11.3　自由声场中有源噪声辐射控制

在自由声场中控制噪声源的辐射也和管道中控制噪声相似,其物理问题是控制原理,次声源,控制和误差传声器的放置等,其控制器部分则与管道控制的要求和措施无甚差别,本节中不再重复。由于任何声源都是单极子声源所组成,为简单起见,在本节中,原始噪声源和次声源都按单极子声源处理。根据 5.1 节,单极子声源产生的声压,略去其时间因式,可写为

$$P = \frac{j\omega\rho_0 Q}{4\pi(r - r_0)} e^{-jk(r-r_0)} \tag{11.4}$$

只讨论正弦式声源并不降低其普通性,任何噪声都可分解为正弦式声源成分。原始噪声源可看成一个单极子,其旁加另一负单极子就形成偶极子(见 5.2 节),在其连线的垂直方向,声压为零,实即噪声控制系统,但是比较局限。为了在任何方向控制噪声,并探讨其一般特性,求得对次级声源的要求,这是本节的目的。

11.3.1　单极子噪声源和单极子次声源

用单极子次声源控制单极子原始噪声源在远处一点产生的声压,这是户外噪声有源控制的最简单形式。设噪声源的强度为 Q_p,其在远处一点产生的声压是

$$p_p = \frac{j\omega\rho_0 Q_p}{4\pi r_p} e^{-jkr_p} \tag{11.5}$$

式中 r_p 是噪声源至 P 点的距离。在噪声源旁距离 d 处加一次声源 Q_c,在同一点产生的声压为

$$p_c = \frac{j\omega\rho_0 Q_c}{4\pi r_c} e^{-jkr_c} \tag{11.6}$$

设 Q_p 和 Q_c 的连线中点到测试点的距离为 r,与连线所成角度为 θ,如图 11.5 所示。

原始噪声源与次声源所产生的总声压是

$$p = \frac{j\omega\rho_0}{4\pi}\left(\frac{Q_p}{r_p}e^{-jkr_p} + \frac{Q_c}{r_c}e^{-jkr_c}\right) \tag{11.7}$$

如要求 $p = 0$,则在控制方向 θ_0,

$$\frac{Q_c}{Q_p} = -\frac{r_c}{r_p}e^{jk(r_c-r_p)} \tag{11.8}$$

这是完全控制的条件。由图 11.6 可见,如测试距离很远,比波长 λ,次声源距离 D 都大得多,则近似地

$$\left.\begin{array}{l} r_c = r - \dfrac{d}{2}\cos\theta_0 \\[2mm] r_p = r + \dfrac{d}{2}\cos\theta_0 \end{array}\right\} \tag{11.9}$$

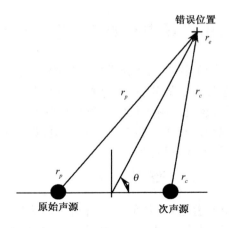

图 11.6 单极子噪声源和单极子次声源系统

代入

$$\frac{Q_c}{Q_p} \approx e^{-jkd\cos\theta_0} \tag{11.10}$$

而代入(11.7)式,

$$p = p_p(l - e^{-jkd(\cos\theta_0 - \cos\theta)}) \tag{11.11}$$

$\theta = \theta_0$ 时,$p = 0$ 如上。但在其它方向,p 未必很小,甚至可能有大于未加控制时的 p_p。如要求在各方向声压都被减小,则需要

$$|p|^2 < |p_p|^2$$

将(11.11)式代入,得

$$2 | 1 - \cos[kd(\cos\theta_0 - \cos\theta)]1 < 1$$

花括号内的余弦差值最大为2,因此要求

$$1 - \cos2kd < \frac{1}{2} \tag{11.12}$$

或 $\cos2kd > 1/2$,$d < \lambda/12$。这是各方向声压都降低的条件。

如果要求原始声源和次声源的总声功率比原始声源的声功率降低,则应是

$$\int_0^{2\pi} \int_0^{\pi/2} \left|\frac{p}{p_p}\right|^2 d\theta d\varphi = \min \tag{11.13}$$

即声强的面积分最小,因声强与声压平方成正比。根据(11.13)式可求出最佳次级声源强度(使原始声源和次级声源发的总声功率达到最低值)为

$$Q_{cw} = -Q_p si(kd) \tag{11.14}$$

式中

$$si(kd) = \frac{\sin kd}{kd} \tag{11.15}$$

称为正弦积分。在此条件下,噪声源/次声源对发出的总声功率的最低值与未控制的噪声源辐射功率之比为

$$\frac{W_{min}}{W_p} = 1 - si^2(kd) \tag{11.16}$$

注意在最低总功率条件下,声压并不是各方向都降低,在一些方向声压比原始声源产生的声压要高。

在宗量等于零时,正弦积分 $si(kd)$ 等于1。所以偶极子 $Q_c = -Q_p$ 实际是上述条件的极限。偶极子的辐射功率随二单极子的距离增加而增加,在距离较远时,总功率的极限是单极子的二倍。功率变化情况如下

$$\frac{W_d}{W_p} = 2(1 - si(kd)) \tag{11.17}$$

W_d 是偶极子的功率。

11.3.2 单极子噪声源多极子次声源

单极子噪声源单极子次声源系统对降低总声功率的距离要求(11.12)式非常严格,两个单极子间的距离稍大,功率降低就有限了。功率降低10dB,间距是 $\lambda/10$。如果声源是340Hz,那就是100mm。到200mm功率降低就只有3.5dB了。在半波长(500mm)以上功率降低为零。如果用两个次声源 Q_c 在噪声源左右,距离 d,情况就好些了。

单极子噪声源双单极子次声源在远场 r, θ_0 处声压为零的条件可用上节同样方法求得级为

$$1 + \frac{2Q_c}{Q_p}\cos(kd\cos\theta_0) = 0 \tag{11.18}$$

或

$$Q_c = -\frac{Q_p}{2}/\cos(kd\cos\theta_0) \tag{11.19}$$

在任何方向总声压约为

$$p = p_p\left(1 - \frac{\cos(kd\cos\theta)}{\cos(kd\cos\theta_0)}\right) \tag{11.20}$$

如 $kd = 2\pi d/\lambda < \pi/2$,或 $d < \lambda/4$,p 在各方向都是小于 P_p,否则 p 就有可能更大。总合原始声源和两个次声源(控制声源)发射的总功率是 p^2 在各方向的积分,比单个次声源的系统要小一些,容许的间隔要大一些。例如,功率降低10dB时,单个次级声源要求100mm(频率是340Hz),用双次声源时,间隔要求为200mm。虽然降低功率只能在间距离 d 小于半波长,在这以前则容许间距稍大。

户外有源噪声控制的基础是次声源功率大致与原始声源相同,因此体积也相近。这在原始声源极大时(噪声功率几千瓦,尺度几米),次声源要大小接近,间距

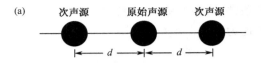

(a) 次声源　　　原始声源　　　次声源

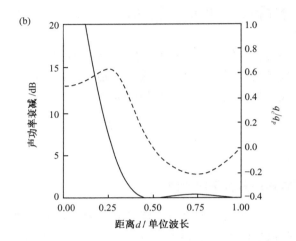

(b)

图11.7　(a)单极子噪声源双单极子次声源系统

(b)距离 d 的影响

要小,就不容易了。用上述原理,把次声源分成多个,装在原始声源周围,每个次声源就可以较小,间距也可以较小了。这种系统可用于长途输油管道的中间加压站,或大型发动机试验间,大型变压器等。图11.7中, q_c 是原始声源的体积速度, q_p 正比于声场功率。

11.4　室内有源噪声控制

　　封闭空间内的有源噪声控制一直是有需要的,特别是飞机机舱内和汽车内,但因问题比较复杂,不像管道噪声和户外噪声,室内噪声的有源控制只是在80年代才有认真研究工作。主要问题是室内复杂的简正波结构,控制某一简正波很简单,一个单极子噪声源所发噪声,只用一个单极子次声源调到适当强度就可以在全室内将其消除。但噪声源决不只激发起一个简正波,有时甚至很多。在一个小范围控制噪声不难,在全室控制噪声几乎是不可能。因此有必要对简正波的情况进一步考查,以求得控制噪声的可能性。

11.4.1　室内简正波结构

　　一矩形室内的声源产生的声场见第九章

$$p = \frac{jf\rho_0 Q_0}{2|\boldsymbol{r}-\boldsymbol{r}_0|}\exp\{j[\omega t - k(\boldsymbol{r}-\boldsymbol{r}_0)]\}$$

$$+ R\rho_0 c_0^2 Q_0 \exp(j\omega t)\sum_n \frac{\omega}{V\Lambda_n}\frac{\varphi_n(\boldsymbol{r}_0)\varphi_n(\boldsymbol{r})}{2\omega_n k_n + j(\omega^2 - \omega_n^2)} \qquad (11.21)$$

式中 $Q_0\exp(j\omega t)$ 是声源强度, $\boldsymbol{r}_0(x_0,y_0,z_0)$ 是声源位置, $\boldsymbol{r}(x,y,z)$ 是声场中一点, φ_n 是简正函数,在矩形室中

$$\varphi_n(\boldsymbol{r}) = \cos\frac{n_x\pi x}{l_x}\cos\frac{n_y\pi y}{l_y}\cos\frac{n_z\pi z}{l_z}$$

n 都是整数, l_x, l_y, l_z 是矩形室的长宽高。在实际房间中,三个余弦的宗量都有一个较小的虚数部分和房间中声吸收有关。声压 p 有两点值得注意,一点是声波分两部分,第一项代表直达声,由声源直接传到观察点,按照自由行波规律传播。第二点是由简正波组成的第二项是准无规声场(混响场),无简单规律,但有一个规律,即在原点 $x=y=z=0$(八个角都可以看做原点,性质都相似)各简正波都达到最大值。这两个特点实际是所有室内声场的共同特性,室形不同只是简正函数不像上面写出的那样简单,甚至根本不能用解析式表示。直达声的存在,混响场极点(各简正函数的绝对值都是最大)的存在,是共同的。这是控制的基础。控制直达声只能用上一节准偶极子的方法。控制混响声则可利用其极点,这个方法不受房间形状的限制,也不受室内人和物,甚至人的运动的影响。因为简正波总是存在的,其形状和数学表达式则无关紧要。

图 9.4 是在 200m³ 混响室中,噪声源前噪声频谱随距离变化的情况。频谱中有直达声的本底,距离声源近时很大,越远越小,在最远处(70cm)几乎完全消失,与预计相符。在本底之上起伏的混响声,强度几乎与距离无关。在近距离时,本底较高,混响声只露出少许。距离渐大,本底降低,混响声就更突出了。在最远处(70cm)直达声几乎消失,就只剩下混响声的峰了。直达声随距离衰减,混响声虽起伏不定,但平均大小几乎不变。在其他房间中测量,也得到相似结果,直达声的传播与房间大小,形状和吸声性质完全无关。混响声则主要受房间吸声性质的影响,吸声强时,起伏较小,平均也低。

11.4.2 简正波抑制

根据噪声源辐射的性质,可考虑其控制方法。直达声是有规律的声波,只能用上节所述比肩置放的次声源予以控制甚或消除。控制简正波的系统(特别是控制传声器和误差传声器)可放在离噪声源较远处,以免受直达声影响。但次声波发射的直达声由于距离传声器近则不可避免,有时还发生重要影响。控制简正波的有源控制系统对室内原始噪声源的直接辐射则不起作用。所有简正波的极大值都集中出现在矩形室的各角或任何室的声压极点(声压最大处)就可以根据这些点的噪声反过来控制全部简正波,这就是简正波抑制的基础。具体装置是屋角有源

控制(corner ANC)系统,如图 11.8 所示。

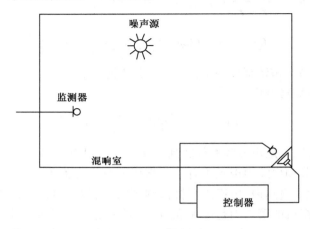

图 11.8　简正波抑制的屋角 ANC 系统

　　屋角 ANC 的次级扬声器置于室内距原始噪声源较远的一角,扬声器前是控制——误差传声器,与管道中反馈 ANC(图 11.5)的系统相似,要求扬声器与传声器距离三个面都小于四分之一波长,因而处于各简正波的峰值范围内,控制只限于满足这条件的频率,对更高频率则无效。设扬声器恰好在屋角 O,控制传声器在其前 d。如原始声源的频率范围是 $\Delta\omega/2\pi$,被激发的某个简正波 n 在控制传声器处的均方值可求得为

$$p_n^2(\boldsymbol{d}\mid\boldsymbol{r}_0) = \frac{\pi\rho_0^2 c_0^2 R^2 Q^2}{4V^2\Delta\omega}\frac{1}{2k_n\Lambda_n^2}\varphi_n^2(\boldsymbol{r}_0)\varphi_n^2(\boldsymbol{d}) \tag{11.22}$$

因是频带噪声激发,在频带内简正波都达到共振,噪声源强度 Q,其对简正波均方声压的作用比例于 $Q^2/\Delta\omega$ 是合理的。总声压为简正声压之和。这需要频带宽度 $\Delta\omega/2\pi$ 够大,包含简正波较多,才有意义。此外,频带外的简正波虽然不达到共振,但也对总声压有些贡献,如果频带内的简正波较多,这些也就可以忽略不计了。n 简正波的简正声压可写做

$$p_n(\boldsymbol{d}\mid\boldsymbol{r}_0) = \frac{\rho_0 c_0^2 RQ}{2V\Lambda_n}\Big(\frac{\pi}{k_n\Delta\omega}\Big)^{1/2}\varphi_n(\boldsymbol{r}_0)\varphi_n(\boldsymbol{d})\exp[\mathrm{j}(\omega_n t+\theta_n)] \tag{11.23}$$

次级声源在控制传声器上产生的声压为

$$p(\boldsymbol{d}\mid\boldsymbol{O}) = \frac{\mathrm{j}c\rho_0 fq_n}{2d}\exp(-\mathrm{j}\omega_n d/c) + \frac{R\rho_0 c_0^2 q_n}{2k_n V\Lambda_n}\varphi_n(\boldsymbol{d}) \tag{11.24}$$

式中 q_n 为 $\boldsymbol{d}$ 处收得原始声源和次声源本身产生的声压,经处理后在次声源上形成的声源强度,略去时间因式,等于

$$q_n = \frac{MAS}{Bl}[p_n(\boldsymbol{d}\mid\boldsymbol{r}_0)+p_n(\boldsymbol{d}\mid\boldsymbol{O})] \tag{11.25}$$

式中,M 是传声器的灵敏度,A 是放大倍数,S 是扬声器膜片面积,Bl 是扬声器常数。代入上述声压关系,化简,可得

$$q_n = \frac{MAS}{Bl} p_n(\boldsymbol{d} \mid \boldsymbol{r}_0) / \left[1 + D_n \text{jexp}\{ -\text{j}(\omega_n d/c) \} + D_n K_n \right] \qquad (11.25)$$

式中

$$D_n = -\frac{MAS}{Bl} \frac{c\rho_0 f}{2d}, \quad D_n K_n = -\frac{MAS}{Bl} \frac{R\rho_0 c_0^2}{2k_n V \Lambda_n} \varphi_n(\boldsymbol{d}) \qquad (11.27)$$

是直达声和混响声的反馈因式,二者之比为

$$K_n = \frac{Rc_0 \lambda d \varphi_n(\boldsymbol{d})}{ck_n V \Lambda_n} \qquad (11.28)$$

室内任何一点 $\boldsymbol{r}$ 的声压为原始噪声源和次级声源共同产生的结果,

$$p_n(\boldsymbol{r}) = p_n(\boldsymbol{r} \mid \boldsymbol{r}_0) + p_u(\boldsymbol{r} \mid \boldsymbol{O})$$

代入,整理,可得

$$p_n(\boldsymbol{r}) = p_n(\boldsymbol{r} \mid \boldsymbol{r}_0) \frac{1 + D_n[\sin(\omega_n d/c) + \text{jcos}(\omega_n d/c)]}{1 + D_n[\sin(\omega_n d/c) + \text{jcos}(\omega_n d/c)] + D_n K_n} \quad (11.29)$$

略去原始噪声源和次级声源的直达声,假设二者离观察都较远。设 $\sin(\omega_n d/c)$ 接近于 1,由(11.29)可求出简正波 n 的噪声降低的最大值是放大倍数 A 为负,其数值甚大(D 是负值,也很大)时的极限为

$$NR_n = \lim_{A \to -\infty} \mid p_n(\boldsymbol{r} \mid \boldsymbol{r}_0)/p_n(\boldsymbol{r}) \mid^2 = \left(1 + \frac{D_n K_n}{1 + D_n} \right)^2 \qquad (11.30)$$

与次声源所发混响声与直达声之比 K_n 有关,并主要由其决定。因 D 值大时,括弧中的比值基本等于 K_n。在(11.28)式内,K_n 值的因数 C 是直达声的指向性增益,因声源在墙角,受三面墙的反射,增益为 8 倍。R 是室内各表面的平均反射系数,大致为 1。k_n 是简正波功率衰变常数(见 9.4 节),相当于统计声学中的 $c_0 A_n/4V$,A_n 在频率为 $\omega_n/2\pi$ 的室内总吸声量。将这些关系都代入,(11.28)式可改写为

$$K_n = \frac{\lambda^2}{A_n} \frac{d}{\lambda \Lambda_n} \varphi(\boldsymbol{d}) \qquad (11.31)$$

式中 Λ_n 值与所激发的简正波性质有关,在一般低频情况,除非接近频率最低的简正波,激发的简正波主要的是斜向波(n_x, n_y, n_z 三个"量子数"都不是零)和切向波(三个数中有一个是零)。数目差不多,轴向波(三个数中有两个是零)很少,也不重要。$(d/\lambda \Lambda_n)\varphi(\boldsymbol{d})$ 的值在各简正波中出入甚大,根据实际计算,对斜向波,此因式可估计为 0.95,切向波为其半。如 d/λ 在 0.125 ~ 0.25 范围内,误差可忽略,在更高频率 $d/\lambda = 0.1$ 或更低频率 0.3,误差可达到 20%。所以可用此二值预测最大噪声降低,

$$\begin{aligned} K_n &= 0.95\lambda^2/A \qquad \text{斜向波} \\ K_n &= 0.45\lambda^2/A \qquad \text{切向波} \end{aligned} \qquad (11.32)$$

由此算出的 NR 值可适用于室内任何点。在一般情况,按斜向波算出的 NR 值基本符合实际,因斜向波稍多,幅值也大($\Lambda_n = 1/8$)。如果频率很低,切向波较多,则可用切向波($\Lambda_n = 1/4$)的估计。

在管道 ANC 的讨论中,已提到这种反馈控制系统需要放大倍数较大,很容易发生不稳定的情况。在室内用扩声系统也有同样问题,这里更加严重,因为传声器距离扬声器更近,特别在高频率容易产生啸叫。这种高频率啸叫在低频 ANC 系统不难克服,线路内用低频或频带滤波器就可以了。但因此在滤波器截止频率附近,由于相移变化很快,又可产生低频啸叫。在反馈线路中加一相移器可减少啸叫的产生。针对啸叫频率使用自适应响应模拟线路加以处理,效果更好。图 11.9 是简正波抑制效果的一例。(a)是室内一点的原始噪声谱总声压级达 93.1dB,(b)是加以控制后在同一点测得的噪声谱,声压级已降低为 85dB。这是在 200m³ 混响室内测得的,室内总吸声量为 3m²,结果符合上述预测,各简正波的出入也很显著。

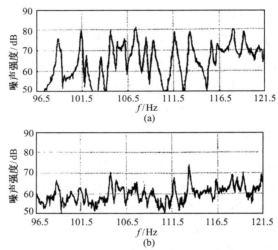

图 11.9 简正波抑制效果

(a)原始噪声谱 (b)控制结果

室内 ANC,问题在简正波,但受限于次声源的直接辐射。直达声不难在传声器接收后根据传播距离予以识别并加消除。噪声可以控制,但噪声不可能完全消除,只是抑制基本不受限制,噪声降低根据(11.29)式成为

$$NR_n = (1 + D_n K_n)^2$$
$$= \left(1 - \frac{MAS}{Bl}\frac{4R\rho_0 c_0}{A_n \Lambda_n}\varphi(r)\right)^2 \tag{11.33}$$

仍由放大倍数 A 调节。

控制室内噪声,如用吸声材料,在中频和较高频(250 或 500Hz 以上)一般可降

低 10dB 左右,但对低频率则几乎无能为力,即使使用,也很不经济(吸声材料厚到几十厘米)。简正波抑制系统是有效系统,而且不受房间大小、形状、室内物体、人的行动等的限制,对室外传入的噪声也一律抑制。图 11.9 的例中,噪声降低虽只 8dB,但已接近吸声材料在中频以上的效果,满足要求。

11.4.3 瞬态声场的抑制

墙角 ANC 系统不但可用于稳态声场,在瞬态声场(声场建立及衰减)中也很重要。原始噪声变化时,次声源的直达声随之而变,简正波场的变化则要落后,因此噪声控制要不断变化。声场建立时,次声场建立要慢,噪声控制影响小。原始声场衰变时,次声场衰变要慢(次声场的直达声立刻消失),控制增强。由于建立过程较快,衰变过程中的有源控制尤其重要。

根据上一节的讨论,稳态声场中噪声降低可写做

$$Ne_n = (1 + F_n)^2 \qquad (11.34)$$

式中

$$F_{n1} = \frac{D_n K_n}{1 + D_n} \qquad (11.35)$$

如果次声源直达声不影响则为

$$F_{n2} = D_n K_n \qquad (11.36)$$

(a)声场建立

原始噪声源在 $t = 0$ 时刻开始工作,不计其直达声场,简正波声压为

$$p_{ng}(\boldsymbol{d} \mid \boldsymbol{r}_0) = 1 - \exp(-k_n t)$$

以稳定值为 1。次级声源强度则为

$$q_{nt} = \frac{MAS}{Bl} \frac{1 - \exp(-k_n t)}{1 + D_n + D_n K_n [1 - \exp(-k_n t)]}$$

声场中的总声压为

$$p_{ng}(\boldsymbol{r}) = \frac{[1 - \exp(-k_n t)][1 + D_n + D_n K_n \exp(-k_n t)]}{1 + D_n + D_n K_n [1 - \exp(-k_n t)]} \qquad (11.37)$$

声场建立中的噪声降低是

$$NR_{ng} = \frac{\{1 + F_{n1}[1 - \exp(-k_n t)]\}^2}{[1 - F_{n1} \exp(-k_n t)]^2} \qquad (11.38)$$

F_{n1} 小于 1 时,NR_{ng} 开始很大,以后逐渐降低为 1。但如 F_{n1} 大于 1,NR_{ng} 则开始时很小,很快升高到无穷大,以后再逐渐降低为零。

(b)声场衰变

如声场稳定后,在 $t = 0$ 时刻原始噪声源突然关掉,原始噪声的声压以后就是

$$p_{nd}(\boldsymbol{d} \mid \boldsymbol{r}_0) = \exp(-k_n t)$$

仍以稳态声压为 1。次声源强度就是

$$q_{nd} = \frac{\exp(-k_n t)}{1 + D_n + D_n K_n \exp(-k_n t)}$$

和建立时的区别就是以 $\exp(-k_n t)$ 代替 $1 - \exp(-k_n t)$。由此可求得声场中的总声压为

$$p_{nd}(\boldsymbol{r}) = \frac{\exp(-k_n t)\{1 + D_n + D_n K_n [1 - \exp(-k_n t)]\}}{1 + D_n + D_n K_n \exp(-k_n t)}$$

声场衰变中的噪声降低为

$$NR_{nd} = \left[\frac{1 + F_{n2} \exp(-k_n t)}{[1 + F_{n2}[1 - \exp(-k_n t)]]^2} \right]^2$$

F_{n2} 小于 1 时,NR_{nd} 开始即大于 1,越来越大。F_{n2} 大于 1 时,NR_{nd} 开始即大于 1,很快增加到无穷大,以后逐渐降低为 $(1 + F_{n2})^2$,但在 F_{n2} 等于 2 以后 NR_{nd} 将降低至 $1/(1 + F_{n2})^2$,使总声压反倒大于原始噪声,甚至有时大于原始噪声声压的稳定值。图 11.10 是一例。图中为清楚起见将各衰变曲线移开一些,以免混淆。$F = 10$ 的曲线未移。$F = 5$ 的曲线零点移到 $t/T = 0.1$,$F = 2$ 的曲线移至 $t/T = 0.2$,$F = 1$ 和 0.5 两条曲线的零点移至 $t/T = 0.3$。由图中可见 $F = 1$ 和 0.2 两条曲线都变陡,$F = 0.5$,混响时间变为 $0.9T$,变化不大。$F = 1$ 时,混响时间就变为 $0.55T$ 了,大致减半。$F = 2$ 的混响时按曲线斜度为 $0.24T$,又减半。但到 $0.1T$ 时声压突然降到零,以后又升起,达到原始噪声稳态声压的 $1/3$,以后再降低,衰变斜度与无 ANC 时相同。F 值更大时,变化情况与 $F = 2$ 时相似,不过开始时衰变更快,到达零时更早,"反弹"更大,可能超过稳态值,最后按正常衰变率衰变。人的感觉是混响加长。

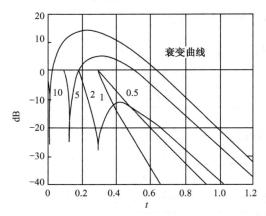

图 11.10　简正波抑制的衰变曲线

11.5 智 能 系 统

在有源噪声和振动控制发展的早期,就有人设想,可否把声源贴到墙上,有噪声来,它自动发出反相声把噪声抵消。这就是智能有源系统,把传感器、激发器和控制器做在一个整体内。智能无源系统中不含激发器,只有传感器,收到噪声后,传感器信号改变系统的状态。传感器可能是压电薄膜 PVDF,或光学纤维。用激发器时,可能是压电晶体,磁致伸缩棒,压电陶瓷等。用炭纤维或玻璃纤维比较方便,因为可用环氧树酯把它们胶到一起,也可以用玻璃布或炭纤维布涂上环氧树酯,传感器和激发器胶到上面。但这都是研究问题,去实用尚远。

11.5.1 传声扬声系统

上一节讨论的屋角 ANC 系统就是一个智能系统,有噪声输入时即是一有效的噪声控制系统,适应任何噪声分布。无噪声输入时则不工作。如将传声器、扬声器和控制声做成一个整体就成了智能控制器,放在屋角可抑制所有低频简正波,放在管道上就成为低频反馈控制器(如图 11.5),若功率够大,也可以在室外控制辐射噪声,这都是现实的。

11.5.2 新颖扬声器

如果把扬声器的线圈分做两段,以一小段做为接收圈,以其输出放大后输入另一段驱动圈,就可以发出反声抵消外加噪声,把扬声器变成智能的 ANC 系统了。可以证明,扬声器前的振动速度大致为

$$u = \frac{IR}{B(Al + L)}$$

式中 I, R, L 分别为驱动线圈内的电流,线圈的电阻和线长,A 为放大倍数,B 为磁通密度。线圈两部分的互感可能有些影响,但非常小。可见放大倍数越大,u 越小,并小于声场的质点速度,与上述传声器——扬声器系统相似。

11.5.3 智能泡沫

研究工作中很受注意的是智能泡沫。在泡沫塑料表面上加一层压电薄膜,接受噪声,输出放大后,激发泡沫内的压电堆,发出反声。原理和上面相似,但可以做得更精巧、紧凑,所以受到很多注意。

11.5.4 振动激发新法

用压电晶体堆、磁致伸缩棒,以及电磁力时,常需要一个反应重量,这就增加不便。一个方法是用激发弯曲振动代替线性振动。薄板上有现成加固筋条时,可利

用它,加上模板,把激发原件装在横板与原薄板之间,原件振动就使薄板做弯曲振动了。如果原来没有加固筋条,则可以在薄板上装两条加固筋条,其间装上激发原件(如图 11.11),对本来就需要加固的,如飞机机身、潜艇外壳等,这些措施更是方便。

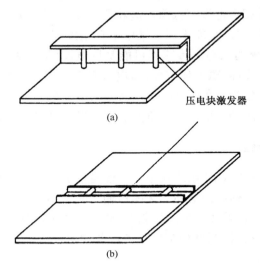

图 11.11 薄板上加弯曲力距的办法

11.5.5 电阻尼液体

改变阻尼也是控制振动的一方面。电控阻尼液主要是绝缘油中悬浮着半导体微粒,加上电场后,微粒就在两极之间排列起来,使液体的阻尼显著增加。显见的用途是在车辆的隔振系统中。但微粒排列较快(3~5ms),恢复较慢,所以频率不能高。此外,所需电场较强,可能要几千伏,这也限制它的使用。所以现在还是在研究阶段,解决了这些问题,电控阻尼液体将在有源振动控制中起重要作用。

智能系统是有源噪声和振动控制的一个重要发展方向,设想还有不少。

参 考 书 目

C H Hanson and C D Sayder. Active control of noise and vibration. E & FN SPON,1997

D A Bies and C H Hansen. Engineering noise control. E & FN SPON,2nd Ed. , 1996

马大猷. 混响声场的有源控制. 声学学报,16(5)1991:321~329

马大猷. 室内断续噪声的有源控制. 声学学报,13(2),1994:97~107

Dah You Maa. Sound field in a room and its active control. Applied Acoustics,41,1994:113~126

习　题

11.1　管道内有周期性噪声传播,用前馈式有源控制器予以降低,试求噪声降低与控制器放大倍数的关系,给出对控制器特性的要求。

11.2　求反馈式有源控制器效果。

11.3　发动机试验间的气体和噪声通过烟囱放出,烟囱直径半米,噪声功率 2 kW。在烟囱口周围直径为 0.75 m 的圆上等距放 8 个次级扬声器发出反相噪声。求在烟囱口正前方 100 m 处的声压级。有效地降低噪声,每个扬声器的反声功率多少?

11.4　点声源频率 170 Hz,功率 0.125 W,求其在 10 m 外产生的声压级。在声源旁 C.1 m 放一反相声源,功率相同,求 10 m 外各方向的总声压级。求声场中总声功率与噪声源功率之比。

11.5　上题的噪声源连同控制声源都放在 5×6×7 m³ 混响室中心,求室中声压级,假设噪声频带宽 5 Hz,室内声吸收量 3 m²,未加控制声源如何?

11.6　用统计声学方法重做上题计算。

第十二章　调制气流声源

在第二章中讨论的管和空腔发声多半是用气流激发其共振,气流本身并不带声波。有些乐器使用有声音的气流(例如先吹过簧片)通过共振系统(如管、腔等)发声,效率大为提高。不只是乐器,人类主要的信息交流媒介——语声,以及高声强的声源如旋笛等发声原理都是如此。由于这些声源的重要性,本章将之加以讨论。

12.1　语　　声

语言是人类最重要的交际工具。人类最早研究的就是语言,也就涉及语声和人的发声器官。经过几千年的发展,人们不但对语言的声学问题,对语言发声器官的机理有了较深入的认识,还发展了大量语言机器,使会说话的计算机成为可能,使不能说话的人"说话"。这也都是对语言及发声深入认识所致。

12.1.1　人的发声器官

图 12.1 是人的发声器官各部分的简图。气流由肺供给,经过喉中声襞(俗称声带,图中未画)进入咽头,口腔而出口,肺是能源,声襞的松紧改变音调,咽头和口腔是共振腔,以不同共振特性改变语声,有时增加鼻腔,软腭是鼻腔的开关。发元音时,声襞振动成浊音,根据舌的位置,前、中或后面抵口腔上面的硬腭而成不同的元音,有时就称前、中、后元音。发辅音时,声襞振动成浊音,或声襞松弛不动,出清音,不同的辅音在不同部位使气流受阻碍,部位为唇、舌尖、舌面、舌根等,阻碍方法(发音方法)分送气、不送气、塞擦、擦、及清、浊等而成。在图上,三个箭头代表三种辅音与元音结合的音节。这几个音节,发声时最容易,也是婴儿最早学会的音节。汉语习惯把一个音节分做前后两部分,前半是声母,都是辅音,后半是韵母,主要是元音,不过一些还有鼻音韵尾 n,ng,这是普通话,在方言里韵尾更多。在普通话中,有鼻音韵尾的韵母几乎占一半。汉语是有调语言,不同音调变化(声调)代表不同音节,与很多语种不同。例如英语,不同声调只是代表不同口气、情绪,但意义不变。普通话有四种声调:阴平(高音调),阳平(低),上(降而后升)去(降),还有一个轻声(与英语等的轻声相似,代表较不重要的音节)。

普通话中声母(辅音)有 21 个,外加一个零声母(没有声母)。语声可由三部分组成,基干部分是主要元音 a,o,e,i,u,ü,-i,前五个几乎各种语言中都有,在有些语言甚至是全部元音。第六个,ü 在一些语言(如德、法语)中也有,-i(资、知的

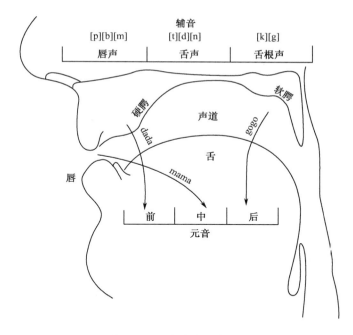

图 12.1　人类发声器官简图

韵母)是外语中少有的。主要元音 a,o,e 前可加介母 i,u,ü 成复合元音,元音后的韵尾主要是 i,u,n,ng。不常见的元音还有 er 和 ê(耶)。总计,元音有十个(-i 算两个,因资、知不同)。韵母则共 38 个。如果所有声母和所有韵母都可相拼,音节可达到 800 以上,但实际有的音节只有 414 个,即使 400 加上声调也成 1600,但实有带调音节也只有 1327 个。所以并不是可能的拼音都在实际使用。这是资朴甫(G. K. Zipf)的费力最小原则,或省力原则。在力学中有最小作用原则,相应的在人类行为中就是省力原则,语言中也是如此。3200 个可能的音节只用其 1300 个,发声较难,使用不便的音节都废却了。使用的也有相当的比例不常用。在历史上,语声的发展也是遵循这个原则,两千年来,入声不同了,许多韵尾只剩下少数,有些元音的用法也改了,原则只有一个,省力。汉语普通话经过变化较多,可能是最完善,最简单的语言之一。

12.1.2　发声机理

图 12.2 是发声系统的功能,主要是发出元音时各部分的调制和引致的信号时间变化(时间维特性)和频率变化(频率维特性)。发音时,声襞受气流的影响,形成的声门一开一合,发出一系列气流脉冲(喉音),好像弦受弓拉动而振动一样。气流脉冲基本对称,稍向右偏,并有小的波动,波形如图 12.2 的左上图所示,其频谱如 12.2 的左下图。脉冲气流(或喉音)进入口腔,声道的频谱响应如图 12.2 的

中下图,激发起阻尼振动(或受到调制)成语声,波形如图 12.2 的右上图,频谱如图 12.2 的右下图。

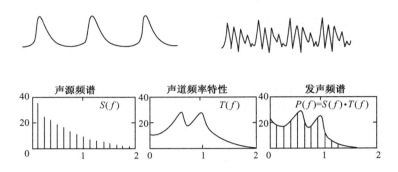

图 12.2　发元音时,时间维和频率维的变化
上半是喉音和元音的波形,下半是喉音、声道的响应和元音的频谱

　　声襞开合的频率是元音的基频,气流脉冲通过咽头、口腔(有时包括鼻腔)等组成的声道,最后由双唇开口发出。发声各部位,口、舌、唇、齿等的动作改变声道截面积沿声道的变化,这声道面积函数被气流脉冲激发起阻尼振动,在频谱上仍是离散谱(基频加其谐频),但由于声道的共振特性,出现几个共振峰,这些共振峰的频率就是语声意义的主要信息(也就是说,声道面积函数主要决定语义,事实上,乐器,其他声音也多有决定其特征的共振峰)。语声要从人口发出,人口尺度比语声的波长小得多,所以类似活塞发声(见 5.1 节),声压与声源强度(即气流调制)的微商成正比,频谱要用频率乘,所以高频受到加强。这种高频加强,使语声更容易听懂。用另一个方法解释,也可以说辐射影响是在刚出声门的气流脉冲上,取其微商,再经过声道调制,得到语声。

　　元音的基频 F_0 由声襞的松紧控制(如弦的发声由其松紧控制),一般可测得四个共振峰,频率中心为 F_1, F_2, F_3, F_4。前两个共振峰主要是口腔的共振所致,对于成人不同的发音人相差不大,个人影响较少。F_3, F_4 则主要是个人的,由发音人的咽喉共振控制,这部位在讲话时,不大改变,所以共振峰反映个人特点。研究语声、基频和各共振峰是关键,所以要取频谱,使用频谱仪或语图仪。语图仪,如 3.6 节中所述,是直接画出语声频谱随时间变化的设备,也是根据频谱分析结果绘出的,语声的频谱分析要根据它的特点。语言不是稳态过程,不能按稳态过程的分析考虑。但语言又是缓慢过程,基频虽然是一百多或二百多赫,其谐频可达几千赫,但这些只是载体,这些频率本身意义不大,主要是它们的变化和互相关系,基频的变化(声调),共振峰的变化(语义)等都很慢。因此语言可以看做缓变过程,一般讲话,各种语言,各个民族互有出入,但每秒钟不过两三个音节或四五个音节,在 10 ms 内基本没有变化。所以在语声分析中,一般习惯用短期频谱,即在 10 ms 语段的频谱,通过滤波器,或用快速傅里叶分析,频带宽度也不必太窄(频带窄则需要分析时间长),一般宽频带取300Hz,窄频带45Hz。窄频带实际只是在特殊情况中用。图3.8是窄带分析的例子,"他去无锡市我到黑龙江"是普通话的标准句,其中声母、韵母、声调的分布与大量讲话中平均使用的相同。

对于元音,共振峰(频谱的包络)是区别各个不同元音的主要特征量。汉语普通话的十个元音的前两个共振峰中心频率平均值如表12.1所列。

表 12.1 普通话元音的共振峰/Hz

元音		啊 a	哦 o	阿 e	诶 ê	衣 i	资 -i[I]	知 -i[I]	乌 u	迂 ü	儿 er
F_1	男	900	560	560	500	310	400	410	370	300	580
	女	1100	730	790	600	360	470	440	460	350	760
F_2	男	1200	800	1090	2100	2300	1390	1800	540	2100	1500
	女	1350	1100	1250	2400	3000	1750	2250	820	2600	1700

表12.1中的数据非常重要,但只是平均值可作参考,实际出入很大,因为这些都和发声部位的几何形状大小有关。表上即可见男、女成人有相当大的差别,儿童讲话的共振峰频率更高。一个人在不同时间、不同条件下也有出入,更不用说不同人了。不但如此,这些元音在 $F_1 - F_2$ 坐标面上的范围都不能严格区分,有些重复的部分。所以这些值很重要,但不是绝对的。一个人说话,别人听起来可完全理解,除了共振峰的信息外,上下文有很大帮助。如果只说一个音节(字),就不一定听得出来了。

上面都是元音的情况,如果发辅音,情况即有所不同,辅音的基本声源是声道中不同部位气流受阻碍而产生的无规噪声。浊辅音,在普通话中不多,只有l,r和鼻音m,n,-n,-ng,也有共振峰。发清辅音时只有不同的较宽频带中能量更强而已。

元音,辅音的这些特性都是声道滤波器影响的结果。设进入声道的信号(噪音)体积流速的频谱为 $G(\omega)$,通过声道出口时的体积流速 $U(\omega)$ 即为

$$U(\omega) = G(\omega)H(\omega) \qquad (12.1)$$

$H(\omega)$ 称为声道的转移函数。口(或鼻)是简单声源,其辐射出的声压,根据简单声源公式,为

$$p = \sum_{(\omega)} \frac{j\omega\rho_0 U(\omega)}{4\pi r} \exp[j(\omega t - kr)] \qquad (12.2)$$

所以求出转移函数 $H(\omega)$,语声的频谱就知道了。发元音时频谱有若干共振峰,转移函数只有极点(共振频率或使转移函数为极大的频率),可写成

$$H(s) = \frac{G}{\prod_n \left(1 - \dfrac{s}{s_n}\right)\left(1 - \dfrac{s}{s_n^*}\right)} \tag{12.3}$$

式中,$s = j\omega$,$s_n = \alpha_n + j\omega_n$,$s_n^* = \alpha_n - j\omega_n$,$\omega_n$ 是 $2\pi s_n$(共振频率),$\alpha_n = \pi B_n$,B_n 为带宽。发浊辅音时不但有极点,还有零点,声源在共振线路后时,后者即成为反共振。所以发辅音时,由声源算起的转移函数的一般值为

$$H(s) = C_s \frac{\prod_m \left(1 - \dfrac{s}{s_m}\right)\left(1 - \dfrac{s}{s_m^*}\right)}{\prod_n \left(1 - \dfrac{s}{s_n}\right)\left(1 - \dfrac{s}{s_n^*}\right)} \tag{12.4}$$

式中 $s_m = b_m + j\omega_m$,$s_m^* = b_m - j\omega_m$,零点之间就成为能量集中的连续频带。

二式中的常数 G,C,即与声压或声强有关。一般讲普通话时,面前一米处的平均声压级为 65dB,声压 36mPa。相当于声强 $3.2\mu W/m^2$。人讲话在低频率基本无指向性,频率渐高,面前与背后的声压渐有区别,但到 4000Hz 时,前后相差才达到 10dB。所以,一般考虑,可以不计指向性,总发声功率 $3.2 \times 4\pi r^2 (r = 1)$ 为 $40\mu W$,这是一般人讲话的功率。声音大一些声压加倍,再大再加倍,用力喊更加一倍,这时已达声压级 83dB(声压 0.28Pa)。一般人发声基本都可达到这个范围。经过严格发声训练的,还可发出更高声功率。测量京剧演员的发声记录是面前 1 米处 110dB,功率超过 1W。从微语(耳语)$1\mu W$ 算起,出入达一百万倍。

发声声级不但影响发声功率,也影响语声频谱。图 12.3 是六男声六女声不断重复发声标准句"他去无锡市我到黑龙江",在不同发声声级下的频谱。这标准句经证明在重复发声时,平均频谱与大量讲话的平均频谱相同。

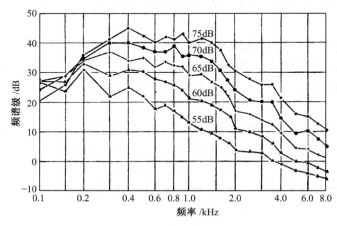

图 12.3 六男声六女声在五种发声声级下的平均频谱

发声声级为 65dB 时,频谱取为标准频谱与一些外语的标准频谱无重大差别

（因为标准频谱或平均频谱只与发声器官大小形状有关，与所发内容无关）。发声快慢无甚影响，但发声强弱影响很大。从图 12.3 看来，影响有两方面。在 300Hz 以下的频谱主要是基频 F_0 的反映，发声声级提高时可见基频也提高到较高频率，这和听人喊叫时的感觉是一致的。不但如此，声级提高时中频（例如 0.8 ~ 2kHz）谱级也相对提高，在声级提高 20dB（由 55 ~ 75dB）时 1.4kHz 的谱级则提高 30dB（10 ~ 40dB）。这反映声级高了，共振峰更突出了，使语言的可懂度增加。在发声声级 75dB，大声讲话时从 300 ~ 1600Hz 频谱几乎是平的，与 55dB 时完全不同。实验证明声级更高时频谱形状几乎不变，已达到饱和程度。

12.1.3 语声的统计特性

前面已提到，语声有时不能完全以其物理特性（F_0，F_1，F_2 等）确定，还有赖于上下文，统计特性等信息。语声统计中，最基本的是音素（元音，辅音）或声母、韵母出现频率的统计。各种音素的使用是不平衡的，使用多少与发声器官有关（按 Zipf 定律，省力原则），所以在一语言中基本是稳定的，这在汉语普通话中完全证明，20 世纪 40 年代、60 年代和 70 年代的语声统计，声母和韵母的出现频率几乎完全相同，拼合概率也很接近。语词的分布则随社会发展有较大的变化，但出现 30% 的前 40 个词几乎不变，出现最多的两个词共占 10%，前 20 个词共占 25%，都是比较稳定。所以语词变化影响范围也是不大。下面是 60 年代 71 万词（100 万字）的统计结果，统计资料包括各种文字按其使用多少选取。统计包括声母、韵母、组词及词的分布。组成词组或句的概率也很重要，当时未能涉及。统计只是根据书面语言（文字），按口语统计在国外电话系统很注意，国内尚未见。

（a）音位

统计限于声母、韵母、声调。表 12.2 ~ 表 12.8 给出的是出现的频率，即 100 个音节中出现的个数，注意这是平均数，具体在一段文章或一本书中出现的数目则会有出入，按离散系统原则服从泊松分布。

表 12.2　普通话声母出现频率，100 个音节中出现的个数

声母	b	p	m	f	d	t	n	l	g	k	h
频率	5.15	0.98	3.74	2.45	12.00	3.53	2.53	5.60	5.50	2.83	4.42
声母	j	q	x	zh	ch	sh	r	z	c	s	无声母
频率	6.98	3.11	4.86	7.18	2.75	7.66	1.94	3.01	1.15	1.08	12.45

表 12.3　按发声部位声母出现频率，100 个音节中出现的个数

发声部位	唇声 b,p,m,f	舌尖声 d,t,n,l	舌根声 g,k,h	舌面声 j,q,x	舌尖后声 zh,ch,sh,r	舌尖前声 z,c,s	喉声 （无声母）
频率	12.23	23.73	11.75	14.95	19.53	5.24	12.45

舌尖声和舌尖后声最多,加起来已超过全部的40%,舌尖前声最少,这就反映语声发展的倾向。

表 12.4 普通话韵母出现频率,100 个音节中出现的个数

韵母	a	o	e	i	u	ü	–i	er	ê	ai	ei	ao	ou
频率	3.89	0.54	12.38	8.80	7.11	1.80	6.41	0.28	~0	2.83	1.28	3.10	1.88

韵母	ia	ie	iao	iu	ua	uo	uai	ui	üe	an	en	ang	eng
频率	1.09	2.42	2.06	2.60	0.44	4.40	0.32	2.75	1.01	3.41	3.62	2.87	3.09

韵母	ong	ian	in	iang	ing	iong	uan	un	uang	ueng	üan	ün
频率	4.18	4.10	1.95	1.80	3.05	0.42	1.24	0.89	0.65	0.003	0.85	0.52

表 12.5 普通话声调出现频率,100 个音节出现的个数

声调	阴平	阳平	上声	去声	轻声
频率	18.71	19.37	17.51	25.78	8.63

若语声按元音,辅音分析,发声倾向更要清楚。

表 12.6 普通话中元音出现频率,100 个音节中出现的元音数

元音	a	o	e	ê	i	–i	u	ü	er	共计
频率	28.21	14.70	20.37	3.43	35.47	6.41	22.28	4.18	0.28	135.33

a,i 出现最多,加起来接近一半,再加上 o,e,u 已接近90%,其余都较少。特别是 er,书面语言中出现很少,几乎不见,较多可能出现于口语。

表 12.7 普通话中辅音出现频率,100 个音节中出现的个数

辅音	b	p	m	f	d	t	n	l	g	k	h	
频率	5.15	0.98	3.74	2.45	12.00	3.53	10.11	5.69	5.50	1.83	4.42	

辅音	j	q	x	zh	ch	sh	r	z	c	s	ng	共计
频率	6.98	3.11	4.86	7.18	2.75	7.66	1.94	3.01	1.15	1.08	16.63	120.75

由前面的韵尾表中可见,主要韵尾虽然只有 n,ng 两个,有韵尾的音节却超过四分之一。鼻言辅音 m,n,ng 几乎占全部辅音的三分之一,不送气的塞音和塞擦音 b,d,g 和 j,z,zh 又占辅音的三分之一,其余十个辅音共占三分之一。送气辅音

出现比较少(p,t,k,q,c,ch)。

如文本是用汉语拼音方案拼写,重要的还是拼音字母的出现频率。

表 12.8　拼音字母出现频率/%

字母	a	b	c	d	e	f	g	h	i	j	k	l	m
频率	9.57	1.72	3.40	4.01	8.43	0.82	7.2	7.35	12.55	2.33	0.61	1.90	1.25
字母	n	o	p	q	r	s	t	u	v	w	x	y	z
频率	11.74	0.04	0.33	1.04	0.77	2.92	1.18	7.88	—	1.09	1.02	2.83	3.40

出现最多的 i,n,a 占三分之一,其次 e,u,h,o,d 5 个字母也占三分之一,其余 18 个字母共占三分之一,其中出现最少的 f,r,k,p 等 4 个字母只有 2.5%,而 j,q,x 3 个字母却出现 4.4%,这些都和一般英文打字 qwert 键盘不合适,中文键盘上最合适的排法尚待研究。

(b)声韵结合,音节

声母和韵母结合概率是统计规律的重要方面,22 个声母(包括无声母音节)和 38 个韵母([ʃ][ŋ]合成一个 -i)结合成无调音节可能有 22×38=836 个,再加四声,有调音节可能为 3344 个。这些可能的音节的出现频率或不出现非常重要,都可以按声母表或韵母表列出。但这些表非常庞大,表 12.9 只给出一些无调音节的例子,详细请查专门文献。

表 12.9　声母和韵母结合频率/%(举例)

	a	o	e	i	u	ü	-i	er	ai
b	8.40	1.94	—	6.14	45.70	—	—	—	2.24
p	5.22	11.15	—	11.12	6.28	—	—	—	9.81
m	5.50	8.60	2.86	2.34	4.07	—	—	—	1.83
f	23.20	0.04	—		15.90	—	—	—	
d	7.77	—	44.52	6.57	1.99	—	—	—	1.95
t	27.02	—	2.22	12.93	4.90	—	—	—	3.34
n	13.70	—	4.73	22.19	1.32	1.67	—	—	0.90
l	1.89	—	26.93	21.25	3.88	1.71	—	—	11.60

可能的音节出现的不到一半。普通话特点的 -i 只能与 zh,ch,sh,r 或 z,c,s 拼,ü 的范围更小,只能与 n,l,j,q,x 拼,最少见的是 er,只能独立存在(无声母)。

在声母中,j,q,x 只能与 i,ü 拼(包括有 i,ü 的韵母),g,k,h 正相反,绝不与有 i,ü 的韵母拼,其他声母也大半不与 i,ü 拼。这些拼写概率,在辨别音位(声母及韵母)中,可补共振峰的不足。

(c)语词

由音节组成词。由于受书面文字的影响,汉语语词的单位,方块字,不管成不成词都是独立的,因而语词也受方块字的影响,很多方块字就是词,也有的两三个结合成词。由于声、韵、调不同的音节只有 1300 个,而字数上万,词数几十万,声韵调完全相同的字或词就不少。像研究音节一样,研究音节结合成词的规律就很繁复,也无必要。值得注意的是语词的出现规律。方块字在历史中变化很大,由于事物发展的需要和情况变化,字数经过一个增加,减少又增加的过程。在商代甲骨文中只有字 4000,最早的字典《说文解字》收字 9300,到《康熙字典》就有 47000 字,现代《汉字大字典》有 60000 字,不过其中包括古字和生僻字,实际使用的字可能不到一万,现代又增加不少新词。在 60 年代 70 万词(一百万字)的统计中出现单词 18300 个,其中只有一个字的单音词占 6.01%,两个字组成的双音词 74.14%,三音词 11.99%,四音词 7.18%,单词长度平均 2.19 音节(字)。过去有些外国人看到汉字,以为每一个汉字就是一个词,所以说汉语是单音词语言,这是错误的。有的方块字,单字就是词,但也可以是双音词,三音词的组成部分。例如"人"是一个完整概念所以是词,但"人民"中人并不代表完整概念,只是"人民"的一个音节。表 12.10 是 7 万词统计结果的一部分,前 160 词。表中的 160 个词已占出现概率

表 12.10　最常出现的语词,‰

词	‰	词	‰	词	‰	词	‰	词	‰	词	‰	词	‰	词	‰
的	74.0	你	5.0	多	2.9	走	1.9	同志	1.6	更	1.3	我国	1.2	办	1.1
了	21.0	中	4.7	下	2.9	社会主义	1.9	新	1.6	美	1.3	后	1.2	但	1.0
是	16.0	人	4.6	看	2.8	群众	1.9	小	1.6	痛	1.3	现在	1.2	组织	1.0
在	16.0	大	4.3	生产	2.8	时	1.9	这样	1.5	鱼	1.3	前	1.2	成	1.0
不 (5)	14.0	衣 (25)	4.1	没有 (45)	2.8	自己 (65)	1.9	进行 (85)	1.5	斗争 (105)	1.3	建设 (125)	1.2	记 (145)	1.0
和	11.0	孩	4.0	很	2.7	就是	1.8	叫	1.5	劳动	1.3	劲	1.2	生活	1.0
他	9.4	兜	3.6	人民	2.6	过	1.8	知	1.5	已经	1.3	点	1.2	技术	1.0
到	9.2	年	3.5	初	2.4	一个	1.8	中国	1.5	挤	1.3	得	1.2	助	1.0
有	9.0	里	3.5	用	2.3	呢	1.8	思想	1.5	加	1.3	月	1.1	当	1.0
上 (10)	7.6	把 (30)	3.5	从 (50)	2.3	肿 (70)	1.8	雨 (90)	1.5	才 (110)	1.2	江 (130)	1.1	权 (150)	1.0
救	7.4	去	3.5	而	2.2	所	1.8	最	1.5	见	1.2	可以	1.1	吗	1.0
我	7.4	好	3.2	什么	2.2	使	2.8	倍	2.5	可	1.2	政	1.1	因为	1.0
个	7.3	能	3.2	指	2.1	给	1.7	不是	1.5	这些	1.2	急	1.1	工业	
这	7.2	工作	3.1	位	2.1	会	1.7	打	1.4	必须	1.2	站	1.1	头	1.0
也 (15)	6.1	他们 (35)	3.1	想 (55)	2.1	这个 (75)	1.7	时候 (95)	1.4	研究 (115)	1.2	但是 (135)	1.1	或 (155)	1.0
说	6.0	对	2.9	问题	2.1	起来	1.7	快	1.4	煤	1.2	生	1.1	手	1.0
着	5.7	做	2.9	那	2.1	等	1.6	次	1.4	吧	1.2	方面	1.1	压	1.0
来	5.6	右	2.9	党	2.0	起	1.6	国家	1.3	变	1.2	社会	1.1	发展	1.0
药	5.4	向	2.9	以	2.0	天	1.6	话	1.3	由	1.2	这种	1.1	需要	0.9
我们 (20)	5.1	地 (40)	2.9	革命 (60)	1.9	门 (80)	1.6	领导 (100)	1.3	围 (120)	1.2	代 (140)	1.1	知道 (160)	0.9

的 50%，其中单音词超过一百个。在 18300 个总词数中，前 808 个已占出现率的 75%，前 1750 个（不到总词数的一成）占出现率的 99%。普通话以双音词为主，但双音词中约四分之一是同音异调的，只有 6% 是同音同调的，所以声调是普通话中重要构词手段。同音同调的问题在单音词中更重要。所以语词结合概率是最后判断的根据，那就属于语音学专业的范围了。表 12.10 中各语词前的数字为该语词出现的位次，后面的数字为出现的数目。按 Zipf 的省力原则，一个词的出现率与它的位次成反比，这是各种语言的普遍规律，表 12.10 的数据基本符合这个规律并且适用到第一千位，以后出现频率更低。

12.1.4　语声出现频率分布

上节各种语声单位的出现频率是由巨大语声抽样（71 万个词）中的平均值，出现频率已经稳定，抽样大小不影响结果。如果抽样很小，计数得到的出现频率就要有出入，在不同抽样所得出现频律要服从统计分布规律。

求某一语声单位（词、音节或音位）的出现频率分布，可用几十个其中该单位平均出现十个左右的语声抽样，求得各抽样中该语声的出现频率，由而求得其统计关系。例如对常见的语声，可计算每页书（或每 n 页书）上出现数目（如算出现频率即用每页或每 n 页的字数或词数除），求得其分布关系。

按一般统计概念，声母、韵母、元音、辅音以及字母、语助词等都是随机过程，出现未经选择。如果每一取样应该出现 a 个（期望值）而实际出现 n 个，概率服从泊松分布，可以用总页数去除出现 n 个的页数得到。如总页数很大（约 100），期望值 $\bar{n} = a$ 约为 10，计数量就不致过大，而结果又足够反映确切的统计规律。为了容易比较，可取 $0 \sim n$ 的总页数得到累计概率，与按泊松分布的累计频率比较，

$$p_p(n) = \sum_0^n \mathrm{e}^{-n} \frac{a^n}{n!} \tag{12.5}$$

基本是 n/a 的函数，也受 a 的绝对值影响，但不甚灵敏。

音节的出现规律就与上不同。因为大部分音节既可是词的一部分，又可以独立成词，这两种情况服从不同的统计规律。词就不完全是随机过程了，因为用词是要达到某种目的，所以经过选择和处理，服从语义、语法。这非常像电路上一个随机信号通过一窄带滤波器的情况，后者服从瑞利分布，其峰值的累计概率为

$$p_R = 1 - \mathrm{e}^{-\frac{n^2}{\alpha^2}} \tag{12.6}$$

$$\bar{n} = \sqrt{\frac{\pi}{2}} \alpha \tag{12.7}$$

但这里是连续过程，n 是任何正数。而在语声统计中，是离散过程，n 只能是正整数，可以求得在离散瑞利过程中，期望值为

$$\bar{n} = \sqrt{\frac{\pi}{2}} \alpha + \frac{1}{2} \tag{12.8}$$

因而累计概率为

$$p_{\mathrm{R}} = 1 - \mathrm{e}^{-\frac{n^2}{\sqrt{2/\pi}\left(a - \frac{1}{2}\right)}} \qquad (12.9)$$

统计的均方差为

$$\sigma^2 = \overline{n^2} - a^2 \qquad (12.10)$$

将两种统计代入,可证明在 $\overline{n} \approx 4$ 时两种统计的标准偏差 σ 基本相同,看不出差别。现在取 $a \approx 10$,差别就很分明了。图 12.4 是 n 个语声的累计统计分布,虚线是理想的泊松分布,实线是理想的离散瑞利分布。可看出"我""is"的分布接近离散瑞利曲线,而"了""i"的分布接近泊松曲线。

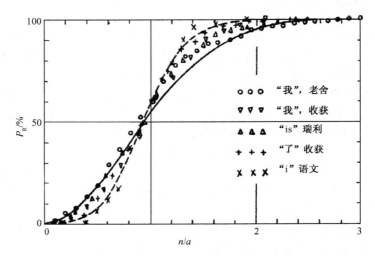

图 12.4　语声的累计统计分布
－－－－泊松分布　——瑞利分布

　　用统计分布曲线判断分布性质基本是定性的,有时不能确切。定量比较有两个方法:一是比较标准偏差如上所述,期望值大于 4 时,累计离散瑞利分布的标准偏差大于泊松分布就很明显了,足可区别。另一个方法是用 χ^2 试验以确切定出符合某种分布的可信度。

$$\chi^2 = \sum_{n=0}^{n_1} \frac{(E - 0)^2}{E} \qquad (12.11)$$

式中 E 是按理论得到 n 的概率,0 是实际计数所得的概率。由 χ^2 值可在统计书中找到可信度的准确值。下面表 12.11 中前几个是语助词(的,了)和字母(i,a)的出现与泊松分布离散瑞利分布的比较。"的"是科学文字中的统计,"了"则是小说中的统计,"i""a"都是从杂志中拼音取得的。四者符合泊松分布很明显。只有"的"的瑞利分布可信度较大(0.25),但泊松分布的可信度大得多,0.25 标准偏差也与瑞利分布差得多。

表 12.11　实测分布与理论分布的适合试验

语声	来源	实测		泊松分布		瑞利分布	
		a	σ	σ	χ^2 可信度	σ	χ^2 可信度
的	自然杂志年鉴	7.37	2.86	2.71	0.75	3.86	0.25
了	"收获"	7.76	2.99	2.79	0.98	3.83	0.01
i	语文现代化	9.97	2.91	3.16	0.25	4.98	0.001
a	语文现代化	7.26	2.12	2.69	0.73	3.57	0.01
我	老舍剧本	9.75	5.24	3.12	0.001	4.86	0.50
我	"收获"	12.5	5.1	4.53	0.0001	6.3	0.35
is	瑞利	6.85	3.15	2.62	0.50	3.36	0.95
is	莫尔斯	7.91	4.86	2.81	0.0001	3.9	0.60
矛盾	矛盾论	9.72	5.77	3.11	0.001	5.88	0.40
是	自然杂志年鉴	7.86	4.04	2.8	0.001	4.1	0.50

　　表 12.11 下半是六个语词的统计材料。第一个"我"是从 20 世纪 30 年代老舍的剧本得来的,第二个"我"则是 80 年代文学杂志中的统计。二者相差五十年,但毫无疑问都服从离散瑞利分布。下面第一个"is"是 Rayleigh,《Theory of Sound》开始 100 页的统计,第二个"is"是 Morse, Ingard,《Theoretical Acouotics》的统计,二者均属于离散瑞利分布也是毫无疑问的,两书前后相差已达百年,语声规律不变。只是瑞利书的"is"的标准偏差与两种标准分布都相差不多,与泊松分布相符的可信度 0.50 较高,这是由出现率 6.85 太低的缘故,但与瑞利分布相符的可信度 0.95 比泊松分布的同样值大得多。矛盾论中"矛盾"一词的分布也很明显,"是"则是在科学文字中的统计。

　　根据以上结果可以确信在书面语言中有意义的语词的出现频率分布满足离散瑞利分布,无特殊意义的语助词及小的语声单位(声母、韵母、元音、辅音、字母等)满足泊松分布。这适用于各种语言,不限于普通话。泊松分布的相对标准偏差为 $\sqrt{a}/a = 1/\sqrt{a}$,所以音位统计不需要统计音节太大,出现数够大就可以了。瑞利分布的相对标准偏差 $\sigma/a \approx \left(\dfrac{4}{\pi} - 1\right)^{\frac{1}{2}}$,统计词汇也不必太大。

12.1.5　语言信息

　　在广播、通信系统中,声频信号主要是语言和音乐。在电话系统中,为了达到应有的可懂度,要使用3000或4000Hz的频带宽度。广播、电视中,不但要懂,还要求自然、优美,带宽总要到5000Hz或更多,高保真度HiFi则在10000 Hz以上。高效率地传递或使用语言须了解其信息量或对频带的要求。上面已提到,人的发声,首先是肺部压缩发出脉冲气流经过声襞,由其松紧控制基频声调和轻浊入口腔由舌、齿、唇、软腭改变共振特性发出成为语声。早在20世纪20年代就有人估计,控制发声不过十个器官,基频有无、高低变化要快一些,可能每秒20次,其余双唇、齿、舌等每种变化一秒钟都不上十次,总的不过100Hz,怎么通信频带要那么宽?这大有压缩的余地。从信号的主要参数考虑也差不多,一个语声基频,第一共振峰的频率和带宽,第二个共振峰的频率和带宽,清浊、鼻音、送气等每种变化都是慢过程,如果各需信息十位(二进位的位数)一共也不过每秒100位。由于这些考虑,从20年代就开始研究语言机器。最初是电话系统,主要目的是压缩频带,用窄一些的频带传送电话。上面的发声原理、语声分析、语声统计都是从那时起做出、取得的。同时在技术上发展。在1939世界博览会上展出了第一个语言机器——语声演示器Voder,由一个人操作键盘上的十几个键回答参观者的问话,这是语声合成的初步成果。同时还做出了"可见语言"(声图仪),可以当时显出语图,原来意图是为聋哑人的教育,也为语言训练的辅助设备。另一种设备是声码器(Vocoder),可将语言转成电码,再由电码转回语言。如果传输用中间的电码,就可以保密,这在军事上,外交上以及商业中都很有需要。现在语声合成和分析合成都有很大发展,达到实用的阶段。语言自动识别受到很大注意,由于电子技术的发展,直到50年代才出现能识几个数字的设备,当时我国也做出了能识别十个数字或十个字母(元音)的设备。一时语言识别似乎有很大发展前景,但由于技术问题,很难提高。70年代微型电子计算机发展了,语言识别才又引起了兴趣,到1998年国际商业机器公司IBM做了ViaVoice才把语言识别发展到较高阶段。主要的语言机器就是语言合成器,声码器(分析合成器)和语言识别器。在这些设备的基础上将有可能实现翻译器、对话器、应答器,读书器、音乐器等,前途未可限量。微电子技术应用更广,一场歌剧可压缩到几片光盘上,甚至整个图书馆的藏书记录在光盘上,都已不在话下。

上面提到多少位,这是一种计算信息含量的方法。例如,表12.10中有160个词,如果各词的使用是相同的,在160个词中选取一个就有160个选法,这160个词中每个的信息量可写做

$$I = \log_2 160 = 7.32$$

单位就是位(bit)。这个式子的意义就是在160个词的词汇里,如果平均出现,每个词的信息量是7.32位,如用二进位数以便用数字计算机处理,每一个词用7.32位(用8位稍有余力)的二进位数,可以代表所有的词。上式可以写做

$$I = -\sum_{r=1}^{n} P_r \log_2 P_r \quad \text{bit/symbol} \tag{12.12}$$

式中 P_r 是第 r 个符号（词）出现的频率。如果是平均出现，每个词的出现频率就是 1/160，共 160 个词，代入就可以得到上面的 $\log_2 160$。但可证明，(12.12)式不但适用于平均出现，同样适用于不平均出现。这就是说，160 个词如果不是平均出现，出现频率较高的词就容易被选，总的平均信息量就会少一些。按表 12.10 中的语词出现频率可算出每个词的信息量为

$$I = 6.47$$

词汇大，每个词的信息量也大，有人算出

词汇	1052	1830	4912	5211	12370
信息量	7.53	9.52	9.61	9.64	9.63

可见词汇大，信息量增加渐慢，9.63 似乎已达终级值。但这个值还不是最后值，在实际上，由于语言规律，实际每个词的信息量要少得多，从字母的信息量可以看出。

在汉语普通话中，拼音方案共用字母 25 个（V 不用），但词间要有空，所以一共有符号 26 个。按平均出现，每个字母的信息量是 $\log_2 26 = 4.7$ 位。如果按表 12.8 字母出现频率加词间空位 15，信息量每字母 3.67，和其他文字比较：

文字	法	西班牙	英	俄	汉
信息量	3.98	4.01	4.03	4.35	3.67

这些都是根据出现频率算出的。加上语法规则要差得很多。美国香农（Shannon）对英文仔细分析。27 个符号平均出现，每个符号的信息量为 4.76 位，算上出现频率不同的影响，成为 4.03（如上述）。加上二连概率（即一个字母出现后另一字母出现频率，似表 12.9 的结合概率）就降为 3.32 位，加上三连规律又降为 3.1 位，如此继续算至 15 连，每字降低为 1.9 位，推到 100 连，得到 1.4 位。

如果按平均出现，每字母的信息量为 F_0，符合语言规律时为 F，则

$$R = 1 - F/F_0$$

称为语言的多余度，表示所有信息较实际需要的多余的程度，在英语就是 70%，在汉语大约是 65%，所以在讲话或书写时，大部分是浪费的！不过多余度（也可以称冗余度）有两个方面，一方面是浪费，如上所述；另一方面也是可懂度所必需。一般文字材料，在准备时曾字斟句酌，多余度比口叙时要低，但是听书面材料的口头传达时，比听口头自由发言时要费力，容易出错，听古文朗读时更是如此。

语声可用相似方法处理，不过声波是连续过程，处理以前须把它变成离散过程，方法是采样，在声波上按时间均匀地采若干样点。可以证明，对于频率为 f 的声波或最高频率为 f 的多频声波，每秒采 $2f$ 样点上的值就可以完全代表声波，用之

可以准确地算出原有波形。每个样点上的值(声压等的瞬时值)可以按一定单位(一般用对数单位)用数字(二进位数字)代表。这样,声波变成一串数字,可以用计算机处理了。计算信息量也是根据数字化的声波。

12.1.6　语言机器

除录声、广播、电视、电影外,语言机器有三种。

(a)语声合成器　文语转换

图 12.2 的语言发声系统的类比线路即可用电子线路实现,上述语声演示器即如此。其主要问题是用电子线路实现转换函数 $H(S)$,如(12.3)和(12.4)式。(12.3)式可以几个共振线路并联实现,(12.4)式则加上反共振。对声源,清声用无规噪声发生器,浊声则用弛豫振荡器,其输出包括大量谐波。辐射即通过普通扬声器。这个系统,除扬声器外,数字化也不难。

合成语声的另一方案是用实际语声的记录来组合。用整个语词录声当然是最好,但数目大,系统和操作就很复杂。简单的是用声母和韵母的录声,或更简单用辅音和元音的录声,基频另行输出,以控制音节的声调、快慢和长短,还可控制语调。但这样合成的语声质量不好,因为变化太多。折衷的方案是用音节(无调的)录声作基础,同样另用基频控制。这样,音节之间共振峰的过渡影响不大,但音调的过渡常影响合成语言的自然度,令人感觉有机器口音。所以音调,特别是在音节之间的变化非常重要。

如果在应答系统中使用,就可以录下整个句子,自然度的问题就不存在了。例如在航空公司问询处,问的问题无非是航班、日期时间、费用等。可以预先录下标准答语一百句、二百句和问句若干(您要到哪儿,您要哪天去,等)根据顾客的要求,即可给出适当的答语。这方面很有发展可能,在医疗机构,火车站等都有人作过试验。

(b)声码器

这也是很早就基本定型了。最早的方案是使输入的连续语声通过十个 300Hz 带宽的滤波器,整流加上基频整流的部分,共 11 个变化的信号,或将其化为电码,就可以输出。接收后用相似电路,加上基频,就可以复原为语声。分析也可用窄带宽,不等带宽(例如三分之一倍频带宽),也可用共振峰,相关函数线性预测等。分做频带时,可能发生延迟时间问题,会影响合成语声的质量,在电子线路上是可以消除的。声码器可能是最早成为商品的语言机器。

(c)语言识别

"芝麻开门"是老故事了,人们一直幻想语言自动识别,但是遇到困难。现在已经清楚,上面也曾谈到,根据语声的频谱,共振峰等分辨音节或者音位是不易准确的。人们逐渐发现,语言识别不能纯粹靠声学分析。最早突破是 20 世纪 80 年代末,三个音节一次来识别,利用了储存的语言规律(如 12.1.3 节中的音位出现概率,结合概率等)和上下文,识别率可大大提高,达到实用阶段。90年代就出现了大量识别器商品。到90年代末就出现更充分利用语言规律的Via Voice,语言识别达到较成熟的阶段,不少计算机具有识别软件。

12.2　旋　　笛

旋笛(siren)利用喉声发声原理,用旋转的开关把气流切成断续流而成声,如图12.5。根据定子和转子开口的形状可使气流成为方波、正弦波或其他波形。最早的旋笛用手控转子发声,在海上,在战争时则用电动机拖动以发警报、联络等信号。频率可以从几十,几百直到二十万赫。功率可从几毫声瓦,大到几十千瓦(声瓦)。第十四章中讲高声强的应用,不少就是用旋笛声源。旋笛构造简单,使用普通市电,有很多应用。用低压气流驱动,声功率与气流功率之比(气-声效率)可达70% ~80%,为任何其他声源难以达到的。旋笛发声基本是单频的,调节电动机转速,可使频率做较慢的调制。早期曾有人使脉冲气流流入橡皮管,用手改变橡皮管的粗细,以模拟人声,但很难实用。

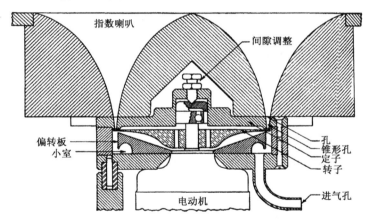

图12.5　在宽频带内使用的旋笛截面图

12.2.1　构造

图12.5是频率可在大范围内改变的旋笛截面图。转子带动一个直径约150 mm的平板,周围有100个缝。定子有相应的100个孔,都是均匀排列的。用1 kW电动机拖动,用直流电动机或交流整流器电动机,根据转速不同,要消耗功率700 ~1200 W。定子上一百个锥形喇叭喉部直径约2.4 mm,口直径约4.8 mm,孔中心距也是4.8 mm,定子外是指数喇叭。

在低功率输出时,压缩空气的气压约0.2大气压(atm),在3到19 kHz间气-

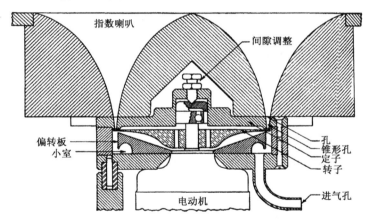图中文字标注:指数喇叭、间隙调整、偏转板、小室、孔、锥形孔、定子、转子、电动机、进气孔

声效率为 17% ~ 34%，消耗功率 84 ~ 176 W，在轴上距 250 mm 处的声压级为 155 ~ 158 dB(0 dB = 20 μPa)，气室压力升高到 2 atm 时，声功率达到 2 kW，指向性即环状声源的指向性，效率 20%。

旋笛的效率除与气压有关外，定子周围棱与转子之间的间隙很重要。上述结果都假设定子和转子的间隙接近 0.1 mm，过宽要使效率大为降低，所以，旋笛构造简单，但加工要求精细。

12.2.2 简单理论

旋笛的严格理论分析相当复杂(见下节)。求其大致声学特性可简单地考虑其声学网络。旋笛网络包含三部分，压缩空气进入的小孔是声源，作活塞振动，由此进入定子的锥形喇叭，最后经指数喇叭辐射出去。小孔的半径为 a，其活塞辐射的声阻抗，在低频率略去力顺，为声阻与质量声抗并联

$$\left. \begin{array}{l} R_{TA} = R_M/S_T^2 = 128\rho_0 c_0/9\pi^2 S_T \\ M_{TA} = M_M/S_T^2 = 8\rho_0 c_0/3\pi S_T \end{array} \right\} \tag{12.13}$$

式中 S_T 为小孔面积 πa^2。锥形喇叭的声阻抗为声阻和声抗并联

$$\left. \begin{array}{l} R_{CA} = \rho_0 c_0/S_T \\ M_{CA} = \rho_0 l/S_T \end{array} \right\} \tag{12.14}$$

式中 l 为喇叭长度。指数喇叭的声阻抗见 2.6.2 节，代入截止角频率 ω_0

$$Z_{eA} = \frac{\rho_0 c_0}{S\left(\sqrt{1 - \frac{\omega_0^2}{\omega^2}} + \frac{\omega_0}{j\omega} \right)} \tag{12.15}$$

也是声阻与质量声抗并联的形式，此处 S 为喇叭喉测量声阻抗之点的截面积。

此外，由于气流的断续变化等效于变化的声阻，近似地可写成

$$R = \rho_0 \frac{|V|}{A^2} \tag{12.16}$$

式中 V 为气流的瞬时体积流速，A 为通道口的瞬时开放面积。

根据以上各声阻抗即可求出旋笛的大致辐射声功率。按环形声源的指向性可求出声场中一点的声压级。

简单理论的根本假设是在整个系统中气体的平均密度不变，这只是在声压(总压力的变化部分)比静态压力小得多时才有可能，也就是说气室压力超过大气压力(即表压，上面所述的都是表压)很小时才近似地满足。否则即须用严格理论。类似线性理论可用于语声和管乐器，只是条件不同而已。

12.3 电动气流扬声器

电动气流扬声器(EPLS)的构造与喇叭式电动扬声器相似，只是其中膜片代以

环片,其振动控制气流的通道面积,气流由空气压缩机供给。其工作原理则与旋笛相似:气流通过环片与定子形成的喷口,进入喇叭喉,从喇叭口辐射出去。不同处是 EPLS 的喷口不只是开合,而是按语言信号或其他变化面积(用音圈控制环片振动),因而发出可控的声信号。由于构造简单,旋笛做得大些并无困难,因此可用低压气流而获得大功率输出,效率(气声效率)可达到 70% ~ 80%。旋笛的频率无甚限制,但用于高可听声,超声,体积就不好太大,而要加高气压,以获得比较集中的高强度声能,气声效率就低了。电动气流扬声器的音圈、磁铁等与普通喇叭式扬声器相同,体积不宜太大,以减少重量和制造要求,因此适于高压气流,而效率较低。频率范围则受电动系统的限制。音圈加环片的重量比电动扬声器的动圈加膜片的重量要大得多(控制气流的环片要用金属制造,并比较坚固,重量较大),声频电能(旋笛不需要)随频率增加而很快增加。所以高频有限制。虽然如此,用以播放语言信号仍可达到基本清晰度的要求。发射功率超过两千声瓦以上的单元就较难达到高清晰度要求,可用以发射噪声信号。但功率在 1 声瓦以内的小型单元达到普通广播质量不难。

所以,旋笛只能用于单频,在低频、低气压的情况,气声效率可达到很高值。用于高频、超声频就适于高气压而气声效率要大为降低。EPLS 可用语言频率(较低的),但气声效率较低,另外需声频电源。旋笛用电动机,无需声频电源。

12.3.1 基本理论

EPLS 的构造虽与旋笛完全不同,但基本理论完全相同,都是压缩空气经喷口调制成脉冲或变化的气流,进入喇叭喉,经过喇叭后,于喇叭口辐射成声。不过旋笛较多用于低压气流,所以上节只给出线性原理。EPLS 一般用于高压气流,就需要严格理论了,严格理论当然也适用于旋笛,如果后者使用的气压大于阻塞气压的话更不可少。

设气室内气体的压力(以下指总压,非表压),密度和声速分别为 P_1, ρ_1, c_1。经喷口(气门)的气流速度为 U_A,压力、密度和声速分别为 P_A, ρ_A 和 c_A。喷口面积为 A。如喇叭喉的面积为 S,入喇叭喉的气流速度,压力、密度和声速分别为 U, P, ρ, c。这些量要满足气体动力学原理。

能量守恒要求喷口气流的单位质量流体的能量等于气室内的内能值

$$\frac{U_A^2}{2} + \frac{c_A^2}{\gamma - 1} = \frac{c_1^2}{\gamma - 1} \tag{12.17}$$

式中声速

$$c_A^2 = \frac{\gamma P_A}{\rho_A} \tag{12.18}$$

$$c_1^2 = \frac{\gamma P_1}{\rho_1} \tag{12.19}$$

气室压力 P_1 增加时，U_A 和 c_A 都随之增加，最后达到极限，气流速度 U_A 与局部声速 c_0 相等，称为临界速度 U_*，由（12.9）式知

$$c_A = U_A = U_* = \sqrt{\frac{2}{\gamma + 1}} c_1 \tag{12.20}$$

知 $\gamma = 1.4$，所以

$$U_*/c_1 = 0.913 \tag{12.21}$$

相应的临界压力和临界密度分别为

$$P_*/P_1 = \left(\frac{2}{1 + \gamma}\right)^{\frac{\gamma}{\gamma - 1}} = 0.528, P_1/P_* = 1.893 \tag{12.22}$$

$$\rho_*/\rho_1 = \left(\frac{2}{1 + \gamma}\right)^{\frac{1}{\gamma - 1}} = 0.634 \tag{12.23}$$

这时是声速喷口。$P_1 = 1.893 P_*$ 值称为临界压力。在亚声速时（$U_A < U_*$，$P_A < P_*$），由（12.9）～（12.11）式以及绝热过程条件 $P \propto \rho^\gamma$，可求得

$$\frac{U_A}{c_A} = \sqrt{\frac{\gamma + 1}{\gamma - 1}\left[1 - \left(\frac{P_A}{P_1}\right)\right]^{\frac{\gamma - 1}{\gamma}}}$$

$$= \sqrt{6}\left[1 - \left(\frac{P_A}{P_1}\right)\right]^{\frac{\gamma - 1}{\gamma}} \tag{12.24}$$

能量守恒定律同样适用于喇叭喉，U, P, c 等满足与（12.17）式相同的公式，可写做

$$\frac{U^2}{2} + \frac{\gamma P}{(\gamma - 1)\rho} = \frac{\gamma + 1}{\gamma - 1}\frac{U_*^2}{2} \tag{12.25}$$

这个式子有三个未知量，U, P, ρ，要求解须加引用质量守恒定律

$$\rho US = \rho_A U_A A \tag{12.26}$$

代入（12.25）式，并利用（12.18）式，得

$$\left(\frac{U}{U_*}\right)^2 + \frac{2}{\gamma - 1}\frac{P}{P_A} \cdot \frac{U}{U_*} \cdot \frac{S}{A} \cdot \frac{1}{M_A} = \frac{\gamma + 1}{\gamma - 1} \tag{12.27}$$

式中

$$M_A = \frac{U_A}{c_A}$$

是喷口处的声马赫数。如果是声速喷口，大多数比值均为已知，$M_A = 1$，$P_1/P_A = P_1/P_* = \left(\frac{2}{\gamma + 1}\right)^{-\frac{\gamma}{\gamma - 1}}$，$U_A/U_* = 1$，（12.27）式成为

$$\left(\frac{U}{U_*}\right)^2 + \frac{2}{\gamma - 1}\left(\frac{2}{\gamma + 1}\right)^{-\frac{\gamma}{\gamma - 1}}\frac{P}{P_1} \cdot \frac{U}{U_*} \cdot \frac{S}{A} = \frac{\gamma + 1}{\gamma - 1} \tag{12.28}$$

对于声速喷口，给定一个 P/P_1 值就可根据（12.20）式求出相应的 U/U_* 值，图12.6 中声速线（虚线）以上的曲线组就是这些计算的结果。

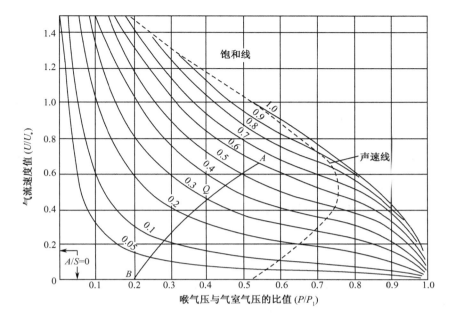

图 12.6　气流声源的气流压力特性曲线组

如果喷口是亚声速,解(12.19)的条件就不够了,还需要应用动量守恒定律

$$P_A S + \rho_A U_A^2 A = PS + \rho U^2 S \qquad (12.29)$$

第一项一般写做 $P_A A$,但在 EPLS 或旋笛的情况,喷口至喇叭喉由短锥形喇叭或喷注连结,在亚声速喷口时,斜面上的压力基本无变化,P_A 值一直到接近喇叭喉处,所以第一项写成 $P_A S$。将质量守恒定律(12.26)式代入,可得

$$\frac{P}{P_A} = 1 + \gamma M_A^2 \frac{A}{S} - \gamma M_A^2 \frac{A}{S} \cdot \frac{U}{U_*} \cdot \frac{U_*}{U_A} \qquad (12.30)$$

代入(12.27)式,可消去 P/P_A,得

$$1 + \left(\frac{U}{U_*}\right)^2 = \frac{2\gamma}{\gamma+1}\left(1 + \frac{1}{\gamma M_A^2} \cdot \frac{S}{A}\right)\frac{U}{U_*}\frac{U_A}{U_*} \qquad (12\ 31)$$

U_A/U_* 可由(12.17)式求得,因此,给定一组 A/S 和 M_A 值,即可由此式算出 U/U_* 值。$P/P_A = P/P_1 \cdot P_1/P_A$,$P_1/P_A$,$U_A/U_*$ 都可由(12.17)式求得,把(12.31)式求得的(U/U_*)值代入(12.30)式就可求得在同样 A/S 和 M_A 值下的 P/P_1 的值。因此可得不同 A/S 值下亚声速喷口的 $U/U_* - P/P_1$ 曲线组。与上述声速喷口的曲线合组为图 12.6 的曲线组,适用于所有气室压力 P_1 值。根据全部气流特性曲线图可求得电动气流扬声器的声学特性,曲线上的注字为 A/S 值。

声波进入指数式喇叭后,如频率甚高于喇叭的截止频率 f_c,喇叭即与其口外的空气完全匹配(这一点可以设计够低的喇叭截止频率实现),喇叭的辐射功率即由

喇叭喉处的流速和压力的变化决定。如喷口随时间变化,设

$$A = A_0 + a \qquad (12.32)$$

式中 A_0 为静态喷口面积,a 为其变化部分。随之,流速和压力也做相应的变化

$$U = U_0 + u \qquad (12.33)$$

$$P = P_0 + p \qquad (12.34)$$

式中 u 和 p 即分别为质点速度和声压,二者的关系为

$$p = P_0 \left[\left(1 + \frac{\gamma - 1}{2} \frac{u}{c_0} \right)^{\frac{2\gamma}{\gamma-1}} - 1 \right] \qquad (12.35)$$

如 $u \ll c_0$,此式即为线性声学中的 $p = u/\rho_0 c_0$。

电动气流扬声器的气流特性(图 12.6)是非线性的,不能得出 u 和 p 的解析式,可用图解法从图上求得。先求静态工作点(平均工作点),已知压力比 P_0/P_1 和面积比 A_0/S,在图 12.6 上即求得 Q 点为喷口不变时的气流关系点。如果喷口调制 100%,即全关到全开,即可按照(12.35)式得到工作线 AQB,在线上可读出每一个 a 值相应的 u 值和 p 值。知道 a 值的时间变化,就可以得到 p 值的时间变化(波形),因而求得其基频、谐频值、声压级、声功率、效率等。图 12.6 为了使用(12.35)式便利起见,其纵坐标是用 u/c_0 画的,与(12.31)式中的 U/U_* 不同,但 U_*/c_0 很容易从(12.17)式求得 $c_0/U_* = \sqrt{1.2}\,(P_0/P_1)^{\frac{1}{2}}$,只是 U/U_* 加一个乘数。

现举例以说明计算过程。设气室压力为 2.5 atm(表压为 1.5),喇叭喉处是 1 atm,$P_1/P_0 = 0.4$。设静态喷口面积为喇叭喉面积的 30%,$A/S = 0.3$,这样就求出了图上的 Q 点,根据(12.35)式画出 AQB 工作线。设喷口面积变化是正弦式的,调制 100%,

$$\frac{A}{S} = \frac{A_0}{S}(1 + \cos\omega t) = 0.3(1 + \cos\omega t)$$

从图上看到喷口最大时,$u/c_0 = 0.17$,$p/P_1 = 0.13$,喷口全关时 $u/c_0 = 0$,$p/P_1 = -0.21$。可见 P 的波形是不对称的,正峰值是 $0.13P_1$,负峰值是 $-0.2P_1$。根据波形可作傅里叶分析,严格结果是

$$\frac{p}{P_0} = -0.35 + 0.406\cos\omega t - 0.033\cos 2\omega t + 0.014\cos 3\omega t - 0.003\cos 4\omega t + \cdots$$

由此可求得声压有效值 28 kPa,声压级 183 dB(0 dB $= 20$ μPa),声强为 2 MW/m²,总声功率为 2000 W。谐波比为

$$\sqrt{0.033^2 + 0.014^2 + 0.003^2 + \cdots}/0.406 = 8.9\%$$

这样高的谐频比要使语言声发射受影响(畸变),但对噪声场利用则极为有利。

按上述要求的 EPLS,直径 150 mm,高 200 mm(不算喇叭),喉面积 660 mm²,喷口面积 220 mm²,喇叭的截止频率 50 Hz,气声效率 10%。除了压缩空气外,声频

电能只需 100 W。构造十分紧凑。如用电动扬声器,重量要超过 2 T,声频电源要达到 4 kW。

EPLS 构造小巧,因此功率可以做得更大,过去已有 10 kW 的单元。

12.3.2 近似理论

从上节典型例子可见,气流声源的特性虽然可以严格地计算,但计算相当繁复,从中也不易看出一般规律。如果考虑到辐射功率主要决定于基频,谐波共振主要在二次谐频,问题就简单了。但这样的近似理论仍与旋笛一节中完全线性化的简单理论不同,准确程度在较高气室压力下要高很多。

如果 $U/U_* \ll \sqrt{(\gamma+1)/(\gamma-1)}$ 或 $U/c_1 \ll 1$(二者相同),(12.25)式就可以略去 U^2/U_*^2 而成为 $c = c_1$ 或

$$\frac{P}{\rho} = \frac{P_1}{\rho_1} \tag{12.25a}$$

而(12.27)式成为

$$\frac{P}{P_1} \cdot \frac{U}{U_*} \cdot \frac{S}{A} = \frac{\rho_A}{\rho_1} \frac{U_A}{U_*} \tag{12.27a}$$

上式右方在声速喷口为 $\rho_*/\rho_1 = 0.634$,在亚声速喷口(大约 $P_0/P_1 > 0.8$ 时)这个值要小些,但变化不大。因此在气流声源工作过程中(12.27a)式右方基本是常数,静态值和动态值的关系分别为

$$\left. \begin{array}{c} \dfrac{P_0}{P_1} \cdot \dfrac{U_0}{U_*} \cdot \dfrac{S}{A} \approx 0.634 \\[2mm] \left(1 + \dfrac{p}{P_0}\right)\left(1 + \dfrac{u}{U_0}\right) \approx 1 + \dfrac{a}{A_0} \end{array} \right\} \tag{12.36}$$

在(12.35)和(12.36)二式中消去 u,只保留二阶项,可得 p 的基频和二次谐频项,

$$\frac{p}{P_0} \approx \frac{1}{1+K} \cdot \frac{a}{A_0} - \frac{4}{7} \frac{K}{(1+K)^2}\left(\frac{a}{A_0}\right)^2 \tag{12.37}$$

式中

$$K = \frac{c_0}{1.4u_0} \tag{12.38}$$

如果喷口面积的调制是

$$A = A_0 + a\cos\omega t = A_0(1 + \alpha\cos\omega t) \tag{12.39}$$

代入(12.37)式,声压即为(略去常数项)

$$\frac{p}{P_0} \approx \frac{\alpha}{1+K}\cos\omega t - \frac{2}{7} \cdot \frac{K\alpha^2}{(1+K)^2}\cos\omega t \tag{12.40}$$

取上节的例子,$\alpha = 1$,$P_0/\rho_1 = 0.4$,$A_0/S = 0.3$,根据(12.27a)式和 c_0/u_* 值可

算出 $u_0/c_0 = 0.520$，比由图 12.6 求出的值 0.485 稍大。因而算得 $K = 1.374$，

$$\frac{p}{P_0} = 0.421\cos\omega t - 0.0293\cos2\omega t$$

和上节结果相比，基频大 5%，谐波比 6.7% 小四分之一，虽然二次谐波只小 11%。声压为 $\frac{1}{\sqrt{2}} \times 0.422 \times 10^5 \mathrm{Pa} = 29.8\mathrm{kPa}$，有效值声压级为

$$L_p = 20 \log \frac{29.8 \times 10^3}{20 \times 10^{-6}} = 183.4$$

即 $183.4\mathrm{dB}(0\mathrm{dB} = 20\mu\mathrm{Pa})$，与上节用严格理论算出的 $183\mathrm{dB}$ 比只高 $0.4\mathrm{dB}$。声强级与声压级相等，但零级为 $10^{-12}\mathrm{W/m^2}$，所以喇叭喉处的声强度为 $2.19\mathrm{MW/m^3}$，辐射功率为 $1.44\mathrm{kW}$。

在一般情况，声压级或声强级为

$$L = 191 + 20\log\alpha - 20\log(1 + K) \tag{12.41}$$

与严格理论结果差不多，不但计算简单，喷口的影响，静态气流速度或气室压力的影响则一目了然，只是谐波比的误差较大。

气流声源在工作中间所用气体流量，折合标准大气压，为

$$V_0 = \frac{1}{\rho_0}\rho_* U_* A_0 = 200\left(\frac{p_1}{p_0}\right)^{\frac{6}{7}}A_0 \tag{12.42}$$

气流功率

$$W_0 = \frac{\gamma}{\gamma - 1}P_0 V_0 \left[\left(\frac{P_1}{P_0}\right)^{\frac{\gamma-1}{\gamma}} - 1\right]$$

或

$$W_0/A_0 = 7(10)^7\left(\frac{P_1}{P_0}\right)^{\frac{6}{7}}\left[\left(\frac{P_1}{P_0}\right)^{\frac{2}{7}} - 1\right] \tag{12.43}$$

随气室压力 P_1 增加，喇叭喉处的声强或声能密度为

$$W/S = \frac{\alpha^2 P_0^2}{2\rho_0 c_0(1 + K)^2} \tag{12.44}$$

除以气体流量（6.34），得气体声源的气流产额（每 $(\mathrm{m^3/s})$ 产生的声功率）

$$Y \approx W/V_0 = \frac{10^6\alpha^2}{16(1 + K)^2} \cdot \left(\frac{P_0}{P_1}\right)^{\frac{6}{7}}\frac{S}{A} \tag{12.45}$$

气室压力增加时 P_0/P_1 减小，K 也减小，所以 Y 随 P_1 增加而增加，到一定程度反而减小，如图 12.7。

气声效率为（12.45）式除以（12.44）式

$$\eta = W/W_0 = \frac{\alpha^2}{5.6}(1 + K)^{-2}\left(\frac{P_0}{P_1}\right)^{\frac{6}{7}}\left[\left(\frac{P_1}{P_0}\right)^{\frac{2}{7}} - 1\right]^{-1}\frac{S}{A_0} \tag{12.46}$$

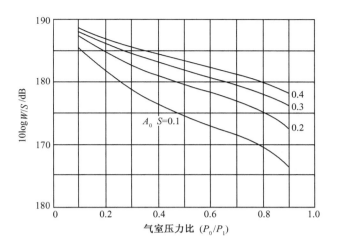

图 12.7 气流声源的气流产额 $Y = W/V (\alpha = 1)$

随气室压力升高而迅速降低。

12.3.3 一般结论

气流声源的输出功率随气室压强 P_1 和喷口面积比 A_0/S 增加,但增加率都是渐减的。气室压力增加到 4 个大气压(表压)即 $P_0/P_1 < 0.2$,或面积比 A_0/S 大到 0.3 以上,输出功率的增加就很慢了,这一点从图 12.6 的气流压力特性曲线就可以看出来。

由气流产额和效率更可以看出,在一般情况,气流产额 Y 随气室压强 P_1 的增加而增加,气声效率 η 则同时减小。低压声源(大约 $P_0/P_1 > 0.5$),如旋笛的特点是效率高(不难达到 50% 以上),而需要流量大,因而声源构造庞大。高压声源(大约 $P_0/P_1 < 0.5$,如电动气流扬声器)的气流产量高,需要气流较小,因而构造紧凑,但是效率低,各有优缺点。一般地说,A_0/S 增加时 W 和 Y 都增加,但 A_0/S 达到 0.3 后增加就慢了,到 0.4 就几乎达到饱和状态,W 和 Y 基本不再增加,而增加 A_0/S 只是增加气流功率,增加辐射声能的谐波比,增加畸变。$P_0/P_1 < 0.2$ 左右时,有反转现象,从图 12.7 中可见 Y 反而减小。气流产额与气声效率都和 $(1 + K)^2 A_0/S$ 成反比。K 小于 1 时(P_1 大),A_0/S 起主导作用,但 A_0/S 太小时,K 的作用又加大。所以对于每个 P_0/P_1 值有一个 A_0/S 的最佳值,图 12.7 中很明显。

上面所述面积应理解为有效面积,从喷口发出的喷注面积有收缩现象,可能达到 80%,与喷口形状有关,应注意。

在喇叭喉处声压级很高,如上例达到 180dB,声波在喇叭中传播,虽然超过截止频率,仍有严重的非线性失真和能量损失。谐频比要因此增加,这可根据非线性波的理论估计。

参 考 书 目

Harvey Fletcher. Speech and Hearing in Communication. ASA, 1995

G Fant. 噪音声源研究. 声学学报, 13(1998):135~146

马大猷, 沈嚎. 声学手册. 北京:科学出版社, 1983, 第十九章

G Dewey. Relative frequency of english speech sounds. Harvard University Press, 1923

R. Clark Jones. A fifty-horsepower siren. J. Acoust. Soc. Am, 18(1946):371~387

W R Miller. Development of a wideband ten kilowatt acoustic noise source. I. E. C. 1967 Proc Ⅱ, 473

马大猷. 调制气流声源的原理. 物理学报, 23(1974):17~36

习 题

12.1 用两段均匀圆管连接模拟声道, A 长 l_1 截面积 S_1, B 长 l_2, 截面积 S_2, 两段共长 170mm。A 的一端封闭, 注入脉冲体积流速, 由 B 的另一端辐射声波。在下列条件下, 求出转移函数和前四个共振峰的频率:

(a) $S_1 = S_2$

(b) $l_2/l_1 = 8$, $A_2/A_1 = 8$

(c) $l_2/l_1 = 1$, $A_2/A_1 = 8$

(d) $l_2/l_1 = 1$, $A_2/A_1 = 1/8$

(e) $l_2/l_1 = 1/1.5$, $A_2/A_1 = 1/8$

(f) $l_2/l_1 = 3$, $A_2/A_1 = 8$

12.2 用三段均匀圆管连接模拟声道, A 长 l_1, 截面积 S, B 长 l 截面积 $S/8$, C 长 l_3 截面积 S_0, A 的一端封闭, 注入脉冲体积流速, C 的另一端开放, 辐射。求转移函数, 求前四个共振峰频率:(a) $l_1 = l_2 = l_3 = 60mm$, (b) $l_1 = 80mm$, $l_2 = 60mm$, $l_3 = 40mm$, (c) $l_1 = 100mm$, $l_2 = 20mm$, $l_3 = 60mm$。

12.3 根据表 12.2, 求出汉语中声母的信息量。

12.4 根据表 12.4, 计算汉语中韵母的信息量。

12.5 旋笛工作于低压(表压), 可以认为是线性系统。根据 12.2 节的解释画出旋笛的类比线路, 并求出其辐射功率的公式。

12.6 根据(12.31)式和图 12.6, 气流声源在低压下也不完全是线性。假设气室压强(表压)为 0.25 大气压强, 旋笛气流为正弦式调制, 求图 12.5 旋笛的辐射功率, 并与旋笛理论结果比较。

12.7 电动气流扬声器工作于气室压力为四个大气压强, $P_1/P_0 = 5$, 喷口面积比 $A/S = 0.3$, 喷口面积按正弦式变化, $a = A_0(1 + \cos\omega t)$。分别用严格理论和近似理论, 求所得声压。

12.8 将以上结果与气室压强 $P_1/P_0 = 2.5$ 时所得结果比较。

第十三章 气 流 声 学

气流声学(Aeroacoustics)一般认为是从 1950 莱特希尔(M. J. Lighthill)研究喷气噪声开始的。实际气流噪声,如大风吹过树梢所产生的哨声,早已为人所知并且加以研究。只是喷气飞机的喷气噪声过于强大才引起人们的特别注意。气流声是气流不稳定而产生的,不是靠固体的振动或调制(如旋笛),也不是靠共振系统(如亥姆霍兹共鸣器),而主要是流体动力学因素所致。由于现代技术的发展,气流声早已不限于夏夜在郊外听到的微风吹过野草的声音(也许只有 20～30dB)以及冬夜北风吹过树梢或电线的啸叫声(可能到 70～80dB)了,人吹口哨也不过 40～50dB,但化工厂到处漏气而产生的噪声可使人不堪忍受,喷气发动机试车间的噪声可以传到两公里外,未加消声器的农用拖拉机或摩托车也是非常吵人,大型卡车更是吵人了,但一架喷气客机的噪声功率足以开动一辆卡车,而一巨型火箭在起飞时的噪声功率可以开动喷气客机! 所以气流声涉及的范围非常广,在工业上是重要问题。在军事上也非常重要,在第二次世界大战中,纳粹德国以 V2 导弹袭击伦敦,其啸叫声造成极大恐慌。超声速飞机协和号的轰声可使地面上的建筑物受到损害。研究气流声学还具有极大实际意义。本章将讨论气流声中的基本声源,气流声的基本理论,实际声源,以及降低气流声的问题。

13.1 气流中的基本声源

气流中的基本声源包括单极子、偶极子及四极子,在第五章中已有初步讨论,现进一步讨论。假设声源区的尺度甚小于所发声波的波长,即所谓密集声源。这样,就可以不考虑各源的距离不同,只从单个声源考虑其辐射特性(图 13.1)。

13.1.1 单极子(简单声源,脉动球声源)

单极子或简单声源是一个小球,半径 a 不断伸缩,其体积 V 不断起伏。体积的变化率 $dV/dt = \dot{V}$ 即称为单极子的强度。如果 u_m 是球体表面的径向振动速度,显见 $\dot{X} = 4\pi a^2 u_m$,此处 a 为半径的平均值。球表面的振动引起周围介质中的发射声波,各方向相同,单极子发射声波的声压为

$$p_M(r,t) = \frac{\rho_0}{4\pi r}\frac{dV^*}{dt} = \frac{\rho_0 a^2}{r}\frac{du_m^*}{dt} \tag{13.1}$$

式中 ρ_0 为静止介质的密度,c_0 为其中声速。显见在距离 r 处的声压是在 r/c 时间前发出的,V 和 u 上都加 * 号表明这些都是 r/c 以前的值 $V(t-r/c)$ 和 $u(t-r/c)$。

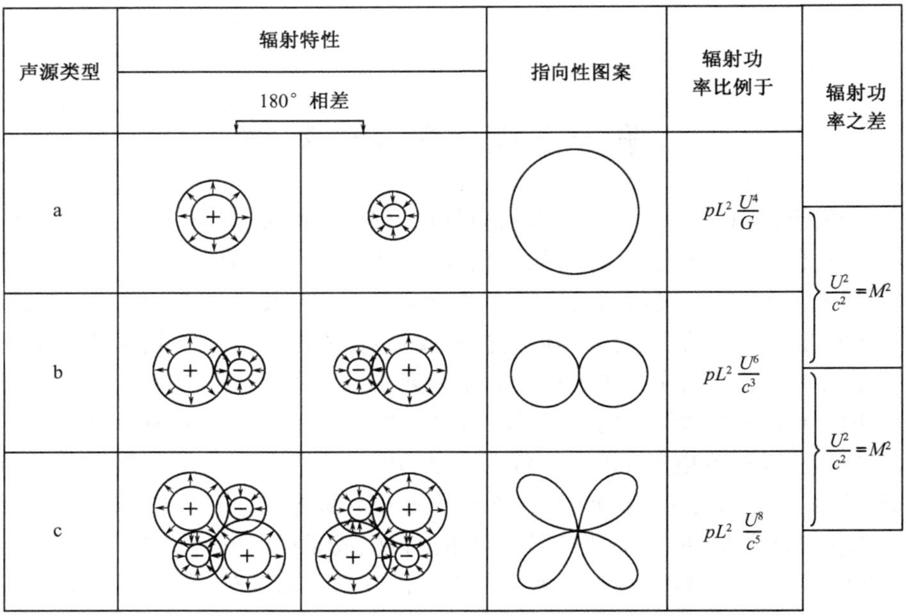

声源类型	辐射特性 180°相差		指向性图案	辐射功率比例于	辐射功率之差
a	(+)	(−)	○	$pL^2\dfrac{U^4}{G}$	$\dfrac{U^2}{c^2}=M^2$
b	(+)(−)	(−)(+)	○○	$pL^2\dfrac{U^6}{c^3}$	$\dfrac{U^2}{c^2}=M^2$
c	(+)(−)(−)(+)	(−)(+)(+)(−)	❀	$pL^2\dfrac{U^8}{c^5}$	

图 13.1 三类空气动力声源及其辐射特性

a 单极子　　　b 偶极子　　　c 四极子

这称为推迟作用,推迟时间。(13.1)式也可以为了方便改写为

$$p_{\mathrm{M}}(r,t) = \frac{a}{r}p_{\mathrm{M}}^{*} \tag{13.1a}$$

式中 p_{M}^{*} 是圆球表面上的声压,推迟值。单极子的辐射功率为

$$W_{\mathrm{M}} = \frac{4\pi r^2}{\rho_0 c_0}\left(\frac{\rho_0 a^2}{r}\overline{\frac{\mathrm{d}v}{\mathrm{d}t}}\right)^2 = 4\pi\frac{\rho_0 a^2}{c_0}\overline{\left(\frac{\mathrm{d}u_m}{\mathrm{d}t}\right)^2}$$

上面一横代表平均。根据相似性考虑, $a \sim D$,气流的尺度, $u_m \sim U$,气流速度,
d(·)/dt ~ U/D 典型频率,因而单极子声源的声功率

$$W_{\mathrm{M}} \sim \rho_0 \cdot D^4 \cdot \left(\frac{U}{D}\right)^2 \cdot U^2 \sim \rho_0 U^3 D^2 \cdot M \tag{13.2}$$

式中

$$\rho_0 U^3 D^2 \sim W_0 \tag{13.3}$$

即正比于气流的功率 W_0,即气流动能的供应率, $M = U/c_0$ 为气流声的声马赫数。
此式指明单极子声源的声效率与声马赫数成比例,是气流基本声源中声效率最高
的。不过单极子只是存在于气流速度低时的不稳定状态,所以功率还是比较低的。

13.1.2 偶极子

两个大小相同而相位相反的单极子构成一偶极子。设二单极子联线取为 x 方

向,其间距 b 甚小于波长,每个单极子的强度 $4\pi a^2 u_m$,固定,$b\dot{V} = b \cdot 4\pi a^2 u_m$ 称为偶极子强度。在与偶极子轴成 θ 角度的方向上远点(距离 r)处二单极子到达的时间差为 $b\cos\theta/c_0$,如 b 趋于零,偶极子产生的声压即

$$p_D = \frac{b\cos\theta}{c_0}\frac{dp_M}{dt} = \frac{\rho_0 a^2}{r}\frac{b\cos\theta}{c_0}\frac{d^2 u_m^*}{dt^2} \tag{13.4}$$

在偶极子中心的垂直平面上,每个点距两个单极子的距离都相等,总声压为零,但在较近处,距离 r 比 b 不太大,两个单极子的声压就不能互相抵消,距离差要起作用。与(13.4)式相同的结果也可以用一个单个球在 X 方向振动得到(见第五章)。设振动速度为 u_d,在球面上的一点在 r 方向的速度就是 $u_{dr} = u_d\cos\theta$,据此,声压即为

$$p_D(r,t) = \frac{\rho_0 a^2}{x}\left(\frac{a}{2c_0}\right)\frac{d^2 u_{dr}^*}{dt^2} \tag{13.4a}$$

圆球可以就是流体的球受 X 方向的外加力 F 作用而产生 u_d,显见 $F = (3/2)(4/3) \cdot \rho_0\pi a_d^3 - du/dt$,前面的 3/2 是球振动时介质附加质量的影响(如管端加改正)因而(13.4a)式可写做

$$p_D(r,\tau) = \frac{1}{4\pi r}\frac{1}{c_0}\frac{dF_r^*}{dt} \tag{13.4b}$$

式中 $F_r = F\cos\theta$ 是 F 在 θ 方向的分力。偶极子声源是力声源。单极子声源产生的质点速度是简单的径向,由声源向四面八方。偶极子声源产生的质点速度则是沿球线的,由偶极子一端回到其另一端,这从图 5.1 上也可以看到。如果把这一点与电学中由电荷产生电力线相类比,可见偶极子声源在产生远处声场中,不如单极子。与单极子情况相似(13.4)也可以写做

$$p_D(r,t) = \frac{a_d^2}{rc}\frac{dp_d^*}{dt} \tag{13.4c}$$

p_d 为偶极子球面上的声压。由此可求出偶极子辐射的声功率

$$W_D = \frac{4\pi}{3}\frac{a_d^4}{\rho_0 c_0^3}\overline{\left(\frac{dp_d}{dt}\right)^2} = \frac{1}{12\pi}\frac{1}{\rho_0 c_0^3}\overline{\left(\frac{dF}{dt}\right)^2} \tag{13.5}$$

同样用相似性原理,最普通的偶极子声源即大风吹过电线时的啸叫,作用力就是风产生的浮力或动压,因而可取 F 为 $\rho U^2 D^2$,偶极子辐射声功率即为

$$W_D \sim \frac{\rho_0 U^6 D^2}{c_0^2} \sim \rho_0 U^3 D^2 \cdot M^3 \tag{13.5a}$$

$\rho_0 U^3 D^2$ 为气流动能功率,偶极子的声效率比例于 M^3,比单极子声源的效率低得多。不过单极子声源只产生于低气流速度,偶极子需要气流速度较高,遇到小物体而形成。所以功率比单极子大得多。大风吹过电线、树梢,声音很大,但只是由于气流的速度不稳定所产生的声音几乎难以觉察。此外,环绕的质点速度和远场也可由一小涡流环产生,其面积为 A,环流为 Γ

$$p_D(r,t) = \frac{1}{4\pi r} \frac{1}{c_0} \rho_0 \frac{\mathrm{d}^2(\mathit{\Gamma} A \cos\theta)}{\mathrm{d}t^2} \qquad (13.4\mathrm{d})$$

13.1.3 四极子

同样,两个大小相同而相位相反的偶极子构成一个四极子。两个偶极子相距一个小距离,如果两偶极子排列的方向与偶极距垂直,则称为横四极子,如果两个偶极子排列的方向与偶极距相同,则是纵四极子,后者辐射功率极小。现只讨论横四极子,根据偶极子辐射公式可写出四极子辐射的声压

$$p_Q(r,t) = \frac{b\cos\theta}{c} \frac{\mathrm{d}p_D}{\mathrm{d}t} = \frac{\rho_0 a_m^2}{r}\left(\frac{b\cos\varphi}{c_0} \frac{b\cos\theta}{c_0} \frac{\mathrm{d}^2 U_m^*}{\mathrm{d}t^2}\right) \qquad (13.6)$$

或根据半径为 a_q 的球面上一点在 r 方向的速度分量,仿照(13.4a)式,横四极子可写做

$$p_Q(r,t) = \frac{\rho_0 a_q^2}{r}\left(\frac{a_q}{3c_0}\right)^2 \frac{\mathrm{d}^2 U_{qr}}{\mathrm{d}t^2} \qquad (13.6\mathrm{a})$$

$U_{qr} = U_q\cos\varphi\cos\theta$。流体在球附近的自由度更多,推动远距离声场的效力更低。这个球的体积显见并不改变,U_{qr} 在各方向平均为一常数,与单极子不同。它也不受力,如偶极子。四极子球的椭圆畸变是声辐射的来源。其远距离的声场在两个互成直角的方向上为零。四极子是空气动力流动的基本声源,没有体积或力的变化。

与单极子和偶极子相似,四极子声场也可以写成其圆球表面振动的辐射(见第五章),

$$p_Q(r,t) = \frac{a_q^3}{3rc_0^2} \frac{\mathrm{d}^2 p_q^*}{\mathrm{d}t^2} \qquad (13.6\mathrm{b})$$

p_q 是四极子球面上的声压,所以知道了流体动力场中一点的声压,就可以求出远距离一点的声压。同样可以用相似性理论求得四极子声源的辐射声功率,$a_q \sim D$,喷注直径,$U_q \sim U$,气流速度,$\frac{\mathrm{d}(\cdot)}{\mathrm{d}t} \sim U/D$,四极子声源的辐射声功率

$$W_Q \sim \frac{\rho_0 U^8 D^2}{c^5} \sim \rho U^3 D^2 \cdot M^5 \qquad (13.7)$$

声效率随 M^5 变化,比偶极子的声效率还低,但四极子声源只产生于高速度的湍流气流中,喷注气流中的旋涡做椭圆变化,如四极子球。所以四极子的声功率比偶极子的声功率大得多,很值得注意,只是上面的简单分析就得到了莱特希尔的速度八方定律,噪声功率与喷注速度的关系。

单极子、偶极子和四极子声源都可以球面声源表示,不同处在单极子球为脉动球,球面振动;偶极子球为振动球,球本身体积形状都不改变,但整体在横方向来回振动;而四极子则是伸缩球,球心不动,体积也不变,但在横方向一个直径方向伸

涨,与它垂直的方向直径方向收缩,两个方向交错伸缩,球变做椭球。在图 13.1 上表示单极子声源的气声效率为 M,偶极子声源则为 M^3,四极子为 M^5。这并不说明单极子声源就强大,偶极子较弱而四极子最弱。但完全不是这样,而且可能正好相反。因为单极子声源发生在速度低的气流中,原因是气流的不稳定,无外力作用,所以气声效率虽高,声功率却较小。偶极子声源发生于气流速度较高的条件下,气流遇到异物如固体、边棱、阀门等,后者有反作用力并引起涡流而发声。在气流速度小时,这些现象不能发生。因为气流速度大,马赫数高,偶极子的 M^3 比单极子声源的 M 还要大。四极子声源则产生于强大气流中,速度高到一定程度,气流即从层流变成湍流,产生大量旋涡而发声。这时马赫数 M 可能接近于 1 或更大,M^5 要比低流速时的 M 大得多。大型火箭在发射时的喷气声功率可能达到 1 亿瓦(200 dB)!所以从强度来说,四极子声源最强,其次为偶极子声源,最弱是单极子声源。

事实上,只用瑞利的量纲方法就可以得到 $W \sim \rho_0 U^3 D^2 f(M)$ 的式子,不过 $f(M)$ 是未知函数,尚待准确的物理条件决定之。

量纲分析法是瑞利提出的,上面用的相似性、量纲方法等都是瑞利原来用的名词。量纲分析法威力很大,不少问题靠它解决,下面还有不少应用。

13.2 瑞利散射——"声学模型"

设一声压 p_{in},波长为 λ 的平面声波射入一块声非均匀介质,体积 V,非均匀强度 $\alpha = (\rho - \rho_0)/\rho$ 表明密度变化。求在远处所得的散射波声压 p_s,这是用量纲分析法的一例。

13.2.1 量纲分析法

很显见散射声压与 p_{in},α,V 都成比例,同时在远场的 p_s 还应与距离 r 成反比,为了量纲正确,p_s 应与波长 λ 的平方成反比,

$$p_s \sim \frac{p_{in}^* \alpha V}{r \lambda^2} \qquad (13.8)$$

散射声场的功率则与 p_s 平方成比例

$$W_s \sim \frac{\alpha^2 V^2}{\rho_0 c_0 \lambda^4} p_{in}^2 \qquad (13.9)$$

波长越短,散射越多。用到光学,瑞利得到他著名的天空青色的解释,青(蓝)色是可见光谱中最短的波长。

13.2.2 声学类比

瑞利也用更严格的方法得到同样结果。根据连续性方程和运动方程可得到波

动方程

$$\frac{\partial^2 p}{\partial x_i^2} - \frac{1}{c^2}\frac{\partial^2 p}{\partial t^2} = 0 \tag{13.10}$$

这是在均匀介质中的声波,式中 x_i 代表直角坐标的 x,y 或 z,在上式中则表示三项空间微商。如果介质中有不均匀性,就会影响连续方程,而波动方程变为

$$\frac{\partial^2 p}{\partial x_i^2} - \frac{1}{c_0^2}\frac{\partial^2 p}{\partial t^2} = \frac{\partial}{\partial x_i}\alpha\frac{\partial p}{\partial x_i} \tag{13.11}$$

现在要解这个波动方程以求远场的散射声压 P_s。瑞利考虑,远场声压是由 p_{in} 和 p_s 两部分合成。在远场中 p_{in} 满足(13.10)式,所以代入(13.11)式左方,结果是零,所以左方只有 p_s 存在。在右方, p_{in} 和 p_s 都存在,不过散射声压 p_s 比入射声压小得多,可以略去。所以(13.11)式成为

$$\frac{\partial^2 p_s}{\partial x_i^2} - \frac{1}{c_0^2}\frac{\partial^2 p_s}{\partial t^2} = \frac{\partial}{\partial x_i}\alpha\frac{\partial p_{in}}{\partial x_i} \tag{13.12}$$

(13.11)式右方有 p,左方也有 p,微分方程式是不可解的,如果暂时不管两方的关系,就把右方当做声源,有声源的偏微分方程就是可解的。因而(13.12)的解可直接写出

$$p_s = -\frac{1}{4\pi}\iiint\limits_V \frac{1}{r}\frac{\partial}{\partial x_i}\alpha\frac{\partial p_{in}^*}{\partial x_i}dV \tag{13.13}$$

积分是在介质不均匀的小体积内进行。如果小体积的尺度比波小得多。这就是"声学模型",可求得与(13.8)式同样的解,但那里只是比例关系,现在比例常数则已确定,为 $1/4\pi$。

13.2.3 不均匀介质掠过的声辐射

改变坐标系统就可以把上面的结果用于气流声学范围。设密度不均匀的可压缩流体沿表面作瓦楞状的墙壁以超声速 U 横过,如图13.2。

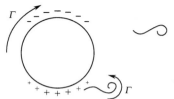

波纹墙面可以看作流体动力声的主要傅里叶分量,如墙面起伏的幅值为 ξ_0,起伏一周的距离为 Λ,按气体动力学可求得新产生的声压是

$$p_{in} = \frac{\xi_0}{\Lambda}\frac{1}{\sqrt{M^2-1}}U^2 \tag{13.14}$$

图13.2 密度不均匀的流体以超声速掠过固定的压力波场

显见声音的频率为 U/Λ,在声波中相当于 c_0/λ,因此 $U/\Lambda = c_0/\lambda$,或 $\lambda = c_0\Lambda/U$。根据前面的结果,可求出散射声功率

$$W_s = \frac{8\pi^5}{3}\alpha^2\xi_0^2\frac{U^2}{\Lambda^6}\rho_0 U^3\frac{M^5}{M^2-1} \tag{13.15}$$

如果 M 比 1 大得多,此式就为速度六方定律,

$$W_s = \frac{8\pi^5}{3} \frac{\rho_0 \alpha^2 V^5 \xi_0^2}{c_0^3} \frac{U^6}{\Lambda^6} \tag{13.16}$$

而波形墙的波长影响是反六方。

实验证明以上关系也适用于亚声速流。有趣的是,如 M 很小,(13.15)式也成为速度八方定律。

13.3 风 吹 声

气流中有小物体(尺度与相关的波长比起来很小)就发出风吹声。大风吹过电线或吹过树梢是常遇到的例子。

最早可能是希腊某地有人把竖琴放到风道里听到了优美的琴声而引起注意的。德国人对此做了不少研究,称之为 Reibungton(摩擦音),好像用弓拉琴弦一样。瑞利不以为然,他把一个亮点的线放到过堂风中,就发现线上下振动(与风的方向垂直)并发出声。后来又发现线不动仍然发声,归之于线上下脱落的涡流串,现在称为卡曼(Karman)旋涡线。图 13.3 气流经过使圆柱脱落的旋涡和环流,证实瑞利的解释并发现圆柱上的方向相反的环流。

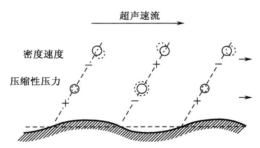

图 13.3 风吹圆柱脱落的旋涡和环流

斯特劳哈尔(V. Strouhal)研究风吹声频率,得到频率公式

$$f = 0.185 \frac{U}{D} \tag{13.17}$$

式中 U 为风速,D 为圆柱直径。瑞利把这个公式也看做量纲分析的结果,并证明斯特劳哈尔数 0.185 并非常数,它也是流速,或实际是雷诺数 Re 的函数。频率的准确值是

$$f = 0.1951 \left(1 - \frac{0.20}{Re}\right) \frac{U}{D} \tag{13.18}$$

瑞利并未追究风吹声的来源,直到半个世纪以后才有人提到"旋涡声的来源在于对介质的交变力……以及其产生的旋涡",随之得到了证实。飞机机翼理论研究

的结果可以说明,力是圆柱上环流引起的。气流吹过圆柱发生浮力,浮力作用于圆柱,其反作用力作用于介质,产生偶极子辐射,功率如前所述,指向性为"8"字形,上下两瓣的相位相反。

在离圆柱较远处,流线也受环流的影响,结果正像圆柱在左右振动一样。流体确实受到圆柱的交变力,力的大小比例于涡流与环流引起的动量所有的变化律。声辐射是典型的"8"字形,两瓣相位相反。远场的声压幅值与力的变化率成比例,也就是与涡流的加速度成比例。圆柱上的力可实际测得。

圆棒插入水中向横向运动可产生同样现象,上述的斯特劳哈尔数和雷诺数的规律同样适用,而在水面上旋涡线和环流清晰可见。在一般情况,水的表面张力影响很小,但棒进入水的深度若小于棒径的 25 倍,Strouhal 数(正常值约 0.2)要有偏差。

13.4 边 楞 音

由一窄缝发出的气流喷注吹向一尖劈时即发生相似现象,这称为边楞音。事实上,尖劈不是必需的,直楞对着直喷口(如普通哨子),圆楞对着圆喷口,(如哈特曼(Hartmann)超声发生器),都可以。关键是固体对着气注,把它左右分裂,并引致不稳定。边楞音最早是桑特豪斯(Sondhauss)于 1854 年发现的。在气体中和液体中同样产生,如风吹声。其他方面也与风吹声相似,有纯音部分,适用斯特劳哈尔数和雷诺数的评价,辐射功率比例于 V^6,辐射呈 8 字形的偶极子指向性,等等都和风吹声一样。不同的是反馈在边楞音中占重要位置。由喷口发出的高速喷注在静止的流体中通过时,喷注的边界上由于高速流动与静介质的接触,不断产生旋涡,并向静止的流体中推动,因而喷注不断变宽(在刚离开喷口时,有一段收缩过程,以后再扩张)。一部分旋涡随喷注前进,遇到边楞时发生反射,反射的冲击波回到喷口,激发出更多旋涡。由此产生的纯音非常稳定。喷注速度较低(雷诺数 Re 小)时,喷口和边楞之间的喷注较为稳定,喷注速度增加时,纯音基本不变(S 为一常数)。速度(或 Re)增加到一定程度,喷口到边楞的距离大于一个波长(U/f)时,频率忽然跳到另一较高值,速度继续增加时,可能另一次跳跃,如此类推。喷注速度降低时,斯特劳哈尔数又逐渐跳回,但有滞后现象,如图 13.4。这些现象都与反馈信号的相速有关。

图 13.4 的边楞音频率的公式不难推导。喷注到达某处(假设为 h',因为此时尚未知),发生反射,如果大小和相位合适,反射波到达喷口时成为正反馈,更增加喷注的不稳定性,形成边楞音。声波由反射点回到喷口,时间为 h'/c,气注带着扰动由喷口到达反射点需要时间 c'/M_{con},M_{con} 为对流速度 v_{con} 的马赫数,v_{con} 为有效速度或平均速度。在这时间内,气注将经过 $N+p$ 周,N 为整数,p 为小于 1 的数,其所以不能恰为整数,是因为扰动来回传递的时间不同的缘故,使扰动经过一次来回

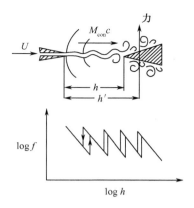

图 13.4　边楞音的频率关系

可恢复原来相位,于是边楞音的频率就是

$$f = \frac{v_{\mathrm{con}}}{h'} \frac{N + p}{1 + M_{\mathrm{con}}} \qquad (13.19)$$

这个结果实际也是量纲分析得到的。用瑞利量纲方法进一步分析,知 p 值应是 1/4。实验证明 h' 即是 h,理论与实验完全相符。

$$f = \frac{v_{\mathrm{con}}}{h} \frac{N + 0.25}{1 + M_{\mathrm{con}}} \qquad (13.19\mathrm{a})$$

不需要任何经验常数。

　　和风吹声一样,边楞音在喷注速度增加中也逐渐失去音之纯,在喷注成为滑流喷注时,纯音就完全失去,边楞音成为完全噪声。不过在高亚声速的大型喷注中,纯音又恢复,并且非常强烈。

　　喷注为声速或超声速时,情况则完全不同。由于速度很高,喷注到达边楞以前,横向振动基本不可能。到达边楞就轮流在边楞两旁送出流体,每边声场更接近单极子辐射,分别喷注在两旁的半空间作用,相位相差180°,效率最高。

　　喷注如射向180°的尖劈(平板),结果相似,但每一边辐射的范围是四分之一空间。

　　边楞音是主要的反馈气流声源,但是依靠反馈而成声的气流声源不只是边楞音,孔音也是一例。圆喷注垂直地射向平板中直径相同的圆孔时,就产生孔音。喷注发出后,先有收缩,以后逐渐扩张并产生旋涡,到达圆孔时已超过其面积,喷注边缘在板上反射而形成压力场,后者到达喷口就成为反馈信号(如边楞音),使喷注中扰动增加,随喷注传到圆孔时再发生反射,循环不已。规律与边楞音完全相同,如果孔周围是封闭的,在封闭空间要产生共振,使声音更强。高压锅、压力水壶等都是利用这个原理,这也是瑞利书中谈的鸟哨(bird call),猎户用以发出鸟叫的尖声,以引诱之。

如果以环代替第二张板正对喷注就成为环音,可同样发声但比较弱(图13.6)。

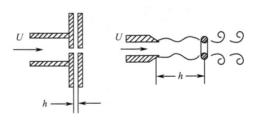

图 13.5 孔音和环音

一般发孔音使用的气流速度较低,孔音的声效率也不高。但如果气流速度达到声速或超声速,情况就不同了,发声效率将大大增高,甚至有无孔板或只有孔板都一样。这是由于气流速度高了,在气注边缘上产生的旋涡很快就充满气注而成为湍流,速度更高,在气注中要产生距离规则的"冲击室"(如图13.6)各冲击室发声互相影响(反馈),使尖叫频率满足

$$\frac{1}{f} = \frac{s}{c} + \frac{s}{U_{\text{con}}}$$

或

$$f = \frac{U_{\text{con}}}{s} \frac{1}{1 + M_{\text{con}}} \qquad (13.20)$$

式中 s 为冲击室间距,U_{con},M_{con} 分别为对流速度及马赫数如前。不过有效的向喷口反射的距离 h' 应满足(13.19)式,显见 $h'/s = N + 0.25$。冲击噪声同时满足(13.19)和(13.20)二式,但谐频也很丰富,影响冲击噪声的指向性,气注下游比较尖锐,上游则比较平坦(见13.5节)。

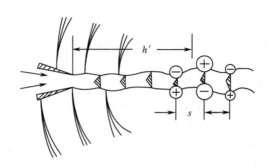

图 13.6 高速喷注冲击噪声

经反馈和共振器加强的气流声源比较突出的是风琴管(见2.6节)。风琴

管的发声主要由其共振器(开管)控制,边楞音很少,增高气流速度可以激发高次谐音。

13.5 湍流喷气噪声

前面讨论的,除个别例外,都是平稳气流(层流)与固体互相作用而发声的气流。如气流速度高到一定程度,气流中就包含大量旋涡而成为湍流,无需任何固体互相作用,气流本身就成为声源,这就是湍流噪声。冬夜或台风中,狂风怒吼,或喷气飞机的轰鸣,抛射物高度飞过(如子弹、火箭等)时的啸声等都是湍流噪声,主要是无规噪声,有时也包含纯音。这种噪声,效率很低,所以早期多被忽略。只是到20世纪40年代后期,喷气飞机用到民用航空,令人不可忍受的强烈喷气噪声才引起特别注意。因而做了大量研究取得极其重要的成果。有人统计,喷气飞机的噪声每十年降低10dB,由载客十几人,条件非常艰苦的小飞机发展到现在载客四、五百人,舒适安全的大型喷气客机,实不可以道里计。由于湍流喷气噪声的重要性,以及其影响的广泛,本章中将对其作较深入的探讨。

13.5.1 湍流噪声的基本方程

仍按欧拉气体动力方程出发,但为处理方便起见,改写如下连续方程

$$\frac{\partial \rho}{\partial t} + \frac{\partial}{\partial x_i}(\rho u_i) = 0 \tag{13.21}$$

式中 $i = 1, 2, 3$,空间坐标 x, y, z 改写为 x_1, x_2, x_3,质点速度的分量 u, v, ω 改写为 u_1, u_2, u_3。式中有两个 i 的项,表示 $i = 1, 2, 3$ 三项,所以(13.21)式左边第二项就是 $\nabla \cdot (\rho \boldsymbol{U})$。用同样方法,动量方程可写做(纳威-斯托克斯方程(1.6)式,按斯托克斯气体(空气是一种),体积黏滞系数 $\zeta = 0$),

$$\rho \frac{\partial u_i}{\partial t} + \rho u_i \frac{\partial u_i}{\partial x_i} = -\frac{\partial p}{\partial x_i} + \eta \frac{\partial}{\partial x_i}\left(\frac{\partial u_i}{\partial x_j} + \frac{\partial u_j}{\partial x_i} - \frac{2}{3}\delta_{ij}\frac{\partial u_k}{\partial x_k}\right) \tag{13.22}$$

δ_{ij} 是克朗内克符号,$i = j$ 时 $\delta_{ij} = 1$,$i \neq j$ 时 $\delta_{ij} = 0$。用 u_i 乘(13.21)式与(13.22)式相加,得

$$\frac{\partial}{\partial t}(\rho u_i) + \frac{\partial}{\partial x_j}(\rho u_i u_j + p_{ij}) = 0 \tag{13.23}$$

式中 p_{ij} 为压缩张量,代表在 j 平面上向 i 方向的应力。在(13.21)和(13.23)式间消去 ρu_i 项,可得湍流波动方程

$$\frac{\partial^2 \rho}{\partial t^2} - c_0^2 \nabla^2 \rho = \frac{\partial^2 T_{ij}}{\partial x_i \partial x_j} \tag{13.24}$$

式中

$$T_{ij} = \rho u_i u_j + p_{ij} - c_0^2 \rho \delta_{ij} \tag{13.25}$$

为应力张量。在(13.23)式中曾在左方加 $-c_0^2 \partial\rho/\partial x_i$ 项并在括弧内减去同样项,以形成(13.24)式的波动方程形式。

(13.24)式即湍流噪声的微分方程式,式中都是未知量的微商,原则上是不可解的。莱特希尔(Lighthill)利用瑞利声学类比解法。他建议把(13.24)式的右方(虽然包含的都是未知量),当做已知声源处理,这样虽然得不到绝对定量解,但可得各量的相对关系。莱特希尔解限于 T_{ij} 的第一项。T_{ij} 应力张量中三项,显见 $c_0^2\rho$ 项是密度变化,在声场中做单极子辐射,在喷注中力的变化成为偶极子辐射源,应力变化则成为四极子辐射源。在高速喷注射入静止的空气中时,声源区限于喷注内,其外只有喷注产生的声场,压力,速度都只是声压和质点速度,比喷注内的压力和速度小得多,不足以影响声辐射本身。如果喷注内的黏滞应力张量也可忽略,T_{ij} 中只剩切应力的纵向动量变化项 $\rho_0 v_i v_j$,相对误差与马赫数平方 M^2 成比例,所以在低马赫数时更准确。莱特希尔解就是采取

$$T_{ij} = \rho_0 v_i v_j \tag{13.26}$$

用声学类比求解微分方程。

13.5.2 莱特希尔 U^8 理论

莱特希尔波动方程为

$$\frac{\partial^2 \rho}{\partial t^2} - c_0^2 \, \nabla^2 \rho = \frac{\partial^2}{\partial x_i \partial x_j}(\rho_0 u_i u_j) \tag{13.27}$$

并把右边的项当做声源处理,不管它所包含的量都是未知量。这种处理方法是合理的,因为在自由空间,本来没有这样的项,现在多了这一项,对于声场说,它是外加的还是气流本身产生的,无甚差别,把它当做外加声源是很自然的。

(13.27)式的解,用声压 $p = c_0^2\rho$,与简单声源的解(2.36)式相似,但考虑到体积声源,可写做

$$p(x,t) = \frac{1}{4\pi}\int_v \frac{(x_i - y_i)(x_j - y_j)}{(x-y)^2}\frac{1}{c_0^2}\frac{\partial^2}{\partial t^2}T_{ij}\left(y, t - \frac{|x-y|}{c_0}\right)\mathrm{d}y \tag{13.28}$$

积分是在整个喷注内进行,式中为明晰起见用 y 代表喷注内一点的坐标,保留 x 为声场(喷注外)观察 A 点的坐标。按(13.27)式,应对 x_i, x_j 微分,因喷注上一点到声场上的距离(运场)$|x-y|$ 变化不大,所以可提到微分外面,而对 x_i, x_j 的微分改写做 $(x_i - y_i)$,$(x_i - y_i)$ 乘以对 t 的微分,(13.27)式的推迟 T_{ij} 与此符合。在远场中,距离 $|x-y| = r$ 比 y 的变化大得多,y 变化对 $(x_i - y_i)$ 和 $(x_j - y_j)$ 的影响也小,(13.27)式可以简单地写做

$$p = \frac{x_i x_j}{4\pi c_0^2 r^3}\int_v \frac{\partial^2}{\partial t^2}T_{ij}\left(y, t - \frac{r}{c_0}\right)\mathrm{d}y \tag{13.29}$$

这个式子是严格的,但是不能对所产生的声压做出定量预测,因为流体中的湍流还是未知数。莱特希尔采取了量纲分析方法,以解这个方程。气流的典型尺度是喷

口的直径 D，因而时间尺度应是气流经过距离 D 的时间（D/U，U 为喷注的速度）。在低速度时，D 比气流所发出声波的波长小得多，所以声源区可以认为是紧凑的，小于波长（13.29）以及（13.28）式中的时间延迟因而可以不计。应力张量 $\rho_0 u_i u_j$，其中 u_i 和 u_j 可假设都与喷注速度 U 成正比，因而 T_{ij} 与 $\rho_0 M^2$ 成正比。（13.28）式中，x_i，x_j 都与 r 成正比，$\partial/\partial t$ 与 U/D 成正比，T_{ij} 与 $\rho_0 U^2$ 成正比，气注体积与 D^3 成正比，因而

$$p \sim \frac{1}{c_0^2 r} \cdot \left(\frac{U}{D}\right)^2 \cdot \rho_0 U^2 \cdot D^3$$

$$\sim \frac{D}{r} \cdot \frac{\rho_0 U^4}{c_0^2} \tag{13.30}$$

湍流噪声的总声功率与声强 $p^2/\rho_0 c_0$ 成正比，因而功率

$$W = K D^2 \rho_0 U^8 / c_0^5 \tag{13.31}$$

这就是莱特希尔的速度八方定律，为大量实验基本证实，K 为一常数，称为莱特希尔常数，实验值约为 3×10^{-5}。严格地说来，即使量纲分析毫无问题，也只是在与气注垂直的方向上，声强服从 U^8 定律。由于声源随气流移动，时间延迟不可完全忽略，声波穿过气流时还有折射等，各方向的辐射是不均匀的，气流下游方向的声强要加强很多，而在上游方向声强要稍减弱。总的声功率是高于（13.31）式的，反映在 K 值上，莱特希尔原估计为 $(3 \sim 12) \times 10^{-5}$，有报道是 18×10^{-5}。从整个推导过程中大量假设看来，莱特希尔定律可算与实际符合得非常好，在过去半个世纪中对航空技术有指导作用。但速度八方定律只能用到不太高的速度，不能无限制。否则速度增加到一定程度，噪声功率将大于气流功率，后者服从三方定律。所以速度到相当大时，八方定律要逐渐变成三方，如图 13.7 阿波罗火箭声功率 10^8 W，喷气客机 10^4 W，巨型卡车 1 W。

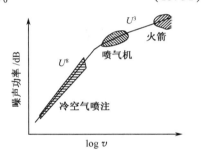

图 13.7　八方定律逐渐变成三方定律

13.5.3　压力定律

从喷气噪声受到注意起，声学家首先就考虑用气室压力预计喷气噪声，在气室装一压力计很简单方便。但未能成功，转而求助于数学家，得八方定律，改用速度。近年这个问题重新提起，做的排气放空实验证明喷气噪声的声压与气室压力有确切的关系，应可以找到简单的表达式。方法是用空气压缩机把气罐（约 2.5m^3）充满到六七个大气压，以后通过一小孔（直径 $1 \sim 20 \text{mm}$）排气，直到放空。在排气过程中，自动记录气罐中的表压（$P_1 - P_0$），P_0 为大气压和喷注旁 $90°$ 方向距离喷口

1 m处的 A 声压级,记录如图13.8。小孔为 1 mm 时,放空须 1 小时以上,20 mm 喷口放气只需 10 分钟,都足够慢,便于做声压级和气室压力的记录。图 13.8 只是一例,用几个放空曲线比较可总结出实验规律,作为理论分析的参考。用 90°方向的声压级测量可避免指向性的影响,并用以计算噪声功率。

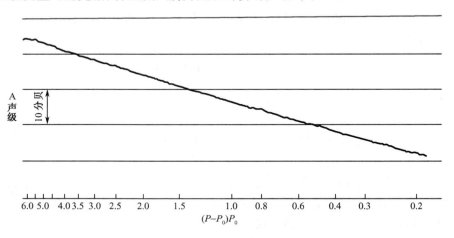

图 13.8 90°方向的声压级与驻压的关系

压力定律仍可用量纲分析法寻求。已知(13.29)式是严格的,仍以此为据。式内前边的比例数仍是 $1/c_0^2 r$,体积积分比例于 D^3,应力张量本来就是压力,应与气流中的超压(表压)$P_1 - P_0$ 成比例,P_1 为气室压强,或称驻压,P_0 为大气压,因为 T_{ij} 是由于 $P_1 - P_0$ 产生的。因而声压可写做

$$p \sim \frac{1}{c_0^2 r}\left(\frac{U}{D}\right)^2 (P_1 - P_0) \cdot D^3$$

$$= \frac{D}{r}\left(\frac{U}{c_0}\right)^2 (P_1 - P_0)$$

只剩马赫数 U/c_0 的问题,根据能量守恒公式(12.24)求得

$$\frac{U^2}{c_0^2} = \frac{2}{\gamma - 1}\left(\frac{c_1^2}{c_0^2} - 1\right) = \frac{2}{\gamma - 1}\left[\left(\frac{P_1}{P_0}\right)^{\frac{\gamma-1}{\gamma}} - 1\right]$$

在低亚声速喷注的情况,$P_1 - P_0$ 比 P_1 或 P_0 都小。用泰勒级数展开 $P_1/P_0 = 1 + (P_1 - P_0)/P_0$,可得上式的近似式 $(2/r)(P_1 - P_0)/P_0$,或 $(2/r)(P_1 - P_0)/P_1$,前者稍大,后者稍小,但后者所得结果更接近实验结果。因此取 U^2/c_0^2 比例于 $(P_1/P_0)/P_1$,而声压(有效值)可写做

$$p \sim \frac{D}{r}\frac{(P_1 - P_0)^2}{P_1} \tag{13.32}$$

或
$$p^2 = 8 \times 10^{-6} \frac{D^2}{r^2} \frac{(P_1 - P_0)^4}{P_1^2} \qquad (13.33)$$

这是垂直于气流方向的声压平方,前面常数是根据实验结果得来。前面已说明,由于声源随气流向前运动,声波发出后经过气流有折射作用等等,湍流噪声是有指向性的,下游方向可能要高 10dB 或更多,上游方向稍低约 5dB。指向性与喷口和气室压力有关,90°方向的声压则不受指向性的影响。

在声速喷口,马赫数 $U/c_0 = 1$,湍流噪声的声压就是

$$p \sim \frac{D}{r}(P_1 - P_0) \qquad (13.34)$$

此式只适用于气室压力 P_1 大于临界压力的情况,而(13.32)式则只适用于低亚声速喷注($P_1 < P_0$)。如果把二式结合起来可得统一湍流噪声公式

$$
\begin{aligned}
p &\sim \frac{D}{r} \frac{(P_1 - P_0)^2}{P_1 + (P_1 - P_0)} \\
&\sim \frac{D}{r} \frac{(P_1 - P_0)^2}{P_1 - 0.5P_0}
\end{aligned}
\qquad (13.35)
$$

此式完全符合在与喷注成 90°方向的喷注噪声测量结果。当 $P_1 - P_0$ 甚小于 P_1 时,在分母中即可略去,结果即(13.32)式。(13.32)式是根据($P_1 - P_0$)很小时马赫数的近似值是 $(2/r)(P_1 - P_0)/P_1$ 求得的。但此近似值在临界压力 $P_1 = 1.893P_0$ 时等于 0.67 与马赫数 1 相差甚远。(13.35)式实际等于把马赫数写做 $(2/\pi)(P_1 - P_0)/(P_1 - 0.5P_0)$,此值代入 $P_1 = 1.893P_0$ 等于 0.916 就很接近 1 了,所以能在高压也与实验符合。在 90°方向距喷口 1 m 处的喷注噪声声压级就是

$$L_P = 80 + 20 \log \frac{(R-1)^2}{R - 0.5} + 20 \log d \qquad (13.36)$$

式中 $R = P_1/P_0$,d 为喷口直径,常数是根据实验数据决定的,公式完全符合实验结果。(13.35)或(13.36)式指出湍流噪声强度在低压,$P_1 - P_0$ 很小时,与表压 $P_1 - P_0$ 的四次方成正比($R - 0.5 \approx 0.5$),而在高压($R \gg 1$)时与压力 P_1 的二次方成正比。

增加 P_1 时,噪声并非平滑地随之增加,在 P_1 的相当范围内会产生额外的冲击噪声(尖叫声),但是不难消除。图 13.7 和(13.34)~(13.36)式都是消除尖叫声的结果。尖叫声是产生冲击波的后果。在声速喷口,在一定条件下,气流喷注离开喷口时在其周围要激发出冲击波,冲击波在喷注内转播、互相干涉,可形成沿气流方向整齐排列的一系列冲击室,其作用与风吹声、边楞音的固体相似(见图 13.6),对气流中的旋涡散射,反馈等,但不成偶极子声源,辐射冲击噪声的指向性因湍流噪声源的影响呈心脏形,下游方向基本是零,主要辐射在上游方向(180°方向)。冲击噪声只是在一定压力范围内产生。在 90°方向,距喷口 1 m 处平滑后的声压级(包括冲击噪声)可写做

$$L_P = \begin{cases} 80 + 20\log d + 20\log \dfrac{(R-1)^2}{R-0.5}, & R < 2 \ \text{或} \ R > 8.5 \\ 77 + 20\log d + 10\log(R-1.893)(R-1.3), & 2 < R < 3.1 \\ 97 + 20\log d, & 3.1 < R < 8.5 \end{cases}$$

$$(13.37)$$

在 $3.1 < R < 8.5$ 的范围内声压级几乎不变。在 $180°$ 方向稍高,在压力关系上有较大起伏。

冲击噪声的频率特性比较复杂,包含离散频谱(尖叫声),有基频、谐频和次谐频。另外还包含连续谱噪声,带宽约 0.7oct,不到一个倍频带。离散频率和宽带中心频率都是随压力比 R 增加而降低,在 $180°$ 的宽带冲击声还有与喷注噪声互相干涉的迹象。

冲击噪声由于是喷口周缘上产生的冲击波而形成的,所以喷口周围不规则(有缺口或加短片)就可将其减弱或削除。

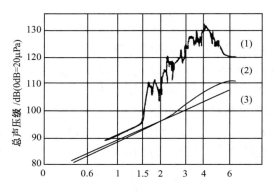

图 13.9　180°方向的冲击噪声
(1)喷口未处理　(2)喷口已加处理　(3)湍流噪声

以上是冷空气喷注的湍流噪声。主要与介质情况有关的是马赫数 U/c_0,所以声压平方的修正因数是 c_0^2/c^2。由于 $c^2 = \gamma P/\rho = \gamma RT/M$,$\gamma$ 在一般气体随温度变化不大,R 为一般气体常数,所以 P^2 应乘以 TM_0/T_0M,若不是冷空气。

13.5.4　湍流噪声的频率特性——A 声级

历来对湍流噪声的频谱很受研究者的注意,积累了大量数据。图 13.8 是封基尔克(von Gierke)根据已有数据绘制的湍流噪声频谱图,横坐标是经修正的斯特劳哈尔数 $S = \dfrac{fD}{V} \cdot \dfrac{c}{c_0}$,纵坐标是功率谱级 $\dfrac{1}{W}\dfrac{\partial W}{\partial S}$/dB。所取数据包括:从 50mm 喷口低亚声速冷注到 250mm 喷口 2200℃,$M = 3$ 的火箭测量结果。

通过各测量点可以画一条经验曲线如图 13.10。取

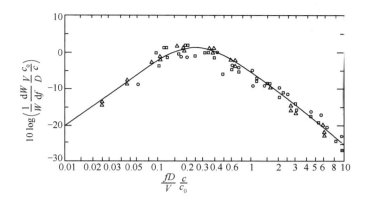

图 13.10　喷注,噪声的归一化功率谱

点是实验值:　□ 是 $\phi 50 \sim 250$mm 空气喷注　△ 是 $\phi 50 \sim 580$mm 喷气飞机喷注
　　　　　　　○ 是 $\phi 500 \sim 550$mm 火箭喷注　——是经验曲线

$$x = \frac{5fD}{V}\frac{c}{c_0}, \quad y = \frac{1}{W}\frac{\partial W}{\partial S} = \frac{1}{W}\frac{\partial W}{\partial f}\frac{V}{4D}\frac{c_0}{c}$$

曲线的方程为

$$y = \frac{4}{\pi}\frac{1}{\left(x + \dfrac{1}{x}\right)^2} \tag{13.38}$$

这和电子线路中的共振曲线

$$y = \frac{\text{常数}}{\left(\dfrac{f}{f_0} - \dfrac{f_0}{f}\right)^2 + \dfrac{1}{Q^2}} \tag{13.39}$$

非常相似,Q 值(由阻抗形成)为 $1/2$,这个关系的物理意义尚待研究。

　　A 声级可根据频谱曲线求得。由 A 声级的计权曲线知,A 计权基本是测量声功率时灵敏度从中心为 500Hz 的倍频程起,频率越低灵敏度越低,而高频率从中心为 8000Hz 的倍频程起,频率越高,灵敏度越低。因此建议以测量中心频率为 500Hz 到 8000Hz 的五个倍频程内的强度为 A 计权强度,即

$$\frac{W_A}{W} = \int_{S_0}^{S_A}\frac{1}{W}\frac{\partial W}{\partial S}\mathrm{d}S$$

$$= \int_{X_0}^{X_A}y\mathrm{d}x \tag{13.40}$$

两个积分限相当于相应的倍频程低限和高限,即 350Hz 和 11200Hz。如喷口直径较小,在低频极限时 y 已很小,积分即可从零开始,得

$$\frac{W_A}{N} = \frac{2}{\pi}\left(\arctan X_A - \frac{X_A}{1 + X_A^2}\right) \tag{13.41}$$

在声速喷口的情况,可求得 $X_A = 0.165d$,d 以 mm 计。若是亚声速喷口 X_A 应乘以 $c/V = R^{-\frac{\gamma-1}{2\gamma}}(R-0.5)^{\frac{1}{4}}/(R-1)^{\frac{1}{2}}$。$X_A$ 非常小时,(13.41)的极限是

$$\frac{W_A}{W} \to \frac{4}{3\pi}X_A^3, \quad X_A^2 \ll 1 \tag{13.42}$$

与 X_A 三次方或 d 三次方成正比。根据(13.41)A 声级即为

$$L_A = 80 + 20\log\frac{(R-1)^2}{R-0.5} + 20d$$
$$+ 10\log\left[\frac{2}{\pi}\left(\arctan X_A - \frac{X_A}{1+X_A^2}\right)\right] \tag{13.43}$$

$$X_A = 0.165dc/V$$

图 13.11 是根据式(13.43)画的湍流噪声声级图。(1)是 80dB,(2)是 $80 + 10\log\left[\frac{2}{\pi}\left(\arctan X_A - \frac{X_A}{1+X_A^2}\right)\right]$,(3)是 $20\log d$,(4)是 $20\log\frac{(R-1)^2}{R-0.5}$。因此在 90°方向距喷口 1 m 处的声压级 $L_P = (1) + (3) + (4)$,A 声级是 $L_A = (2) + (3) + (4)$。(2)上的点是归一化的实验点,说明(13.43)式的准确程度。

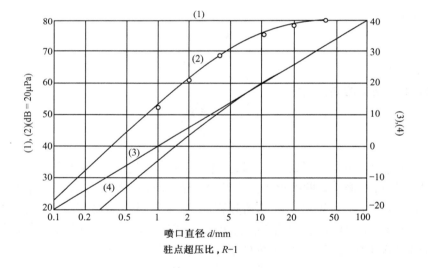

图 13.11 湍流喷注噪声的归一化曲线及实验值

$(1)80dB,(2)80+\log\left[2/\pi\left(\arctan X_A - \frac{X_A}{1+X_A^2}\right)\right],(3)20\log d,(4)20\log\left[(R-1)^2/(R-0.5)\right]$

$$L = (1) + (3) + (4), L_A = (2) + (3) + (4)$$

13.5.5 小孔消声器

由图 13.10 知湍流噪声频谱的峰值在 $S = \frac{fD}{V} = 0.2$,用小喷口的作用是把频谱

峰以及大部分频谱推到可听声以上(超声频)。因为声波在空气中的衰减与频率平方成比例,所以距离较远,这部分超声就在空气中被吸收掉了。

(13.41)和(13.42)二式表明如保持气流流量不变,用大量微小喷口代替大喷口可以有效地降低喷注噪声,二式即噪声降低比,在图 13.11 上此值为(1),(2)。可以形象地看出用小孔代替大喷注在噪声控制上潜力之大。在用小孔消声器时要注意两点:首先小孔的总面积要等于或稍大于原来的大喷口面积;此外小喷注的间距要够大,以免各喷注在短距离内合成大喷注,恢复噪声特性。

除了在管上或管帽钻孔外,也可以用多孔性材料(如金属纱网,烧结金属管等)扩散,这还有降低气室压力的作用,但是保持同样流量可能需要很大面积,也许要对降低噪声的能力要稍受损失。图 13.12 是各种小孔和扩散消声器的基本构造。各种消声器都是根据以小喷注代替大喷注使排气噪声降低的原理,其降低效果用图 13.13 的曲线表示,由驻压比 P_{S1}/P_0 和直径比 D_2/D_1 可查出 A 声级的降低。

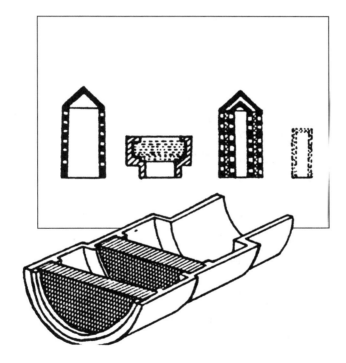

图 13.12　各种小孔和扩散消声器

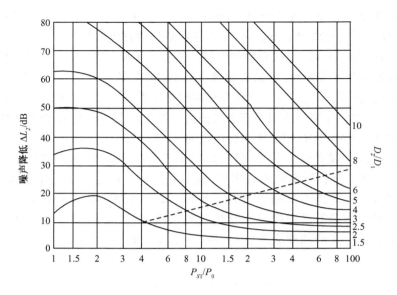

图 13.13　各种消声器的噪声降低

13.6　附面层噪声

喷注向一平面入射时产生的仍是 U^8 四极子噪声。虽然旋涡接近平面时要产生声压,但根据不可压缩的流体动力学,板上的净力为零,没有偶极子噪声。平板只起一个反射面的作用,板前的旋涡与板后的镜像组成四极子。实验证实这种现象。不过若喷口过于接近平板,就要有反馈作用,周期性的旋涡排列要引致纯音,这也是实验证明了的。

上面讨论的是假设喷注离平板的边很远,其影响在板边上已很弱的情况。如果是半截板,即喷注入射点离板边不远,上面所述反射作用就不能推广到板边。板上离边缘远的地方,受力的总值为零,如上所述。但在旋涡扫过板边时,总力就有起伏了。但半截平面的存在也阻止形成如风吹声的偶极子声源的 8 字形辐射,代之,辐射是心脏形曲线,极大挡向板中心。辐射也加强成为 U^5 关系,比偶极子的效率高 $1/M^3$。这称为边楞噪声,特别是在航空中很重要。

半截平面与附近旋涡引致的流体动力流相互作用,干涉的后果是把动能转化为声能。这又是不传播的流体动力作用散射为声能。

把一板平放在喷注中时,喷注原发射四极子噪声,遇到板的前沿引起偶极子声源,到板中央仍发四极子噪声,到板的后沿又引起偶极子声源,离开板后,仍发四极子噪声。板的前后沿偶极子与板中四极子互相作用,成了主要声源。图 13.14 即此种情况,涡流沿板面掠过,在射入前和离开后以及在板中心都是四极子声源,效率 M^5,在板的两端激起偶极子源,效率 M^3,如果板很长在离开板的一端产生受阻偶极子,效率 M^2,声音更强。

四极子　前沿偶极子　四极子　偶极子　四极子

图 13.14　湍流掠过平板

13.7　爆 炸 声 波

爆炸声波不是在气流中产生的,但是爆炸要引起强劲气流(如冲击波),也可以作为气流声一种。爆炸波非常重要,如核爆炸、火山爆发等,声波达到全世界,可在地球上传播几周,几天后还可以收到。小爆炸则在水声测量,固体地球探矿以及建筑声学中测量都很重要。科学家第一次测量声速时,使用的就是爆炸波。

爆炸开始时,在一定体积内突然产生大量高压、炽热气体,成为火球,以超声速迅速膨胀,到压力已达到大气压时,由于惯性仍不停止,直到球内压力已降低到大气压以下相当程度(负超压甚大时),动能已耗尽才停止。以后,由于弹性,受琼外空气压缩,球内压力按一定指数函数增加,超过平衡值,作第二次、第三次膨胀,收缩。振荡的火球就成为声源,发出声波。声压与火球体积变化的加速度成正比(见简单声源),波形与体积变化的时间特性相似,也是 N 形,但相位不同,开头波形为 N 字形,但正半周(大于大气压的超压为正时)较高但时间短,负半周则变化较缓而时间约有正半周的二倍。爆炸波造成破坏主要是正脉冲,有时可达到几十,几百甚至上千大气压,但因正半周时间较短,只能造成损伤(例如玻璃,只产生裂纹,破碎则在负半周),破坏后果在负半周完成。N 波的传播速度比一般声速要快,但衰减也快,特别是正半周的峰值。到超压比大气压小得多时,就和一般小信号声波无甚差别了,除去在三维空间的发散作用外,衰减很小。在空气中,爆炸能量约有一半转为声能。

13.7.1　缩尺定律

爆炸波在三维空间传播,由于非线性,非常复杂,一般使用缩尺定律,根据一标准爆炸的结果推出其它。

标准爆炸采用一定量(常用一美吨,short ton)的黄色火药(三硝基甲苯,TNT)的爆炸。它的分子式 $C_6H_2(NO_3)_3CH_3$,分子量227,熔点81℃,在20℃时的比重 $1.65tf/m^3$,爆炸能 $4.69 \times 10^6 tf/kg$($1tf = 8.89644 \times 10^3 N$)。某一爆炸物的能量与 W(磅)重的黄色火药相等,称 W 为其当量。

产生同一爆炸强度(或正超压峰值):

距离 r 正比于 (当量 W)$^{\frac{1}{3}}$/(空气密度 ρ_0)$^{\frac{1}{3}}$

到达时间 t_0 正比于 (当量 W)$^{\frac{1}{3}}$/(空气密度 ρ_0)$^{\frac{1}{3}}$·(声速 c_0)

上式适用于大气中爆炸,水中和地下稍有不同。如果大气不均匀,则 ρ_0,c_0 等都用平均值。

爆炸在远处形成 N 波,其

频率 f 比例于 (空气密度 ρ_0)$^{\frac{1}{3}}$·(声速 c_0)/(当量 W)$^{\frac{1}{3}}$

谱密度比例于 (当量 W)$^{\frac{1}{3}}$/(空气密度 ρ_0)$^{\frac{1}{3}}$(声速 c_0)

在水中或固体中密度和声速无变化,可不计。

13.7.2　大气中爆炸

火药爆炸和核爆炸所产生的爆炸波特性都有标准值可参考。二者不同在于火药体积大,火药爆炸形成球形声源,距离大于炸药直径五倍后,超压峰值服从点声源规律,距离较近时,超压峰值稍低。核材料体积很小(1 公斤铀或钚的当量是 1 万吨,1 公斤氘的当量是 5.2 万吨),所以核爆炸是点声源。不过在点源附近,气体分解和电离损失较多能量,远处超压较低,相当于当量损失了四分之一左右。

到达时间和冲击波面上的马赫数有关

$$t_0 = \int_0^r \frac{\mathrm{d}r}{Mc_0} = \frac{1}{c_0} \int_0^r \left[\frac{1}{1 + \dfrac{\gamma+1}{2\gamma}\dfrac{p}{P_0}} \right]^2 \mathrm{d}r \qquad (13.44)$$

式中 M 是马赫数,Mc 是阵面速度,γ 是比热比,p 是超压,P_0 是静压。冲击波的面速度较大,但超压降低到零的点则以声速传播。

正脉冲的衰变接近指数函数而稍缓,到一定时间超压变为零,超压变化可写做

$$p = p_m \left(1 - \frac{t}{\tau} \right) \mathrm{e}^{-\alpha t/\tau} \qquad (13.45)$$

式中 p_m 为超压峰值,τ 是正脉冲持续时间,冲击波到达时间为 $t = 0$,α 为衰变常数。

正脉冲的冲量是

$$I_0 = \int_0^\pi p\,\mathrm{d}t = p_m \tau \left[\frac{1}{\alpha} - \frac{1}{\alpha^2}(1 - \mathrm{e}^{-\alpha}) \right] \qquad (13.46)$$

爆炸波的频谱相当于一球面声源的频谱,球半径 r_0,决定于总能量,球面上的超压大约是 14400Pa,和总能量大小无关。据此所得频谱是

$$p = p_m \int_0^\infty A(\omega) \cos \left[\omega t + \arctan \frac{\omega r_0}{3c\sqrt{1 + \left(\dfrac{c}{\omega r_0}\right)^2}} \right] \mathrm{d}\omega \qquad (13.47)$$

$$A(\omega) = \frac{1}{\pi}\frac{1}{\sqrt{\omega^2 + \left(\dfrac{3c}{r_0}\right)^2\left(\dfrac{c}{\omega r_0}\right)^2 + \left(\dfrac{3c}{r_0}\right)^2}}$$

在低频率,声压谱级按每倍频程升高 6dB,在高频率声压谱级按每倍频程降低

6dB。在高频率声压谱级则按每倍频程降低 6dB。峰在 $\omega = \dfrac{\sqrt{3}c_0}{r_0}$(或波长 $\lambda = \dfrac{2\pi}{\sqrt{3}}r_0$

$\approx 3.5 r_0$)处,峰高 $p_m A = \dfrac{r_0}{3\pi c_0}p_m$。在远处,声压谱级则按缩尺定律的规定。

根据球面爆炸波的理论,爆炸波的速度与一般冲击波的速度相同,即

$$U = c_0\left(1 + \frac{\gamma+1}{2\gamma}\varepsilon\right)^{\frac{1}{2}} \approx c_0\left(1 + \frac{\gamma+1}{4\gamma}\varepsilon\right) \tag{13.48}$$

式中 $\varepsilon = p/P_0$ 是冲击波强度。如果 R_0 取为 $\varepsilon = 0.075$ 的距离,可求得

$$R_0 = 3.63(E/P_0)^{\frac{1}{3}} \tag{13.49}$$

式中 E 为爆炸能量,沿途衰减已计入。到达时间

$$t_0 = \frac{3}{\sigma}\left(\frac{E}{P_0}\right)^{\frac{1}{3}} \tag{13.50}$$

正脉冲持续时间

$$\tau = 0.44\left(\frac{E}{P_0}\right)^{\frac{1}{3}} \tag{13.51}$$

距离大于 R_0 时,可不计衰减,波动能量不变,

$$W_0 = \pi[R^2\varepsilon^2\tau P_0/\gamma] = 常数 \tag{13.52}$$

式中 W_0 为在 R_0 处的总能量,ε,τ,P_0 分别为在距离 R 处的爆炸波强度,正脉冲长度,和环境压力。

13.7.3 水下爆炸

在海洋中研究传播现象,常用爆炸声做信号,在水面下爆炸产生的冲击波值是经验值。超压峰值

$$p_m = 5.25 \times 10^7 (W^{\frac{1}{3}}/R)^{1.13} \tag{13.53}$$

单位 Pa,W 为当量/kg,R 为距离/m,正脉冲冲量

$$I_0 = \int_0^\tau p\,\mathrm{d}t = 6.61 \times 10^3 W^{\frac{1}{3}}(W^{\frac{1}{3}}/R)^{0.94} \tag{13.54}$$

单位 sPa,脉冲衰变时间常数($\mathrm{e}^{-\frac{t}{T_0}}$ 的 T_0 值)

$$T_0 = I_0/p_m = 92.5 \times 10^{-4} W^{\frac{1}{3}}(W^{\frac{1}{3}}/R)^{-0.22} \tag{13.55}$$

单位 μs。正脉冲持续时间则为

$$\tau = T_0 \ln_e (p_m + P_0)/P_0 \qquad (13.56)$$

单位也是 μs,第二次膨胀的脉冲较空气中的大,基本是对称的,先以指数函数升高,续以指数函数衰变。超压峰值,

$$p_1 = 0.947 \times 10^7 (W^{\frac{1}{3}}/R) \qquad (13.57)$$

到达时间

$$T' = 2.1 W^{\frac{1}{3}}/d_0^{\frac{5}{6}} \qquad (13.58)$$

正脉冲冲量

$$I_1 = 9.30 \times 10^3 (W^{\frac{1}{3}}/R) d^{\frac{1}{6}} \qquad (13.59)$$

单位 sPa,时间常数

$$T_1 = I_1/2p_1 = 4.91 \times 10^{-4} d_0^{-\frac{1}{6}} \qquad (13.60)$$

单位 μs。式中 d_0 是深度/m 加 10,这些值是在深度 36.5m 处测得的。声压谱值是

$$p_{rms1} = \frac{16 p_1/T_1}{1/T_1^2 + \omega^2} \qquad (13.61)$$

而第一次正脉冲的声压谱值是

$$p_{rms0} = \frac{4 p_m}{1/T_0^2 + \omega^2} \qquad (13.62)$$

两式都是带宽为 1 Hz 的声压/Pa 有效值。

第三次膨胀与第二次相似,但较小,关系是

$$p_1/p_2 = 4.72, \quad p_2 = 0.201 \times 10^7 (W^{\frac{1}{3}}/R) \qquad (13.63)$$

$$I_1/I_2 = 2.47, \quad I_2 = 3.77 \times 10^3 (W^{\frac{1}{3}}/R) d_0^{\frac{1}{6}} \qquad (13.64)$$

$$T_2 = I_2/2P_2 = 9.33 \times 10^{-4} d_0^{\frac{1}{6}} \qquad (13.65)$$

爆炸声的频谱基本是以上三个频谱相加,实验与理论符合。但距离远(与深度相比)时,要考虑水面和水底反射影响。实验是在 110m 深处爆炸一磅(0.454kg) TNT,在距离 91.44m 处测得的。高频(1000Hz 以上)主要由冲击波决定,大致是每倍频程降低 6dB,大当量时 1000Hz 以上由于冲击波损失要再降低 1.5dB。而低频(10Hz 以下)则主要由第二次和第三次膨胀决定,谱级随频率增加,每倍频程增加 6dB。在很宽的中频段变化很缓和,其它当量可按缩尺定律推算。

在大气中爆炸,当量出入很大,核爆炸可达几千万吨,而在建筑声学中测量所用的不到 1g,(有时用电火花代替)。在地下爆炸,核爆炸还是几百万或几千万吨,但用于地球物理探矿,1kg 就够了。水下爆炸也只是 1kg 或更小。地下爆炸的资料很少,引起地震的幅值(裂度)与当量成正比,能量与当量平方成正比。在高频(相当于正脉冲长度的频率以上),地下爆炸,水中爆炸的频谱却是 p 与 f^{-2} 成比例。在中频则不同,在水中,频率从相当于 T_0 至气泡再膨胀的频率,频谱基本是平

的,在更低频率才是频谱与 f^2 成比例。在地下,中频范围就短了,因为地下没有气泡再振动。因此,水中爆炸声效率较高,在地下只有 0.05% 左右。

13.8 轰 声

飞行体以超声速飞行时所引起的冲击波传到地面,称为轰声。从物理学上说,物体以超声速在静止大气中飞行,与大气介质以超声速吹过物体,相对运动是相同的,所以也可算做气流声。轰声和汽艇以高速航行时在水面上激起的人字形波纹(实际是船首、船尾各一个)一样,可以向周围传播。波阵面在三维空间中实际是锥面,在锥面法线方向,传播速度是正常的声速。轰声传到地面上还有相当强度,有时(特别像协和式超声速客机)可使建筑物受到严重破坏,对人体也有影响,震坏玻璃等(如超声速战斗机飞过时)更是常见。最简单的考虑是把飞机当做一个回转体(柱体),轰声从飞机上突变处发出,以圆锥面传出。可求得地面上的超压峰值为

$$\Delta p = \frac{PK_r(M^2 - 1)^{\frac{1}{8}}(K_v d/l)}{(h/l)^{3/4}} \tag{13.56}$$

式中 P 是平均大气压力(由飞行高度至地面),K_r 是地面反射的影响因数,M 是飞行马赫数,l 是飞机的长度,d 是其平均直径,h 是飞行高度,K_v 是体积系数。这个式子在推导中把许多因素简化,与远场中的测得值符合,与近场测得值相比则较小。平均大气压力可简单地取为

$$P = \sqrt{P_a P_g} \tag{13.67}$$

飞行高度的大气压力 P_a 与地面大气压力 P_g 的几何平均。这样求得的值简单且不准确,偏低,如用沿途平均更为准确,但很复杂。K_r 和地面有关,也和入射角有关,一般可取为 1.9,马赫数 M 越大,越接近 2。K_v 和飞机在长度方向的形状变化有关,突然变化使 K_v 值较大。

轰声在地面上收听,是一个正常的 N 波,如果离开地面可分清入射波和反射波,二者到达时间相差

$$\Delta t = \frac{2Z}{c_g}\Big[1 - \frac{1}{K^2 M^2}\Big]^{\frac{1}{2}} \tag{13.68}$$

式中 Z 是高度,$K = c_a/c_g$ 飞行高度声速与地面声速之比。

轰声的另一个式子更为准确,

$$\Delta p = P_g^{\frac{1}{2}} K_r K_t W^{\frac{1}{2}} L_w^{-\frac{1}{2}} \frac{(M^2 - 1)^{\frac{3}{8}}}{Mh^{3/4}} \tag{13.69}$$

式中 K_t 是升力的体形因数,W 是飞行体重量,L_w 是有效翼长(翼端距离减去中心体的直径),其它符号如上。这个式子中,重量 W 与升力都是重要因数,与实际符

合得更好,远场、近场都比较准确。

轰声 N 波的持续时间是

$$\tau = c_a^{-1} 2.22 d l^{-\frac{1}{4}} (M^2 - 1)^{-\frac{3}{8}} M h^{\frac{3}{4}} \qquad (13.70)$$

上面的所有式子只适用于航线下,在航线两侧超压要逐渐减小,与航线下超压之比为

$$\frac{\Delta P_x}{\Delta P_0} = \left[\frac{h}{(x^2 + h^2)^{1/2}} \right]^{\frac{3}{4}} = \frac{1}{\left[(x/h)^2 + 1 \right]^{0.375}} \qquad (13.71)$$

x 为侧向距离。但大气中由于温度梯度是负值,声线是向上弯的。航线旁到一定距离,声线就已与地面平行,更远则收不到任何声音,所以上式有截止线,比值趋于零。

参 考 书 目

Rayleigh. Theory of Sound, Second edition. McMillan, 1929, Chap XV

E G Richardson. Flow noise, in Richardson and Meyer, ed. Technical Aspect of Sound. Elsevier, 1962

M J Lighthill. On sound generated aerodynamically. Proc. Roy. Soc. , 1952, V A211:564 ~ 587; 1954 V. 231:1 ~ 32

M E Goldstein. Aeroacoustics. Mcgraw-Hill, 1976

Alan Powell. Mechanism of Aerodynamic Sound Production, AGARD Report 466(1963) Theory of Vortex Sound. J. Acoust. Soc. Am. , 1964:36 177 ~ 195

Maa Dah You, Li Pei Zi. Pressure dependence of jet noise and silencing of blow-offs, Noise control engineeriug, V. 17(1981):104 ~ 112

G F Kinney. Explosive Shocks in Air. Macmillan, 1962

马大猷, 沈壕. 声学手册. 北京:科学出版社, 1982

艾伦·鲍威尔. 风刮过树木为何发出噪声. 声学学报, 1986, V11:230 ~ 241

马大猷. 空气动力噪声普遍规律和它在噪声控制中的应用. 16 inter noise, 北京, 1987:21 ~ 34

习 题

13.1 气流中一脉动球,其表面上振动速度幅值 V_0,但频率甚高,$ka \gg 1$。导出其远声压幅值,质点速度幅值,声强及辐射功率的表达式。

13.2 (a)水中脉动球的振动频率恰使 $ka = 1$,求其表面上的声阻抗率。如按简单声源($ka \ll 1$)计算其辐射声场强度,误差是多少;(b)简单声源($k_a \ll 1$)的声源强度固定,求其辐射功率与频率的关系。如简单声源表面上的加速度幅值固定,求其辐射与功率的关系。

13.3 半径为 a 的小球在气流中沿 X 轴方向振动,振速 $U_c \cos \omega t$,U_c 为一常数。求在一半径为 r 的球面(球心为小球球心的平均位置)内的空间中的平均动能和平均势能,并证明二者之差趋近于一常数,当 r 增加时非为零。求出此常数,并用相关的不可压缩气流情况解释之,假设 $\omega a/c \ll 1$。

13.4 半径为 a 的小球在半径为 b 的圆形轨道上旋转,角速度 Ω 不变,$\Omega a \ll 1$,$\Omega b \ll 1$。求在远场产生的声压,和小球辐射的功率。

13.5 二单极子,振幅 S 和 $-S$,频率 $\omega/2\pi$,相距一小距离 d,但 kd 未必是甚小于 1。求在远场中产生的声压,并求二源辐射的总声功率的时间平均值。要求总声功率与偶极距 Sd 的偶极子辐射功率相差不到 10%。kd 的值应是多少? kd 的值要大到什么程度才能肯定总声功率等二声源各自在对方不存在时的功率之和? 这个现象如何与多声源的功率等于各声源的功率相加的规律并列?

13.6 一个小振体($ka \ll 1$)主要按四极子向周围无穷介质辐射。假设其表面上的振动不受周围介质的影响;求证其所辐射的功率时间平均值与介质密度和声速的关系是 ρ/c^5。假设介质是空气,压力 10^5 Pa,温度 15℃时,功率为 W。如压力降低为 10^3 Pa,温度不变,功率要变为多少? 如抽去的空气用氢气(双原子气体,分子量为 2)补足,仍为 10^5 Pa,温度不变,辐射功率变为多少?

13.7 半径为 a 的小球,同时做径向振动和平移振动,球心的振动速度为 $U_c \cos\omega t$,沿 X 轴方向,球面上的速度为 $U_s \cos\omega t$。求在小球外任何点的复值声压的幅值。求小球的辐射功率,并证明径向振动和平移振动的辐射功率是直接相加。如 $ka = 0.1$,U_c/U_s 之比等于多少,两种辐射功率相等? 结果与 $ka \ll 1$ 时,"体积变化的辐射趋向于单极子"符合吗?

13.8 二偶极子 F,$-F$ 在偶极距方向排列成一纵四极子。推导纵四极子辐射的远场声压及其辐射功率的时间平均值。

13.9 三单极子 S,$-2S$,S 在 X 轴上的排列,位于 $-d, 0, d$;等效于纵四极子,求其远场声压及辐射功率,并与 13.8 题的结果比较。

13.10 把三个纵四极子在空间排列,使其辐射特性完全球面对称如一单极子。求组合的总声功率,并与单个四极子独立存在时的功率比较。

13.11 喷气飞机一般用吸入较多空气从旁排出与喷气口排的发动机排气混合以增加推力并降低噪声。如旁路气流与排气气流相同,假设合理气流速度,估计旁路气流的作用。

13.12 发电厂蒸汽压力为 100 atm,平常由直径 150 mm 管道排出,估计其管口外 100 mm 处的声压。装上小孔消声器,具有直径 1 mm 的孔,小孔的总面积与管面积相同,估计噪声级降低多少?

13.13 缩尺定律是爆炸波计算的基本根据。(a)求证圆球声源在一定距离产生同样声场时,距离 r,与声源能量 E,爆炸点的大气密度 ρ_0(大气爆炸,在地下或水中爆炸时,介质密度处处基本相同,不必计入)的关系是

$$\frac{r\rho_0^{\frac{1}{3}}}{E^{1/3}} = 常数,缩尺距离$$

这是距离的缩尺关系。(b)爆炸波传播到距离 r 所需的时间 t,或其它有关的时间(例如脉冲延续时间,第二脉冲到达时间等)与声源能量 E,爆炸点的大气密度 ρ_0,以及声速 c 的关系是

$$\frac{t\rho_0^{\frac{1}{3}}c}{E^{1/3}} = 常数,缩尺时间$$

(c)在距离 r 处测得的 N 波频率 f 或其它频率(如第二次膨胀的频率,等)与爆炸能量 E,爆炸点大气密度 ρ,声速 c 等的关系是

$$\frac{fE^{\frac{1}{3}}}{\rho^{1/3}c} = 常数，缩尺频率$$

(d)声压谱值 $p_s(\mathrm{Pa \cdot Hz})^{-\frac{1}{2}}$，与爆炸能量 E，爆炸点大气密度 ρ 及声速的关系

$$\frac{p_s E^{\frac{1}{3}}c}{\rho_0^{1/3}} = 常数，缩尺声压谱值$$

以上四种缩尺量中的爆炸能 E，大气密度 ρ，声速 c 等也可以与标准爆炸相当量的比值，E/E_0，ρ/ρ_0，c/c_0 等。

13.14 一重 30kg 的流星，以 20km/s 的速度垂直地撞击地球。(a)其动能相当于多少 TNT 火药的爆炸？(b)在地面上撞出圆坑半径多少？已知在地面上爆炸，当量与圆坑半径的关系是

$$\frac{r_m}{W^{1/3}} = 0.5 \pm 0.25$$

式中 r_m 为圆坑半径/m，W 为当量/kg。

13.15 5kL 的氧气罐在表压 1000kg 下爆裂。(a)爆裂的能量多少，相当于 TNT 爆炸是多少公斤？(b)如爆裂是在用水试验时发生的，爆裂的能量是多少？相当于 TNT 火药多少？计算时，可假设水的密度每压力增加 200 大气压线性地增加 1%。

13.16 已知 1 吨 TNT 球形火药爆炸时在海平面，标准大气压，20℃下，产生爆炸波强度为 (a)如在 80 m 高度(压力 0.9745Pa，温度 186K)爆炸 TNT 20t，求在距离 80 m 处所得超压峰值，到达时间和冲击面上的马赫数。(b)在地面上如何？(c)将下列数据画成曲线，以距离为横坐标，表达 p,t,M 随距离变化的性质。

距离/m	5	10	20	40	60	80
超压峰值比*	3.5	9.3	1.65	0.41	0.208	0.137
到达时间/s	1.29	4.7	17.3	58.9	107	156
冲击面上马赫数	5.57	3.00	1.56	1.162	1.085	1.056

＊与大气压之比

第十四章　非线性声学

声学基本是非线性的,就和物理世界基本是非线性的一样,线性声学只是近似。第一章已提出线性条件,即声学马赫数 $M = u_0/c_0$ 甚小于 1,式中 u 为质点振动速度的极大值,c_0 为小信号声速。表为其它参数,即 M 甚小于 1 时,

$$M = \frac{u_0}{c_0} = \frac{\rho_1}{\rho_0} = \frac{p_0}{\gamma P_0} = \frac{\partial \xi_0}{\partial x} \qquad (14.1)$$

均甚小于 1。这里增加了位移极大值 ξ_0 的关系,因为在非线性声学中,位移是重要参数。$\partial \xi/\partial x = (\partial \xi/\partial t)(\partial t/\partial x) = -u/c_0$。此式还表明:$u, \rho_1, p, \xi$ 等的值都是一一对应的。式中 ρ_1 为密度变化的极大值,p_0 为压力变化的极大值,即声压极大值,u_0 为质点速度极大值。在一般物理问题中,$0.1 = 10^{-1}$ 即认为是甚小于 1 了,但在声学问题中,10^{-1} 还不够小,原因是声学量的范围很大,同时还有积累性。以声玉为例,人耳刚能听到的声音 20×10^{-6} Pa(0dB),震耳欲聋的重工业工厂中,噪声近 1 Pa(94dB),可立刻震聋人耳的喷气发动机旁可达 200Pa(140dB),$p/\gamma p_0 = 10^{-1}$ 时的 p 约为 10^4Pa(174dB),已不可想像,非线性影响绝不忽略。在一般情况 130 ~ 140dB(约 60 ~ 200Pa)就要考虑非线性现象。至于积累性问题可从声波的波形畸变看出。图 14.1 是在一内径 69mm,长 20m,末端消声的行波管中的测量结果。声源 500Hz,在声源前 0.2m 处测得 155dB,基本是正弦式波,传到 6.2m,波形已明显不对称,前倾;以后 7.2m,9.2m 更甚;在 11.2m 处几乎成三角形波;以后 14.2m,

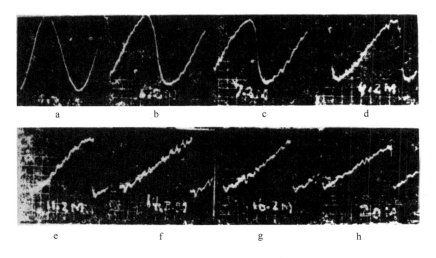

图 14.1　500Hz,155dB 正弦波的传播畸变

16.2m,20m 处继续按三角形波传播,强度显著衰减。波形畸变是与波长有关的,500Hz 的声音传播 6m 经过的距离为 8.8 倍波长,5000Hz 的声音 8.8 倍波长只有 0.6m,波形就变得如图上第二个波了。

对声波畸变,在不同情况下要求也不同。例如听音乐时,人耳对波形畸变就非常灵敏。但对于噪声,有无畸变并不影响感觉。在做精密测量时,要求就比较严格,有人主张,只有在一、两个波长的短距离内,所有声学现象都可以看做线性的,只有远距离,非线性才重要。然而(14.1)式在相当范围仍成立,只要把分母的静态值换做总值(静态值加变化值的峰值),即

$$M = \frac{u_0}{c} = \frac{\rho_1}{\rho} = \frac{p_0}{\gamma P} = \frac{\partial \xi_0}{\partial x} \tag{14.1a}$$

14.1　非线性平面波

第一章中已提到声波的基础为欧拉提出的流体动力方程,即连续性方程和运动方程

$$\frac{\partial \rho}{\partial t} + \nabla \cdot (\rho V) = 0 \tag{14.2}$$

$$\rho \left(\frac{\partial u}{\partial t} + V \nabla \right) \cdot V + \nabla p = 0 \tag{14.3}$$

用于平面波(一维波),二式简化为

$$\frac{\partial \rho}{\partial t} + \frac{\partial}{\partial x}(\rho u) = 0 \tag{14.2a}$$

$$\rho \left(\frac{\partial}{\partial t} + u \frac{\partial}{\partial x} \right) u + \frac{\partial p}{\partial x} = 0 \tag{14.3a}$$

用拉格朗日坐标系统(a,t),a 为质点的静止(或平均)位置,

$$x = a + \xi$$

ξ 为质点位移。连续性方程(14.2a)即简单地成为

$$\rho_0 \mathrm{d}a = \rho \mathrm{d}x$$

或

$$\rho_0 = \rho \frac{\partial x}{\partial a} = \rho \left(1 + \frac{\partial \xi}{\partial a} \right) \tag{14.4}$$

牛顿运动方程(14.3a)则用拉格朗日坐标写成

$$\rho \frac{\partial u}{\partial t} + \frac{\partial p}{\partial a} = 0$$

式中 $\partial u / \partial t = \partial^2 \xi / \partial t^2$,$(1/\rho) \partial p / \partial a = (1/\rho)(\partial p / \partial \rho)(\partial \rho / \partial a)$,把(14.4)式代入即得运动方程

$$\frac{\partial^2 \xi}{\partial t^2} + \frac{c_0^2}{\left(1 + \frac{\partial \xi}{\partial x}\right)^{\gamma+1}} \frac{\partial^2 \xi}{\partial a^2} = 0 \tag{14.5}$$

在推导中曾用声速定义

$$\frac{\partial p}{\partial \rho} = c^2$$

和绝热过程的物态方程

$$\frac{p}{P_0} = \left(\frac{\rho}{\rho_0}\right)^\gamma \tag{14.6}$$

式中 P 和 ρ 分别为总压力和总密度。微分之,可得

$$\frac{\mathrm{d}p}{P_0} = \gamma \left(\frac{\rho}{\rho_0}\right)^{\gamma-1} \frac{\mathrm{d}\rho}{P_0} = \gamma \frac{1}{\left(1 + \frac{\partial \xi}{\partial a}\right)^{\gamma-1}} \frac{\mathrm{d}\rho}{\rho_0}$$

或

$$\frac{\mathrm{d}p}{\mathrm{d}\rho} = c^2 = c_0^2 \bigg/ \left(1 + \frac{\partial \xi}{\partial a}\right)^{\gamma-1}$$

代入即得(14.5)式。

流体动力方程(14.2)和(14.3)是1759年欧拉提出的,但由于缺乏深入了解,他在数学处理中出现了错误,因而未能由此导出非线性声波方程,虽然流体动力方程已具备非线性内容。一百年后,1858 ~ 1859年,厄恩肖和黎曼才分别解决了非线性行波问题,又过一百多年,非线性驻波才得到解决。

物态方程(14.6)可用泰勒级数展开,

$$P = P_0 \left(1 + \gamma \frac{\rho_1}{\rho_0} + \frac{1}{2}\gamma(\gamma-1)\left(\frac{\rho_1}{\rho_0}\right)^2 + \cdots\right)$$

在液体中常写做

$$P = P_0 + A\delta + \frac{B}{2!}\delta^2 + \frac{C}{3!}\delta^3 \tag{14.7}$$

式中 δ 称为凝聚量,

$$\delta = \rho_1/\rho_0 = \frac{\rho - \rho_0}{\rho_0} \tag{14.8}$$

密度变化量与静态量之比。从上式可看出

$$A = \gamma P_0 = \rho_0 c_0^2$$
$$B = (\gamma - 1)\rho_0 c_0^2$$

以后的项都很小,一般就不计了。A, B 与 γ 相应的关系是

$$\gamma = \frac{B}{A} + 1$$

液体中的非线性参数是

$$\beta = \frac{B}{2A} + 1$$

用 γ 表示则为

$$\beta = \frac{\gamma + 1}{2}$$

14.1.1　厄恩肖解波形间断

厄恩肖(Earnshaw)于 1858 年取得拉格朗日系统波动方程(14.5)的严格解。他考虑质点速度 $u = \partial \xi / \partial t$ 应该是密度的函数,假设 $\partial \xi / \partial t = f(\partial \xi / \partial a)$,因为显见密度变化与 $\partial \xi / \partial a$ 有关,微分之

$$\frac{\partial^2 \xi}{\partial t^2} = f'(\alpha) \frac{\partial^2 \xi}{\partial \alpha \partial t}$$

式中 α 代表 $\frac{\partial \xi}{\partial a}$,$f$ 是函数 f 对其宗量 α 的微商,对 α 微分

$$\frac{\partial^2 \xi}{\partial \alpha \partial t} = \frac{\partial}{\partial \alpha}\left(\frac{\partial \xi}{\partial t}\right) = f'(\alpha) \frac{\partial^2 \xi}{\partial \alpha^2}$$

二式消去 $\frac{\partial^2 \xi}{\partial t \partial \alpha}$,得

$$\frac{\partial^2 \xi}{\partial t^2} = (f')^2 \frac{\partial^2 \xi}{\partial \alpha^2} \tag{14.9}$$

把这个关系与(14.5)式比较,可得

$$f'\left(\frac{\partial \xi}{\partial a}\right) = \frac{\pm c_0}{\left(1 + \frac{\partial \xi}{\partial a}\right)^{\frac{\gamma+1}{2}}}$$

是 α 的方程,对 α 积分,得

$$f\left(\frac{\partial \xi}{\partial a}\right) = \frac{\pm c_0}{\left(1 + \frac{\partial \xi}{\partial a}\right)^{\frac{\gamma-1}{2}}} \left(\frac{-2}{\gamma - 1}\right) + \text{const} \tag{14.10}$$

左方是质点速度,右方常数项应使无声波时 $u = 0$,因而得

$$u = \pm \frac{2c_0}{\gamma - 1} \left[1 - \frac{1}{\left(1 + \frac{\partial \xi}{\partial a}\right)^{\frac{\gamma-1}{2}}} \right] \tag{14.11}$$

由(14.9)式知 f' 是波速,即 ξ, u, α 等参量传播的速度,取正 X 方向传播速度 f',将(14.11)式代入,消去 $\partial \xi / \partial a$,得

$$c = c_0 \left(1 + \frac{\gamma - 1}{2} \frac{u}{c_0}\right)^{\frac{\gamma+1}{\gamma-1}} \tag{14.12}$$

以速度 c 传播的平面波就是

$$u = u_0 f\left[a - c_0 t\left(1 + \frac{\gamma - 1}{2}\frac{U}{c_0}\right)^{\frac{\gamma+1}{\gamma-1}}\right] \tag{14.13}$$

在 $a=0$，以振动 $u = u_0 \sin\omega t$ 激发的平面波则是

$$u = u_0 \sin\left[\omega t - \frac{\omega a}{c_0}\left(1 + \frac{\gamma - 1}{2}\frac{u}{c_0}\right)^{-\frac{\gamma+1}{\gamma-1}}\right] \tag{14.13a}$$

如果画一个 u 值随距离改变的波形图，可见非线性波的波形不能保持不变。质点速度大的点传播的速度快。质点速度为零的点传播速度不变，仍按小信号的传播速度 c_0，所以波长不变。u 值为正的点传播的速度大于 c_0。一直向前赶，u 值为负的点则不断落后（如图 14.1 所示）。这种传播情况不能无限制继续，经过一定时间，传过一定距离，u 值为正的点就有的要超过前面的零点，同时 u 值为负的点有的要落在后面的零点后面。波形要成为多值曲线，在一些点上有三个 u 值，这在物理学上是不可能的，实际是要发生间断，(14.13)式只能用到间断以前。间断的条件可根据 u 点在波形上移动的距离考虑，也可以从 u 点移动的速率考虑。根据 (14.13a)式，可求得

$$\frac{\partial u}{\partial x} = \cfrac{-\dfrac{\omega}{c_0}}{\dfrac{1}{u_0} - \dfrac{\omega x}{c_0^2}\dfrac{\gamma+1}{2}} \tag{14.14}$$

（a 代以 x）$\partial u/\partial x$ 是负值，其绝对值随 x 增加，到一定距离 L，$\partial u/\partial x$ 为负无穷大，出现间断，以后不再继续按(14.13a)传播。间断条件是

$$\frac{1}{u_0} = \frac{\omega L}{c_0}\frac{\gamma+1}{2} \tag{14.15}$$

或

$$\beta k L M = 1$$

式中 $\beta = (\gamma + 1)/2$ 是非线性常数，$k = \omega/c_0$ 是波数，$M = u_0/c_0$ 是马赫数。这个乘积有时称为间断距离，用 σ 表示，与实际距离 L 成正比，是无量纲距离。实际间断距离 L 与频率成反比，与声波幅值成反比，马赫数也可以表为 $p_0/\gamma P$，所以 L 也和声压幅值成反比。表 14.1 分别是水中和空气中发生间断的实际距离。这也看出声波积累作用一个方面。

表 14.1　不同频率和声级下发生间断的距离 L

（$T = 20\,℃$，$P_0 = 1\,\mathrm{atm}$）

（a）水中

p_0/atm	M	L/m $f = 100\,\mathrm{kHz}$	L'/m $f = 1\,\mathrm{MHz}$
0.1	0.0046×10^{-3}	148	14.8
1	0.046×10^{-3}	14.8	1.48
10	0.46×10^{-3}	1.48	0.148

(b)空气中

p_0/Pa	dB $(0\mathrm{dB}=20\mu\mathrm{Pa})$	M	L/m $(f=10\mathrm{kHz})$	L/m $(f=100\mathrm{kHz})$
2	100	0.014×10^{-3}	320	32
20	120	0.14×10^{-3}	32	3.2
200	140	1.4×10^{-3}	3.2	0.32

像(14.13)式的结果,早在 1808 泊松(Poisson)就得到过,他是从 Boyle 定律 $(pV=\mathrm{const})$ 出发的,用上能量方程就得到了。由于他只考虑恒温过程,所以他得到的声速公式只是 $c'=c_0+u$,与(14.12)式不同。

非线性平面波传播到间断距离 $\sigma=\beta kLM$ 等于 1 时开始发生间断。距离再远,在零点(即 u 应为零的点),u 不只是零,还增加一个正值、一个负值。按(14.13a)式,u 应是多值,但实际上不可能出现。正 u 值立刻跳到大小相等的负 u 值,零点以后的负 u 值与零点以前的正 u 值相等,波形对零点对称。这冲击波波阵面强度(质点速度跳跃的大小)渐渐增加。到 $\sigma=\pi/2$ 时,质点速度跳跃达到极大,原波形的正峰赶上前面的零点,负峰落后到后面的零点,所以质点速度的跳跃是峰值到峰值(即二倍峰值)。间断距离增加到 3 以上,波形就基本成为衰减锯齿波(或 N 波)了。波形逐渐变化的情况如图 14.2 所示。实测结果(14.1),波形上一直有可观调制,说明更多高次谱频的存在。

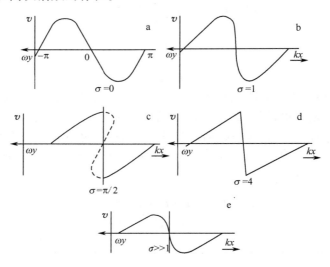

图 14.2　正弦式波在传播中的畸变间断

即使振幅不大,由于正 u 值的点传播较快,普通声波也要逐渐变为锯齿波,这称为弱冲击波。

14.1.2 黎曼简单波理论

比厄恩肖稍后,黎曼(Riemann)提出他的理论。他的基本出发点是认为波动中的质点速度、声压和密度变化是一致的,三者中任何一个都由任何另一个完全决定,类似本章开始时所列(14.1a)式,是在高声强下(分母都变为总值的最大值)。称为简单波就是此意,泊松的理论也是限于简单波。黎曼非线性波理论较厄恩肖更为基础。

为了根据欧拉流体动力方程导出波动方程,选用新变量 λ,令 $\left(\text{考虑到 } c^2 = \dfrac{\mathrm{d}p}{\mathrm{d}\rho} = \dfrac{\gamma p}{\rho}\right)$

$$\mathrm{d}\lambda = c \frac{\mathrm{d}\rho}{\rho} = \frac{\mathrm{d}p}{\rho c} = c \frac{\mathrm{d}p}{\gamma P} \tag{14.16}$$

此式除以 c 即与(14.1a)式相当的非线性 u, ρ, p 的关系,($\mathrm{d}\lambda$ 相当于 $\mathrm{d}u$,见下)。代入欧拉流体动力方程,可得

$$\frac{\partial u}{\partial t} + u \frac{\partial u}{\partial x} + c \frac{\partial \lambda}{\partial x} = 0 \tag{14.17}$$

$$\frac{\partial \lambda}{\partial t} + u \frac{\partial \lambda}{\partial x} + c \frac{\partial u}{\partial x} = 0 \tag{14.18}$$

二式完全对称,将其相加,相减,得

$$\frac{\partial r}{\partial t} + (u + c) \frac{\partial r}{\partial x} = 0 \tag{14.19}$$

$$\frac{\partial s}{\partial t} + (u - c) \frac{\partial s}{\partial t} = 0 \tag{14.20}$$

式中

$$\left.\begin{array}{l} r = (\lambda + u)/2 \\ s = (\lambda - u)/2 \end{array}\right\} \tag{14.21}$$

称为黎曼不变量。将(14.16)右方 $\mathrm{d}p$ 变为 $\mathrm{d}c$ 的函数,积分,可求得

$$c = c_0 + \frac{\gamma - 1}{2}\lambda \tag{14.22}$$

如 $u = \lambda$,根据(14.21)式 $s = 0$ 而 $r = u$,(14.19)式成为正方向传播的波

$$\frac{\partial u}{\partial t} + (c_0 + \beta u) \frac{\partial u}{\partial x} = 0 \tag{14.23}$$

根据隐函数的微分定律,传播速度

$$-\frac{\dfrac{\partial u}{\partial t}}{\dfrac{\partial u}{\partial x}} = \frac{\partial x}{\partial t}\bigg|_u = c_0 + \beta u \tag{14.24}$$

即 u 值的传播速度为 $c_0 + \beta u$,$\beta = (\gamma + 1)/2$ 为非线性参数如前。

$$u = F_1(x - (c_0 + \beta u)t) \tag{14.25a}$$

或

$$u = F_2\left(t - \frac{x}{c_0 + \beta u}\right) \tag{14.25b}$$

如果波源是在 $x = 0$ 处，$u = u_0 \sin\omega t$ 正弦式振动产生的正弦式非线性平面波就是

$$u = u_0 \sin\left(\omega t - \frac{\omega x}{c_0 + \beta u}\right) \tag{14.26}$$

$$= u_0 \sin\left(\omega t - kx + \sigma \frac{u}{u_0}\right) \tag{14.26a}$$

如 $\beta u \ll c_0$，式中 $\sigma = \beta k x M$，为间断距离（无量纲数），$k = \omega/c_0$ 为波数，$M = u_0/c_0$ 为声马赫数，由直线运动的马赫数得来。

在负 x 方向传播时，$u = -\lambda$，(14.21)式知 r 为零，由(14.20)式 $s = u$ 成为负 x 方向传播的声波，以下各式有相应的改变，$u - c = \frac{\gamma + 1}{2}u - c_0$，(14.26a)式中的 kx 项改为正号，其他不变。

(14.26)式也是适用于间断发生以前，此后便成为多值函数，可用与厄恩肖解同法处理。注意后者(14.13b)的幂数项如果展开，并只取前两项，结果即与(14.26b)相同。所以对于一阶解，欧拉坐标与拉格朗日坐标基本无差别，这是一般通性。

将(14.16)式直接对 P 积分，移项，可求得

$$P = P_0\left(1 + \frac{\gamma - 1}{2}\frac{\lambda}{c_0}\right)^{\frac{2\gamma}{\gamma-1}} \tag{14.26b}$$

将 $\lambda = \pm u$ 代入即得非线性平面波中总压 P 与 u 的关系。

14.1.3 近似理论

厄恩肖解和黎曼解都是非线性平面波的严格解，但都只能适用于间断发生之前，有了间断后冲击波就无法表达了，只能要求近似理论。即使发生间断以前，表达式也都是隐性的，u 的值是 u 的函数，也需要直截了当的显性式。因此，需要非线性平面波的近似公式以统观其全貌。

（a）傅比尼（Fubini）解

1936 年，傅比尼将(14.26)式用傅里叶级数转换成显式。只取正行波，(14.26)式可写成

$$u = u_0 \sin\left(\omega t - kx + \sigma \frac{u}{u_0}\right) \tag{14.27}$$

式中 $\sigma = \beta k x M$ 为间断距离。将 u/u_0 分解为傅里叶级数，设

$$\frac{u}{u_0} = \sum_{n=1}^{\infty} B_n \sin n(\omega t - kx)$$

可得

$$B_n = \frac{1}{\pi}\int_0^{2\pi} \frac{u}{u_0}\sin n(t - kx)d(\omega t - kx) = \frac{2}{n\sigma}J_n(n\sigma)$$

$$J_n(x) = \frac{1}{n!}\left(\frac{x}{2}\right)^n - \frac{1}{(n+1)!}\left(\frac{x}{2}\right)^{n+2} + \frac{1}{(n+2)!}\left(\frac{x}{2}\right)^{n+4} + \cdots$$

J_n 是第一类第 n 阶贝塞尔函数。傅里叶级数解就是

$$u = u_0 \sum_{n=1}^{\infty} \frac{2J_n(n\sigma)}{n\sigma}\sin n(\omega t - kx) \tag{14.28}$$

这个式子适用于 $\sigma < 1$；σ 大于 1，u 将成为多值函数而不能使用。

索陆严和霍赫罗夫（Soluyan and Khokhlov）曾提另一表达式，即根据（14.27）式取逆三角函数，可得

$$\omega t - kx = \arcsin \frac{u}{u_0} - \sigma \frac{u}{u_0} \tag{14.29}$$

把 $\omega t - kx$ 表为 u/u_0 的显式，可以直接计算，但用图解表示更为方便，σ 增加时，可严格画出波形的变化，如图 14.2。

（b）费氏（Fay）解

费氏于 1931 年提出传播距离较远（σ 大于 1 时）波形比较稳定时的传播规律。他也是从（14.27）式出发，考虑到形成冲击波后质点速度（或声压）的跳跃要损失能量，所以锯齿波有传播衰减，最后得到的公式为

$$\frac{u}{u_0} = \sum_{n=1}^{\infty} \frac{2}{n(1+\delta)}\sin n(\omega t - kx) \tag{14.30}$$

此式与适用于小 σ（<1）的（14.28）式不同，但确是锯齿波的傅里叶级数，可写做

$$\frac{u}{u_0} = \frac{2}{1+\sigma}\left[-\frac{\omega t + kx + \pi}{2}\right], \quad -\pi < -(\omega t + kx + \pi) < \pi \tag{14.31}$$

锯齿波在非线性声学研究中非常重要，它是冲击波的主要形式（除非恰在声源附近），物体以超声速飞过空间（如子弹、飞机、导弹），高压气体突然冲出（气体排放、冲击管、爆炸、火山爆发）等是冲击声源。

（c）布莱克斯托克（Blackstock）中间距离近似

布莱克斯托克于 1966 年提出把近距离（$\sigma < 1$）的傅比尼解和远距离的费氏锯齿波连结起来的方法。距离 x 远处在 t 时刻的 u/u_0 值，由于中间经过间断，实际是跳过一段时间 t' 的解，所以达到的距离满足

$$t - t' = \frac{x}{c} = \frac{x}{c_0}\left(1 + \beta\frac{u}{c_0}\right)^{-1} = \frac{x}{c_0} - \beta\frac{x}{c_0^2}u \tag{14.32}$$

c 是非线性波的传播速度，只讨论正 x 方向传播的波。任何波动都可以写成傅里叶级数，如傅比尼解，但现在应计入时差，级数仍为

$$\frac{u}{u_0} = \sum_{n=1}^{\infty} B_n \sin n(\omega t - kx)$$

但系数

$$B_n = \frac{2}{\pi}\int_6^\pi \sin(\omega t - kx + \sigma \frac{u}{u_0}\sin n(\omega t - kx))\,\mathrm{d}(\omega t - kx)$$

$$= \frac{2}{n\pi}\Big[-\sin\Phi\cos ny \Big|_{y=0}^{y=\pi} + \int_{y=0}^{y=\pi} \cos ny \cos\Phi\,\mathrm{d}\Phi \Big] \tag{14.33}$$

式中 $\Phi = \omega t' = \omega t - kx + \sigma \dfrac{u}{u_0}$，$\dfrac{u}{u_0} = \sin\Phi$，$y = \omega t - kx$。可见 $y = \pi$ 时 Φ 也是 π，$u/u_0 = \sin\Phi$ 为零。但 $y = 0$ 时，Φ 则减小到 $\Phi_{\min}$

$$\Phi_{\min} = \sigma \sin \Phi_{\min} \tag{14.34}$$

为 u/u_0 在零轴（u 应为零的垂直线）上的截距（交点到零点的距离）。代入 (14.33) 式,得

$$B_n = \frac{2}{n\pi}\sin\Phi_{\min} + \frac{2}{n\pi\sigma}\int_{y=0}^{y=\pi} \cos ny \,\mathrm{d}(\Phi - y)$$

因 $\mathrm{d}(\Phi - y) = \sigma\cos\Phi\mathrm{d}\Phi$，而

$$\int_{y=0}^{y=\pi} \cos ny \,\mathrm{d}y = 0$$

最后 B_n 成为

$$B_n = \frac{2}{n\pi}\sin\Phi_{\min} + \frac{2}{n\pi\sigma}\int_{\Phi_{\min}}^\pi \cos n(\varphi - \sigma\sin\Phi)\mathrm{d}\Phi \tag{14.35}$$

此式在 $\sigma < 1$ 时,Φ 是单值 $\Phi_{\min} = 0$,所以第一项为零,第二项正是傅比尼积分。在 $\sigma > 1$ 时,第一项逐渐增加。在 σ 很大时,其极限为 $2/n(1+\sigma)$,为锯齿波谐波的幅值。此时 $\Phi_{\min} = \pi$,第二项为零。(14.35)式光滑地从近距傅比尼解转变为远距的费氏锯齿波解,补上中间值,适用于所有 $\sigma = \beta kxM$ 值,如图 14.3。

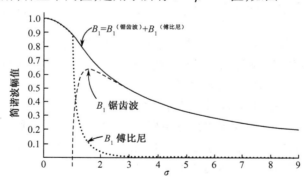

图 14.3 布莱克斯托克波的基波幅值随距离改变
1. (14.35)式第一项　2. 第二项　3. 相加

14.1.4　阻尼波　伯格尔斯方程

计入空气中的能量损失(主要是黏滞性和热传导),声波的流体动力方程将成为纳维-斯托克斯(Navier-Stokes 方程)(见 1.27 节),

$$\rho\left[\frac{\partial V}{\partial t} + (V \nabla)v = -\nabla p + \eta \nabla^2 v + \left(\zeta + \frac{\eta}{3}\right)\nabla(\nabla \cdot v)\right] \qquad (14.36)$$

$$\frac{\partial \rho}{\partial t} + \nabla \cdot (\rho v) = 0 \qquad (14.37)$$

式中包括高阶项。如果只保留二阶项,平面波的方程就成为

$$(\rho_0 + \rho_1)\frac{\partial u}{\partial t} + \rho_0 u \frac{\partial u}{\partial x} = -c_0^2 \frac{\partial \rho_1}{\partial x} - \frac{(\gamma - 1)c_0^2}{\rho_0}\rho_1 \frac{\partial \rho_1}{\partial x} + b\frac{\partial^2 u}{\partial x^2} \qquad (14.33)$$

$$\frac{\partial \rho_1}{\partial t} + (\rho_0 + \rho_1)\frac{\partial u}{\partial x} + u\frac{\partial \rho_1}{\partial x} = 0 \qquad (14.39)$$

已将物态方程代入,密度的变化部分写做 ρ_1 以示区别。现只讨论在正 x 方向传播的平面波,可将坐标系统转换到相应系统 (x, τ),τ 是推迟时间,$\tau = t - x/c_0$,微分符号的转换关系是

$$\frac{\partial}{\partial t} = \frac{\partial}{\partial \tau}, \quad \frac{\partial}{\partial x} = -\frac{1}{c_0}\frac{\partial}{\partial \tau} + \frac{\partial}{\partial x} \qquad (14.40)$$

波动在一个波长的距离内畸变很小,所以在新系统内 $\partial/\partial x$ 是高一阶的微量,即随 x 变化是慢的,如 u 是一阶微量,$\partial u/\partial x$ 则是二阶微量。把 (14.40) 代入 $(14.38, 39)$ 成为

$$\left(1 + \frac{\rho_1}{\rho_0} - \frac{u}{c_0}\right)\frac{\partial u}{\partial \tau} = \frac{b}{c_0^2\rho_0}\frac{\partial^2 u}{\partial \tau^2} + \frac{c_0}{\rho_0}\left(1 + (\gamma - 1)\frac{\rho_1}{\rho_0}\right)\frac{\partial \rho_1}{\partial \tau} - \frac{c_0^2}{\rho_0}\frac{\partial \rho_1}{\partial x} \qquad (14.41)$$

$$\frac{1}{\rho_0}\left(1 - \frac{u}{c_0}\right)\frac{\partial \rho_1}{\partial \tau} - \frac{1}{c_0}\left(1 + \frac{\rho_1}{\rho_0}\right)\frac{\partial u}{\partial \tau} + \frac{\partial u}{\partial x} = 0 \qquad (14.42)$$

这样写法,一阶项与二阶项就分得清楚。二式可消去一阶项而成为一个二阶方程式,将 (14.42) 式乘以 c_0 与 (14.41) 式结合(相加),并将 ρ_1/ρ_0 代以 u_1/c_0,即得伯格尔斯(Burgers)方程

$$\frac{\partial u}{\partial x} - \frac{\beta}{c_0^2}u\frac{\partial u}{\partial \tau} = \frac{b}{2c_0^2\rho_0}\frac{\partial^2 u}{\partial x^2} \qquad (14.43)$$

伯格尔斯方程是非线性平面波的最重要方程,用途很广,特别是对阻尼只有二阶的非线性声进行深入的研究,对于无阻尼($b=0$ 傅比尼解)的非线性平面波和阻尼的($b\neq0$)线性平面波都有准确解。

非线性平面波的理论研究至此告一段落。值得注意的是,非线性声波的基础理论,流体动力方程是欧拉于 1759 年发表的,但无人能解。一百年后,厄恩肖和黎曼分别独立地得到非线性平面波的隐式解,又过了 80 年后,费氏和傅比尼才求得显式近似解,是不同阶段的,后来布莱克斯托克将二者联接起来。到伯格尔斯方程提出,使一些问题的显式严格解成为可能,这离欧拉已是 200 年了。这在物理学理论研究中不是例外,不少问题的情况都与此相似。发展缓慢有时是数学工具和实验技术问题,但主要还是对物理现象基本理解问题,有了对物理现象深入认识,数学处理和实验验证等不过是技术问题。非线性声学的发展说明此点。

14.2 非线性球面波和柱面波

在各方向都对称时,球面波与柱面波都可以看做一维波,与平面波相似,在向径方向的质点速度 u 为向径 r 和时间 t 的函数,只是幅值随距离(向径)变化而已。可写出以球面坐标和柱面坐标表示(不依角度变化)的纳维-斯托克斯方程,按上节方法略去超过二阶的项,消去一阶项,即得相应的伯格尔斯方程

$$\frac{\partial u}{\partial r} + \frac{n}{2(r - r_0)} u - \frac{\beta}{c_0^2} u \frac{\partial u}{\partial \tau} = \frac{b}{2c_0^2 \rho_0} \frac{\partial u}{\partial \tau} \tag{14.44}$$

r_0 是声源球面或柱面半径,观察点的向径为 $r,\tau = t - \dfrac{r - r_0}{c_0}$,这个式子可以用于各种波形,平面波取 $n = 0$,柱面波取 $n = 1$,球面波取 $n = 2$。在推导中曾假设 $1/kr$(k 为波数)为微量,因此(14.44)适用于 $kr \gg 1$ 的情况。

为了把(14.44)式写成统一的形式,令

$$\left. \begin{aligned} U &= u \sqrt{\frac{A}{A_0}} \\ Z &= \int_{r_0}^{r} \sqrt{\frac{A_0}{A}} \, \mathrm{d}r \end{aligned} \right\} \tag{14.45}$$

式中 A/A_0 为波阵面积扩张比,

平面波: $A/A_0 = 1$

柱面波: $A/A_0 = r/r_0$

球面波: $A/A_0 = r^2/r_0^2$

代入,得标准的伯格尔斯方程

$$\frac{\partial U}{\partial z} - \frac{\beta}{c_0^2} U \frac{\partial U}{\partial \tau} = \frac{b}{2c_0^2 \rho_0} \sqrt{\frac{A}{A_0}} \frac{\partial^2 U}{\partial \tau^2} \tag{14.46}$$

代表在正 r 方向传播的发散波,右方加一负号则成为向中心传播的收敛波。伯格尔斯方程在很多情况都可解,但不能适用于(14.46)式,因一般 A/A_0 不是常数。但若只用于小范围,即可看做阻尼系数 b 因位置不同而有所改变而用平面波解($A/A_0 = 1$,傅比尼解)。b 值改变的平面波解所得是 U,所以声波的幅值 u 随距离增加而减小,也要发生间断,但发生间断的距离比平面波要大得多,(间断的条件是 $\beta kr(u_0/c_0) = 1$,$u_0 \propto \sqrt{A_0/A}$)。

14.3 非线性驻波

如果说非线性平面波理论经过 200 年始得完善,欧拉方程同样适用于非线性驻波,但经过 200 年,驻波理论仍是空白。的确,艾卡特(Eckart)在 1949 年把微扰

法用于声学问题,取得成功,因而引起很多声学家把微扰法当做救星,以为非线性驻波理论可以解决了。不过使用的结果,总是得到不稳定的答案。在一个管道中的驻波怎么会不稳定呢?60 年代以来大量的实验工作都得到稳定结果。显见微扰结果是有问题的,但决不是数学方法的问题。在线性声学中,同一波动方程可用以解行波问题,也可用以解驻波问题,为什么在非线性声学中,黎曼方程可用以解行波问题,就不能用以解驻波问题?艾卡特微扰法本来就是物理学中解决各种非线性问题强有力的方法,用来解声学中的涡旋问题很成功,怎么用于非线性驻波就不行了呢?所以过去不能解非线性驻波并不是数学工具不足,而是物理认识问题,是对驻波认识问题,对驻波特性的认识问题。从根本上说,驻波是振动问题,不同于一个物体的振动,只是各点的振动不完全相同而已,振动不传播则是通性。认真考虑驻波的特点(不传播)是解决问题的关键。这一点在线性波中不重要,因为涉及传播时,传播速度为 c_0,是一常数。但在非线性波,传播速度(见 14.1.2 简单波速度 $c_0 \pm \beta u$)与质点速度有关,质点速度不传播就成了关键。正是认识了此点,并做相应数学处理,非线性驻波于 90 年代得到准确解,并经实验证实。

14.3.1 严格理论

有了正确的物理概念,数学解就简单了。驻波同样满足黎曼方程

$$\frac{\partial u}{\partial t} + u \frac{\partial u}{\partial x} + c \frac{\partial \lambda}{\partial x} = 0 \tag{14.17}$$

$$\frac{\partial \lambda}{\partial t} + u \frac{\partial \lambda}{\partial x} + c \frac{\partial u}{\partial x} = 0 \tag{14.18}$$

而且同时满足两个黎曼方程,λ 和 u 是两个不同的量。式中 $\mathrm{d}\lambda = \mathrm{d}p/\rho c$ 与线性声学中的质点速度相似,λ 可称为准质点速度,但 p 没有方向,或说各向相同,λ 只是代表 p,也是一个纯数,没有方向。u 为质点速度,在平面波中与波动传播的方向相同,在正 x 方向传播的 u 为正值,在负 x 方向传播的 u 则为负值,如上所述。在驻波中,u 和 λ 都包括正行波和负行波的值,λ 仍只是数值,u 则是正行值与负行值结合而成,于是正值或负值与 λ 相等的关系就不存在了。λ 和 u 要分别考虑,(14.17),(14.18)两式联立,要同时应用。

引入黎曼不变量如前,代入波速关系,得

$$\frac{\partial r}{\partial t} + \left(c_0 + \frac{\gamma - 1}{2} \lambda + u \right) \frac{\partial r}{\partial x} = 0 \tag{14.47}$$

$$\frac{\partial s}{\partial t} - \left(c_0 + \frac{\gamma - 1}{2} \lambda - u \right) \frac{\partial s}{\partial x} = 0 \tag{14.48}$$

不像前面正行波和负行波分别由两个独立方程代表,在驻波中,两个是联立偏微分方程,同时存在,独立但互相有影响。特别是,λ 和 u 不传播,只是在一定位置上变化。这就是从 19 世纪无从着手的数学课题。事实上完全可按其特点处理。根据(14.47)式得波速

$$-\frac{\frac{\partial r}{\partial t}}{\frac{\partial r}{\partial x}} = \frac{\partial x}{\partial t}\bigg|_r = c_0 + \frac{\gamma-1}{2}\lambda + u \qquad (14.49)$$

这个速度是相位变化传播的速度(等于 $\mathrm{d}x,\mathrm{d}t$ 之比),但运动不传播,过一个时间 $\mathrm{d}t$,同样相位在距 $\mathrm{d}x$ 处出现。(14.49)式对时间积分,得

$$x = \int_0^t \frac{\partial x}{\partial t}\mathrm{d}t = \int_0^t \left(c_0 + \frac{\gamma-1}{2}\lambda + u\right)\mathrm{d}t \qquad (14.50)$$

这里要考虑驻波的特性了。c_0 是常数,积分按平常方法处理,但 λ 和 u 不传播,只是在本地(x 值不变)随时间变化,它们不是常数,而是 t 的函数,所以积分结果

$$x = c_0 t + \frac{\gamma-1}{2}\eta + \xi + f(r) \qquad (14.51)$$

式中

$$\left.\begin{array}{l} \eta = \int_0^t \lambda\,\mathrm{d}t \\[2mm] \xi = \int_0^t u\,\mathrm{d}t \end{array}\right\} \qquad (14.52)$$

ξ 为质点位移,η 性质相似,可称为准质点位移,$f(r)$ 是任意函数。根据(14.51)式,正弦式的 r 值可写做

$$r = \frac{u_0}{2}\cos\left(\omega t + \frac{\gamma-1}{2}k\eta + k\xi - kx\right) \qquad (14.53)$$

同样方法可用于(14.18),得 s 的正弦式解

$$s = \frac{u_0}{2}\cos\left(\omega t + \frac{\gamma-1}{2}k\eta\right)\cos k(x-\xi) \qquad (14.54)$$

相加,得

$$\lambda = u_0\cos\left(\omega t + \frac{\gamma-1}{2}k\eta\right)\cos k(x-\xi) \qquad (14.55)$$

相减,得

$$u = u_0\sin\left(\omega t + \frac{\gamma-1}{2}k\eta\right)\sin k(x-\xi) \qquad (14.56)$$

(14.55),(14.56)式即非线性驻波的严格解。虽然是隐式,二者无间断问题。λ 实际是代表声压 p,根据(14.16)式,对 p 积分,可得

$$\lambda = \int_{P_0}^{P} \frac{P_0}{\rho_0 c_0}\frac{\mathrm{d}p/\rho_0}{\rho c/\rho_0 c_0} = \frac{2}{\gamma-1}c_0\left[\left(\frac{P}{P_0}\right)^{\frac{\gamma-1}{2\gamma}} - 1\right]$$

或

$$p = P_0\left[\left(1 + \frac{\gamma-1}{2}\frac{\lambda}{c_0}\right)^{\frac{2\gamma}{\gamma-1}} - 1\right] \qquad (14.57)$$

准确到二阶微量,ξ,η,p 也可以写出隐式解,

$$\xi = -\frac{u_0}{\omega}\cos\left(\omega t + \frac{\gamma-1}{4}\eta\right)\sin k\left(x - \frac{1}{2}\xi\right) \tag{14.58}$$

$$\eta = \frac{u_0}{\omega}\sin\left(\omega t + \frac{\gamma-1}{4}\eta\right)\cos k\left(x - \frac{1}{2}\xi\right) \tag{14.59}$$

$$p = -u_0\rho_0 c_0\cos\left[\omega t + \frac{3(\gamma-1)}{4}\eta\right]\cos k\left(x - \frac{3}{2}\xi\right) \tag{14.60}$$

用逐步求近法可以求得 λ,u 和 ξ,η 的准确级数解。方法是先取 u 和 λ 的一阶解(略去其宗量中的 ξ 和 η)代入(14.52)式,得 ξ 和 η 的一阶解。将 ξ 和 η 的一阶解代入(14.55)和(14.56),展开为级数,只取其前两项,即得 λ 和 u 的二阶解,如此继续就逐步求得 λ,u 和 ξ,η 的准确级数解。如驻波是在半径为 r 的直管中产生,管长为 L,一端 $x=L$ 封闭,另一端 $x=0$ 是速度为 $U\sin\omega t$ 的振动活塞。边界条件即 $x=0$ 时 $u=U\sin\omega t$;$x=L$ 时,$u=0$。代入,可得质点速度为

$$u = \frac{U}{\sin kL}\sin\omega t\left[\sin k(L-x) - \frac{U^2}{c_0^2\sin^2 kL}\frac{(\gamma+1)^2}{64}\sin k(L-x) + \cdots\right]$$

$$- \frac{r+1}{8}\frac{U^2\sin(2\omega t+\theta_2)}{c_0\sin^2 kL\cdot 2\sin k_2 L}\left[\sin 2k(L-x) + \cdots\right]$$

$$+ \frac{U^3}{c_0^2\sin^3 kL\cdot 2\sin^2 k_3 L}\sin(3\omega t+\theta_3)$$

$$\cdot\left[\frac{(\gamma+1)^2}{64}\sin 3k(L-x) - \frac{(\gamma+1)(\gamma-3)}{64}\sin k(L-x) + \cdots\right] \tag{14.61}$$

管中声压则为

$$p = \frac{U\rho_0 c_0}{\sin kL}$$

$$\cdot\left[\cos\omega t + \cos k(L-x) - \left(\frac{U\rho_0 c_0}{c_0\sin kL}\right)^2\frac{1}{2\sin 2kL}\sin\omega t\frac{(\gamma+1)^2}{64}\sin k(L-x) + \cdots\right]$$

$$- \frac{3(\gamma+1)}{16}\frac{(U\rho_0 c_0)^2\cos(2\omega t+\theta_2)}{\gamma P_0\sin^2 kL\cdot 2\sin k_2 L}\cos 2k(L-x) + \cdots$$

$$+ \frac{(U\rho_0 c_0)^3\cos(3\omega t+\theta_3)}{(\gamma P_0)^2\sin^3 kL\cdot 2\sin k_3 L}\left[\frac{6\gamma^2+13\gamma+7}{192}\cos 3k(L-x)\right.$$

$$\left.+ \frac{6\gamma^2-11\gamma-1}{64}\cos k(L-x) + \cdots\right]$$

$$+ \cdots \tag{14.62}$$

式中分母 $\sin kL$ 等是保持连续性,$x=0$ 处 $u=U\sin\omega t$,所必需的。可以证明这个分母是声波在管中往返反射所形成。如 $kL=n\pi,\sin kL=0,u,p$ 将成为无穷大,这在

物理上是不可能的,所以上面的 u,p 公式不能用到共振 $kL=n\pi$ 时,在共振时要考虑管内的能量耗损问题。耗损主要来自黏滞性,体积黏滞性产生的衰减与传播距离成正比,在管中距离有限,可以不计,主要是管壁上附面层损失,这在前面有讨论,根据瑞利-克希霍夫理论,如管径较大(即克兰道尔的条件,$k = r\sqrt{\omega\rho_0/\eta} > 10$),管内的波数即成为

$$k = k_0(1 + (1 - \mathrm{j})\delta) = K - \mathrm{j}\alpha$$
$$\delta = \frac{1}{r}\sqrt{\eta/2\omega\rho_0} \tag{14.63}$$

$k_0 = \omega/c_0,\delta$ 很小,所以 K 基本同于 k_0,与 ω 成比例。$\alpha = k\delta$,与管径成反比,与 $\sqrt{\omega}$ 成正比。这个 k 值是在线性动量方程中增加黏滞项求得的,如果用非线性动量方程,得到的衰减项除 α 外还应有一个四阶项,在这里忽略了。所以把(14.63)式代入上面各参量 λ,u,p 等式都是二阶近似。由于 α 是与 ω 的平方根成比例,各式的高次谐波,K 值约与次数 n 成比例,衰减项 α 则与根号 n 成比例。代入时 k_n 应为 $nK + \mathrm{j}\sqrt{n}\alpha$。

上述声压分式(14.62)式还有一些非"波动"项如 $-\dfrac{(U\rho_0c_0)^2}{\gamma P_0\sin^2 kL \cdot 2\sin k_2 L} \cdot$

$\left[\dfrac{\gamma+1}{16} + \dfrac{\gamma-7}{16}\sin(\omega t + \theta_2) - \dfrac{3\gamma-5}{16}\cos 2k(L-x)\right]$ 已略去,偶次项都有类似部分。质点速度无此问题。

14.3.2　实验结果

以上理论结果曾用实验验证,在阻抗管内进行。阻抗管是内径 45mm,壁厚 18mm 的紫铜管,长度 1.95m,可用 0.20m 长的管段接长,实验多半是在 2.35m 管长做的。管的一端用扬声器驱动器(标称 100 声瓦)驱动。另一端用金属塞封闭,经一 6mm 小孔伸进传声器以测量管端的声压变化。紫铜管粗重已够,管壁的振动不重要。改变扬声器上加的电压以改变管内驻波性质,可证明在测量范围内电压与管内的驱动力或声源振动速度成比例,驱动力即直接用电压表示,可准确地对驱动力的大小及频率控制,下面是一些测量结果。

(a)谐波的比值

由(14.62)式知各谐波的比值 $p_1/p_2,p_2/p_3$ 等都是大致与 $\gamma P_0/p_1$ 成比例的,这个比值乘以 p_1 就是 γP_0,为一常数。如果用对数,即声压级的关系,$(L_{p1} - L_{p2}) + L_{p1},(L_{p2} - L_{p3}) + L_{p1},(L_{p3} - L_{p4}) + L_{p1}$ 等都是常数,结果约为 210dB,205dB 等。在 2.35m 的闭管中做了测量,用两个不同频率,206Hz 和 277Hz,图 14.4 为测量结果,纵坐标为 $L_{p1} - L_{p2}$,横坐标为 L_{p1},频率(a)$f = 206$Hz,(b)$f = 277$Hz。

在图 14.4 上,$L_{p1} - L_{p2}$ 作为 L_{p1} 的函数画成斜线,点为测得结果,竖线表示测量误差范围。可见测量结果基本符合理论,在所有数据中,最大误差 4dB,在全程标准误差 2.5dB 二者的偏差与(14.62)式中计算 L_{p1},L_{p2} 中忽略了其附加项的缘故。

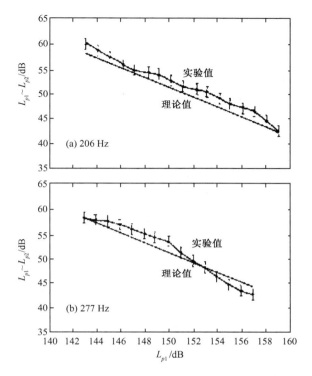

图 14.4 $L_{p1} - L_{p2} \sim L_{p1}$ 测量结果

2.35m 闭管末端 　　(a)$f = 207\text{Hz}$　　(b)$f = 277\text{Hz}$

值得注意的是 $L_{p1} - L_{p2}$ 与 L_{p1} 的直线关系一直延长至近 160dB,已有饱和效应出现。谐波值已近入转变区,而其相对关系不变。

(b)谐波的增长

由(14.62)式可见,第 m 个谐波值基本与第一谐波值的 m 方成比例,或与驱动力的 m 方成比例。因而 m 谐波的增长也更快,基波每增高 1dB,m 次谐波就要增加 m dB。如果没有其它原因,m 次谐波早晚要赶上基波,基至超过它。图 14.5(a)表明这种现象。实验是在 2.35m 闭管中做的,取基频为 294Hz(闭管的第四个共振频率,用一个共振频率的原因是激发的声压要比不共振时高 20dB,而且其高次谐波也高,可测得第五个或第六个谐波。还用过的基频有 220Hz 和 360Hz,第三和第五个共振频率,测得结果都相似,这里只用 294Hz 做代表)。各谐波增长情况完全符合(14.62)式的估计。图 14.5(b)为各谐波增长率,驱动电压增高 1dB,各谐波增高的分贝数。可见 m 次谐波基本是增高 m dB,一直到基波达到 150dB。基波超过 150dB 以后不久,各谐波的增长率激烈地向 1dB 看齐,并继续降低,似乎最后的趋向是 0.5dB,基波超过 150dB 后的现状不能用(14.62)式解释。这称为饱和现象。在不同频率测量中,基波都是在 150dB 后开始饱和,其谐波同时趋于饱和,但不同频率的基波稍有不同,似乎是高频驻波(基频高)更易于饱和。

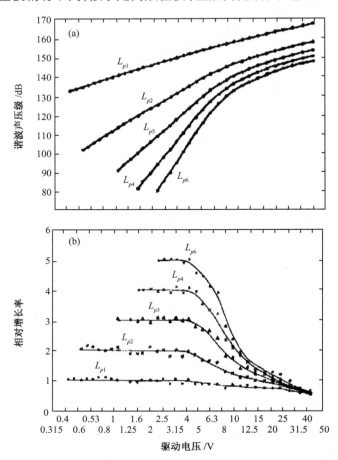

图 14.5　各次谐波的增长与驱动电压的关系
(a) 增长　　(b)相对增长率

非线性行波饱和使波形趋于三角波,这是由于质点速度高的点传播比质点速度为零的点快导致的,但在驻波中无此现象。在驻波中,根据(14.60)及(14.58)二式,p 值在增加(减小)时,位移减小(加大),p 值减小(增加)时,位移增加(减小)。因此 p 的变化趋向是方波,但不易达到。图 14.6 是在管端记录的 160dB 声压波形,可以看出其趋向确是如此。

(c)谐波共振

图 14.7 是管长 1.95m 和 2.35m 时,驱动力使基波保持为 148dB,逐渐改变频率时,第二谐波和第三谐波变化的情况。管长为 1.95m 时,共振频率为 88Hz,176Hz,264Hz,350Hz 等。(a)图中二次谐波共振有三个在基波共振时。220Hz 和

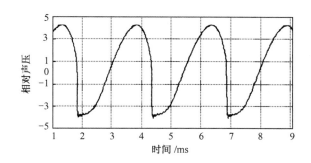

图 14.6　在驻波管末端的 160dB 声压波形

308Hz 并非基频共振频率,但其本身则是管的共振频率,所以二次谐波共振。三次谐波也是有三个正在基频共振时,多数则不与基频同时共振,而是在三倍驱动频率为管中共振时。在图 14.7(b)中,220Hz 和 294Hz 是基频共振,这时二次、三次谐波都共振,其余二次谐波共振和三次谐波共振都不是在基频共振时。基频不共振,其谐波却可能共振,这是直觉估计不到的,但完全符合理论结果。

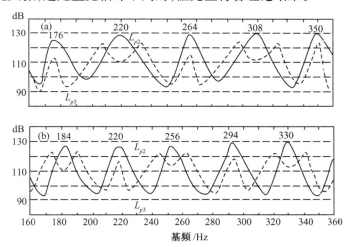

图 14.7　基波为 148dB 时,二次谐波和三次谐波的共振曲线
(a)$L = 1.95$m　　(b)$L = 2.35$m

14.4　非线性波的饱和现象

在线性声学中,声场中一点收到的信号与声源幅值成比例。当声源幅值增加时,在线性声学中忽略的能量损失(称为非线性损失)逐渐增加。结果是收到的信号渐渐比声源幅值增加慢,最后到一定程度声源幅值增加,收到的信号不再增加了,与声源幅值无关。这就称为饱和,平面波、球面波、驻波都有这现象,历来大量实验均

有发现,但只是到 20 世纪 70 年代才受到注意,现在只讨论平面行波和驻波的饱和。

14.4.1　平面行波的饱和

平面行波在距离远的时候形成锯齿波,费氏给出其传播规律,根据(5.26)式,基波($n=1$)可写做

$$u_1 = \frac{2u_{01}}{1+\sigma}, \quad \sigma > 3$$

基波声压近似地是

$$p_1 = \frac{2p_{01}}{1+\sigma}, \quad \sigma > 3 \tag{14.64}$$

式中间断距离 $\sigma = \beta kxM$,$M = p_{01}/\gamma P_0$。当 $\sigma \gg 1$ 时,可将分母中的 1 略去,即得饱和声压

$$p_{1s} = 2\gamma P_0/\beta kx \tag{14.65}$$

与声源强度 p_{01} 无关。饱和声压与传播距离成反比。根据(14.30)式各谐波的变化基本相似,同步饱和,图 14.8 说明了这一点,它是声源频率 500Hz,声源级增加时在内径 5m 直管中传播 25.8m 测得的几个谐波声压级(峰值)。基频曲线基本符合理论估计,二次、三次谐波则误差较大,可能是管中不光滑或安装的传声器引致声波散射和衰减所引起的。

非线性行波最后要形成锯齿并且趋向饱和都很明显。除此以外另一个现象是锯齿波在声源级加强中逐渐产生调制,锯齿的斜边不是光滑上升,而不断有小的起伏,起伏很快,代表很高频率。图 14.1 是在内径 69mm,壁厚 18mm 长管一端以 500Hz,155dB 输入,在不同距离取得的波形。逐渐形成锯齿波的过程很清楚,但在

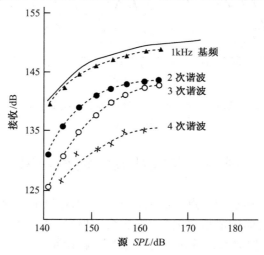

图 14.8　行波各谐波的饱和曲线

7.2m 处尚未完全成为锯齿波,斜线上即开始出现高频调制,距离更远调制也加强。这种现象是普遍性的,在其它实验结果中都有,但一直未受到注意,或被认为偶然或实验差错。锯齿波的高频调制是物理实际,来源可能是管中激发出的高频振荡。频谱分析证明,声源级越高,距离越远,高频越强,接近饱和时,更为显著。声源级为 171dB 频率 500Hz 在 17.5m 处测得的频谱,在 4000Hz 以下,谱级随频率增加而下降,正如锯齿波的特点,但 4000Hz 以上几乎是平直,从 4kHz 到 32kHz 谱级只从 130dB 降低 2dB,比一般气流噪声降低的还少。

14.4.2 驻波的饱和趋向

驻波的饱和趋向在图 14.5 中很是明显。驻波的饱和问题不同于行波,首先在驻波中未见到间断现象。在行波公式的正弦式函数的宗量有一附加项 $\sigma \dfrac{u}{u_0}$,这是非线性畸变的来源,驻波中相应的项是 $k\xi$。但 σ 可以达到很大的值,而 $k\xi$ 的值是 $(\omega/c)(u_0/\omega) = u_0/c_0$,即使声压为 177dB 时也不过 0.1,所以基本是小量,不足以引起波形的重大变化。记录的波形证明此点。以此,当前尚缺乏数学工具以确切求解饱和过程,只能根据实验结果,从数据处理中得到一些概念。

像图 14.5 的谐波增加过程的图在实验中共有三份,即实验采取的基频共有三个,即 220Hz、294Hz 和 366Hz,是管长 2.35m 的第三、四、五共振频率。结果都与图 14.5 相似,所有推论也适用于这三个基频的 16 个谐波。

（a）一、二次谐波的饱和

图 14.3 的各谐波曲线都是典型饱和曲线的样子,可以假设基波声压为

$$p_{m_1} = p_{m0} \frac{E}{1 + \dfrac{E}{E_{m1}}} \tag{14.66}$$

式中 p_{m0} 是第 m 个激发频率在 $E = 1V$ 时的声源声压,扬声器电压 E 是与激发力成比例的（激发力应是扬声器膜片的振动速度）,单位选择合适就可以直接用 E,而不必转化为膜片的振动。二次谐波与声源声压的平方成正比,所以

$$K_{m2}P_{m2} = P_{m0}^2 \left(\frac{E}{1 + \dfrac{E}{E_{m2}}} \right)^2 \tag{14.67}$$

式中 K_{m2} 表示二次谐波较弱,所以声压要乘上一个倍数才能与声源声压成正比,E_{m2} 则表示二次谐波的饱和值不同。如此等等,可写出所有谐波的饱和公式。把测得的曲线上的数值代入,证明一次谐波和二次谐波的公式完全适合测得结果,并可求出各参数 P_{m0},E_{m1},E_{m2},K_{m2} 等的数值。根据公式画出的曲线与实测曲线看不出差别,误码差在 1dB 以内。

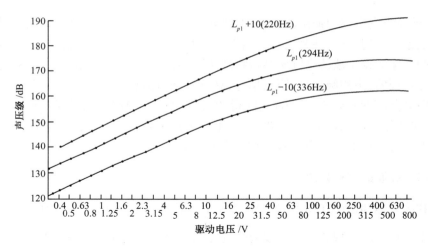

图 14.9　二次谐波的饱和趋向

（b）三次以上谐波的饱和

但试到三次谐波就不同了，选择不同参数值，如（14.67）声压反馈的公式都不可能使整个曲线符合，低声级符合，中等声级（130～140dB 范围）可能差到 5～6dB，但 150dB 以上又符合了。如果设法使中等声级适合，高、低声级又太高。颇似声压平方反馈，把三次谐波写成

$$(K_{m3}\dot{P}_{m3})^2 = P_{m0}^2\left(\dfrac{E^2}{1 + \dfrac{E^2}{E_{m3}^2}}\right)^3 \qquad (14.68)$$

结果就好了，只是在一个频率的曲线上标准偏差超过 1dB。四次、五次、六次谐波都适合平方规律。如何认识平方律？（14.68）式是个有效值（或绝对值）的式子，即

$$K_{m3}P_{m3} = P_{m0}^3\left|\dfrac{E}{1 + \mathrm{j}\dfrac{E}{E_{m3}}}\right|^3 \qquad (14.68a)$$

即三次谐波（也包括四、五、六次谐波）与一、二次谐波不同处即饱和声压 E_m 成为虚数（90°相差），如此而已，规律是相同的。

据此，各谐波可写成统一公式

$$K_{mn}P_{mn} = P_{m0}\left|\dfrac{E}{1 + \mathrm{j}\dfrac{E}{E_{mn}}}\right| \qquad (14.69)$$

$n = 1$ 或 2 不用 j，$n = 3,4,5,6$ 要用 j。而饱和声压

$$P_{mns} = \dfrac{P_{m0}E_{mn}}{K_{mn}} \qquad (14.70)$$

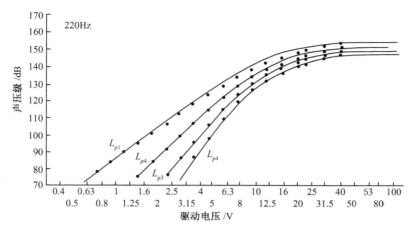

图 14.10　三次以上谐波的饱和趋向 (基频 294Hz)

进一步考虑 E/E_{mn} 比值的物理意义。这个值是声压与饱和值之比,涉及声压比值的可能是马赫数,饱和声压可能与频率成反比,所以这个比值可能和 kL 成正比,此外在非线性声波的关系中常见非线性系数 $\beta = (\gamma + 1)/2$,可能也出现在 E/E_{mr} 比值中。总之,这个电压比值可能与间断距离 σ 有关,

$$\sigma_{mn} = \beta k_{mn} L P_{mn} / \gamma P \qquad (14.71)$$

在测量中,根据 (14.71) 式 P_{mn} 大致等于 $P_{m0} E/K_{mn}$,如 (14.71) 等于 E/E_{mn},将此值代入可求出

$$E_{mn} = \frac{\gamma P_0}{\beta \pi m n \rho_{m0}} \qquad (14.72)$$

式中 $k_{mn}L$ 取为 $mn\pi$,即共振条件,算出的 E_{mn} 与根据实验数据所得相比,可以说完全符合。在 294Hz 和 366Hz 的谐波中误差除 E_{m3} 外都不到 10%(0.8dB),E_{m3} 的两个谐波误差 24%,28%(2dB)。220Hz 的谐波中最大误差达 100%(也是 E_{m3},6dB),一般约 50%(3.5dB)。除 E_{m3} 有些问题,220Hz 的基波测量值太低外,总的说是符合的。α_{mn} 在驻波中当然说不上是距离,因为驻波管的长度是固定的,它只反映驻波强度。即使如此,驻波的饱和过程与 σ_{mn} 有关也是需要研究的,因为驻波公式与 σ 无关。这个问题还不能做定论,因为只有能理解的东西才能肯定。在这里讨论这个问题只是做为一个处理实验数据的方法而已。

14.5　大振幅*声波的效应和应用

非线性主要是在传播中产生的,在谈到声波的效应和应用时,有些和传播无

---

　　* 大振幅英文称 Finite amplitude,按英文 Finite 的解释是 a magnitude,not infinite nor infinitesimal 是不大不小的意思,这里与线性声学相对,是不小的意思,所以称为大振幅,有人称为有限振幅不合适,因为有限是有一定限度,不大。

关,更常用的是大振幅,高声强,有时还称为强声学(Macrosonics)这些基本都是同义语,指的是同样范围,即声压或质点速度大到一定程度。

14.5.1 基本效应

在声学应用中大振幅声有三项基本效应,这些效应虽然都是二阶量,但是产生的效果往往是惊人的。

(a)辐射压力

有人讲,高声强的一切应用都是来自辐射压力。非线性系数测量、超声功率测定(声辐射计)、在液面上产生喷泉等超声应用都是直接利用辐射压力。前面已求得管中行波中的声压值

$$p = P_0\Big[\Big(1 + \frac{\gamma - 1}{2}\frac{u}{c_0}\Big)^{\frac{2\gamma}{\gamma-1}} - 1\Big] \tag{14.17a}$$

展开可得

$$p = P_0\Big[\gamma\frac{u}{c_0} + \frac{\gamma + 1}{4}\gamma\Big(\frac{u}{c_0}\Big)^2 + \cdots\Big]$$

如果对时间平均可得常数值,即瑞利辐射压力(注意 $\gamma P_0 = \rho_0 c_0^2$),

$$P_r = \frac{\gamma + 1}{8}\rho_0 u_0^2 \tag{14.73}$$

驻波中声压的常数值 $\frac{\gamma+1}{16}\rho_0 U^2$(5.3.1 节末)也是辐射压力。朗之万在无边界的自由声场中推导的辐射压力则为($\rho_1 = \rho - \rho_0$)

$$P_r = -\frac{1}{2}\rho_0\,\overline{u^2} + \frac{1}{2}c_0^2\,\overline{\rho_1^2}/\rho_0 \tag{14.74}$$

此式可用到不同情况,在完全吸收的表面上

$$P_r = \rho_0\,\overline{u^2} = \frac{1}{2}\rho_0 u_0^2 \tag{14.75}$$

在完全反射的平面上

$$P_r = \frac{1}{2}c_0^2\,\overline{\rho_1^2}/\rho_0 = \frac{1}{4}\rho_0 u_0^2 \tag{14.76}$$

在两种介质的交界面上

$$P_2 = 2\rho_a\,\overline{u^2}\Big[\frac{\rho_a^2 c_a^2 + \rho_b^2 c_b^2 - 2\rho_a\rho_n c_a c_a}{(\rho_a c_a + \rho_b c_b)^2}\Big] \tag{14.77}$$

a,b 代表两种介质。以上各式均有所不同,但大致相近。在一般情况下,辐射压力都很微小,例如声压级 134dB($p = 100$Pa),辐射压力不到 0.1Pa。虽然如此,辐射压力与声压平方成正比,在高声强应用中,作用是突出的。早在 1939 年,伍德(R. W. Wood)就在他的书《Supersonics》中演示,在一油槽底的石英片做超声振动时,可在油面上激起喷泉,如载以重物,可托起 150g 的法码(图 14.11),可见在声

压高时,辐射压力的可观。声压级到 174dB($p=10000$Pa),辐射压力可达 1000Pa,即 1000kg/m^2,可以把重物托起来。图 14.12 是用声波使直径 1cm 的钢珠在空中悬浮的例子。声源是旋笛(见第十二章),功率 1500 声瓦(声功率的瓦数,不是电功率),悬浮用 170dB,3kHz 声场。这个实验在空间处理材料时很有用。

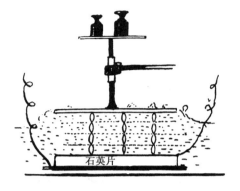

图 14.11　超声波的辐射压力

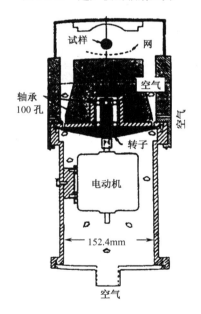

图 14.12　用旋笛悬浮直径 1cm 钢珠

(b)声流

如果说辐射压力是非线性声压的"直流"部分,则声流即是非线性质量速度 ρu 的直流部分。声流也是比质点速度小得多,如辐射压力与声压之比。虽然如此,声流对破坏附面层,加速传质传热,以及清除表面污垢、杂物都是非常有效的。根据

质量定律,流体中的声流速度为

$$u_s = \bar{u} + \overline{\rho_1 u^2}/\rho_0 \qquad (14.78)$$

根据艾卡特(Eckart),聚焦成束的声波中,声流速度幅值与质点速度幅值之比约为 $M(kr_1)^2$,式中 M 为声马赫数,r_1 为声束半径。声流总的是旋转性的,如图14.13。声流常比质点速度小三、四个数量级。声流也称为声风、石英风。

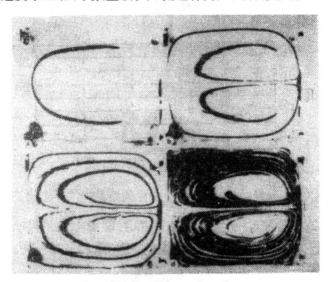

图 14.13　Eckart 声流、声源在各图
左边声流中央部分,右边是吸收面

（c）空化

在液体中,高声强可产生空化气泡,也可使其破碎。空化气泡的脉动理论非常复杂,作适当简化:假设(1)液体不可压缩,(2)蒸气压力可以不计,(3)气泡中的空气不变,(4)气泡半径比波长小得多。在这些假设之下,可以推导出诺庭-奈庇拉(Noltingh-Neppiras)方程,气泡由于声压 $P_m \sin\omega t$ 引至的脉动方程

$$2\rho_0 r^2 r_{tt} + 3\rho_0 r r_t^2 + 4S = 2r\left[P_m \sin\omega t - P_0 + \left(P_0 + \frac{2S}{r_0} \right)\frac{r_0^3}{r^3} \right] \qquad (14.79)$$

式中 ρ_0 是液体密度,S 液体的表面张力,r_0 气泡的原始半径,P_0 为液体中的静压力。一个符号的下角标 t 表示该量的时间微商。图14.14是气泡根据(14.79)式随声波的脉动情况,气泡原始半径 $5\,\mu m$,声波频率 $5000\,kHz$。曲线上注字是声压峰值（单位 atm）。阴影部分表示气泡破碎。

(14.79)式虽然已经是简化式,但解起来仍然非常繁复,只能求其数值解。另一研究方法是用快速照像观察气泡的发生、发展、破碎过程,结果如图14.15。

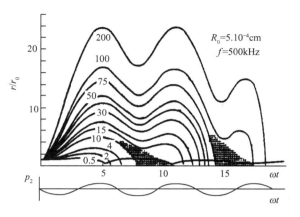

图 14.14 空化气泡的脉动
r 是气泡半径, r_0 为原始半径 5 μm

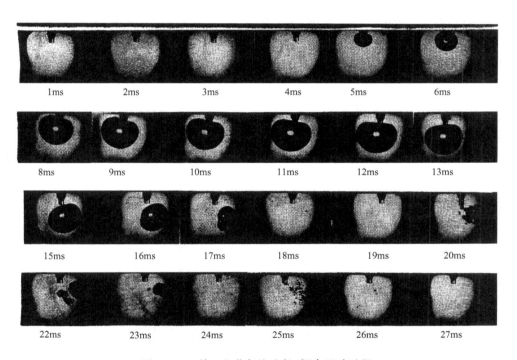

图 14.15 单一空化气泡生长、闭合运动过程

瑞利求得气泡破碎时间

$$\tau = 0.915 r_0 \left(\frac{\rho_0}{P_0 + P_m} \right)^{1/2} \tag{14.80}$$

破碎时产生压力

$$P = \left[\frac{2P_0}{3\beta}\left(\frac{r_0^3}{r^3} - 1\right)\right]^{1/2} \tag{14.81}$$

β 是液体的压缩率(水中约为 $10 \times 10^{-6}\text{atm}^{-1}$)。这个压力可能比 P_0 大十至一千倍。如 $r_0/r = 20$ 则 $P = 10300\text{atm}$,同时产生高温,达 10000K 以上,因而发光,产生电磁波。气泡的半径与共振频率的乘积为

$$f \cdot r = 3.28\text{kHz} \cdot \text{mm} \tag{14.82}$$

空化主要与声压有关,频率影响小,但频率越高,空化阈(空化需要的最低声压)越高。频率高到一定程度就不能产生空化了。所以低频率在空化应用中有其潜力。

(d)声混沌

空化过程中常伴随强烈噪声。过去一般认为是气泡破碎产生的。劳特伯(Lauterborn)用一圆筒状压电陶瓷换能器在水中做实验。加 $f = 23.56\text{kHz}$ 电压从 0 逐渐增加到 60V。水中产生气泡运动。同时测量水中声波的频谱。随着声强增加,除谐波外,半谐波 $f_0/2, 3f_0/2, 5f_0/2, \cdots$ 也逐渐产生。声强更大,四分之一谐波 $f_0/4, 3f_0/4, \cdots$ 也逐渐产生。如此继续不已,最后联成一片。如图 14.16 与一般分岔现象完全相同。

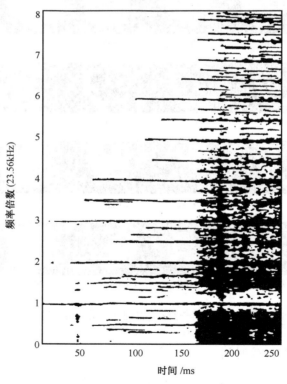

图 14.16　"可见"空化噪声

图 14.16 反映"规律性"混沌现象的形成过程,因而也证明空化噪声不是气泡爆裂噪声而是"规律性"混沌噪声。图 14.16 很像可见语言设备(语图仪)画出的频谱随时间变化,所以可称为"可见"空化噪声,空化噪声也称为声湍流或声混沌。

顺便提到,声学中混沌现象不止这一例。一般吹奏乐器常伴随混沌噪声。一个特别值得注意的例子是傅莱彻(N. Fletcher)的记录。他敲打直径一米的中国大锣,并用语图仪记录频谱变化过程,如图 14.17。开始时是低频噪声,高频成分逐渐增加,以后又减少,最后按低频噪声衰变。听起来也感觉到音调变化。这些可能

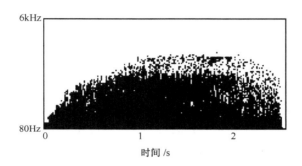

图 14.17　大锣敲击声的音调滑变

都是"规律性"混沌噪声的例子。

14.5.2　高声强的应用

高声强的应用在超声学和水声学中已有比较充分的开发,本节中只讨论一般不受注意的,特别是在低频范围的问题。

（a）声疲劳试验

在航空、航天飞行器上由于大功率和高速度经常遇到高声强问题,发动机附近声压级可达到 $150\sim160\text{dB}(0\text{dB}=20\mu\text{Pa})$,蒙皮上由于高风速声(压力起伏),特别在卫星或飞船降落中,常达到更高声级,由于高声强的影响,结构可能遭到破坏,机内精密设备和仪表也可能暂时失效,这些都称为声疲劳。这当然都是设计、制造问题。对声学的要求是判断有无声疲劳问题,弱点在哪里,要建立高声强试验室求出部件或整件的疲劳寿命。一般高声强混响室体积由 30m^3(用于人造卫星或小部件的试验)到 2000m^3(用于大部件试验)。混响室的设计要求很高,主要是室内能量损失(吸声系数)要小,否则即使供给声功率较大也建立不起够高的声强度。但混响室的

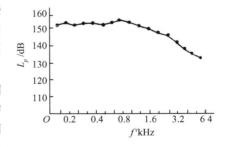

图 14.18　27m³ 混响室中的噪声频谱
声源 500～1000Hz 噪声,8kW

设计是比较成熟的,没有困难。问题是需要声功率很大,要几千至几万瓦声功率。大功率旋笛和气流扬声器都是为此研制的。旋笛可作到 50kW 或更高,气流扬声器可作到 2kW 或 10kW(都见第十二章)。但这些都是低频率的,利用非线性驻波的畸变可以得到较宽频带的噪声场。图 14.18 是在 27m³ 的混响室中500 ~ 1000Hz 声源引致的噪声声场频谱。这种扩张频谱的现象只有在激发声源强到一定程度时才能实现。

(b)生物效应

一时次声枪甚嚣尘上,后来证明全是谣言,新闻记者炒出来的。但声波是否有致命影响一直有人注意。在上述混响室内曾作动物试验,以求豚鼠在不同噪声剂量(强度×时间)所受影响。对于人,都知道超过 90dB 就有耳聋的危险,但有正式实验证明直到 150dB 无生理影响(听力要受到保护)。动物试验也是在 150dB 以上开始的。证明对于豚鼠强声是有致命作用,但与频率无关,只同剂量(声强×时间)即总能量有关。图 14.19 是致命噪声剂量,实线是回归线。据此,豚鼠的平均(50%)致命剂量是 33 J/mm²。死后解剖证明致死主要是加热,吸收声能后体温升高至 50 ~ 60℃,心肺等都严重出血。若加热是致命的主要原因,致命剂量就与动物的表面面积成正比,或与体重的 2/3 方成正比(大致说来体积或体重与典型长度的三方成正比,而表面面积与长度平方成正比)。据此,可猜测人的致命剂量(按体重 50kg 计)为 160dB 一小时,170dB 一小时,180dB 六分钟。但这都只是猜想,不可能做实验,对人做实验不应超过 150dB。

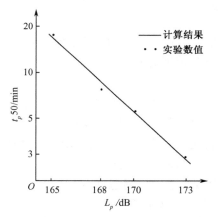

图 14.19 豚鼠在高强度声场中的致命剂量

(c)体外冲击波碎石术(ESWL)

肾结石可由体外发出冲击波或强声波聚焦在结石上击碎之。这在近年已成为成熟技术,虽然基础研究还不够。声源可用火花放电、石英换能器等。焦聚则用椭圆反射镜,声源在一个焦点上,肾石则在另一焦点。气泡破碎产生的压力正值可达到1300atm,负值达30~100atm,足可把肾石打得粉碎排出来。正脉冲约1 ms,负脉冲还要长些。所用声压实际远超过碎石所需,合适的剂量还不清楚,有无副作用也待研究。虽然已在实用,但还需要研究工作。胆结石破碎还不成功,因碎块太大,管道排不出来。

(d)超声技术的发展

超声技术主要根据声辐射压力,有的是声流和空化,但这些都是与频率无关或更适于低频率,在这方面有很多可能的发展。清洗是一个例子,用于一些小物体,超声清洗很方便。但若物体大就不方便了,例如锅炉,使用中其管道上要集起灰尘,在高温下超声清洗是不可能的。但若用旋笛,产生160dB,不必停火,就可以利用声流清除灰尘,效率很高。

另一个除尘的例子很值得注意。在强声场中,大小不同的颗粒要互相碰撞、黏连成为大颗粒而沉降。从图14.20上可以看出大小颗粒由于重量不同而振幅不同。这个现象可用于气体除尘,在一个例子中,用于高温(1891℃)高压(10atm),850Hz,158dB声场用于含颗粒$10~18g/m^3$气体中四秒钟。$0.5~5\mu m$颗粒就只剩

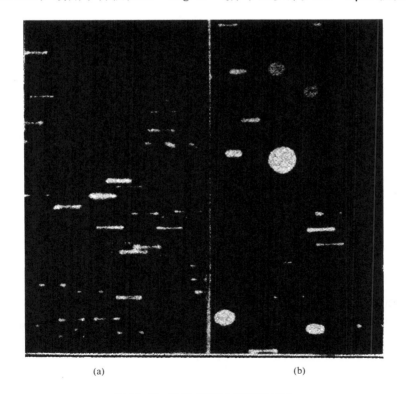

(a)   (b)

图14.20　2kHz声场中颗粒的运动

(a)颗粒大半小于$2\mu m$　　　(b)颗粒大半大于$10\mu m$

下五分之一,$10 \sim 20\mu m$ 的颗粒增加三倍,用的是 160dB,2kHz 旋笛。

（e）焦聚超声技术（HIFU）

超声检测已比较普及,但超声医疗仍有很大发展前途,例如用于治癌病。X 射线、CT 有引致放射病的危险,最好慎用。用超声很简单,无任何危险。在应用频率范围(0.5 ~ 1.5MHz)内把超声聚焦,使其强度达到一定程度,可以烧死焦聚区内的细胞,如癌细胞。这就是高强度焦聚超声。图 14.21 是一简单 HIFU 设备。设备只要一个直径 100mm,焦距 150mm 的焦聚陶瓷(PTZ-8)小碗就可用于实验,可在人体内形成短径 1.5mm 长径 15mm 的椭圆焦区,强度达 $1kW/cm^2$ 就可用于实验。在焦区外,只要距离五六个细胞以外就毫无影响,所以很安全,不会烧伤皮肤。这用于治肿瘤很有效,不必麻醉,病人未觉不适。用于肝、肾、前列腺都很合适。但这还只是在实验阶段,合适的剂量,有无副作用都还需研究,所以尚未实际应用,因为关系较大,所以慎重。从前景看,超声治疗安全可靠,设备简单价廉,有人认为,今后很多外科手术,将为超声治疗代替。

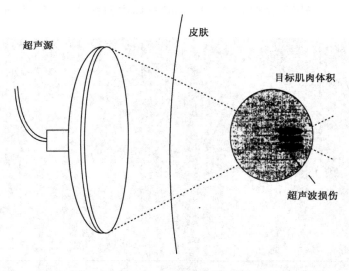

图 14.21　焦聚超声技术

（f）孤立声波

近年来,物理学各分支在孤子,或孤立波的研究中有了很大进展,建立了一些理论。最早观察到孤立波的是在浅水上,用马拉纤使一小舟在一运河上快速航行时,若突然停止,舟前就隆起的一股水仍缓慢地继续前进。有人在岸上骑马追逐这股水,一直追了一两里仍未消失,这是 1834 年八月在伦敦附近观察到的,后来在其它液面上以及固体棒上都见到。一般解释是用声速补偿关系,非线性使声速加大,而频散性使声速减小,互相补偿有形成如图 14.22。

1986 年在美国洛杉矶加州大学学习的吴军用扬声器驱动水槽上下振动产生

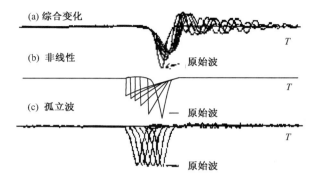

(a) 综合变化

(b) 非线性　　　　原始波

(c) 孤立波　　　　原始波

　　　　　原始波

图 14.22　孤立声波的形成

了不传播的孤立声波,如图 14.23。振动小时,水槽中的水面平静不受影响。当振动超过一定阈值后,水面受参量激发,产生频率为驱动频率之半波动,波在水面上静止不动,或缓慢地来回动,完全稳定。这种不传播的孤立声波还不能用声速补偿完全解释,可能与驻波有关,尚待研究。

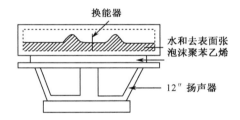

换能器

水和去表面张
泡沫聚苯乙烯

12″ 扬声器

图 14.23　不传播的孤立声波产生系统

参 考 书 目

马大猷. 高声强 I 基础. 声学学报,1992:17,241～247;Ⅱ应用,363～368

O V Rudenko,S I Soluyon. Theoretical Foundation of Nonlinear Acoustics. Consultant's Bureau,1997

D Sette ed. Frontiers in Physical Acoustics. North Hollard,1986

钱祖文. 非线性声学. 北京:科学出版社,1992

R T Beyer. Nonlinear Acoustics. ASA, 1997

马大猷. 闭管中大振幅驻波理论. 声学学报,1994,19:161～166

Maa Dah You and Liu Ke. Nonlinear standing waves:theory and experiments. J. Acoust. Soc. Am,1995,98:2753～2763

陈品赞等. 大振幅下的声饱和及高频调制. 声学学报,1980,15:1～11

马大猷. 非线性驻波的饱和函数,声学学报,1998,23:193～196

习 题

14.1 一简单波,幅值不一定很小,在普通环境压力 P_0,密度 ρ_0 和声速 c_0 的气体中,沿 x 方向传播。以显式表达随总压 P,气体流速 $u(P)$ 和声速 $c(P)$ 的变化。

14.2 一声波在 $x=0$ 点的印迹(声压与时间的关系)为等腰三角形,正半波,负半波各长 T_0。波在均匀、静态介质中沿 x 方向传播。

(a)到冲击波出现时,传播距离 x_{sh} 是多少? (b)画出 $x=x_{sh}$ 处的波形,并给出超压和正半波长波的式子。(c)描写 $x>x_{sh}$ 后,印迹的演化。

14.3 在 $x=0$ 点,传声器记录的瞬态波形开始时是一阶梯函数(声压突然升高为 P_1,经过时间 T_0 后又升高为 P_2,以后不变)。信号是平面波,沿 X 方向传播。(a)传播多远第二个冲击要赶上第一个?(b)画出在上述距离前后波形的开始部分,并给出在任何时刻反映波形特征的超压公式。

14.4 空气中电火花在 10cm 处产生的 N 波,其幅值为 1600Pa,正半波延续时间为 $10\mu s$。求 60cm 处此二量的值。

14.5 (a)求证伯格尔斯方程(14.43)在小信号近似下的近似解是

$$u = \frac{B}{x^{1/2}} \int_{-\infty}^{t} u(0,t_0) e^{-K(t-t_0)^2/x} dt$$

式中 $u(0,t_0)$ 是在 $x=0, t=t_0$ 时的值。(b) B 和 K 的意义大约是什么? (c)解释这个解与另一解

$$P = P_0 e^{-\alpha x} \sin\left[\omega\left(t - \frac{x}{c}\right)\right]$$

是否一致。

14.6 14.2 题是由 z 轴发出的圆柱对称的柱面波,相当于半径距离 $r_0, r_0 \gg cT_0$。

(a)到 r 值多大开始出现冲击波? (b)求正脉冲延续时间和超声峰值做为距离 r 的函数。

14.7 从超声速旅客飞机(以 2 马赫在 13km 高度飞行)传到地面的轰声,典型值为超压 100Pa,正脉冲长 0.1s。如空气温度 20℃,湿度 50%,以下各种因素哪一个对冲击波前的波形具有最大影响:黏滞性,O_2 的振动弛豫或 N_2 的振动弛豫? (当前的一般看法是空气中的湍流具有其他损耗因素不可比拟的对波形变化的影响。)

14.8 由升力产生轰声的一个理论是假设在空气中以超声速运动的物体上的受力分布。假设受力使线性近似的欧拉方程成为

$$\rho_0 \frac{\partial u}{\partial t} + \nabla p = -f(Vt-x)\delta(y)\delta(z)$$

$$f(\xi) = e\frac{\pi F_L}{2L}\sin\frac{\pi\xi}{L}$$

限于 $0<\xi<L$,此外 f 为零。式中 F_L 是升力总值,$f(\xi)$ 是每单位长度的升力。

(a)求所得声场在航线下($y=0$)大距离 $|z|$ 处的近似解。(b) F 函数大约是什么? (c)如计入积累的非线性效应,声源下的脉冲的近似表达式是什么?

14.9 进入喉半径 r_t,婉展常数 m 的喇叭为具有声压幅值 P_0 和角频率 ω 的声波。求出喇叭辐射能量中进入高频的比率,略去损耗并假设无断裂发生。并假设 $k^2 \gg m^2$,把喇叭看成截面渐增的圆管。

14.10 质点速度幅值 u_0 和角频率 ω 的声波进入两端封闭、长 L 的均匀圆管,(a)求所形成

驻波的表达式,假设圆管的直径 $d < c/\omega$。(b)求声压的分布。

14.11 驻波管由直径 D_1,长 L_1 的粗管和直径 D_2,长 L_2 的细管组成。细管的另一端封闭,粗管的一端置一活塞,以简谐运动激起管内的驻波。(a)以线性理论解管内驻波,求按声压源管内共振条件和声压从活塞到细管端的增益。(b)计入累积的非线性效应,求驻波及上述声压比的改变。

14.12 非线性行波中声压有直流部分(与时间无关的部分),称为辐射压,非线性驻波如何? 试求非线性驻波中的辐射压,并与行波中辐射压相比。[提醒:由声压的严格式(14.57)展开。]

第十五章 热 声 学

在现代声学发展中,许多学科,特别是数学和物理学其他分支,都做了重要贡献,尤其是电声学,换能技术。声学基本是类比哲学,数学,电磁场理论和技术,力学,材料科学,光学,热学,微电子学等的综合成就。量子力学的概念用于室内音质问题,光学衍射理论用于声屏障以及其它声影区理论等不可胜数。声学也倒过来为其它学科服务。声学模拟方法曾用于原子、分子物理;在光学和热学测量中,声学方法是一重要方面,气体的比热比 γ 测量,声学方法几乎是唯一准确的方法,因为声速测量经过多年的发展,已达到极高准确程度,为其它热学方法所不及。声学工作对广播、通信技术的发展,关系也是突出的,不仅语言声学的研究成为广播、通信质量的关键,声表面波的研究也为广播、通信系统提供了电子原件。

本书限于篇幅,不能一一具体讨论。只对近年发展较快的热声学做一简单讨论。热致发声的发现已久,歌焰成为大学物理课堂表演,深受欢迎,已有多年。近年的研究,发现不仅热可发声,声也可发热(或发冷),引起科学技术界极大注意。20 年中,热声学不但发展了完整的理论,实际应用也同步进行,研制出重要设备。本章中只从声学角度对其基本理论做一论述。

15.1 热 声 效 应

热致发声最早是 1777 年希根斯(Baron Higgins)发现的。他在实验室中把一个氢气火焰(那时氢气是刚发现的)放入竖立的粗管中,发现了发声现象(图 15.1(a))。这引起很多重要科学家的研究工作,对于其发声机理提出各种不同的解释。开头,只是重复验证实验,没有人试图解释。25 年后,在 1802 年,发明克拉尼图形的克拉尼(E. F. F. Chladni)做了火焰声的测验,判断所发声和其它方法发的声(例如口吹瓶口的发声,后来称为风琴管效应)无甚差别,音调与管长成反比,实验中观察到第一和第二谐音。同一年德拉利夫(de La Rive)也做了实验,他在一个瓶子中滴了一滴水,把它加热,水蒸发了,蒸汽膨胀升到瓶口又凝结收缩、落下,也发了声。所以他说希根斯管的发声,不是由于火焰,而是因为氢气燃烧后成为水蒸气周期性的膨胀、压缩。于是火焰声的发声机理又莫衷一是。直到 1818 年,在电磁感应和电解方面做出重大贡献的法拉第(M. Faraday)做了火焰声的实验,他证明用一氧化碳气燃烧同样可发声,因而否定了蒸汽发声的学说,他提出发声是由于燃气不断在燃烧中爆炸所致。发明电桥的惠斯通(Wheatstone)用旋转的反射镜观察火焰,见其在发声中规律地跳动,证实了法拉第的爆炸理论。桑特豪斯

（C. Sondhauss）做了火焰声的最深入的实验研究，他证明不但竖立管的共振是必要的，供燃气管中的共振也必要，并求得了管长关系的规律，以获得稳定的火焰声。

不久，1859 年，黎开（P. L. Rijke）用热丝网代替火焰，取得很好的发声效具（图 15.1(b)）。在黎开管中，热丝网须放在管的下半截中，最好离下端 1/4 管长左右。如在上半截，丝网必须降低温度，或丝网温度正常，由下端进入的必须是热空气（称为波沙（Boscha）管（图 15.1(c)）。黎开管发声宏大，但不是纯音，包括很多泛音。黎开管有时被称为"啸声管"，在大学物理课堂上是很受欢迎的演示项目。在工业中，黎开管振动有时是发电厂锅炉或管道破裂，甚至是导弹发射失败的原因。在第二次世界大战开始阶段，纳粹德国以 V1 导弹轰炸英国伦敦，由于黎开管效应所发怪声，先声夺人，造成恐怖。

另一类声源首先惊扰了欧洲的吹玻璃工，当把一个细玻璃管接到烧热的玻璃球上时，发出强大的声音。问题受到桑特豪斯的注意，做了深入细致的实验研究，证明发声不是由于玻璃的振动，并取得音调与圆球和长管尺寸的关系，于 1880 年发表了他的研究结果，对以后的热声机器的发展很有影响，但他未讨论其发声机理。后来瑞利做出解释，桑特豪斯管（图 15.1(c)）的发声是由于管的一端封闭加热，另一端温度低，引起空气进出开口，与管壁交换能量中有滞后现象而发声。50年后，塔康尼斯（K. W. Taconis）证明把室温的管接到低温系统，同样发声。桑特豪斯管中在圆球出口外加一些松散材料（卡特（Carter）的建议），发声效率即大为增加（图 15.1(d)）。

从希根斯起至今 200 年中提出的热声机器不下几十种，但基本原理不出希根斯、黎开、桑特豪斯三种，其严格理论也只是 20 世纪 60 年代以来的发展。

热声效应有两个方面，即热致发声和声能致冷。热致发声发现很早，研究得很

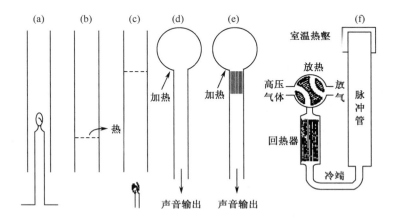

图 15.1　基本热声机器

（a）希根斯　（b）黎开　（c）波沙　（d）桑特豪斯　（e）桑特豪斯—卡特　（f）脉冲管

透彻,声能致冷则历史很简单,只是在 1966 年才由吉弗特等(W. E. Gifford and R. C. Longsworth)用脉冲管实现(图 15.1(f))。桑特豪斯管可算是现代热声机的雏型,其发声要求温度梯度大,如温度梯度不够大,气体进入管内所得到的能量就不足以补偿在管壁上和管内的能量损失,每周都损失能量,管内声场不但不能建立起来,即使原有声场也要不断衰减。如果不断被补偿声能,管内声场即可继续维持,并且从低温处吸收能量,送入高温处。在高温处把热量消耗,保持其温度(如普通冰箱或空调机的散热),就可以不断从低温处吸收热量,成为制冷系统。如图 15.1(f)的脉冲管制冷器,用频率极低(大约 1 Hz),幅值巨大的压力变化(高低压变化是 4 倍),产生了极为可观的制冷作用,低温可达室温(绝对温度)之半。从那时起,这种装置已有了不少改进,高温为室温时,低温可达到 65 K(约零下 210℃)。

15.2 瑞利解释热声发声原理

黎开管发表于 1859 年,桑特豪斯管发表于 1880 年。从希根斯起,在一百年中还提出热声源的多种构造,但无一得到确切的解释。直到瑞利在他的《声的理论》书中提出解释,并得到科学界的认同,严格理论则尚待声学和流体动力理论的分析。

瑞利首先提出普遍适用于一切热致发声系统的判据。他认为热声学管内如有气体振动,只有在最大压缩时向气体供热,在最大膨胀时由气体取热,才可促进气体中的振动。否则,在最大膨胀时向气体供热,而在最大压缩时由气体取热,气体中的声振动就受到阻尼。这是维持管中气体声振动的必要条件也是充分条件。这个基本原则不但成功地解释了希根斯、黎开、桑特豪斯等现象,并为促使热声源进一步发展提供了条件。

15.2.1 黎开管的原理

黎开管很简单,基本要求是有一热源,有穿堂风通过。热源可能是电热丝网,螺线圈或环形线圈,也可能是火焰。穿堂风可能是竖立管的自然通风,也可能是任何体形容器加人工通风。热源停止或通风停止都要停止发声。

瑞利解释黎开管的声学驱动如下:加热的金属丝网引起向上的气流。在两端开启的管中,基波声压在管的两端是节点,中央是腹点。质点速度正好相反,因而在管的上半截和下半截都是流向中央。在管的下半截中,质点速度与平均流速方向相同而相加,增加空气由丝网转移热量的速度。由于热量转移过程有相位滞后,它就有益于增强声压振动,即增强声压驱动。相反,如果热源在管的上半截,质点速度与平均流速方向相反,在声压极大前的四分之一周期内,二者互相抵消而不利于热量转移,热量转移的相位则是反对声压振动,形成阻尼。质点速度和声压的变化在热网驱动声振动中都是必要的,所以热网位置在压力节点或速度节点都不能激发声振动。热丝网最佳位置是在管的下半截,距管下端四分之一的地方,这是第一谐波的质点速度与声压相乘积最大的地方,最有效激发声振动。声振动在每个正半周期中得到热能的驱动。

对于基波以上的简正波,上半截与下半截都可能有最强的驱动点。同时,不同的谐波可能具有相同的驱动点,如果能量(温度)足够的话,好几个谐波可能同时被驱动。所以黎开管的发声常常是复音。

瑞利的解释与实验结果完全符合。黎开管的发声以低频为主,热源温度高,高频率才容易激发。

热源与通风是黎开管发声的必要条件,但发声倒过来也影响热源。在使用电热丝网的时候,如果停止通风,丝网的温度可升高很多,由丝网的颜色变化可以看出。这是由于发声时,按瑞利解释,有效平均速度要增加,使丝网损失热量显著增加。如前所述,电热丝网代以火焰也产生黎开声振动,在使用火焰时,这种增加的热量损失就要促进燃烧,使黎克管成为黎开燃烧器,其燃烧效率比简单燃烧器大得多,在工业中有重要应用,增加燃烧效率,减少污染。工业中广泛应用脉冲燃烧以提高燃烧效率,黎开燃烧器(构造基本如图 15.1(a))是其中一种。图 15.2 是喷气飞机所用的燃气涡轮机后燃烧器,用以增加飞机推力。

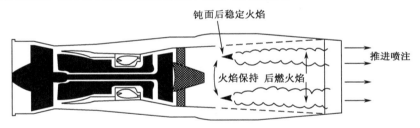

图 15.2　有后燃烧器的燃气涡轮机

15.2.2　简单理论

瑞利对黎开管功能的解释可以简单地用数学方法表达,也许由于过分简单,其基本概念可能更清楚。黎开管主要是温度对气流的影响,取其轴为坐标轴,下面一端为 $x=0$,上面一端为 $x=L$,在 $x=a$ 处有一热网,把温度提高 ΔT,假设平均温度为 T_m,不受热网影响,只有 $x=a$ 处温度是 $T_m + \Delta T$,除 $x=a$ 处外温度都是平均温度 T_m。管内有向上的平均气流 u_m 温度 T_m,和管中声振动的质点速度 u_r。当 u_r 为正值,方向向上时,与平均流速相加,到达 $x=a$ 时,从热网吸收热量、提高温度 ΔT,并提高密度 $\Delta \rho$。根据气体定律

$$P = \rho R_1 T \qquad (15.1)$$

式中 P 为气体总压力,ρ 为气体总密度,T 为绝对温度,$R_1 = R/M$ 为每单位质量气

体的气体常数, $R = 8.314\text{J} \cdot \text{mol}^{-1}\text{K}^{-1}$ 是 1mol 的气体常数, M 则为气体的相对分子质量。气体定律用增量表示即

$$\frac{\Delta P}{P_m} = \frac{\Delta \rho}{\rho_m} + \frac{\Delta T}{T_m} \tag{15.2}$$

三个分子是相应于压力、密度和温度的增量, 分母则为平均值。在气体状态变化时, 服从绝热变化(等熵过程)

$$\frac{\Delta P}{P_m} = \gamma \frac{\Delta \rho}{\rho_m} \tag{15.3}$$

由以上两式可求得

$$\Delta \rho = \frac{\rho_m}{\gamma - 1} \frac{\Delta T}{T_m} \tag{15.4}$$

气流从热网得到的热能在上半周 u_r 为正时是

$$c_p(u_m + u_r)\Delta T \tag{15.5}$$

加强声振动的能量。在下半周(u_r 为负), 质点速度向下时, 因气体已经加热, 与热网温度相同, 无热交换。而平均气流仍是向上, 对声振动(因振动情况已变)只有阻碍作用, 不过为向下的质点速度抵消其一部分, 作用已不大, 可以根本忽略不计。所以黎开管中有平均气流 u_m 和声波质点速度 u_r, 受热网作用增强声振动的只有 $u_m + u_r$, 在 u_r 的正半个周期, 在 u_0 的负半周期无增强作用, 对声振动无影响。

管内欧拉方程仍是

$$\frac{\partial \rho}{\partial t} + \rho_m \frac{\partial u}{\partial x} = 0 \tag{15.6}$$

$$\rho_m \frac{\partial u}{\partial t} + \frac{\partial p}{\partial x} = 0 \tag{15.7}$$

分别对 t 和 x 微分

$$\frac{\partial^2 \rho}{\partial t^2} + \rho_m \frac{\partial^2 u}{\partial x \partial t} = 0 \tag{15.8}$$

$$\rho_m \frac{\partial^2 u}{\partial t \partial x} + \frac{\partial u}{\partial t} \frac{\partial \rho_m}{\partial x} + \frac{\partial^2 p}{\partial x^2} = 0 \tag{15.9}$$

ρ_m 不随时间变化所以时间微商不计, 但经过 $x = a$ 时 ρ_m 有突然跳动, 空间微商却不可忽略。两式相减, 移项, 可得

$$\frac{\partial^2 p}{\partial x^2} - \frac{1}{c^2} \frac{\partial^2 p}{\partial t^2} = -\frac{\partial u}{\partial t} \frac{\partial \rho_m}{\partial x} \tag{15.10}$$

$\partial \rho_m / \partial x$ 在管中除 $x = a$ 处以外都等于零, 在 $x = a$ 处因 ρ_m 突然跳到 $\rho_m + \Delta \rho$ 而为无穷大。这个特性和狄拉克 δ 函数相似, 即 $x \neq a$ 时 $\delta(x - a) = 0$, 而 $\int_0^L \delta(x - a)\mathrm{d}x = 1$, 现在则是 $\Delta \rho$。所以可写做 $\Delta \rho \delta(x - a)$, 或者按(15.4)式写成

ΔT 的关系,(15.10) 式即成为

$$\frac{\partial^2 p}{\partial x^2} - \frac{1}{c^2}\frac{\partial^2 p}{\partial t^2} = -\frac{\partial u}{\partial t}\Big|_+ \frac{\rho_{\mathrm{m}}}{\gamma - 1}\frac{\Delta T}{T_{\mathrm{m}}}\delta(x - a) \qquad (15.10\mathrm{a})$$

这就是按照瑞利解释,黎开管的波动方程。式中 $\dfrac{\partial u}{\partial t}\Big|_+$ 表示 u_r 为正时的速度微分,
u_r 为负时则为零。(15.10a)式用一般方法是难解的,因右边的项全与左边有关,$\partial u/\partial t$ 由 p 决定。现在先不管这些关系,把右边当做外加声源,用类似莱特希尔声学类比方法求解。若声源不存在,基本波动方程

$$\frac{\partial^2 p}{\partial x^2} - \frac{1}{c^2}\frac{\partial^2 p}{\partial t^2} = 0 \qquad (15.11)$$

的解已知,取 p 为正弦式函数,边界条件是

$$x = 0 \text{ 和 } x = L \text{ 处,} \quad p = 0(\text{两端开口})$$

p 可简单写做

$$p = A\, \sin kx\, \sin\omega t \qquad (15.12)$$

式中 ω 为角频率 $2\pi f$,k 为波数 ω/c,在 $x = 0$ 处边界条件已满足,在另一端 $x = L$ 则要求

$$\sin kL = 0$$

或

$$kL = n\pi, \quad n = 1,2,3,\cdots$$

对某一 n 值

$$p_n = A_n\, \sin k_n x\, \sin\omega_n t \qquad (15.12\mathrm{a})$$

质点速度

$$u_n = (A_n/\rho c)\cos k_n x\, \cos\omega_n t \qquad (15.13)$$

声压的解应是大量简正声压 p_n 之和,质点速度也是如此,问题就在声源函数。振动速度,根据(15.10a)式,$x = a$ 处起加强声振动作用的流速为

$$\left.\begin{array}{l} u = (u_m + u_n), \quad \cos\omega_n t > 0, \\ \qquad \text{或 } 0 < \omega_n t < \pi/2,\ 3\pi/2 < \omega_n t < 5\pi/2,\cdots \\ u = 0, \quad \cos\omega_n t < 0 \\ \qquad \text{或 } \pi/2 < 3\pi/2,\ 5\pi/2 < \omega_n t < 7\pi/2,\cdots \end{array}\right\} \qquad (15.14)$$

如图 15.3 所示。这并不是说黎开管内的气流变成间歇式的,整个气流仍是 $u_m + u_r$,只是经过热源时,相当于 $u_r > 0$ 的气流起增强作用,在 $u_r < 0$ 的负半周,热源基本无作用。

为了处理方便起见,可求出(15.14)式的气流的等效连续气流,即求出全部时间起作用的流速,其效果与(15.14)式的气流相等。这只能按不同的简正波分别处理,取简正波 n,上面要求即

$$(u_{\mathrm{m}} + u_{n0}\cos k_n a \cos\omega_{\mathrm{m}}t)_{\cos\omega_n t > 0} = B\cos\omega_n t$$

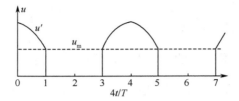

图 15.3　假设的驱动速度的时间变化

当然气流的傅里叶分析不只这一项,但其它谐波和直流项都无助于简正波 n 的增强,因而略去不计。两边乘上 $\cos\omega_n t$,并对 t 积分,得

$$\int_0^{\pi/2}(u_{\mathrm{m}} + u_{no}\cos k_n a \cos\omega_n t)\cos\omega_n t\,\mathrm{d}(\omega_n t) = \int_0^\pi B\cos^2\omega_n t\,\mathrm{d}(\omega_n t)$$

求出 B_n,连续性的驱动气流即

$$u = B\cos\omega_n t = \left(\frac{2}{\pi}u_{\mathrm{m}} + \frac{1}{2}u_{n0}\cos k_n a\right)\cos\omega_n t$$

(15.10)式右方的声源即是

$$-\frac{\partial u}{\partial x}\frac{\partial\rho_{\mathrm{m}}}{\partial x} = \left(\frac{2}{\pi}u_{\mathrm{m}} + \frac{1}{2}u_{n0}\cos k_n a\right)k_n\sin\omega_n t\frac{\rho_{\mathrm{m}}c}{\gamma-1}\frac{\Delta T}{T}\delta(x-a) \qquad (15.15)$$

按(15.10)式,是正常的一维驻波受迫振动的微分方程。显见简单声压形式(15.12a)已不能适用,黎开管内的能量损失,主要是管壁上黏滞附面层损失,必须计入。ω_n 不变,k_r 要变,成为 k'_n。根据瑞利理论(10.2.1 节中有讨论),

$$k'_n = k_n[1 + (1-j)\delta]$$

$$\delta = \frac{1}{r}\left(\frac{\mu}{2\omega_n}\right)^{1/2}$$

因为相差甚小,$\sin k_n x$ 值的改变极其有限(主要是节点上声压不为零但仍极小)。解波动方程(15.10)式,声源项要写成简正函数(15.12)的样子,即

$$\left(\frac{2}{\pi}u_{\mathrm{m}} + \frac{1}{2}u_{n0}\cos k_n a\right)k_n\frac{\rho_{\mathrm{m}}c}{\gamma-1}\frac{\Delta T}{T_{\mathrm{m}}}\delta(x-a) = A\sin k_n x$$

两边各乘以 $\sin k_n x$,在 $x=0$ 至 L 中间对 x 积分,即可求得 A,代入(15.10)式成为

$$\frac{\partial^2 p_n}{\partial x^2} - \frac{1}{c^2}\frac{\partial^2 p_n}{\partial t^2} = \frac{2\rho_{\mathrm{m}}c}{L(\gamma-1)}\frac{\Delta T}{T_{\mathrm{m}}}k_n\left(\frac{2}{\pi}u_{\mathrm{m}} + \frac{1}{2}u_{n0}\cos k_n a\right)\sin k_n a \sin k_n x \sin\omega_u t$$

积分,注意波动方程左方代入 p_n 的函数形式即等于 $(-k'^2_n + k^2_n)p_n = 2(\mathrm{j}-1)\delta k^2_n$,可得

$$p_n = \frac{1}{2(\mathrm{j}-1)\delta}\frac{2}{n\pi}\frac{\rho_{\mathrm{m}}c}{\gamma-1}\frac{\Delta T}{T_M}\cdot\left(\frac{2}{\pi}u_{\mathrm{m}} + \frac{1}{2}u_{n0}\cos k_n a\right)\cdot\sin k_u a\cdot\sin k_n x\cdot\sin\omega_n t$$

$$(15.16)$$

式中 $n\pi = k_nL$。这是简正声压 n 的严格解,但其括弧中的 u_n 依赖于 p_n,所以还只是隐式解。为了解决这个问题,先根据简正波的特性(15.13)式,知简正质点速度为

$$u_n = \frac{1}{(\mathrm{j}-1)\delta}\frac{1}{n\pi}\frac{1}{\gamma-1}\frac{\Delta T}{T_\mathrm{m}}\left(\frac{2}{\pi}u_\mathrm{m}+\frac{1}{2}u_{n0}\cos k_n a\right)\sin k_n a\cos k_n z\cos\omega_n t$$

$$(15.17)$$

将括弧中两项分开,

$$u_n = \frac{1}{(\mathrm{j}-1)\delta}\frac{2}{n\pi^2}u_\mathrm{m}\frac{1}{\gamma-1}\frac{\Delta T}{T}\sin k_n a\,\cos k_u x\,\cos\omega_n t$$

$$+\frac{1}{2(\mathrm{j}-1)\delta}\frac{1}{n\pi}\frac{1}{\gamma-1}\frac{\Delta T}{T_\mathrm{m}}u_{n0}\cos k_n\,\sin k_n a\,\cos k_n x\,\cos\omega_n t$$

式中右方第二项中的 $u_{n0}\cos k_u x\cos\omega_n t$ 即是 u_n,将第二项移到右方,与原有项结合,再求解 u_n 即得 u_n 的独立显式,其有效值(rms)为

$$u_n = \frac{1}{\delta}\frac{1}{n\pi^2}\cdot\frac{1}{\gamma-1}\cdot\frac{\Delta T}{T_\mathrm{m}}u_\mathrm{m}\sin k_n a\cos k_n x\Big/\left(1-\frac{1}{8\delta}\frac{1}{n\pi}\frac{\Delta T}{T_\mathrm{m}}\sin 2k_n a\right)\quad(15.18)$$

由此再求得简正声压有效值

$$p_n = \frac{1}{\delta}\frac{1}{n\pi^2}\frac{\rho_\mathrm{m}c}{\gamma-1}\frac{\Delta T}{T_\mathrm{m}}u_\mathrm{m}\sin k_n a\sin k_n x\Big/\left(1-\frac{1}{8\delta}\frac{1}{n\pi}\frac{\Delta T}{T_\mathrm{m}}\sin 2k_n a\right)\quad(15.19)$$

已完全成为显式。由于此式在推导过程中,做了过分的简化(特别是关于热源及管内温度分布),结果不是严格的,还可能有误,只能据以看出大致的趋向。(15.19)式表明黎开管振荡依赖于正反馈,开头气流的不稳定激发较小的声振荡,声波经过热网时吸收热能使声波加强,加强的声波更增加激发,如此继续,达到平衡。声压主要决定于过堂风(平均气流)和热网高温,不可或缺。在一定范围内,声压与风速和温度均成正比。反馈也由 ΔT 决定,更增加温度的重要性,特别是在 ΔT 高时,黎开管发声可能增强到"震耳欲聋"的程度,甚至破坏容器。黎开管发声,虽然是多频(包括不少简正波),并非单频,但基本是低频现象,声压值和反馈都与 n 成反比,即高频率较难建起,也较难存在。具体谐波,根据(15.19)式中的 $\sin k_n a$ 因数,不可能在质点速度腹点,或声压节点激发。反馈中的 $\sin 2k_n a$ 因数说明在节点或腹点,反馈都是零,声场不能建立。所以激发某一谐波,热网必须在其节点与腹点之间,并且 $\sin 2k_n a$ 不可为负值。例如最低频率($n=1$),激发的最佳点是在黎开管下半截四分之一处($a=L/4$),这里 $2k_1 a=\pi/2$,$\sin 2ka=1$,如热网在上半截,则 $\sin 2k_1 a=-1$,(15.19)式的分母大于1,成为负反馈,振荡受阻,不能建立,所以不发声。如果热网在几个简正波的最佳激发点,这几个简单波就受到最大激发,形成多频的黎开管声场。与瑞利解释符合。

15.2.3　桑特豪斯管的原理

桑特豪斯管靠热传导发声,主要要求是较大的温度梯度。瑞利以一个一端封

闭,另一端开口的管子为例,说明热传导发声的机理。他在书中写到,在封闭端加热,到开口端渐渐变冷,当管内空气达到极大稠密(全管各点基本同时达到最大压缩)前 $\frac{1}{4}$ 周期时,空气流入管内,流向高温,不断吸收热量。当管内达到极大稠密时,空气已得到一定热量。随后,空气流向管外,流向低温,不断放出热量,到管内达到极大疏松(最大膨胀)时,空气已全把热量放出。不过空气流动有一定速度,所以温度随所到处的变化有相当滞后。即在进入管内时,是向温高的方向流动,到达某一点时,温度比那一点管上的温度稍低。而在流出管外时,温度降低也比管上的温度降低慢。结果就像磁滞回线,或热循环回线一样,如果温度梯度够大,每个周期(循环)就要获得一些能量,比失去的能量多,声波得到加强,逐渐建立起稳定的声场。这种解释很合理,与现代认识完全一致。

为了获得显著的发声效果,温度梯度必须高。一般是在封闭端(或端上圆球)用火炬加热,在管口声压级可达到 160dB(0dB = 20μPa)。由于热量交换都是在管壁上,与附面层关系密切,管内加上一些松散物以增加附面层,发声可以大大加强。

15.3 现代热声系统的工作原理

热声系统从 18 世纪末希根斯发现火焰声起有了极大发展,受到科学界的极大注意,但直到 20 世纪 60 年代还没有任何定量的分析。60 年代末,罗特(N. Rott)和他的学生们开始认真研究桑特豪斯管,提出效率更高的现代构造,做了大量理论和实验研究工作,在 70 年代建立了系统的热声理论。80 年代,美国惠特里(J. C. Wheatley)等注意到罗特等的工作,组织了认真的实验开发工作,引起了广泛的注意。将热声学理论发展为实用理论,同时发展了工业中的实际应用,现在已成为成熟技术。热声系统主要分为热声机和热声致冷器二类,其基本工作原理如下。

15.3.1 热声机

现代热声机是桑特豪斯管的合理发展。热声机从一高温热源吸取热量,将其一部分转换为声能,剩下的部分给予低温热源。图 15.4(a)的热声机是基本构造。在这设备中每秒从高温热源 T_h 吸取热能 Q_h,发出声功率 W,剩余热能 Q_c 排至低温热源(或热壑)T_c。热力学第一定律要求 $Q_c + W = Q_h$,第二定律则决定其效率 W/Q_h 不能超过卡诺循环的效率 $(T_h - T_c)/T_h$。

热声机长度约在 0.1 ~ 1m 之间,决定其工作频率大约是几百赫兹。其两端封闭,最低共振是半波长,两端为声压腹点,质点速度和位移的零点,管的中点是声压节点,质点速度和位移的腹点,如图 15.4(b)中相关曲线所示。在管中既非声压节点,也非质点速度节点的部位,具有二热交换器(一组铜片,不妨碍气流通过,只为保持截面上温度均匀),分别连到高温热源 T_h 和低温热源(或热壑)T_c。二热交

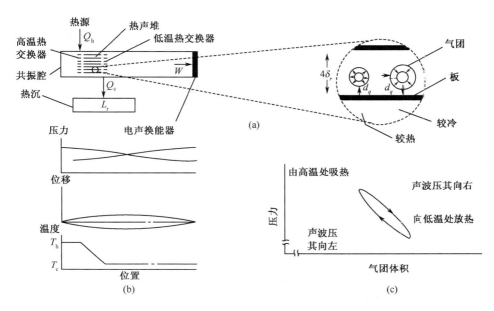

图 15.4 现代热声机原理

换器间是热声堆,(基本是一组距离相等的薄板,一般做成螺旋状圆筒),也不妨碍气流通过,但保持二热交换器之间的温度逐渐改变,如图 15.4(b)最下边的由线所示。热声堆用热容量大的材料制成,其连结至热交换器,以及热交换器的连结至热源均要求热传导良好,以保持系统中的各点温度和温度梯度。

为了说明这个简单构造转换热能为声能的细节,可考虑热声堆中一小部分的放大图,图 15.4(a)中右边的图,图中有一个小气团在四个时刻的位置和状态,表明与声场变化的关系。管内驻波使小气团左右运动,使其压缩膨胀。小气团在其最左边的位置时恰是压缩最大,而在其最右的位置时膨胀最大。在一般热声系统中,声压变化约为平均压力的 3%～10%,而小气团移动的范围也是大约热声堆长度的 3%～10%。

有了外加温度梯度使小气团的运动和状态有所改变。为简单起见,暂时略去小气团在压力变化中的绝热体积变化(由于温度梯度大,温度影响比压力影响大得多)。小气团在最左的位置时,热能从较热的热声板流入小气团,气团膨胀,并向右移动。当小气团移至最右的位置时,它将热量转给较冷的热声板,而收缩。小气团在高压时膨胀,在低压时收缩如图 15.4(c),因而向周围做功。按瑞利判据,声场得以加强。热声机驻波中有大量小气团,每个都移动一个小距离,传递一些热能,供给一些声能,各个小气团就像接力赛跑一样,把一些热能传递到低温热源,并转换一些热能为声能,声能进入热声机右端的换能器而转换为电能。效果就是由高温热源每秒吸收热能 Q_h,送入热壑热能量 Q_c 而获得声能 W。

热声机一个重要问题就是热声板之间的距离。上面已谈到，小气团在静止时，从较热处吸收热能或向较冷处放出热能，在运动中则不需要热交换。因此热声板的距离要求小气团在静止时，与热声板热接触良好，在运动时接触较差。所以热声板间的距离不宜太大或太小。细微分析，认为板间距离以四倍热穿透距离 $\delta_K = \sqrt{K/\pi f \rho c_p}$ 左右为好，δ_K 是热能在气体中大约在时间 $1/\pi f$ 内扩散的距离，K 是气体中热传导系数，ρ 是其密度，c_p 是气体的定压比热，而 f 则是声振动的频率。在现代热声机中，δ_K 基本是几丝米（万分之一米）。

15.3.2 热声致冷器

热声致冷器是近年重大发明之一。其基本工作原理（如图 15.5（a）所示）与热声机十分相似，但温度梯度比热声机中要小得多。小气团在热声堆中沿其长度振动，气体受压力的作用，做绝热压缩和膨胀，因而产生温度变化。在图 15.5（b）中，小气团在其振动至最左边时，温度高于相当位置的热声板，向热声板输出热能并收缩，在声压降低中，小气团绝热膨胀，到最右边时其温度已降低至低于相当位置的热声板，而从其取得热量，而膨胀，小气团在每一声场周期中把少量热能由右传到左方，与温度梯度方向相反。

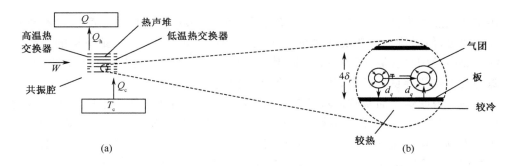

图 15.5　现代热声致冷器原理

热声堆中所有小气团（实际是所有气体）的振动都是如此，它们就像接力赛跑一样，从右边的低温热源 T_c 吸取热量 Q_c，把热量 Q_h 送入高温热源 T_h，产生绝热变化的能量 W 来源主要是外加声场，小气团在高压时压缩，在低压时膨胀。与热声机相同，按热力学第一定律 $W + Q_c = Q_h$，按第二定律，热声致冷器的演绩系数 Q_c/W 限于卡诺系数 $T_c/(T_h - T_c)$。

热声系统成为热声机（产生能量）或热声致冷器（消耗能量），关键在于温度梯度的大小。在热声机中，小气团受压缩移动至最左位置时，其温度低于当地的热声板温度，因而从其吸收热量。在热声致冷器中，小气团受压缩移动至最左位置时，其温度高于当地的热声板温度而向后者输出，效果正好相反。

15.3.3 热声系统的实现

图 15.6 是第一个效率较高的热声制冷器的剖面图,说明实际设计中的重要因素。

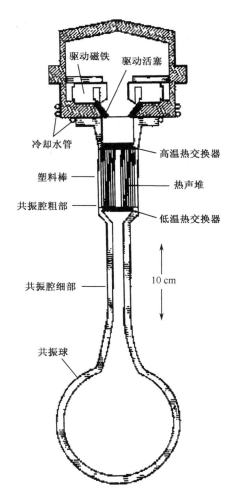

图 15.6 第一个效率较高的热声制冷器

管的形状尽量使黏滞性和热传导损失降低,并抑制谐波的产生,使管中声波基本是正弦式的。驻波的节点在进入圆球的扩大管口,所以管基本是四分之一波长结构,其黏滞性和热传导损失比半波长管减半,而其中只能有奇次谐波,避免了最强的二次谐波。管内用 10 个大气压的氦气作为工作介质,氦气是惰性气体中声速最大、热传导率最高的气体,这就增加了管中所能负担的功率密度,并使热声板间的距离可以稍大,便于制备。类似扬声器的驱动器在声压腹的一端,对其要求是振动力大,而振幅小,所以对其支撑系统要求不高,以其接近热交换器,可同时用水冷却。高温热交换器保持室温 300K。低温与所用冷却功率 Q_c 有关。如声压为 15kPa,输出 Q_c 为 3.5W 时低温为 $-10℃$,输出 Q_c 为 0.5W 时则可达 $-70℃$。如把声压加大至平均压力 3.0% 时,在零下 70℃ 时可输出几瓦冷却功率。

热声致冷器的输出功率,可求得与 $P_m Ac(P/\rho_m)^2$ 成比例,式中 P_m 是平均压力,A 是热声堆通道的截面积,c 是声速,P 是声压(有效值)。

图 15.7 是在实验室中制造的可实用的热声系统。图 15.7(a) 是图 15.6 的热声致冷器,画在一起表明大概相对尺寸。图 15.7(b) 是热能推动的热声致冷器。热声堆分为两段,上段是热声机,用大的温度差产生声振动,声波进入下段后按热声致冷器工作,所以热声致冷器可直接用电能,不必另加声能,两段热声堆直接连

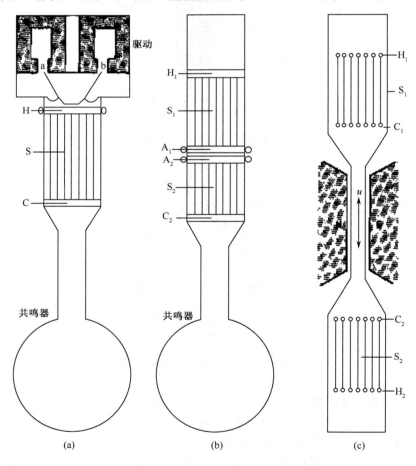

图 15.7　三种热声系统模型

结(热交换器直接连结,并保持在室温,图15.7(b)上用 A 表示)。图15.7(c)是热声发电机,上、下两端是热声机,中部是驻波的节点,质点速度最大。管内充以液体钠,钠在磁场内振动时产生电流。此设备可在宇宙飞船中使用,以直流电加热两端,中间产生频率由管长决定的交流电。

国外有些工厂也研制了一些较大实用型的热声系统,图15.8 也是四分之一波长的共振管,不过驱动不在声压腹点而在速度腹点。这样,声源就要求大振幅和小压力了,用大面积的扬声器很容易产生大流速,不过扬声器产生的热量会流入低温热交换器,影响制冷效率。如果温差不大,影响就不大。这个制冷器倗用 10 个大气压的氦气时,驻波频率430Hz,或用80%氦,20%氩混合气,260Hz,进出水管就做为高温和低温热源。

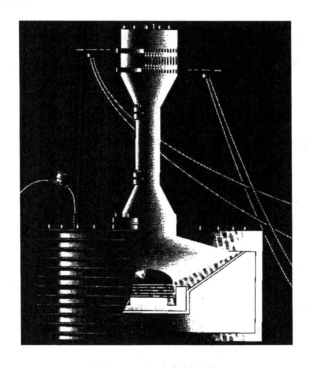

图15.8   大功率制冷器

驱动脉冲制冷器有用热声机供声能的,使用两个直径为半米的螺旋式热声堆,内放 30 个大气压的氦气,频率40Hz,可产生 40kW 声功率,目的是天然气的液化。

15.4   热声系统的严格理论

上节给出热声现象的定性解释,如要确切理解或具体应用热声现象还需要定量的严格理论。热声系统内主要是机械能(声能)与热能的转换。在声学中,一般对温度和热量的转移、传播讨论得少,而这方面却是热声现象最主要的一方面,所以先从这方面开始。为简捷起见,只考虑短管(热声堆长度比波长小得多),并忽略固体和气体中的能量损失,所以只能说是近似理论。

15.4.1 声场中的超温

声场中主要是声压和质点速度的变化,声压是超过平均压力的变化部分,原称超压。在声波中同时也有温度的变化,一般超过平均温度的超温较小,但在热声系统中很重要。

在理想气体中,气体方程是

$$P = \rho R_1 T \tag{15.20}$$

式中 P,ρ,T 分别为气体的压力、密度和温度,$R_1 = R/M$,R 为一个摩尔(mol),即克分子量的气体常数,$8.314\text{J} \cdot \text{mol}^{-1}\text{K}^4$,$M$ 为气体的分子量。P,ρ,T 的变化量的关系是

$$\frac{\Delta P}{P_m} = \frac{\Delta \rho}{\rho_m} + \frac{\Delta T}{T_m} \tag{15.21}$$

各分子为变化量,分母为平均值。在绝热过程中

$$\frac{\Delta P}{P_m} = \gamma \frac{\Delta \rho}{\rho_m} \tag{15.22}$$

消去 $\Delta \rho / \rho_m$,可得

$$\frac{\Delta T}{T_m} = \frac{\gamma - 1}{\gamma} \frac{\Delta P}{P_m} \tag{15.23}$$

如果声压级为 94dB,$\Delta P = 1\text{Pa}$,知 $P_m = 10^5 \text{Pa}(1\text{atm})$,$T_m = 300\text{K}$,可以算出,$\Delta T = 0.87\text{mK}$,即 $0.00087℃$,所以非常小。声压高时,在热声堆中,则有不同。

考虑在热声板间的介质,假设热声板面积非常大,P,ρ,T 的变化主要在板的法线方向。取坐标系:x 轴在管轴方向(声波传播方向),y 轴在板的法线方向,两边板的坐标为 $\pm y_0$,z 轴则在板宽的方向。假设板的厚度极小,热容量很大,因而板面上的温度为 T_m 不变,即 $\Delta T = 0$。现在讨论板间气体温度。温度除受声压影响外,还有气体中热传导的影响。气体中热量流动与温度梯度成正比 $H = -K \cdot \nabla T$,K 是热传导系数。由热流产生的单位体积内热量增加率是 $-\nabla \cdot H = K \cdot \nabla^2 T$。缝隙内一点热量的增加率,是包括(15.23)式的影响,就是

$$\rho c_p \left(\frac{\partial T}{\partial t} + u \frac{\partial T}{\partial x} \right) = \rho c_p \frac{\gamma - 1}{\gamma} \frac{T_m}{P_m} \frac{\partial p}{\partial t} + K \nabla^2 T \tag{15.24}$$

假设变化量都是时间的正弦式函数,用小写 p,u 代表声压和质点速度,并与 T 一起加下角注 1 表示正弦函数,一阶量都略去 $e^{j\omega t}$ 因数。由(15.24)式可写成

$$T_1 - \frac{\kappa}{\mathrm{j}\omega}\frac{\partial^2 T_1}{\partial u^2} = \frac{\gamma - 1}{\gamma}\frac{T_\mathrm{m}}{P_\mathrm{m}}p_1^s - \frac{\nabla T_\mathrm{m}}{\omega}u_1^s \qquad (15.25)$$

式中 c_p 是介质的定压热容量, $\kappa = K/\rho c_p$, 拉普拉斯算符 ∇^2 只取了 y 微分, 因为 z 方向无变化, x 方向的变化只是能量损失, 与热声效应无关。式左边的解是 $\cosh\left(\mathrm{j}\frac{\omega}{\kappa}y\right)$, 在 $y = \pm y_0$ 时, $\Delta T = T_1 = 0$, 因而 (15.25) 式的解就是

$$T_1 = \left(\frac{\gamma - 1}{\gamma}\frac{T_\mathrm{m}}{P_\mathrm{m}}p_1^s - \frac{\nabla T_\mathrm{m}}{\omega}u_1^s\right)\left\{1 - \frac{\cosh[(1 + \mathrm{j})y/\delta_\kappa]}{\cosh[(1 + \mathrm{j})y_1/\delta_\kappa]}\right\} \qquad (15.26)$$

式中热附面层厚度

$$\delta_\kappa = \sqrt{\frac{2\kappa}{\omega}} = \sqrt{\frac{2K}{\omega\rho c_p}} \qquad (15.27)$$

在驻波中, p_1^s, u_1^s 为声压和质点速度的绝对值表示式为

$$\left.\begin{aligned} p_1 &= p_0\cos\omega t\cos kx = p_1^s \\ u_1 &= -\frac{p_p}{\rho_0 c}\sin\omega t\sin kx = \mathrm{j}u_1^s \end{aligned}\right\} \qquad (15.28)$$

这是用复值表示法, 以 p 为准, 质点速度写做 $\mathrm{j}u_1^s$ 表示相角超前 $90°$。空气口在 $1000\mathrm{Hz}$ 时 δ_κ 约为 $0.1\mathrm{mm}$, 所以用声速较大, 热传导系数较大的气体可使 δ_κ 稍大, 热声堆较易制备。

(15.26) 式包括两个因式, 第一个因式决定超温的大小, 其中有两项, 第一项是上面讨论过的绝热压缩产生的温升, 与声压值成正比。第二项则是薄板上温度梯度的影响, 与质点位移值成正比。如果两项相等, 则超温等于零, 此时温度梯度的临界值

$$\nabla T_\mathrm{crit} = \frac{\gamma - 1}{\gamma}\frac{T_\mathrm{m}\omega}{P_\mathrm{m}}\frac{p_1^s}{u_1^s} = (\gamma - 1)\frac{T_\mathrm{m}\omega}{c}\cot kx \qquad (15.29)$$

大约等于 $2\pi T_\mathrm{m}/\lambda$, λ 为波长。温度梯度 ∇T_m 大于 ∇T_crit 时, T_1 为负, 要损失热量, 获得机械能 (声能) 得热声机, 发声。相反, 若 ∇T_m 小于临界值, T_1 为正, 得到热能, 成为声热泵 (制冷系统)。所以在 (15.29) 中临界温度梯度非常重要。

(15.7) 式的第二个因式决定热声效应的分布, 在板面上 T_1 为零, 离板越远 T_1 越大, 但距离大于热附面层厚度 δ_κ 后, 其实数部分渐趋为 1, 虚数部分则渐趋为零, 可以求得这个因式

$$F = 1 - \frac{\cosh[(1 + \mathrm{j})y/\delta_\kappa]}{\cosh[(1 + \mathrm{j})y_0/\delta_\kappa]} \qquad (15.30)$$

的实数部分和虚数部分, 因而求得 y_0 的最佳值约在 δ_κ 和 $2\delta_\kappa$ 之间。$y_0 = \delta_\kappa$ 时, 虚数部分最大, 实数部分较小, $y_0 = 2\delta_\kappa$ 时, 实数部分近于 1, 虚数部分稍小。F 在缝隙中的平均值为

$$\bar{F} = 1 - \frac{\tanh[(1 + \mathrm{j})y_0/\delta_\kappa]}{(1 + \mathrm{j})y_0/\delta_\kappa} = \mathrm{Re}[\bar{F}] + \mathrm{jIm}[\bar{F}] \qquad (15.31)$$

其中

$$\text{Re}[\bar{F}] = 1 - \frac{\sinh(2y_0/\delta_\kappa) + \sin(2y_0/\delta_\kappa)}{[\cosh(2y_0/\delta_\kappa) + \cos(2y_0/\delta_\kappa)](2y_0/\delta_\kappa)}$$

$$\text{Im}[\bar{F}] = 1 - \frac{\sinh(2y_0/\delta_\kappa) - \sin(2y_0/\delta_\kappa)}{[\cosh(2y_0/\delta_\kappa) + \cos(2y_0/\delta_\kappa)](2y_0/\delta_\kappa)}$$

缝隙很宽时 $y_0 \gg \delta_\kappa$，$\bar{F}$ 中的 $\tanh(\cdot)$ 就接近于 1，分式与 y_0 成反比，很小，$\bar{F}$ 的极限是 1。增加宽度对平均 T_1 值无影响。T_1 也可写做

$$T_1 = \text{Re}[T_\text{m}] + j\text{Im}[T_\text{m}]$$

$$= \frac{u_1^s}{\omega}(\nabla T_\text{crit} - \nabla T_\text{m})\{\text{Re}[\bar{F}] + j\text{Im}[\bar{F}]\} \quad (15.32)$$

热声系统中的热声堆的作用是产生 T_1 的虚数部分，这个虚数部分才是热声效应的基础。根据超压可判断热声系统的性质（热声机或声热泵），并定性地估计其功效，要进一步导出其中声能和热能的变化才能得到定量的结果。若需要其工作效率，还需细致、具体地分析其中能量损失，就更复杂了。对于能量损失，在本章只做定性分析，不具体计算，上面 $\nabla^2 T$ 中忽略了 x 方向的分量就是未计算气体中热传导损失。

15.4.2　热能通量

不算热能损失，热声系统中的热能通量是指由于流体动力原因（对流）所引致的热量流动，它把一点的热量通过质点运动，输送到另一点，等于单位体积气体具有的热能乘以 x 方向的质点速度。在绝热过程中，单位体积气体所具有的热能是 $\rho_\text{m} c_p T_1$，在理想气体中，这等于 $(\gamma/(\gamma-1))P_\text{m} T_1/T_\text{m}$。因而气体中的热能通量等于

$$q_2 = \left[\frac{\gamma P_\text{m}}{(\gamma-1)T_\text{m}} T_1 u_1\right]_\text{avg} \quad (15.33)$$

取时间平均值，下角标 2 表示 q 取二阶微量，因为 T_1, u_1 都是一阶微量。如用复值表示法，热能通量必须是实数，因 u_1 是虚数 ju_1^s，T_1 须取其虚数部分 $\text{Im}(T_1)$（与 u_1 同相部分），所以只有超温的虚数部分才导至热声效应。按复值乘法，第二个数（乘数）须取其共轭值，所以平均值 $\overline{T_1 u_1} = (j\text{Im}(T_1))(-ju_1^s) = \text{Im}(T_1)u_1^s$，并且由于对正弦式函数平方的平均关系要加一因数 $1/2$，因而（直接用时间函数计算，结果相同），

$$\dot{q}_2 = \frac{1}{2}\frac{\gamma P_\text{m}}{(\gamma-1)T_\text{m}}\text{Im}(T)u_1^s \quad (15.33\text{a})$$

热声堆上总的热能通量是这个量的积分，

$$\dot{Q}_2 = \Pi\int_{y_0}^{y_0}\frac{1}{2}\frac{\gamma P_\text{m}}{(\gamma-1)T_\text{m}}\text{Im}(T_1)u_1^s \text{d}y$$

将(15.32)式代入，可得

$$\dot{Q}_2 = -\frac{1}{4}\Pi\delta_\kappa p_1^s u_1^s (\varGamma - 1)\left[\frac{\sinh(2y_0/\delta_\kappa) - \sin(2y_0/\delta_\kappa)}{\cosh(2y_0/\delta_\kappa) + \cos(2y_0/\delta_\kappa)}\right] \quad (15.34)$$

式中 Π 是热声板的总宽度（算两面）。热能通量与 $\Pi\delta_\kappa$ 即附面层总截面积成正比，这是很合理的。它还与 $p_1^s u_1^s = \frac{1}{2}(P_0^2/\rho_m c)\sin 2kx$ 成比例，这和热声堆的位置有关，在声压节点或腹点都是零，在二者之间，$x = \lambda/8$ 处极大。方括号内的比值在缝宽大时趋近于 1。热能通量 Q_2 还与 $\varGamma - 1$ 成比例，其中

$$\varGamma = \frac{\nabla T_m}{\nabla T_{crit}} \quad (15.35)$$

为温度梯度比。实际温度梯度 ∇T_m 高，大于临界梯度 ∇T_{crit} 时，$\varGamma > 1$，Q_2 为负值，要消耗热量，系统成为热声机，以热发声。相反，若 ∇T_m 小于 ∇T_{crit}，$\varGamma < 1$，热能通量 Q_2 为正值，系统成为声热泵，可制冷。如 $\nabla T_m = \nabla T_{crit}$，$\varGamma = 1$，则 $Q_2 = 0$ 没有热能通量，无热声效应。在 $\varGamma < 1$ 的情况，热能通量 Q_2 正，与温度梯度方向相同，热量由低温流向高温，所以热泵作用要求温度梯度低，甚至温度梯度为零时，仍可得到声热效应。热能通量将使高低温热交换器产生或不断加大温度差，如果没有其它热量消耗，Q_2 只能沿热声板传回低温热交换器，平衡关系要求

$$\dot{Q}_2 - K_s A \frac{dT}{dx} = 0 \quad (15.36)$$

式中 K_s 为热声板的热传导系数，$A = 2l\Pi$ 为其截面面积。由此，两换能器间产生的温差为

$$\Delta T = \frac{dT}{dx}\Delta x = \frac{1}{4}\frac{\delta_\kappa \Delta x}{l K_s}p_1^s u_1^s\left[\frac{\sinh(2y_0/\delta_\kappa) - \sin(2y_0/\delta_\kappa)}{\cosh(2y_0/\delta_\kappa) + \cos(2y_0/\delta_\kappa)}\right] \quad (15.37)$$

式中 Δx 是板长，$2l$ 是板厚。这是声热泵所能得到的最大温差，值得注意的是，这个最大温差与板宽 Π 无关，但与声强成正比，与热声板材料的热传导系数 K_s 成反比。声强必须达到高值（160～170dB）才能得到可观的温差，同时也要求热声板绝缘，在实际操作中，(15.17)式中还须加上与负载 W 有关的项，因而(15.37)式前面的分母中也要有与负载 W 有关的项。一般情况，热声泵本身消耗的热量的较小（K_s 很小），热量损失主要在负载，温差也是由负载大小决定，如(15.3.2)节中的例子，事实上，W 还应包括一切能量损失。因为 W 是负载总能量，热声板总宽度 Π 就非常重要了，ΔT 与 Π 成比例。一般把热声板卷成圆筒就是为了增加其总宽度。用以驱动脉冲管制冷器的热声机在 40Hz 频率产生声功率 40kW，其双热声堆都做成圆筒，直径半米，热声机总长度 12m。

15.4.3　声能通量

热声管中除了热能通量外，还有声能（机械能）通量。在声场中，气体受压缩，每单位体积气体受压缩的功率是 $p(dV/dt)/V$，V 代表体积。由于体积与密度成反

比,平均功率可写做

$$\dot{w}_2 = \left(-\frac{p}{\rho}\frac{\mathrm{d}\rho}{\mathrm{d}t} \right)_{\mathrm{avg}} \tag{15.38}$$

也是对时间平均。密度微商

$$\frac{\mathrm{d}\rho}{\mathrm{d}t} = \frac{\partial\rho}{\partial t} + u\frac{\partial p}{\partial x}$$

u 与 p 异相,其乘积的平均值为零,故只第一项有效,此项可写做

$$\frac{\partial\rho}{\partial t} = \frac{\partial\rho}{\partial T}\frac{\partial T}{\partial t} + \frac{\partial\rho}{\partial p}\frac{\partial p}{\partial t} = \left(-\frac{\rho_{\mathrm{m}}}{T_{\mathrm{m}}} \right)\mathrm{j}\omega T_1 + \frac{\gamma}{c^2}\mathrm{j}\omega p_1$$

根据气体方程。式中第二项为虚数,与 p 相乘,平均也是零。所以只是第一项有效,T_1 取其虚部 $\mathrm{j}(\mathrm{jIm}(T_1)) = -\mathrm{Im}(T_1)$ 与 p 相乘可得实数,

$$\dot{w}_2 = -\frac{\omega}{T_m}p_1^s\mathrm{Im}(T_1) \tag{15.39}$$

这是每单位体积的声能通量,代入 $\mathrm{Im}(T_1)$ 的值(15.32),积分,在短管中,其热声堆长度 Δx 比波长小得多,长度方向积分就简用 Δx 乘,得总的声能通量,

$$W_2 = \frac{1}{4}\Pi\delta_{\kappa}\Delta x\frac{\gamma-1}{\gamma}\frac{\omega}{P_{\mathrm{m}}}(p_1^s)^2(\Gamma-1)\frac{\sinh(2y_0/\delta_{\kappa}) - \sin(2y_0/\delta_{\kappa})}{\cosh(2y_0/\delta_{\kappa}) + \cos(2y_0/\delta_{\kappa})}$$

$$\tag{15.40}$$

此式说明,与热能通量不同,声能通量与热附面层的体积成正比,它与声压平方成正比,最大值出现于声压腹点,而热能通量的最大值则出现于节点与腹点之间。声能通量也是与 $(\Gamma-1)$ 成正比,与热能通量相同,但符号相反。$\Gamma=1$ 时,热能通量与声能通量都是零,无热声效应。如温度梯度大,$\Gamma>1$,W_2 是正值,得到热声机,热能消耗,而产生声波,这就是桑特豪斯管的原理。但桑特豪斯管的 Π 值只是管的圆周,加上一些平板,与热声堆相似,声输出就大大增加。在温度梯度小时 $\nabla T_{\mathrm{m}} < \nabla T_{\mathrm{crit}}$,$\Gamma<1$,$W_2$ 为负而 Q_2 为正,实现热泵效应,消耗声能而获得热能。机器的功能由温度梯度控制,基本上热声机器是一种换能器,用增加热声堆的总宽度的方法可增加其灵敏度(或转换率),热声机与声热泵相同。

15.4.4 能量关系

热声机器有两种,热声机和声热泵,在热声机中热量由高温热源经过机器进入低温热源并产生声功率。声热泵则由声能和低温热源流出的热能共同进入高温热源,如图15.9所示。

热声机器和一般热机一样,要满足热力学第一,第二定律。按第一定律,即能量守恒定律,在热声机中,热量流 $\dot{Q}_{\mathrm{h}}$ 自温度为 T_{h} 的高温换能器流出,产生机械(声)能流 $\dot{W}$ 后流入低温热源 $\dot{Q}_{\mathrm{c}}$,温度为 T_{c}。平衡关系为

$$\dot{Q}_{\mathrm{h}} - \dot{Q}_{\mathrm{c}} - \dot{W} = 0 \tag{15.41}$$

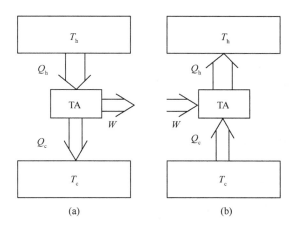

图 15.9 热声机器的能量关系

(a) 热声机 (b) 声热泵

声热泵中关系相同,但 $\dot{Q}_{\mathrm{h}}$ 是流入,$\dot{Q}_{\mathrm{c}}$ 是流出,方向相反,按热力学第二定律,每种变化都有熵的变化,但只有增加,不能减少。因此

在热声机中 $$\dot{Q}_{\mathrm{h}}/T_{\mathrm{h}} > \dot{Q}_{\mathrm{c}}/T_{\mathrm{c}} \tag{15.42}$$

在声热泵中 $$\dot{Q}_{\mathrm{c}}/T_{\mathrm{c}} > \dot{Q}_{\mathrm{h}}/T_{\mathrm{h}} \tag{15.43}$$

具体关系可进一步讨论。热声机的效率是

$$\eta = \frac{\dot{W}}{\dot{Q}_{\mathrm{h}}} = \frac{Q_{\mathrm{h}} - Q_{\mathrm{c}}}{Q_{\mathrm{h}}}$$

根据(15.40)、(15.34)二式,为简单起见,取 $\dot{Q}_{\mathrm{h}} = \dot{Q}_2$ (在整个热声机中,$\dot{Q}_2$ 变化不大),可得

$$\eta = \frac{\dot{W}_2}{\dot{Q}_2^*} = \frac{\gamma - 1}{\gamma}\frac{\Delta x \omega}{p_{\mathrm{m}}}\frac{p_1^s}{u_1^s} = \frac{\nabla T_{\mathrm{crit}}\Delta x}{T_{\mathrm{m}}}$$

$$= \frac{T_{\mathrm{h}} - T_{\mathrm{c}}}{\Gamma T_{\mathrm{m}}} \approx \frac{1}{\Gamma}\frac{T_{\mathrm{h}} - T_{\mathrm{c}}}{T_{\mathrm{h}}} = \frac{1}{\Gamma}\eta_{\mathrm{c}} \tag{15.44}$$

式右的比值 η_{c} 是卡诺效率,热声机的 Γ 大于 1,所以其效率小于卡诺循环的效率,只有 $\Gamma = 1$ 时效率才与卡诺效率相等,但输出就是零了。功率越大,效率越低。

同样方法可用于声热泵,这时效率称为演绎系数 COP,等于热能通量与声能通量之比

$$COP = \frac{Q_2}{W_2} = \frac{T_{\mathrm{m}}}{\nabla T_{\mathrm{crit}}\Delta x} = \frac{\Gamma T_{\mathrm{m}}}{T_{\mathrm{h}} - T_{\mathrm{c}}} = \Gamma(COP)_{\mathrm{c}} \tag{15.45}$$

小于卡诺循环的演绎系数,因 Γ 小于 1。同样,也是致冷或致热越多,演绎系数越低。

上述效率和演绎系数都指的是热力学效率和演绎系数,是这一类热机所能达

到的最高值,同样,卡诺效率也是卡诺循环(如汽油机)或所有热机所能达到的最高效率。热声机器的实际效率或演绎系数要考虑系统中的能量损失,上面已提到气体中的热传导损失,还有黏滞性损失,固体热声板和管壁的热传导损失以及气体的非理想特性的损失等。

参 考 书 目

Lord Rayleigh. Theory of Sound, Ⅱ 226 ~ 235, MACMILLAN, 1929

E G Richardson. Flow noise, in Richardson and Meyer, Ed. Technical Aspect of Sound, Vol Ⅲ. Elsevier,1962:123 ~ 177

N Rott. Damped and thermally driven acoustic oscillations in wide and narrow tubes. ZAMP, 1969:20,230 Thermoacoustics. Adv. Appl. Mech. 1980:20,136

J C Wheatley, T Hofler, G W Swift and A Migliori. An intrinsically irreversible thermacoustic engine. J. Acoust. Soc Am. 1983:74 ~ 153

G W Swift. Thermoacoustic Engines,1988:84,1145 ~ 1180

R T Feldman, Jr. A study of heat generated pressure oscillation in a closed end pipe. Ph. D. dissertation, M. E. Dept. U. Missouri, 1956

习   题

15.1 可否定量表示瑞利对黎开管原理的解释,因而做出黎开管现象的近似理论?假设管内温度均匀为 T_0,只有热源处温度增高 ΔT,忽略管内其它热能损失。

15.2 试图以对黎开管的原理为基础,改变它为热声致冷(声热泵)设备。此设备的现实性如何?

15.3 用热声现象的现代理论计算第一个效率较高的热声致冷器(图 15.6)的致冷效果。图 15.6 是按实物比例画的,假设必要的参数。

15.4 计算现代热声系统中,空气中的无效热量损失。

15.5 计算现代热声系统中,固体中的无效热量损失。

附录 A　振 动 简 论

简单振子(质量弹簧系统)的振动理论、传递、控制和应用已在第六章动态类比中讨论,此处只讨论分布系统的振动问题。弦、棒、圆膜等是一维振动,与平面波相应的许多问题相似。膜与板是二维振动,与波导中的横向分布相近,可以印证。不同之处在于各自传播速度不同,棒和板的横向和弯曲振动则有其特点,是空气中声波所无的。

A1　弦

软弦的特性参数是弦上的张力 T 和它的线密度 ρ。软弦可以任意弯曲,弯曲时如须加应力(即弦有力劲)则为硬弦,特性在弦与棒之间,处理很复杂。如果张力较大,力劲的影响可以忽略,则仍按弦处理。

弦上的声速,按牛顿声速(固体中无绝热问题),为弹性与密度之比开方,具体为 $\sqrt{T/\rho}$,这个速度值可根据图 A1 中小段弦的运动求得。

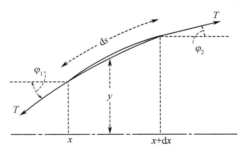

图 A1　软弦上一小段的受力关系

假设软弦是在 X 方向用张力 T 拉直。当弦振动时,这小段 ds 在垂直方向有一位移 y,并且稍有弯曲,在这小段的两端都有张力沿弦的方向向外拉,在 x 点向左的张力 T 在 y 方向的分力是 gT,g 是这一点弦对 x 方向的梯度,在另一端 $x + dx$ 处是向右的张力在 y 方向的分力 $T(g + dg)$。弦在垂直方向的位移只是微量,g 也是微量 $\partial y/\partial x$,小段所受的恢复力(使 y 减小)是

$$Tg - T(g + dg) = - T \frac{\partial^2 y}{\partial x^2} dx \qquad (A1)$$

这一小段弦的质量是 ρds,如果位移很小,弦与 x 方向所成角度 φ 就很小,ρds 基本等于 ρdx,其所受力为 $\rho dx \, d^2y/dx^2$,与上面的恢复力相抵消,即

$$\rho \mathrm{d}x \frac{\partial^2 y}{\partial t^2} - T \mathrm{d}x \frac{\partial^2 y}{\partial x^2} = 0$$

或

$$\frac{\partial^2 y}{\partial x^2} - \frac{1}{c^2} \frac{\partial^2 y}{\partial t^2} = 0 \tag{A2}$$

式中

$$c = \sqrt{\frac{T}{\rho}}$$

为传播速度,与平面声波的波动方程完全相同,只是传播速度有改变。如果弦上的振动是正弦式的,解就是

$$y = A \, \mathrm{expj}\omega \left(t - \frac{x}{c} \right) \tag{A3}$$

如平面波。对于固定长度的弦,如 $x = 0$ 和 L 处 y 都是零,解就是简正波

$$y_n = A_n \sin\omega_n t \, \sin \frac{\omega_n x}{c} \tag{A4}$$

式中

$$\frac{\omega_n}{c} = \frac{n\pi}{L}, \qquad n \text{ 为任何正整数} \tag{A5}$$

如果 $x = L$ 的一端固定,在 $x = 0$ 的一端用外力强迫振动,就得受迫振动

$$y = \frac{y_0}{\sin \dfrac{\omega L}{c}} \sin (\omega t + \varphi) \sin \frac{\omega}{c}(L - x) \tag{A6}$$

式中

$$y = y_0 \sin(\omega t + \varphi) \tag{A7}$$

是外加振动。

外加振动初加时要激起固有振动(简正波),设 $t < 0$ 时,外加振动为零,$y_0 = 0$,从 $t = 0$ 起加上外加振动,全部解就是

$$y = \frac{y_0}{\sin \dfrac{\omega L}{c}} \sin(\omega t + \varphi) \sin \frac{\omega}{c}(L - x) + \sum_{(n)} A_n \sin(\omega_n t + \varphi_n) \sin \frac{\omega_n x}{c} \tag{A8}$$

(A8)式满足波动方程(A2),但为了满足初始条件 $t = 0$ 时 $\eta = 0$ 则需要

$$\frac{y_0}{\sin \dfrac{\omega L}{c}} \sin\varphi \, \sin \frac{\omega}{c}(L - x) + \sum_{(n)} A_n \sin\varphi_n \sin \frac{\omega_n x}{c} = 0 \tag{A9}$$

也就是要把第一项受迫振动表为傅里叶级数,不过每一傅里叶分量都有两个待定的常数 A_n 和 φ_n,还需要另一个方程。这可以根据弦不可能突然振起来,这也就是说在 $t = 0$ 时刻,不但 $y = 0$,而且 $\partial y/\partial t$ 也是 0,即

$$\frac{\omega y_0}{\sin\dfrac{\omega L}{c}}\cos\varphi\,\sin\frac{\omega}{c}(L-x)\;+\;\sum_{(n)}\omega_n A_n\cos\varphi_n\,\sin\frac{\omega_n x}{c}\;=\;0 \qquad\qquad (A10)$$

二式可以分别用 $A_m\sin\varphi_m\,\sin\dfrac{\omega_m x}{c}$，和 $A_m\cos\varphi_m\,\sin\dfrac{\omega_m x}{c}$ 乘，以后对 x 从 0 到 L 积分，利用简正波的正交性，求出 $A_n\sin\varphi_n$ 和 $A_n\cos\varphi_n$ 的值，再求出 A_n 和 φ_n 的值，就得到最后结果了。

在实际系统中，弦的振动总是有能量损失的，简正波要有衰变（ω_n 取复数值），（A8）式中的简正波部分要逐渐衰变而消失，形成响应的过渡部分，最后只存在受迫运动。

这种过渡现象的分析也适用于声波系统，在以上各章中忽略此点，避免过于繁复，也是由于一般过渡过程总是短促，影响不长。必要时，可按照以上方法处理。对于其它振动的讨论也不再重复过渡现象问题。

A2　棒

棒也是一维的，与软弦不同处在软弦的振动由其中张力控制，在棒中则张力影响没有或可忽略，其振动则由劲度控制。棒的振动有两种，即沿其长度方向的纵振动和与其长度方向垂直的横振动。上一节中虽然没有讨论，弦中同样有纵振动。纵振动传播就和空气中的声波相同了，传播速度为 $\sqrt{E/\rho}$，E 为材料的杨氏模量，ρ 为其密度，值见表 A1，G 为切变弹性模量，其它性质完全同于空气中的声波。

表 A1　材料的弹性系数

材　　料	$E/(\mathrm{N/m^2})$	$G/(\mathrm{N/m^2})$	$\rho/(10^3\mathrm{kg/m^3})$
黄铜,冷轧	9×10^{10}	3.5×10^{10}	8.6
磷铜	12×10^{10}	4.4×10^{10}	8.8
紫铜,硬拉丝	10×10^{10}	4.4×10^{10}	8.9
德国银	11×10^{10}	4.5×10^{10}	8.4
玻璃	6×10^{10}	2.5×10^{10}	2.6
铸铁	11×10^{10}	5×10^{10}	7.1
锻铁	21×10^{10}	7.7×10^{10}	7.6
铁钴合金(铁70%)	21×10^{10}		8.0
镍	21×10^{10}	7.8×10^{10}	8.7
镍铁合金(镍5%)	21×10^{10}	7.9×10^{10}	7.8
银,硬拉丝	8×10^{10}	2.8×10^{11}	10.8
殷钢	14×10^{10}		8.0
钢,退火	10×10^{10}		7.7
钨,拉线	35×10^{10}	15×10^{10}	19.0

求棒的横振动传播特性,要从棒的弯曲考虑,棒的一小段 dx 在振动中离开平衡位置,其两端受小段外其余部分的作用,纵截面(沿棒长 x 方向)要成为梯形,如图 A2,作用就是两端各受一力矩 M 和 M + dM,两端上的力矩共同作用就等效于对两端上的切应力 F,F + dF 的平衡。

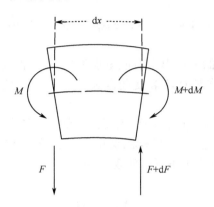

图 A2　互相平衡的弯曲力矩和切应力

小段棒 dx 在静止时截面 S 均匀,其两端的端面平行。在弯曲时,两端面各转动一个小角度 φ,如图 A2 所示。在转动中,其中心面弯曲但尺度不变,中心面以上部分拉长,中心面以下部分压缩(或相反)。把棒看成由无数细丝所组成,在离中心面距离 Z,在端面上的一小面积 dS,以内的细丝就要拉长或缩短 $Z\varphi$。按杨氏模量 E 的定义,dS 以内的一束细丝要受拉力或压力 $E\mathrm{d}S(Z\varphi/\mathrm{d}x)$,端面所受的弯曲力矩为

$$M = \int_S E\mathrm{d}S\left(\frac{Z\varphi}{\mathrm{d}x}\right) \cdot Z \qquad (A11)$$

令

$$\frac{1}{S}\int_S Z^2\mathrm{d}S = \kappa^2$$

κ 即称为面积 S 的回转半径,与 S 的形状有关,S 为矩形 $a \times b$(b 与中心面平行)时,$\kappa = a/\sqrt{12}$;S 为圆形(半径 a)时,$\kappa = a/2$;S 为圆管(外径 $2a$,内径 $2b$)时,$\kappa = \frac{1}{2}\sqrt{a^2 + b^2}$。

在(A11)式中,φ 与 X 的关系与图 A1 中 φ 与 x 的关系完全相同(可把弦看成棒的中心线),$\varphi = -\mathrm{d}x(\partial^2 y/\partial x^2)$,代入(A11)式,得

$$M = -ES\kappa^2\frac{\partial^2 y}{\partial x^2} \qquad (A12)$$

在棒上 M 不是常数,而是 x 的函数。设在 x 点力矩为 M,在 x + dx 点力矩为

$M + \mathrm{d}M$,在小段上增加的力矩是 $\mathrm{d}M$,这应与切应力的力矩 $F\mathrm{d}x$ 相等,因此

$$F = \frac{\partial M}{\partial x} = -ES\kappa^2 \frac{\partial^3 y}{\partial x^3} \qquad (\text{A}3)$$

其实弯曲力矩与切应力的力矩是一回事的两种表达方法,不过有些误差,如果位移 y 很小(与棒长相比),φ 角也就很小,误差可以不计。

F 也是 x 的函数,在 $\mathrm{d}x$ 段上净力为 $\mathrm{d}F$,应等于小段的质量乘加速度,因而得

$$\frac{\partial^4 y}{\partial x^4} = -\frac{\rho_\mathrm{m}}{E\kappa^2} \frac{\partial^2 y}{\partial t^2} \qquad (\text{A}14)$$

这就是棒上横向振动的波动方程。这里是位移的空间 4 次微商,与空气中声波或弦上的波动都不相同,有它独特的特点。

在正弦式的波动 $y = Y\exp(\mathrm{j}\omega t)$,可得

$$\frac{\mathrm{d}^4 Y}{\mathrm{d}x^4} = 16\pi^2\mu^4 Y, \quad \mu^4 = \frac{\rho_\mathrm{m}f^2}{4\pi^2 E\kappa^2} = 4\pi^2\left(\frac{f^2}{\gamma^4}\right) \qquad (\text{A}15)$$

这个式子的通解是

$$Y = C_1 \mathrm{e}^{2\pi\mu x} + C_2 \mathrm{e}^{-2\pi\mu x} + C_3 \mathrm{e}^{2\pi\mathrm{j}\mu x} + C_4 \mathrm{e}^{-2\pi\mathrm{j}\mu x}$$
$$= a\cosh(2\pi\mu x) + a_2\sinh(2\pi\mu x) + c\cos(2\pi\mu x) + d\sin(2\pi\mu x) \qquad (\text{A}16)$$

三角函数为周期函数,双曲函数随 X 单调增加。

由(A16)式可见,棒上已无一般意义上的波速,两项双曲函数不构成波动,只有两项正弦式指数函数构成

$$y = C_3 \mathrm{e}^{(\mathrm{j}\omega t + 2\pi\mathrm{j}\mu x)} + C_4 \mathrm{e}^{(\mathrm{j}\omega t - 2\pi\mathrm{j}\mu x)}$$

是行波(如用三角函数则是驻波)的样子,向正负 X 方向传播,传播速度为

$$\gamma = \frac{\omega}{2\pi\mu} = \sqrt{2\pi f\kappa}\left(\frac{E}{\rho}\right)^{1/4} \qquad (\text{A}17)$$

与频率有关。但只有无穷长的棒中才可能有波动传播。对于有限长度的棒,(A16)是一般解,能满足波动方程(A15),但其中常数 C_1, C_2, C_3, C_4 或 a, b, c, d 则须根据边界条件决定。因为有 4 个未定常数,所以棒振动的边界条件需要 4 个,每端各两个,与空气中声波或弦的振动只需要每端一个边界条件不同。常遇的棒或梁有两种,现分别讨论。

(a)胧梁,一端钳定,一端自由

在 $x = 0$ 的一端将梁钳定(或筑入墙内),不但不能动($y = 0$),也不能弯($\partial y/\partial x = 0$)。在另一端 $x = l$,完全悬空,不受任何弯曲力矩($M = 0$,或 $\partial^2 y/\partial x^2 = 0$),也不受任何力($f = 0$ 或 $\partial^3 y/\partial x^3 = 0$)。为了满足 $x = 0$ 端的条件,解可写做

$$Y = a(\cosh 2\pi\mu x - \cos 2\pi\mu x)$$
$$+ b(\sinh 2\pi\mu x - \sin 2\pi\mu x) \qquad (\text{A}18)$$

在 $x = l$ 端,要求

$$\left.\frac{\mathrm{d}^3 Y}{\mathrm{d}x^3}\right|_{x=l} = a(\sinh 2\pi\mu l - \sin 2\pi\mu l)$$

$$+ b(\cosh 2\pi\mu l + \cos 2\pi\mu l) = 0$$

$$\left.\frac{d^2 Y}{dx^2}\right|_{x=l} = a(\cosh 2\pi\mu l + \cos 2\pi\mu l)$$

$$+ b(\sinh 2\pi\mu l + \sin 2\pi\mu l) = 0$$

因数 $2\pi\mu$ 均已略去。在以上二式中消去 a 和 b,可得 μ 应满足的方程

$$[\cosh(2\pi\mu l) + \cos(2\pi\mu l)]^2 = \sinh^2(2\pi\mu l) - \sin^2(2\pi\mu l)$$

此式可化简为

$$[\cosh(2\pi\mu l) + \cos(2\pi\mu l)]^2 = \sinh^2(2\pi\mu l) - \sin^2(2\pi\mu l)$$

或

$$\tanh^2(\pi\mu l) = \cot^2(\pi\mu l) \tag{A19}$$

解为 $2\pi\mu l = 1.8751, 4.6941, 7.8548$ 等,根据(A14)式,频率决定于 μ, $f = 2\pi\mu^2\sqrt{\dfrac{E\kappa^2}{\rho}}$ 最低的频率为

$$f_1 = \frac{0.55966}{l^2}\sqrt{\frac{E\kappa^2}{\rho}}$$

较高的频率

$$f_2 = 6.267 f_1$$
$$f_3 = 17.548 f_1$$
$$f_4 = 34.387 f_1$$
$$\cdots\cdots$$

注意棒的特征频率与长度平方成反比,而不是像弦那样与长度成反比。(A18)式,代入相应的 $2\pi\mu$ 值和 a, b 比值后,即为某特征频率的特征函数,表明振动时,棒的振幅分布。可以看出,棒在最低特征频率 f_1 振动时,棒整个单调地上下振动,中间无振动节点;在频率 f_2 振动时,棒上有一节点;在频率 f_3 振动时,棒上有二节点,等等。节点间的距离不等,与弦上由节点等分情况不同,在棒上越接近零点,$x = 0$,节点间距离越大,具体值可由(A18)式求得。

(b)对称梁,两端钳定

这时特征函数的基本式(A18)仍旧适用,但在 $x = L$ 处的边界条件要改为 $Y = 0$, $\partial Y/\partial x = 0$,因而 a, b 值就不同了。同样可跟据边界条件消去 a, b,即得两端钳定棒的 μ 值公式,

$$\cosh(2\pi\mu l)\cos(2\pi\mu l) = 1 \text{ 或 } \tanh^2(2\pi\mu l) = \tan^2(2\pi\mu l) \tag{A20}$$

因而求得特征频率

$$f_n = \frac{\pi}{2l^2}\sqrt{\frac{E\kappa^2}{\rho}}\beta_n^2, \quad \beta_1 = 1.5056, \quad \beta_2 = 2.4907, \quad \beta_n = n + 0.5(n \geqslant 2)$$

把根据边界条件求得的 a, b 值代入(A18)式,做适当整理,可得

$$Y_n = \frac{\cosh(2\pi\mu_n x) - \cos(2\pi\mu_n x)}{\cosh(2\pi\mu_n l) - \cos(2\pi\mu_n l)} - \frac{\sinh(2\pi\mu_n x) - \sin(2\pi\mu_n x)}{\sinh(2\pi\mu_n l) - \sin(2\pi\mu_n l)} \tag{A21}$$

为钳定—钳定棒的 n 阶特征函数。

两端自由的棒(即棒完全自由,不受约束),边界条件为其二次微商,三次微商全为零,如果把(A21)式对 X 积分两次,并略去常数因数 $2\pi\mu_1$,得

$$Y_n' = \frac{\cosh(2\pi\mu_n x) + \cos(2\pi\mu_n x)}{\cosh(2\pi\mu_n l) - \cos(2\pi\mu_n l)} - \frac{\sinh(2\pi\mu_n l) + \sin(2\pi\mu_n x)}{\sinh(2\pi\mu_n l) - \sin(2\pi\mu_n l)} \quad (A22)$$

即满足所要求的边界条件,而成为自由-自由棒的特征函数。但这样变化并不改变 μ_n 或 f_u 的值,所以钳定-钳定棒与自由-自由棒的特征函数完全不同(波形不同),但相应的频率则完全相同,这是很值得注意的特点。

A3　膜

膜和板是二维振动体,恢复力全由表面张力(在边缘上,每单位长度所受的张力 T)的作用,而劲度影响可不计的称为膜(如鼓的膜片或电容传声器的薄膜)。恢复力来自材料的劲度而表面张力的作用可忽略时则为板。

按照牛顿的概念,膜上的声速为 $c = \sqrt{T/\sigma}$,表面张力与表面密度之比的平方根,运动方程为二维的,而不是像弦的振动是一维的。

$$\frac{\partial^2 \eta}{\partial x^2} + \frac{\partial^2 \eta}{\partial y^2} = \frac{1}{c^2}\frac{\partial^2 \eta}{\partial t^2}, c = \sqrt{T/\sigma} \quad (A23)$$

式中 x,y 是膜的平面,η 为在法线方向的位移。这个式子可和弦的振动一样,由考虑一小块膜 dS 的振动求得。如果是圆膜,就要用极坐标(柱面坐标去掉轴向一维)表示,

$$\frac{1}{r}\frac{\partial}{\partial r}r\frac{\partial \eta}{\partial r} + \frac{1}{r^2}\frac{\partial^2 \eta}{\partial \varphi^2} = \frac{1}{c^2}\frac{\partial^2 \eta}{\partial t^2} \quad (A24)$$

式中 r 和 φ 是一点的极坐标,r 为向径,φ 为向径与 X 轴所成角度。从数学上看,以上运动方程与波导管中截面上的运动方程无异,波导管截面上的运动分布(8.5节)全部适用于膜的振动,不必重复。

A4　板

板的振动也可以按膜的例子,把一维的棒的振动推广到二维,不过有一个最大的不同点,即固体内的应变特性。气体可压缩或膨胀,体积可变化,固体基本是不能的。棒沿其长度方向受压缩,在横向要胀出,而纵向膨胀则伴随横向收缩,这是固体材料的通性,横向应变与纵向应变之比称为材料的泊松比 σ,在各种材料有些出入,大约在 0.3 左右,泊松比对棒的振动并无影响,因为周围是空气,可以承受少许变化,膜很薄也无影响。板的纵振动在 xy 面内各方向都有伸缩,因而互相影响,使应变的传播速度改变,在弹性理论的书中都有讨论。板的波动方程按棒的振动方程(A14)推广到二维,回转半径 κ 按矩形截面取,即得

$$\nabla^4 \eta + \frac{3\rho_m(1-\sigma^2)}{Eh^2} \frac{\partial^2 \eta}{\partial t^2} = 0 \tag{A25}$$

式中 E 为材料的杨氏模量, α 为其泊松比, ρ_m 为其密度, $2h$ 为板的厚度。如果振动是时间的正弦式函数, $\eta = Ye^{j\omega t}$ ，振幅 Y 满足的方程就是

$$\nabla^2 Y - \frac{3\rho\omega^2(1-\sigma^2)}{Eh^2} Y = 0$$

可写做

$$(\nabla^2 + \gamma^2)(\nabla^2 - \gamma^2)Y = 0, \quad \gamma^4 = \frac{3\rho_m\omega^2(1-\sigma^2)}{Eh^2} \tag{A26}$$

板上横波(弯曲波)的速度可写做

$$c = \frac{\omega}{\gamma} = \sqrt[4]{\omega^2 h^2 E / 3\rho_m(1-\sigma^2)} \tag{A27}$$

Y 是 $(\nabla^2 + \gamma^2)Y = 0$ 的解，或 $(\nabla^2 - \eta^2)Y = 0$ 的解。圆板要用极坐标 r, φ ，Y 满足前一个式子的解为 $Y = \cos m\varphi J_m(\gamma r)$ 和膜的振动相同。后一个式子中实际就是以 $j\gamma$ 代替前一个式子中的 γ ，所以解是宗量为虚数的贝塞尔函数，可写做 $Y = \cos m\varphi$ $I(\gamma r)$ ，$I_m(Z) = j^{-m} J_m(jz)$ 称为双曲贝塞尔函数，其特性主要是

$$I_{m-1}(z) - I_{m+1}(z) = \frac{2m}{z} I_m(z), \quad \frac{d}{dx}I_m(z) = \frac{1}{2}[I_{m-1}(z) + I_{m+1}(z)]$$

$$\int I_0(z)z\,dz = zI_1(z), \quad \int I_1(z)\,dz = I_0(z) \tag{A28}$$

与贝塞尔函数相似, J_0, J_1, J_2 与 I_0, I_1, I_2 均在附录表中给出。

圆周钳定的圆板幅值解为

$$Y(\gamma, \varphi) = \frac{\cos}{\sin}(m\varphi)[AJ_m(\gamma r) + BI_m(\gamma r)]$$

如系周边钳定,边界条件为

$$Y(a, \varphi) = 0, \quad \frac{\partial Y}{\partial r}\bigg|_{r=a} = 0$$

由此可求得 A, B 的关系和 γ 的特征值,因而得到特征函数和特征频率

$$Y_{mn} = \frac{\cos}{\sin}(m\varphi)\left[\frac{J_m(\gamma_{mn}r)}{J_m(\gamma_{mn}a)} - \frac{I_m(\gamma_{mn}r)}{I_m(\gamma_{mn}a)}\right] \tag{A29}$$

$$\left.\begin{aligned}
f_{mn} &= \frac{h}{2\pi}\sqrt{\frac{E}{\rho(1-\sigma^2)}}\gamma_{mn}^2 \\[2mm]
f_{01} &= 0.9342\left(\frac{h}{a^2}\right)\sqrt{\frac{E}{\rho(1-\sigma^2)}} \\[2mm]
f_{11} &= 2.09f_{01}, \quad f_{21} = 3.426f_{01} \\[1mm]
f_{02} &= 3.909f_{01}, \quad f_{12} = 5.983f_{10} \\[1mm]
&\quad\cdots\cdots
\end{aligned}\right\} \tag{A30}$$

f_{01}等的数字系数实即$(\gamma_{10}a)^2/2\pi$的数值。n值大时,f_{mn}的系数就趋近于

$$\frac{\pi}{2\sqrt{3}}\left(n+\frac{m}{2}\right)^2。$$（A26）、（A27）二式也适用于面积无穷大的板,如一般墙面上的弯曲波。

A5　固体中的声波

固体中可存在多种声波,其运动和传播速度总结如图 A3 所示。固体中声波速度出入很大,大致是横波慢、纵波快,弯曲波则与频率有关,频率越高,波速越大。远远在一张大面积的薄板上敲打一下,传来的声音开头很尖,逐渐变低,但很低的声音几乎没有,这就和波速有关。

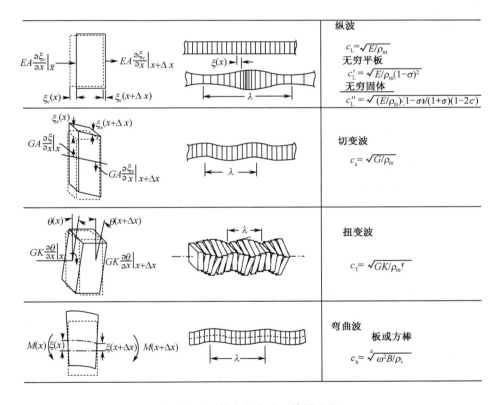

图 A3　固体中的声波和传播速度

附录 B　热力学简论

热力学是比较难的一门科学,不仅是其中各种量的关系比较复杂(很少一对一的关系),量的本身的严格意义有时也难掌握。本节中主要讨论气体中一些热力学现象。以下一律使用国际单位,有几项须加说明。由于热力学第一定律,热量就是热能,与其他形式的能量毫无差别,也可以转换,所以热量的单位一律用焦耳,符号 J。质量 M 的单位用摩尔(mole),国际没有另定符号,就用 mol。在 1 摩尔气体中含有的分子数是固定的,称为阿伏伽德罗数,$N_A = 6.002 \times 10^{23}$。各种气体都一样,所占体积(标准状态 $0℃$,1 atm)都是 $22.4 \times 10^{-3} m^3 \cdot mol^{-1}$。讨论与质量有关的定律对各种气体都适用,气体常数也指 1mol 气体的常数 $R = 8.314 J \cdot mol^{-1} K^{-1}$。温度 T 不加说明一律是指绝对温度,单位 K。

B1　气体内能

气体内能的增加等于热量的增加和对气体所做的功(增加的动能)

$$dE = dQ - PdV \tag{B1}$$

对气体加压力 P 时,其体积要缩小,所以这一项用负号,体积 V 减小,一定质量 M 的气体,其体积与密度成反比,

$$\rho V = M$$

所以上面的内能式子也可以写做

$$dE = dQ + \frac{P}{\rho^2}d\rho \tag{B2}$$

把热量 dQ 供给 1mol 气体,保持其体积不变,气体的温度就升高 dT,

$$dQ = C_v dT, \quad 或 \frac{\partial Q}{\partial T}\bigg|_v = C_v \tag{B3}$$

C_v 称为摩尔定容热容量,也有时称为定容比热,原因是以前使用热单位时,1g 水升高 1K 时,需要热量为 1 单位(1cal)或加热 1kg 水升高 1K 为 1 大卡(kilocalorie),别的物质的相应量就称为比热了,后来证明热量也是一种能量,1cal 等于 4.2J,比热的物理意义就不存在了,但由于习惯,有时还用,代入(B1)式,

$$C_v = \frac{\partial Q}{\partial T}\bigg|_v = \frac{dE}{dT} \tag{B4}$$

内能完全由绝对温度 T 决定,理论证明,理想气体分子的无规运动,其平均动能只是与温度成正比,所以此处用全微商表示。

如果不是在固定的容器内,体积要改变,加热气体除升高其温度外还需要与其膨胀有关。这时(B1)式就成为

$$dE = \frac{\partial Q}{\partial T}\bigg|_p dT - P \frac{\partial V}{\partial T}\bigg|_p dT$$

因而摩尔定压热容量

$$\frac{\partial Q}{\partial T}\bigg|_p = c_p = \frac{dE}{dT} + P \frac{\partial V}{\partial T}\bigg|_p$$

或

$$c_p - c_v = P \frac{\partial V}{\partial T}\bigg|_p = -\frac{p}{\rho^2}\frac{\partial \rho}{\partial T}\bigg|_p \quad\quad (B5)$$

B2　气　体　方　程

理想气体(气体分子在无规运动中,除互相碰撞外,互不影响,多数气体满足这个条件)除内能只与温度有关外,还满足联系其压力,体积与温度的气体定律

$$PV = RT \quad\quad (B6)$$

或

$$P = \rho R_1 T \quad\quad (B7)$$

对于1mol的气体,气体常数 $R = 8.314$ $Jmol^{-1}K^{-1}$,R_1 则是 1 单位质量气体的常数,等于 R/M,将此式代入(B5)式,即得

$$c_p - c_v = R \quad\quad (B8)$$

比值

$$c_p/c_v = \gamma \quad\quad (B9)$$

按习惯称为比热比。

在绝热过程中,无热量进出,(B1)式成为

$$dE = -PdV$$

两边分别用 RT 和 PV 除,注意(B3)式和(B8)式,可得

$$\frac{c_v}{c_p - c_v}\frac{dT}{T} = -\frac{dV}{V}$$

还是从气体定律(B6),

$$\frac{dp}{p} + \frac{dV}{V} = \frac{dT}{T}$$

可得

$$\frac{dp}{p} = -\frac{dV}{V} - \frac{c_p - c_v}{c_v}\frac{dV}{V} = -\frac{c_p}{c_v}\frac{dV}{V} = \gamma\frac{d\rho}{\rho}$$

积分,取反对数,

$$\frac{P}{P_0} = \left(\frac{\rho}{\rho_0}\right)^{\gamma} \tag{B10}$$

这就是绝热状态公式。

B3 熵

一个系统中,熵的增加与热量增加成正比,

$$dS = \frac{dQ}{T} \tag{B11}$$

绝热过程 $dQ = 0$,也可以称为等熵过程,$dS = 0$ 或

$$\frac{dS}{dt} = 0 \tag{B12}$$

用全微商,S 不因任何运动而改变。全微商可以写做

$$\frac{\partial S}{\partial t} + \boldsymbol{v} \nabla S = 0 \tag{B13}$$

欧拉质量守恒方程是

$$\frac{\partial \rho}{\partial t} + \boldsymbol{v} \nabla \rho = 0 \tag{B14}$$

二式结合,可得熵的连续性方程

$$\frac{\partial \rho S}{\partial t} + \nabla \cdot (\rho S \boldsymbol{v}) = 0 \tag{B15}$$

可以证明,在流动(或波动)中,任何能量损失(如黏滞性,热传导等)都要使系统的熵增加。在热机学中,熵的应用更多。在所有过程中,熵不能减少,

$$\frac{dS}{dt} \geqslant 0 \tag{B16}$$

这称为热力学第二定律,(B1)式是热力学第一定律,都普遍适用于一切热力学系统。

B4 传 热 方 程

传热问题很重要,表示传热能力用热传导系数 K,单位 $J/(m \cdot s \cdot K)$,为在温度梯度 $1\,K/m$ 的二点间,每单位面积在 1 秒内传过的热量。所以热量流为

$$\boldsymbol{H} = -K \nabla T, \quad 单位是\ J/(m^2 \cdot s)$$

负号表示热量向温度低的方向传递。与连续性方程相似,由于热传导每单位体积中每秒内增加的热量就是 $-\nabla \cdot \boldsymbol{H}$,这就使温度增高满足

$$\rho c_p \frac{dT}{dt} = -\nabla \cdot \boldsymbol{H}$$

把上式代入,移项即得

$$\nabla^2 T - \frac{1}{\kappa} \frac{dT}{dt} = 0$$

式中 $\kappa = K/\rho c_p$ 称为介质的热扩散率,单位是 m^2/s,这就是传热方程。与波动方程不同,其时间微商是一次,速度为复值(有衰减),且较声速为小。表 B1 是常见气体的热传导率。

表 B1　0℃常见气体的热传导率/(J/msK)

气体	K	气体	K
空气	0.0240	氖 Ne	0.0458
二氧化碳(CO_2)	0.0142	氮 N_2	0.0238
氩(Ar)	0.0163	氧 O_2	0.0241
氦(He)	0.0143	水蒸气(100℃)H_2O	0.0230

附录 C　高斯定律及格林定理

高斯定律是声学理论中很有用的数学理论,也称为高斯通量定律,说明通量在一个关闭曲面上的面积分可代以体积中的散度积分,

$$\iint_S \boldsymbol{A} \cdot \boldsymbol{n} \mathrm{d}S = \iiint_V \nabla \cdot \boldsymbol{A} \mathrm{d}V \tag{C1}$$

式中的 $\boldsymbol{A}$ 为任一通量, $\boldsymbol{n}$ 为面积上的外向单位法线向量。这个定律实际就是把基本积分关系

$$f(x_2) - f(x_1) = \int_{x_1}^{x_2} \frac{\partial f}{\partial x} \mathrm{d}x \tag{C2}$$

推广到三维空间所得的结果。高斯定律用到连续(质量守恒)定律可将其变换为微分形式,连续关系要求一定空间内气体质量的增加率等于通过周围曲面单位时间流入质量的总和,即

$$\frac{\mathrm{d}}{\mathrm{d}t} \iiint_V \rho \mathrm{d}V = - \iint_S \rho \boldsymbol{v} \cdot \boldsymbol{n} \mathrm{d}S \tag{C3}$$

如把面积分代以体积积分,并写到一起,可得

$$\iiint_V \left(\frac{\mathrm{d}\rho}{\mathrm{d}t} + \nabla \cdot \rho \boldsymbol{v} \right) \mathrm{d}V = 0$$

微分符号已写到积分内。连续性要求此式在任何体积中都能满足,所以只能

$$\frac{\mathrm{d}\rho}{\mathrm{d}t} + \nabla \cdot \rho \boldsymbol{v} = 0 \tag{C4}$$

这就是三维的连续方程的微分式。

高斯定理的一个重要发展即格林定理,乘积的微分,对于二标量(无矢量) U, V,

$$\left. \begin{array}{l} \nabla \cdot (U \nabla V) = \nabla U \cdot \nabla V + U \nabla^2 V \\ \nabla \cdot (V \nabla U) = \nabla V \cdot \nabla U + V \nabla^2 U \end{array} \right\} \tag{C5}$$

相减,在体积 V 内积分,并应用高斯定律把左边转换为面积分,可得格林定理。

$$\iiint_V (U \nabla V - V \nabla U) \mathrm{d}V = \iint_S (U \nabla V - V \nabla U) \cdot \boldsymbol{n} \mathrm{d}S \tag{C6}$$

附录 D 复函数

D1 基本关系

$$e^{jx} = \cos x + j\sin x$$

$$\cos x = 1 - \frac{1}{2!}x^2 + \frac{1}{4!}x^4 - \frac{1}{6!}x^6 + \cdots$$

$$\sin x = x - \frac{1}{3!}x^3 + \frac{1}{5!}x^5 - \frac{1}{7!}x^7 + \cdots$$

$$\cos x = \frac{1}{2}(e^{jx} + e^{-jx})$$

$$\cos^2 x + \sin^2 x = 1$$

$$\sin x = \frac{1}{2j}(e^{jx} - e^{-jx})$$

$$e^x = \cosh x + \sinh x$$

$$\cosh x = 1 + \frac{1}{2!}x^2 + \frac{1}{4!}x^4 + \frac{1}{6!}x^6 + \cdots$$

$$\sinh x = x + \frac{1}{3!}x^3 + \frac{1}{5!}x^5 + \frac{1}{7!}x^7 + \cdots$$

$$\cosh x = \frac{1}{2}(e^x + e^{-x})$$

$$\cosh^2 x - \sinh^2 x = 1$$

$$\sinh x = \frac{1}{2}(e^x - e^{-x})$$

D2 虚数宗量

$$\sin jx = j\sinh x \qquad \cos jx = \cosh x$$

$$\sinh jx = j\sin x \qquad \cosh jx = \cos x$$

D3 复数宗量

$$\sin(x + jy) = \sin x \cosh y + j\cos x \sinh y$$

$$\cos(x + jy) = \cos x \cosh y - j\sin x \sinh y$$

$$\tan(x + jy) = \frac{\sin(2x) + j\sinh(2y)}{\cos(2x) + \cosh(2y)}$$

D4 级 数

$$\sin x + \sin 2x + \sin 3x + \cdots + \sin nx = \frac{\sin \dfrac{n+1}{2}x \cos \dfrac{nx}{2}}{\sin \dfrac{x}{2}}$$

$$\cos x + \cos 2x + \cos 3x + \cdots + \cos nx = \frac{\cos \dfrac{n+1}{2}x \sin \dfrac{nx}{2}}{\sin \dfrac{x}{2}}$$

$$\sin x + \sin(x+a) + \sin(x+2a) + \cdots + \sin(x+(n-1)a)$$
$$= \frac{\sin\left(x + \dfrac{n-1}{2}a\right)\sin \dfrac{na}{2}}{\sin \dfrac{a}{2}}$$

$$\cos x + \cos(x+a) + \cos(x+2a) + \cdots + \sin(x+(n-1)a)$$
$$= \frac{\cos\left(x + \dfrac{n-1}{2}a\right)\sin \dfrac{na}{2}}{\sin \dfrac{a}{2}}$$

D5 微 商

$$\frac{\mathrm{d}}{\mathrm{d}x}\sin x = \cos x, \quad \frac{\mathrm{d}}{\mathrm{d}x}\cos x = -\sin x$$

$$\frac{\mathrm{d}}{\mathrm{d}x}\sinh x = \cosh x, \quad \frac{\mathrm{d}}{\mathrm{d}x}\sinh x = \sinh x$$

附录 E 贝塞尔函数(柱面坐标)

E1 贝塞尔微分方程

$$\frac{\mathrm{d}^2 u}{\mathrm{d}x^2} + \frac{1}{x}\frac{\mathrm{d}u}{\mathrm{d}x} + \left(1 - \frac{n^2}{x^2}\right)u = 0 \tag{E1}$$

解有第一类贝塞尔函数 J_n 和第二类贝塞尔函数,或称诺伊曼函数 N_n 或二者之和 H_n。

E2 n 类解的关系

$$H_n^{(1)} = J_n + \mathrm{j}N_n \tag{E2}$$

$$H_n^{(2)} = J_n - \mathrm{j}N_n \tag{E3}$$

$$J_{-n}(x) = (-1)^n J_n(x) \tag{E4}$$

$$N_{-n}(x) = (-1)^n N_n(x) \tag{E5}$$

$$J_{n+1}N_n - J_n N_{n+1} = \frac{2}{\pi x}$$

E3 贝塞尔函数

$$J_0(x) = 1 - \frac{x^2}{2^2} + \frac{x^4}{2^2 \cdot 4^2} - \frac{x^6}{2^2 \cdot 4^2 \cdot 6^2} \tag{E6}$$

$$J_1(x) = \frac{x}{2} - \frac{2x^3}{2 \cdot 4^2} + \frac{3x^5}{2 \cdot 4^2 \cdot 6^2} + \cdots = -J_0{}'(x) \tag{E7}$$

$$J_n(x) = \frac{\left(\frac{1}{2}x\right)^n}{n!}\left[1 - \frac{\left(\frac{1}{2}x\right)^2}{1 \cdot (n+1)} + \frac{\left(\frac{1}{2}x\right)^4}{1 \cdot 2(n+1)(n+2)} - \cdots\right] \tag{E8}$$

$$J_n(x) = \frac{1}{\pi}\int_0^{\pi}\cos(n\theta - x\sin\theta)\,\mathrm{d}\theta \tag{E9}$$

$$= \frac{2}{2\pi \mathrm{j}^n}\int_0^{2\pi} e^{\mathrm{j}x\cos\theta}\cos(n\theta)\,\mathrm{d}\theta \tag{E10}$$

$$J_n(x) \xrightarrow[x>2\pi]{} \sqrt{\frac{2}{n\pi}}\cos\left(x - \frac{2n+1}{4}\pi\right) \tag{E11}$$

E4 诺伊曼函数

$$N_n(x) \underset{x>2\pi}{\to} \sqrt{\frac{2}{\pi x}}\sin\left(x - \frac{2n+1}{4}\pi\right) \tag{E12}$$

$$N_0(x) \underset{x\to 0}{\to} \left(\frac{2}{\pi}\right)\ln(0.800536x) = \frac{2}{\pi}(\ln x - 0.11593) \tag{E13}$$

$$N_n(x) \underset{x\to 0}{\to} -\frac{(n-1)!}{\pi}\left(\frac{2}{x}\right)^n \qquad (n>0) \tag{E14}$$

$$H_n^{(1)}(x) \underset{x>2\pi}{\to} \sqrt{\frac{2}{\pi x}}\exp\left[j\left(x - \frac{2n+1}{4}\pi\right)\right] \tag{E15}$$

$$H_n^{(2)}(x) \underset{x>2\pi}{\to} \sqrt{\frac{2}{\pi x}}\exp\left[-j\left(x - \frac{2n+1}{4}\pi\right)\right] \tag{E16}$$

E5 双曲贝塞尔函数

$$I_0(x) = J_0(jx) = 1 + \frac{x^2}{2!} + \frac{x^4}{2!\cdot 4!} + \frac{x^6}{2!\cdot 4!\cdot 6!} \tag{E17}$$

$$I_1(x) = j^{-1}J_1(jx) = I_0{}'(x) = \frac{1}{2}x + \frac{\left(\frac{1}{2}x\right)^3}{1^2\cdot 2} + \frac{\left(\frac{1}{2}x\right)^5}{1^2\cdot 2^2\cdot 3} + \cdots \tag{E18}$$

$$I_n(x) = j^{-n}J_n(jx) \tag{E19}$$

$$= \frac{\left(\frac{1}{2}x\right)^n}{n!}\left[1 + \frac{\left(\frac{1}{2}x\right)^2}{1(n+1)} + \frac{\left(\frac{1}{2}x\right)^4}{1\cdot 2(n+1)(n+2)} + \cdots\right] \tag{E20}$$

$$I_{-n}(x) = I_n(x) \tag{E21}$$

x 大时,可用近似式:

$$I_0(x) \approx \frac{e^x}{\sqrt{2\pi x}}\left[1 + \frac{1^2}{1!8x} + \frac{1^2\cdot 3^2}{2!(8x)^2} + \cdots\right] \tag{E22}$$

$$I_n(x) \approx \frac{e^x}{\sqrt{2\pi x}}\left[1 - \frac{4n^2-1^2}{1!8x} + \frac{(4n^2-1^2)(4n^2-3^2)}{2!(8x)^2} + \cdots\right] \tag{E23}$$

诺依曼函数可利用变形贝塞尔函数表示:

$$N_0(x) = -I_0(x)\left(\log\frac{x}{2} + \gamma\right) + \left(\frac{1}{2}x\right)^2$$

$$+ \left(1 + \frac{1}{2}\frac{\left(\frac{1}{2}x\right)^4}{1^2\cdot 2^2} + \left(1 + \frac{1}{2} + \frac{1}{3}\right)\frac{\left(\frac{1}{2}x\right)^6}{1^2\cdot 2^2\cdot 3^2} + \cdots\right) \tag{E24}$$

式中 γ 是欧拉常数,等于 0.5772157.

$$N_n(x) = (-1)^{n+1} I_0(x) \log\left(\frac{x}{2}\right) + \frac{1}{2} \sum_{s=0}^{n-1} \frac{(-1)^s (n-s-1)!}{s!} \left(\frac{1}{2}x\right)^{-n+2s}$$

$$+ \frac{(-1)^n}{2} \sum_{s=1}^{\infty} \frac{\left(\frac{1}{2}x\right)^{n+2s}}{s!(n+s)!} \{\varphi(s) + \varphi(n+s) - 2\gamma\} \tag{E25}$$

式中 γ 是欧拉常数

$$\varphi(r) = 1 + \frac{1}{2} + \frac{1}{3} + \cdots + \frac{1}{r}$$

E6 递 归 公 式

J 和 N 都满足下列公式,用到 I 时要考虑其定义 E5 改变适当 ± 符号。

$$C_{n+1} + C_{n-1} = \frac{2n}{x} C_n \tag{E26}$$

$$\frac{\mathrm{d}C_0}{\mathrm{d}x} = -C_1 \tag{E27}$$

$$\frac{\mathrm{d}C_n}{\mathrm{d}x} = \frac{1}{2}(C_{n-1} - C_{n+1}) \tag{E28}$$

$$\frac{\mathrm{d}}{\mathrm{d}x}(x^n C_n) = x^n C_{n-1} \tag{E29}$$

$$\frac{\mathrm{d}}{\mathrm{d}x}\left(\frac{1}{x^n} C_n\right) = -\frac{1}{x^n} C_{n+1} \tag{E30}$$

E7 复数宗量的贝塞尔函数

$$J(x\sqrt{-\mathrm{j}}) = J(x\mathrm{j}\sqrt{\mathrm{j}}) = I(x\sqrt{\mathrm{j}})$$

$$\mathrm{ber}x + \mathrm{jbei}x = J_0(x\mathrm{j}\sqrt{-\mathrm{j}}) = I_0(x\sqrt{\mathrm{j}})$$

$$= \mathrm{ber}_0 x + \mathrm{jbei}_0 x \tag{E31}$$

$$\mathrm{ber}x = 1 - \frac{\left(\frac{1}{2}x\right)^4}{(2!)^2} + \frac{\left(\frac{1}{2}x\right)^8}{(4!)^2} - \cdots \tag{E32}$$

$$\mathrm{bei}x = \frac{\left(\frac{1}{2}x\right)^2}{(1!)^2} - \frac{\left(\frac{1}{2}x\right)^6}{(3!)^2} + \frac{\left(\frac{1}{2}x\right)^{10}}{(5!)^2} - \cdots \tag{E33}$$

x 值大时的近似式

$$\mathrm{ber}x \approx \frac{\mathrm{e}^{x/\sqrt{2}}}{\sqrt{2\pi x}}\left[L_0(x)\cos\left(\frac{x}{\sqrt{2}} - \frac{\pi}{8}\right) - M_0(x)\sin\left(\frac{x}{\sqrt{2}} - \frac{\pi}{8}\right)\right] \tag{E34}$$

$$\mathrm{bei}x \approx \frac{\mathrm{e}^{x/\sqrt{2}}}{\sqrt{2\pi x}}\left[M_0(x)\cos\left(\frac{x}{\sqrt{2}} - \frac{\pi}{8}\right) + L_0(x)\sin\left(\frac{x}{\sqrt{2}} - \frac{\pi}{8}\right)\right] \qquad (\text{E35})$$

式中

$$L_0(x) = 1 + \frac{1^2}{1!8x}\cos\frac{\pi}{4} + \frac{1^2 \cdot 3^2}{2!(8x)^2}\cos\frac{2\pi}{4} + \frac{1^2 \cdot 3^2 \cdot 5^2}{3!(8x)^3}\cos\frac{3\pi}{4} + \cdots \qquad (\text{E36})$$

$$M_0(x) = -\frac{1^2}{1!8x}\sin\frac{\pi}{4} - \frac{1^2 \cdot 3^2}{2!(8x)^2}\sin\frac{2\pi}{4} - \frac{1^2 \cdot 3^2 \cdot 5^2}{3!(8x)^3}\sin\frac{3\pi}{4} - \cdots \qquad (\text{E37})$$

n 为正整数

$$\mathrm{ber}_n x = \mathrm{jbei}x = J_n(x\sqrt{-\mathrm{j}}) = \mathrm{j}^n I_n(x\sqrt{\mathrm{j}}) \qquad (\text{E38})$$

$$\mathrm{ber}_n x = \sum_{p=0}^{\infty} \frac{(-1)^{n+p}\left(\frac{1}{2}x\right)^{n+2p}}{p!(n+p)!}\cos\frac{(n+2p)\pi}{4} \qquad (\text{E39})$$

$$p = 0,1,2,3,\cdots$$

$$\mathrm{bei}_n x = \sum_{p=0}^{\infty} \frac{(-1)^{n+p+1}\left(\frac{1}{2}x\right)^{n+p}}{p!(n+p)!}\sin\frac{(n+2p)\pi}{4} \qquad (\text{E40})$$

附录 F 球面贝塞尔函数

用球面坐标系统时,单频信号的波动方程和其基本解称为球面贝塞尔方程和函数。

F1 球面贝塞尔方程

$$\frac{\mathrm{d}^2 R}{\mathrm{d}x^2} + \frac{2}{x}\frac{\mathrm{d}R}{\mathrm{d}x} + \left(1 - \frac{m(m+1)}{x^2}\right)R = 0, \quad x = \frac{2\pi r}{\lambda}$$

F2 球面贝塞尔函数

$$j_0(x) = \frac{\sin x}{x}, \quad n_0(x) = -\frac{\cos x}{x}$$

$$j_1(x) = \frac{\sin x}{x^2} - \frac{\cos x}{x}, \quad n_1(x) = -\frac{\sin x}{x} - \frac{\cos x}{x^2}$$

$$j_2(x) = \left(\frac{3}{x^2} - \frac{1}{x}\right)\sin x - \frac{3}{x^2}\cos x$$

$$n_2(x) = -\frac{3}{x^2}\sin x - \left(\frac{3}{x^2} - \frac{1}{x}\right)\cos x$$

$$\cdots\cdots$$

$$j_m(x) = \sqrt{\frac{\pi}{2x}}J_{m+\frac{1}{2}}(x), \quad n_m(x) = \sqrt{\frac{\pi}{2x}}N_{m+\frac{1}{2}}(z)$$

$$j_m(x) \xrightarrow[x\to\infty]{} \frac{1}{x}\cos\left(x - \frac{m+1}{2}\pi\right)$$

$$n_m(s) \xrightarrow{x\to\infty} \frac{1}{x}\left(x - \frac{m+1}{2}\pi\right)$$

$$\int j_0^2(x)x^2\mathrm{d}x = \frac{x^2}{2}[j_0^2 x + n_0(x)j_1(x)]$$

$$\int n_0^2(x)x^2\mathrm{d}x = \frac{x^2}{2}[n_0^2(x) - j_0(x)n_1(x)]$$

$$n_{m-1}(x)j_m(x) - n_m(x)j_{m-1}(x) = \frac{1}{x^2}$$

F3 $j_m \, n_m$ 同具的特性

$$j_{m-1}(x) + j_{m+1}(x) = \frac{2m+1}{x} j_m(x)$$

$$\frac{\mathrm{d}}{\mathrm{d}x} j_m(x) = \frac{1}{2m+1} [m j_{m-1}(x) - (m+1) j_{m+1}(x)]$$

$$\frac{\mathrm{d}}{\mathrm{d}x} [x^{m+1} j_m(x)] = x^{m+1} j_{m-1}(x) , \frac{\mathrm{d}}{\mathrm{d}x} [x^{-m} j_m(x)] = - x^{-m} j_{m+1}(x)$$

$$\int j_1(x) = - j_0(x) , \int j_0(x) x^2 \mathrm{d}x = x^2 j_1(x)$$

$$\int j_m^2(x) x^2 \mathrm{d}x = \frac{x^2}{2} [j_m^2(x) - j_{m-1}(x) j_{m+1}(x)] , (m > 0)$$

F4 球 面 波

$$p = P_m(\cos\theta) [j_m(kr) - \mathrm{j} n_m(kr)] \exp(\mathrm{j}\omega t)$$

附录 G 声学材料及吸声系数

G1 建筑材料和听众区的吸声系数

使用赛宾混响公式,用于音乐厅类建筑

材　　料	频　率					
	125	250	500	1000	2000	4000
石膏,两层,25mm,重量25kg/m²,灯具,通风	0.15	0.12	0.10	0.08	0.07	0.06
木天花,两层28mm,灯具,通风	0.18	0.14	0.10	0.08	0.07	0.06
木侧墙,单层,20mm,门,灯具	0.25	0.18	0.11	0.08	0.07	0.06
木侧墙,单层12mm,门,灯具	0.28	0.22	0.19	0.13	0.08	0.06
木,听众区地板,两层33mm,枕木	0.09	0.06	0.05	0.05	0.05	0.04
木,舞台地板,两层,27mm,空腔	0.10	0.07	0.06	0.06	0.06	0.06
木,19mm,压缩玻璃纤维用罗钉固定于150mm混凝土墙,门,灯具	0.20	0.15	0.08	0.05	0.05	0.05
灰顶,60mm,灯光,通风	0.10	0.08	0.05	0.04	0.03	0.02
灰顶,30mm,灯光,通风	0.14	0.12	0.08	0.06	0.06	0.04
混凝土地板,19mm 木板	0.10	0.08	0.07	0.06	0.06	0.06
混凝土砌块,抹灰	0.06	0.05	0.05	0.04	0.04	0.04
风琴的吸声量,框架开口75m²	41	26	19	15	11	11
风琴的吸声量,无框架	65	44	35	33	32	31
听众区,座位完全坐满						
特软座椅	0.72	0.80	0.86	0.89	0.90	0.90
软座椅	0.62	0.72	0.80	0.83	0.84	0.85
硬座椅	0.51	0.64	0.75	0.80	0.82	0.83
空座椅						
特软座椅	0.70	0.76	0.81	0.84	0.84	0.81
软座椅	0.54	0.62	0.68	0.70	0.68	0.66
硬座椅	0.56	0.47	0.57	0.62	0.62	0.60

材　料	频　率					
	125	250	500	1000	2000	4000
乐队的吸声量						
音乐厅,舞台面积 170m^2						
13 弦乐器	3	4	6	17	52	64
44 人(2 铜管)	12	21	21	40	74	100
92 人(4 铜管)	22	37	44	64	102	132
歌剧院,乐池开口 100m^2						
40 人	10	13	17	41	50	57
80 人	12	17	23	56	67	71
以下吸声系数取自其他文献						
加厚地毯,混凝土上贴牢	0.02	0.06	0.14	0.37	0.60	0.65
加厚地毯,下垫泡沫橡胶	0.08	0.24	0.57	0.69	0.71	0.73
薄地毯	0.02	0.04	0.08	0.20	0.35	0.40
混凝土墙,粗糙	0.16	0.44	0.31	0.29	0.39	0.25
油漆	0.10	0.15	0.06	0.07	0.09	0.08
玻璃						
厚,6mm	0.18	0.06	0.04	0.03	0.02	0.02
薄(普通),3mm	0.35	0.25	0.18	0.12	0.07	0.04
大理石或水磨石	0.01	0.01	0.01	0.01	0.02	0.02

G2 多孔性吸声材料,驻波管吸声系数

材　　料	厚度/cm	容重/(kg/m²)	频　率					
			125	250	500	1000	2000	4000
散装矿渣绵	6	240	0.25	0.55	0.79	0.80	0.88	0.35
石绵	2.5	210	0.06	0.35	0.50	0.46	0.52	0.55
甘蔗板	1.3	200	0.12	0.19	0.28	0.54	0.49	0.70
木丝板	3	520	0.05	0.15	0.25	0.56	0.90	
麻纤维板	2	260	0.09	0.11	0.16	0.22	0.28	
石绵板	0.8	1880	0.02	0.03	0.05	0.06	0.11	0.28
工业毛毡	2	370	0.07	0.26	0.42	0.40	0.55	0.56
沥青矿绵毡	3	200	0.08	0.18	0.30	0.68	0.81	0.89
泡沫塑料(开孔)								
聚胺甲酸酯	2	40	0.11	0.13	0.27	0.69	0.98	0.79
酚醛	2	160	0.08	0.15	0.30	0.52	0.56	0.60
微孔聚酯	4	30	0.10	0.14	0.26	0.50	0.82	0.77
粗孔聚酯	4	40	0.06	0.10	0.20	0.59	0.68	0.85
脲基米波罗	3	20	0.10	0.13	0.45	0.67	0.65	0.85
多孔泥灰制品	9.5	340	0.41	0.75	0.66	0.76	0.81	
微孔吸声砖	5	290	0.21	0.39	0.45	0.50	0.58	
泡沫混凝土块	15	500	0.08	0.14	0.19	0.28	0.34	0.45
加气混凝土	2.5	210	0.06	0.18	0.50	0.70	0.55	0.50
水泥蛭石板	5~10	450~500		0.10	0.23	0.45	0.43	0.50
加气混凝土空心砖,表面开二缝,内填矿渣绵								
表面油漆			0.62	0.64	0.56	0.40	0.27	0.50
未油漆			0.50	0.58	0.88	0.30	0.40	0.56

附录 H　三角函数及双曲函数

$$e^{j\pi x} = \cos\pi x + j\sin\pi x \qquad e^{\pi x} = \cosh\pi x + \sinh\pi x$$

x	$\sin(\pi x)$	$\cos(\pi x)$	$\tan(\pi x)$	$\sinh(\pi x)$	$\cosh(\pi x)$	$\tanh(\pi x)$	$e^{\pi x}$	$e^{-\pi x}$
0.00	0.0000	1.0000	0.0000	0.0000	1.0000	0.0000	1.0000	1.0000
0.05	0.1564	0.9877	0.1584	0.1577	1.0124	0.1558	1.1701	0.8546
0.10	0.3090	0.9511	0.3249	0.3194	1.0498	0.3042	1.3691	0.7304
0.15	0.4540	0.8910	0.5095	0.4889	1.1131	0.4392	0.6019	0.6242
0.20	0.5878	0.8090	0.7265	0.6705	1.2040	0.5569	1.8745	0.5335
0.25	0.7071	0.7071	1.0000	0.8687	1.3246	0.6558	2.1933	0.4559
0.30	0.8090	0.5878	1.3764	1.0883	1.4780	0.7363	2.5663	0.3897
0.35	0.8910	0.4540	1.9626	1.3349	1.6679	0.8003	3.0028	0.3330
0.40	0.9511	0.3090	3.0777	1.6145	0.8991	0.8502	3.5136	0.2846
0.45	0.9877	+0.1564	6.3137	1.9340	2.1772	0.8883	4.1111	0.2432
0.50	1.0000	0.0000	∞	2.3013	2.5092	0.9171	4.8105	0.2079
0.55	0.9877	−0.1564	−6.3137	2.7255	2.9032	0.9388	5.6287	0.1777
0.60	0.9511	−0.3090	−3.0777	3.2171	3.3689	0.9549	6.5861	0.1518
0.65	0.8910	−0.4540	−1.9626	3.7883	3.9080	0.9969	7.7062	0.1298
0.70	0.8090	−0.5878	−1.764	4.4531	4.5640	0.9757	9.0170	0.1109
0.75	0.7071	−0.7071	−1.0000	5.2280	5.3228	0.9822	10.551	0.09478
0.80	0.5878	−0.8090	−0.7265	6.1321	6.2131	0.9870	12.345	0.08100
0.85	0.4540	−0.8910	−0.5095	7.1879	7.2572	0.9905	14.437	0.06922
0.90	0.3090	−0.9511	−0.3249	8.4214	8.4806	0.9930	16.902	0.05916
0.95	+0.1564	−0.9877	−0.1584	9.8632	9.9137	0.9949	19.777	0.05056
1.00	0.0000	−1.0000	0.0000	11.549	11.592	0.9962	23.141	0.04321
1.05	−0.1564	−0.9877	0.1584	13.520	13.557	0.9973	27.077	0.03693
1.10	−0.3090	−0.9511	0.3249	15.825	15.857	0.9980	31.682	0.03156
1.15	−0.4540	−0.8910	0.5095	18.522	18.549	0.9985	37.070	0.02697
1.20	−0.5878	−0.8090	0.7265	21.677	21.700	0.9989	43.376	0.02305
1.25	−0.7071	−0.7071	1.0000	25.367	25.387	0.9992	50.753	0.01970
1.30	−0.8090	−0.5878	1.3764	29.685	29.702	0.9994	59.387	0.01683

x	$\sin(\pi x)$	$\cos(\pi x)$	$\tan(\pi x)$	$\sinh(\pi x)$	$\cosh(\pi x)$	$\tanh(\pi x)$	$e^{\pi x}$	$e^{-\pi x}$
1.35	-0.8910	-0.37870	1.9626	34.737	34.751	0.9996	69.484	0.01433
1.40	-0.9511	-0.3090	3.0777	40.647	40.440	0.9997	81.307	0.01230
1.45	-0.9877	-0.1564	6.3137	47.563	47.573	0.9998	95.137	0.01051
1.50	-0.000	0.0000	∞	55.6545	55.663	0.9998	111.32	0.00898
1.55	-0.9877	$+0.1564$	-6.3137	65.122	65.130	0.9999	130.25	0.00767
1.60	-0.9511	0.3090	-3.0777	76.200	76.206	0.9999	152.41	0.00656
1.65	-0.8910	0.4540	-1.9626	89.161	89.167	0.9999	178.33	0.00561
1.70	-0.8090	0.5878	-1.3764	104.32	104.33	1.0000	208.66	0.00479
1.75	-0.7071	0.7071	-1.0000	122.07	122.08	1.0000	244.15	0.00409
1.80	-0.5878	0.8090	-0.7265	142.84	142.84	1.0000	285.68	0.00350
1.85	-0.4540	0.8910	-0.5095	167.13	167.13	1.0000	334.27	0.00239
1.90	-0.3090	0.9511	-0.3249	195.56	195.56	1.0000	391.12	0.00256
1.95	-0.1564	0.9877	-0.1584	228.82	228.82	1.0000	457.65	0.00219
2.00	0.0000	1.0000	0.00002	267.75	267.75	1.0000	535.49	0.00187

附录 I 贝塞尔函数（圆柱坐标）

$$\frac{\mathrm{d}^2 J_m}{\mathrm{d}x^2} + \frac{1}{x}\frac{\mathrm{d}J_m}{\mathrm{d}x} + \left(1 - \frac{m^2}{x^2}\right)J_m = 0$$

x	$J_0(x)$	$N_0(x)$	$J_1(x)$	$N_1(x)$	$J_2(x)$	$N_2(x)$
0.0	1.0000	$-\infty$	0.0000	$-\infty$	0.0000	$-\infty$
0.1	0.9975	-1.5342	0.0499	-6.4590	0.0012	-127.64
0.2	0.9900	-1.0811	0.0995	-3.3238	0.0050	-32.157
0.4	0.9604	-0.6060	0.1960	-1.7809	0.0197	-8.2883
0.6	0.9120	-0.3085	0.2867	-1.2604	0.4037	-3.8928
0.8	0.8463	-0.0868	0.3688	-0.9781	0.0758	-2.3586
1.0	0.7652	$+0.0883$	0.4401	-0.7812	0.1149	-1.6507
1.2	0.6711	0.2881	0.4983	-0.6211	0.1593	-1.2633
1.4	0.5669	0.3379	0.5419	-0.4791	0.2074	-1.0224
1.6	0.4554	0.4204	0.5699	-0.3476	0.2570	-0.8549
1.8	0.3400	0.4774	0.5815	-0.2237	0.3061	-0.7259
2.0	0.2239	0.5104	0.5767	-0.1070	0.3528	-0.6174
2.2	0.1104	0.5208	0.5560	$+0.0015$	0.3951	-0.5194
2.4	$+0.0025$	0.5104	0.5202	0.1005	0.4310	-0.4267
2.6	-0.0968	0.4813	0.4708	0.1884	0.4590	-0.3364
2.8	-0.1580	0.4359	0.4097	0.2635	0.4777	-0.2477
3.0	-0.2601	0.3768	0.3391	0.3247	0.4861	-0.1604
3.2	-0.3202	0.3071	0.2613	0.3707	0.4835	-0.0754
3.4	-0.3643	0.2296	0.1792	0.4010	0.4697	$+0.0063$
3.6	-0.3918	0.1477	0.0955	0.4154	0.4448	0.0831
3.8	-0.4026	$+0.0645$	$+0.0128$	0.4141	0.4093	0.1535
4.0	-0.3971	-0.0169	-0.0660	-0.3979	0.3641	0.2159
4.2	-0.3766	-0.0938	-0.1386	0.3680	0.3105	0.2690
4.4	-0.3423	-0.1633	-0.2028	0.3260	0.2501	0.3115
4.6	-0.2961	-0.0235	0.2566	0.2737	0.1846	0.3425

x	$J_0(x)$	$N_0(x)$	$J_1(x)$	$N_1(x)$	$J_2(x)$	$N_2(x)$
4.8	−0.2404	−0.2723	−0.2985	0.2136	0.1161	0.3613
5.0	−0.1776	−0.3085	−0.3276	0.1479	+0.0466	0.3677
5.2	−0.1103	−0.3312	−0.3432	0.0792	−0.0217	0.3617
5.4	−0.0412	−0.3402	−0.3453	+0.0101	−0.0867	0.3429
5.6	+0.0270	−0.3354	−0.3343	−0.0568	−0.1464	0.3152
5.8	0.0917	−0.3177	−0.3110	−0.1192	−0.1989	−0.2766
6.0	0.1507	−0.2882	−0.2767	−0.1750	−0.2429	0.2299
6.2	0.2017	−0.2483	−0.2329	−0.2223	−0.2769	0.1766
6.4	0.2433	−0.2000	−0.1816	−0.2596	−0.3001	0.1188
6.6	0.2740	−0.1452	−0.1250	−0.2858	−0.3119	+0.0586
6.8	0.2931	−0.0864	−0.0652	−0.3002	−0.31123	−0.0019
7.0	0.3001	−0.0259	−0.0047	−0.3027	−0.3014	−0.0605
7.2	0.2951	+0.0339	+0.0543	−0.2934	−0.2800	−0.1154
7.4	0.2786	0.0907	0.1096	−0.2731	−0.2487	−0.1652
7.6	0.2516	0.1424	0.1592	−0.2428	−0.2097	−0.2063
7.8	0.2154	0.1872	0.2014	−0.2039	−0.1638	−0.2395
8.0	0.1716	0.2235	0.2346	−0.1581	−0.1130	−0.0630

附录 J 双曲贝塞尔函数

$$I_n(x) = J_n(jx)$$

z	$I_0(z)$	$I_1(z)$	$I_2(z)$
0.0	1.0000	0.0000	0.0000
0.1	1.0025	0.0501	0.0012
0.2	1.0100	0.1005	0.0050
0.4	1.0404	0.2040	0.0203
0.6	1.0921	0.3137	0.0464
0.8	1.1665	0.4329	0.0843
1.0	1.2661	0.5652	0.1358
1.2	1.3937	0.7147	0.2026
1.4	1.5534	0.8861	0.2876
1.6	1.7500	1.0848	0.3940
1.8	1.9895	1.3172	0.5260
2.0	2.2796	1.5906	0.6890
2.2	2.6292	1.9141	0.8891
2.4	3.0492	2.2981	1.1111
2.6	3.5532	2.7554	1.4338
2.8	4.1574	3.3011	1.7994
3.0	4.8808	3.9534	2.2452
3.2	5.7472	4.7343	2.7884
3.4	6.7848	5.6701	3.4495
3.6	8.0278	6.7926	4.2538
3.8	9.5169	8.1405	5.2323
4.0	11.302	9.7594	6.4224
4.2	13.443	11.705	7.8683
4.4	16.010	14.046	9.6259
4.6	19.097	16.863	11.761
4.8	22.7942	0.253	14.355

z	$I_0(z)$	$I_1(z)$	$I_2(z)$
5.0	27.240	24.335	17.505
5.2	32.584	29.254	21.332
5.4	39.010	35.181	25.980
5.6	46.738	42.327	31.521
5.8	56.039	50.945	38.472
6.0	67.235	61.341	46.788
6.2	80.717	73.888	56.882
6.4	96.963	107.31	84.021
6.6	116.54	107.31	84.021
6.8	140.14	129.38	162.08
7.0	168.59	156.04	124.01
7.2	202.92	188.25	150.63
7.4	244.34	227.17	182.94
7.6	294.33	274.22	222.17
7.8	354.68	331.10	297.79
8.0	427.57	399.87	327.60

附录 K 宗量为复数的贝塞尔函数

$$\mathrm{ber}x + \mathrm{jbei}x = J_0(xj\sqrt{j}) = I_0(x\sqrt{j}), \; \mathrm{ber}'x = \frac{\mathrm{d}}{\mathrm{d}x}(\mathrm{ber}x), \; \mathrm{bei}'x = \frac{\mathrm{d}}{\mathrm{d}x}(\mathrm{bei}x)$$

x	ber x	bei x	ber$'x$	bei$'x$
0	+ 1. 0	0	0	0
0. 1	+ 0. 999998438	+ 0. 002500000	− 0. 000062500	+ 0. 049999974
0. 2	+ 0. 999975000	+ 0. 009999972	− 0. 000499999	+ 0. 099999167
0. 3	+ 0. 999873438	+ 0. 022499684	− 0. 001687488	+ 0. 149993672
0. 4	+ 0. 999600004	+ 0. 039998222	− 0. 003999911	+ 0. 199973334
0. 5	+ 0. 999023464	+ 0. 062493218	− 0. 007812076	+ 0. 249918621
0. 6	+ 0. 997975114	+ 0. 089979750	− 0. 013498481	+ 0. 299797507
0. 7	+ 0. 997248828	+ 0. 122448939	− 0. 021433032	+ 0. 349562345
0. 8	+ 0. 993601138	+ 0. 159886230	− 0. 031988623	+ 0. 399146758
0. 9	+ 0. 989751357	+ 0. 202269363	− 0. 045536553	+ 0. 448462528
1. 0	+ 0. 984381781	+ 0. 249566040	− 0. 062445752	+ 0. 497396511
1. 1	+ 0. 977137973	+ 0. 301761269	− 0. 083081791	+ 0. 545807563
1. 2	+ 0. 967629156	+ 0. 358704420	− 0. 107805642	+ 0. 593523499
1. 3	+ 0. 955428747	+ 0. 420405966	− 0. 136970169	+ 0. 686338102
1. 4	+ 0. 940075057	+ 0. 486733934	− 0. 170928324	+ 0. 686008176
1. 5	+ 0. 921072184	+ 0. 557560026	− 0. 010011017	+ 0. 730025674
1. 6	+ 0. 897891139	+ 0. 632725677	− 0. 254544638	+ 0. 772739922
1. 7	+ 0. 869971237	+ 0. 725037292	− 0. 304838207	+ 0. 850926951
1. 8	+ 0. 836721794	+ 0. 795261955	− 0. 361182125	+ 0. 850926951
1. 9	+ 0. 797524167	+ 0. 882122341	− 0. 423844516	+ 0. 885736950
2. 0	+ 0. 751734183	+ 0. 972291627	− 0. 493067125	+ 0. 917013613
2. 1	+ 0. 698685001	+ 1. 065388161	− 0. 569060755	+ 0. 944181339
2. 2	+ 0. 637690457	+ 1. 160969944	− 0. 652000244	+ 0. 966608614
2. 3	+ 0. 568048926	+ 1. 258528975	− 0. 742018947	+ 0. 983606691
2. 4	+ 0. 489047772	+ 1. 357485476	− 0. 839205721	+ 0. 994428643
2. 5	+ 0. 399968417	+ 1. 457182044	− 0. 943583409	+ 0. 998268847

x	ber x	bei x	ber$'x$	bei$'x$
2.6	+0.300092090	+1.556877774	-1.055131815	+0.994261944
2.7	+0.188706304	+1.655742407	-1.173750173	+0.981488355
2.8	+0.065112108	+1.752850564	-1.299264112	+0.958965456
2.9	-0.071367826	+1.847176116	-1.434414136	+0.925659305
3.0	-0.221380249	+1.937586785	-1.569846632	+0.880482324
3.1	-0.385531455	+2.022839045	-1.714104430	+0.822297688
3.2	-0.564376430	+2.101573388	-1.863616954	+0.749923591
3.3	-0.758407012	+2.172310131	-2.017689996	+0.662139131
3.4	-0.968038995	+2.233445750	-2.175495175	+0.557689801
3.5	-1.193598180	+2.283249967	-2.339059130	+0.435296178
3.6	-1.435305322	+2.319863655	-2.498252527	+0.293662421
3.7	-1.693259984	+2.341297714	-2.660778962	+0.131486760
3.8	-1.967423273	+2.345433061	-2.822163850	-0.052526621
3.9	-2.257599466	+2.330021882	-2.980743427	-0.259654097
4.0	-2.896416557	+2.292690323	-3.134653964	-0.491137441
4.1	-2.884305732	+2.230942780	-3.281821353	-0.748166860
4.2	-3.219479832	+2.142167987	-3.419951224	-1.031862469
4.3	-3.567910863	+2.023647069	-3.546519744	-1.343251997
4.4	-3.928306621	+1.872563796	-3.658765306	-1.683250947
4.5	-4.299086552	+1.686017204	-3.753681326	-2.052634662
4.6	-4.678356937	+1.461036836	-3.828010348	-2.452012698
4.7	-5.063885857	+1.194600797	-3.878239739	-2.881799197
4.8	-5.453076175	+0.883656854	-3.900599216	-3.342181300
4.9	-5.842942442	+0.525146811	-3.891060511	-3.833085297
5.0	-6.230082479	+0.116034382	-3.845339473	-4.354140518

附录 L　球面贝塞尔函数

$$j_m(x) = \sqrt{\pi/2x}\, J_{m+\frac{1}{2}}(x), n_m(x) = \sqrt{\pi/2x}\, N_{N_m+\frac{1}{2}}(x)$$

x	$j_0(x)$	$n_0(x)$	$j_1(x)$	$n_1(x)$	$j_2(x)$	$n_2(x)$
0.0	1.0000	$-\infty$	0.0000	$-\infty$	0.0000	$-\infty$
0.1	0.9983	-9.9500	0.0333	-100.50	0.007	-3005.0
0.2	0.9933	-4.9003	0.0664	-25.495	0.0027	-377.52
0.4	0.9735	-2.3027	0.1312	-6.7302	0.0105	-48.174
0.6	0.9411	-1.3756	0.1929	-3.2337	0.0234	-14.793
0.8	0.8967	-0.8709	0.2500	-1.9853	0.0408	-6.5740
1.0	0.8415	-0.5403	0.3012	-1.3818	0.0620	-3.6050
1.2	0.7767	-0.3020	0.3453	-1.0283	0.0865	-2.2689
1.4	0.7039	-0.1214	0.3814	-0.7906	0.1133	-1.5728
1.6	0.6247	$+0.0183$	0.4087	-0.6133	0.1416	-1.1682
1.8	0.5410	0.1262	0.4268	-0.4709	0.1703	-0.9111
2.0	0.4546	0.2081	0.4354	-0.3506	0.1985	-0.7340
2.2	0.3675	0.2675	0.4346	-0.2459	0.2251	-0.6028
2.4	0.2814	0.3072	0.4245	-0.1534	0.2492	-0.4990
2.6	0.1983	0.3296	0.4058	-0.0715	0.2700	-0.4121
2.8	0.1196	0.3365	0.3792	$+0.0005$	0.2867	-0.3359
3.0	$+0.0470$	0.3300	0.3457	0.0630	0.2986	-0.2670
3.2	-0.0182	0.3020	0.3063	0.1157	0.3084	-0.2035
3.4	-0.0752	0.2844	0.2623	0.1588	0.3066	-0.1442
3.6	-0.1229	0.2491	0.2150	0.1921	0.3021	-0.0890
3.8	-0.1610	0.2082	0.1658	0.2158	0.2919	-0.0378
4.0	-0.1892	0.1634	0.1161	0.2300	0.2763	$+0.0091$
4.2	-0.2075	0.1167	0.0673	0.2353	0.2556	0.0514
4.4	-0.2163	0.0699	$+0.0207$	0.2321	0.2304	0.0884
4.6	-0.2160	$+0.0244$	-0.0226	0.2213	0.2013	0.1200
4.8	-0.2075	-0.0182	-0.0615	0.2037	0.1691	0.1456

x	$j_0(x)$	$n_0(x)$	$j_1(x)$	$n_1(x)$	$j_2(x)$	$n_2(x)$
5.0	-0.1918	-0.0567	-0.0951	0.1804	0.1347	0.1650
5.2	-0.1699	-0.0901	-0.1228	0.1526	0.0991	0.1871
5.4	-0.1431	-0.1175	-0.1440	0.1213	0.0631	0.1850
5.6	-0.1127	-0.1385	-0.1586	0.0880	$+0.0278$	0.1856
5.8	-0.0801	-0.1527	-0.1665	0.0538	-0.0060	0.1805
6.0	-0.0466	-0.1600	-0.1678	$+0.0199$	-0.0373	0.1700
6.2	-0.0134	-0.1607	-0.1629	-0.0124	-0.0654	0.1547
6.4	$+0.0182$	-0.1552	-0.1523	-0.0425	-0.0896	0.1353
6.6	0.0472	-0.1440	-0.1368	-0.0690	-0.1094	0.1126
6.8	0.0727	-0.1278	-0.1175	-0.0915	-0.1243	0.0875
7.0	0.0939	-0.1077	-0.0943	-0.1029	-0.1343	0.0609
7.2	0.1102	-0.0845	-0.0692	-0.1220	-0.1391	0.0337
7.4	0.1215	-0.0593	-0.0429	-0.1294	-0.1388	$+0.0068$
7.6	0.1274	-0.0331	-0.0163	-0.1317	-0.1338	-0.0189
7.8	0.1280	-0.0069	$+0.0095$	-0.1289	-0.1244	-0.0427
8.0	0.1237	$+0.0182$	0.0336	-0.1214	-0.1111	-0.0637

附录 M 活塞阻抗函数

$$\theta_0 + jx_0 = \tanh(\alpha_p + j\beta_p) = (1 - 2/w)J_1(w) + jM(w), w = (2\pi a/\lambda)$$

θ	θ_0	x_0	α_p	β_p
0.0	0.0000	0.0000	0.0000	0.0000
0.5	0.0309	0.2087	0.0094	0.0655
1.0	0.1199	0.3969	0.0330	0.1216
1.5	0.2561	0.5471	0.0628	0.1163
2.0	0.4233	0.6468	0.0939	0.2020
2.5	0.6023	0.6905	0.1247	0.2316
3.0	0.7740	0.6801	0.1552	0.2572
3.5	0.9215	0.6238	0.1858	0.2800
4.0	1.0330	0.5349	0.2175	0.3008
4.5	1.1027	0.4293	0.2517	0.3194
5.0	1.1310	0.3231	0.2899	0.3353
5.5	1.1242	0.2300	0.3344	0.3460
6.0	1.0922	0.1594	0.3868	0.3456
6.5	1.0473	0.1159	0.4450	0.3207
7.0	1.0041	0.0989	0.4788	0.2600
7.5	0.9639	0.1036	0.4594	0.2050
8.0	0.9413	0.1220	0.4241	0.1887
8.5	0.9357	0.1456	0.3980	0.1958
9.0	0.9454	0.1663	0.3839	0.2132
9.5	0.9661	0.1782	0.3799	0.2344
10.0	0.9913	0.1784	0.3845	0.2565
10.5	1.0150	0.1668	0.3964	0.2774
11.0	1.0321	0.1464	0.4153	0.2958
11.5	1.0397	0.1216	0.4410	0.3097
12.0	1.0372	0.0978	0.4734	0.3158
12.5	1.0265	0.0779	0.5101	0.3083
13.0	1.0108	0.0662	0.5421	0.2810
13.5	0.9944	0.0631	0.5490	0.2409
14.0	0.9809	0.0676	0.5316	0.2117

θ	θ_0	x_0	α_p	β_p
14.5	0.9733	0.0770	0.5073	0.2032
15.0	0.9727	0.0881	0.4877	0.2092
15.5	0.9484	0.0973	0.4758	0.2231
16.0	0.9887	0.1021	0.4718	0.2406
16.5	1.0007	0.1013	0.4750	0.2591
17.0	1.0115	0.0948	0.4852	0.2767
17.5	1.1087	0.0843	0.5017	0.2914
18.0	1.0209	0.0719	0.5247	0.3077
18.5	1.0180	0.0602	0.5522	0.3010
19.0	1.0111	0.0515	0.5798	0.2879
19.5	1.0021	0.0470	0.5968	0.2610
20.0	0.9933	0.0473	0.5940	0.2314

后记　声学的发展前景

　　科学发展有其本身的规律,但也严重地受到社会影响,过去的 20 世纪基本是战争和动乱的世纪,科学技术的发展巨大,但带有战争的标记。现在战争已不得人心,虽然小战不断难免,但发生大战的概率则很小。21 世纪将基本是和平的世纪,和平的科学将以更大速度发展,人们生活质量将不断提高。声学正是符合这种要求,可以预期声学在 21 世纪的长足进展。做为物理学一个分支而又是重要技术,声学学科内容大致可用图 1.1 表示,中心是基础,外围是有关科学技术,中间是各个声学分支。这个图是 1964 年著名声学家林赛提出的,当时对声学信号处理没有特别注意,现在已成重要分支,并且在语言通信、声学测量仪器、声学标准等方面大大促进了发展,改变了整个声学面貌。

　　在以上各分支中,只有水声学原来主要是为战争服务的(声呐和有关理论、技术),其他都是为和平服务的。就是水声学工作现在也已经有相当大的一部分是关于声海洋学或海洋声学的研究工作。声海洋学可能成为水声学的主要发展方向,这是形势改变的结果。海洋资源可能比陆地上的资源丰富得多,但开发得非常不够。而声波是海洋中惟一可以远距离传播的信号,用声波和声学方法研究海洋具有大的潜力,是任何其他方法不可比拟的。现在已开展的工作有:做大范围内的三维声速分布图(层析图)、深海水温测量、洋流、内波研究、海底地质调查等。深海水温测量很值得注意,我国也已开展。前几年赫德岛实验中,从南印度洋发射 57Hz 声波,在深水声道中传播 18,000km 后在北极圈接收,可准确地算出深水声道中的平均声速。深水声道内的温度变化很缓慢,在传播所需的三个多小时内基本没有变化,但用这个系统可以测得每年的水温变化,准确到 0.01℃,这个方法正推广到其它范围。水温变化的监测非常重要,因为深海水温变化不但影响海洋中浮游生物的密度,因而影响海洋中的生物链和渔业,还要影响气候、影响远离海洋的人。用声学方法可以大大推动海洋研究。声海洋学,海洋地质学引致反演法的重要发展,因此声海洋学的研究方法还可推广到其他不易直接测量的情况,加速器内的温度测量早已实现,用声波对电离层的研究已取得重要结果。声呐研究亦将有重大技术发展。

　　反演法也是超声检测的基础。超声探伤已普遍应用,是机械工业的质量检查利器。用到人体检查,B 超已有重大发展,在医疗保键中起极大作用。这些和雷达、声呐一样,所用方法基本也是反演法,虽然是最简单的反演法。超声检测的发展方兴未艾,扫描方式不限于 B 超,三维显示也颇有进展。和 X 射线或核磁共振相似,用超声换能器阵在一个面上扫描,可以建立二维图像,并据以用计算机建立三维图像。这需要一组距离已知的截面图和不同组织可以区别的特征。但软组织不易用超声区别,所以直接利用 CT 或 MRI 的现有技术是不行的。但是软组织的界面波还是明显的,以此为基础以建立三维图像是可能的。此外,任何部分微动,将产生多普勒效应,在频谱上出现次瓣,这也可作辅助手段。所以这方面只是进一步开发的问题。对 X 射线 CT,一般医生主张没有绝对必要时不做,因为特强的 X 射线有引致放射病的危险。超声显示还没有对人有伤害的报道,而且设备简单易于普及,优点很多。超声检测在医疗诊断和保健工作中将越来越重要,会有极大发展。超声医疗将有更大的发展。

体外碎石术已颇有成效,用电火花或陶瓷换能器产生的超声集中到体内组织上可以打碎结石,然后排出。对肾结石非常有效,但对其机理以及最佳条件仍在研究,以发挥最大效率。对于胆结石则仍有困难,因为胆通到外面的管通较细,不易排出,如何打碎结石更碎是发展的方向。高强度集聚超声(HIFU)治疗癌症已取得突破,无癌症的未来会令人神往。HIFU 方法,设备很简单,用钛酸钡类材料制成直径约 10cm 的圆盘,曲率半径大约 15cm 就可做为换能器。它所发的超声集中在球心,达到高强度用以治疗体内病变,中间经过皮肤,强度尚低,并无伤害。HIFU 治疗开始于 1940 年,曾有效地治疗青光眼、帕金森病等,不过后来都有较简单的药物治疗。治疗癌症已研究了不下 60 年,得到重要的研究成果,但实际治疗不多。使用高强度超声,目的是在局部吸收声能,提高组织的温度,烧死癌细胞。这都做到了,不过需要高强度和适当处理时间。加上超声要产生空化,空化气泡一方面要破坏癌细胞,但也阻止超声,把它反射回去,破坏好细胞。所以不能快,治疗一块大约 3cm 的癌变要 3 小时!中国医院用特高强度(达到 $10000W/cm^2$ 以上),快速扫描的办法,气泡刚产生,已扫开了。每次烧伤约 $10mm^3$(焦区)也相当快。治疗监视可用 B 超,气泡出现就出一亮点,可保护好组织免受破坏。从骨癌到肝癌,从胰癌到皮癌,都极有效。但精通医学与超声学的专家很少,有些技术问题还有待研究,所以普遍使用尚需时日。HIFU 还用于止血,可能用于超声转基因、制药工业等。有人认为 HIFU 将代替一切外科手术。

噪声是环境污染源之一,所以噪声控制是保护人们的生活条件和工作条件的重要技术。但噪声污染与空气污染、水污染不同,它造成人的烦恼不安只是当时的事,噪声停止,事过境迁,就恢复了。就是特强(90dB 以上)的噪声也是长期连续暴露才使听力受损,因此常常不被重视。噪声控制在技术上是没有困难的。在我国,控制噪声的法律、规定也是齐全的,问题是在贯彻实施,需要环保部门和司法部门严格贯彻环境保护法有关规定。控制噪声直接提高人们的生活质量,也促进工业发展,甚至工业发展方向的改变,在更广的范围内增加人们生活和工作的便利。以铁路运输为例,现在我国铁路行车平均一般可能只有每小时 50km 左右,太快就有危险,车辆将激烈晃动,车内噪声令人难忍。对振动和噪声加以控制指施,新建京九路计划时速 160km,有些路线经过改造,已达到 200km。欧洲十四个国家更以时速为 200 公里为目标进行全面的现有铁路和车辆的改造,联接成网。新建铁路可以设计得速度更高而不影响乘客的舒适和安全。日本的新干线,德国的城间快车 ICE,法国的快车线 TGV 和最近通车的"欧洲之星"列车(通过英吉利海峡隧道联接伦敦和巴黎、布鲁塞尔的高速列车)都可以加速到三百公里(每小时)左右。法国正准备生产"新一代"高速列车,行驶速度为每小时 360 公里,大约五十家大学实验室对其振动和噪声问题进行深入研究。飞机一般比火车快得多,每小时总在六百公里以上,但机场一般都远离城市,加上往返机场的时间,在有些情况下就不如火车方便,火车速度提高后更是如此。磁悬浮列车已谈了三十年,英国、日本、德国一直在试验。1995 年英、日已经试验,德国却开始第一条汉堡—柏林磁悬浮列车线的修建,主要由政府投资,私营企业(汉莎)参加,投资共 100 亿德国马克,2005 年完成。计划 285km、行车时间 53 分。两年后不得不停建。美国铁路认为磁悬浮列车没有前途,只有喜欢高技术的人才对它有兴趣,因为在同样长的行车路线上,磁悬浮列车和用传统技术的高速列车行时差得有限。各国研究了三十年尚未得到实用的磁悬浮列车是不值得继续研究的。我国却接受德国工程师的建议,引进德国技术,建立了上海浦东至海滨机场 30 公里磁悬浮列车,成为世界上惟一的营业磁悬浮列车。振动和噪声控制在高速列车的发展和前途上起了决定性作用。对于汽车的发展和飞机的发展更是如此。20 世纪初,汽车刚上市时,只能是有钱人的玩物,喜其新奇,坐上去不但不舒服,其行驶时的震动和噪声比现在的拖拉机要强烈得多,几分钟人就忍受不了,对环境是强烈公害。所以那时有的城市就规定,要开汽车,应在一个星期前正式宣布,以免惊扰居民。现在,汽车在正常行驶时已达到安全、舒适的要求,噪声和振动控制的成效很可观,在德国的高速公路上,每小时 180 公里的速度已是常事。现在汽车噪声控制的研究正方兴未艾,几个重要的汽车制造厂都和不止一个声学研究室订立合同,研制低噪声发动机和降低舱内噪声,并且以此互相竞争。飞机噪声控制的发展更快,20 世纪 40 年代末期开始航行喷气客机时,飞机很小,不但舱内噪声令人难忍,对航线下也有严重干扰。以后发展了涡轮喷气,涡轮风扇、高涵道比、宽体飞机等,大致每十年噪声降低十分贝(声功率降低到原来的十分之一),因而机体也可增大,到现在人们已谈到容量五百乘客的飞机,以近声速飞行,机舱内外的噪声都符合标准。现在机舱内噪声约为86dB,一般仍嫌过高,许多重要声学研究室正受委托以此为主加强研究工作。超声速的问题暂时搁置了,英法合制的协和号不再飞行,其问题在于冲击波,航线下的建筑物都会被冲击波破坏,所以只能在大洋上飞行,不能充分发挥作用。但是到远地办事,当天可以来回,这是非常吸引人的,对政治活动和商业往来尤其如此。所以超声速飞机的开发并未放弃,产生冲击波的问题仍受到注意,也有些发展,很有希望。现代交通工具的进步及其进一步的发展,一个关键性技术问题就是噪声和振动,也就是舒适与安全。事实上大型机械也是如此。科学技术是第一生产力,这就是一个例证。

噪声控制的工程技术已基本成熟,几乎任何噪声问题都可以解决,只是遇到特殊问题时尚待研究。发展方向——根本地解决噪声和振动问题则在于声源的研究。机器运转时根本不发声或发声低,噪声自然就降低了,飞机噪声的发展就是一个例子。所以根本问题是机器运转时的发声机理:振动力、固体部分的振动、振动力的来源与共振的关系、固体间的摩擦、碰撞、气流中的湍流、气流与固体间的相互作用、液体流动等,都是产生振动和噪声的根源。在声源问题上,每类设备,甚至每件设备都有其特殊情况,要求具体研究其机理。所以,从声源控制噪声就需要具有有关专业的知识,涉及机器设计和操作方法实际是不同专业的结合。声学与不同制造专业的结合将在噪声控制上取得重大发展,这是今后发展的方向。在另一方面,噪声控制不等于噪声降低。噪声降低,同时要考虑声音质量问题,敲打的声音、刮铁板的声音和空调机的声音,听起来就是感觉不同。所以声音的质量固然与声音的强弱有关,它的性质也很重要。近年已有些讨论,但声音的质量顺耳与否,与心理声学有关,进展还不大。但这问题很重要,今后将有重大发展,在声源控制方面一个补充措施是有源噪声控制。这就是用一个次级声源在声场中产生相位相反的声音以抵消噪声的办法。有源噪声控制在管道中(如通风管道)和户外已证明有效,在室内对低频率噪声也颇有效果。在机器上直接装设有源噪声控制系统似乎很有前途,特别是在电动机、发电机、变压器等频率固定的设备上。有源振动控制与室内有源噪声控制的问题很相似,因为二者都是多共振系统,理论和技术上都有相似点。对于室内噪声,有人设想开发一种薄片换能器贴在墙上,使它在收到噪声时,自动发出反相的声音将其抵消,这种自动有源噪声控制会更加实用。这种想法一直受到注意。也有人提出过"聪明的泡沫"(使泡沫塑料发生反相振动),"智能扬声器"等设想,并进行了理论分析和实验室研究,尚待进一步发展。但是用传声器—扬声器系统以达到这个目的已获得初步成功。把扬声器放在屋角,扬声器前放一传声器,把传声器收到室内的噪声电压反相接入扬声器以发出次级声波抵消室内噪声,效果非常显著。这个传声器—扬声器系统也可用到其它情况。自动有源控制系统在 21 世纪将发挥作用。

研究噪声控制的目的是防止噪声干扰,保护听力。建筑声学在另一方面则是使声音更清楚、更美妙。语言要听得懂,音乐要保持其优美。在一般体积小的房间里,如学校教室、住宅、办公室、会议室、医院病房、宾馆客房等,基本问题是安静,防止外面噪声传入。隔声措施基本已是成熟的技术。学校教室和会议室还要考虑把有益声音投向听众和避免过长的混响时间使声音模糊。一般歌舞厅使用电声系统放大,几乎不怕外来干扰。对音质要求最高的是音乐厅和歌剧院。音乐的音域宽,动态范围大,要求烘托、辅助音乐,增加其欣赏价值。我国的各剧种(如京剧)和器乐,西方的歌剧、交响乐都要求自然音。对自然音(不加电声放大)烘托、辅助的音乐厅和歌剧院要解决以下几个问题:(1)体积大小合适,听众 2000 左右,使声音有足够响度并且室内响度均匀。(2)适当混响,时间 1.8 ~ 2.0 秒,没有混响的空间里,声音显得干。混响时间太长,声音就不清晰,不亲切。特别是要有适当低频率混响,使声音听起来感觉温暖、热烈。(3)体形。音乐厅的形状是矩形较好,但不限于此,表面处理要求使声音在全场平均分布,不但响度要均匀,声音到达每一听者在方向上也要均匀(扩散),声音从左右反射来的很重要,这可增加声音的空间感(不是像在一个小窗口外听室内的声音),从声源(演员或乐器)发出的声音直接或第一、二次反射到达听者也增加空间感。(4)平衡、融合各种乐器和歌声同时发声的感觉。这要求每个演员能听到其他演员的声音,或者说在台上要有反射声。(5)没有回声、噪声、失真等现象。这里有不少是音乐家的术语。音乐厅是艺术欣赏的场所,达到以上要求需要建筑师与声学家的密切合作,创造性地发挥最高水平。建筑师要懂一些声学知识并尊重声学家,声学家要懂一些建筑知识并且尊重建筑师。音乐厅在国际上都被认为是最高的欣赏音乐的场所,反映一个国家、一个城市的文化水平,只有这样密切合作发挥最高水平,才可能在建筑艺术上和音质设计上达到最高标准,完成当代对音乐厅设计的音质、舒适、首创性的高要求。我国过去缺乏这种合作,建了不少厅堂,但有的根本不能用,能用的在国际上也没有地位。最近白瑞奈克教授在深入调查了 22 个国家受欢迎的 66 座音乐厅和 10 座歌剧院后作出的结论(上面所述对音乐厅的要求就是根据他的结论)是音质设计工作发展的里程碑,但其中没有一座是我国的。我国建筑设计是很有水平的,只是过去把音质设计看得太容易了,不需要或不欢迎高水平的声学专家参与。这种情况在西方也有,并造成了不少损失,(76 座大厅中只有阿姆斯特丹、波士顿和维也纳的三座被音乐家评为最佳,有四座只是"通过")。只是在我国更突出罢了。白瑞奈克的结论提供了良好音质的完整理论,为提高音乐厅和歌剧院设计水平提供基础,音质问题将有更大发展。四十多年前,北京人民大会堂兴建,这虽然不是专门为音乐设计的会堂,但是一万人开会的会堂也是没有过的,当时建筑设计施工、建筑声学、电声学分别负责,通力合作,结果不但开会人人满意,大型歌舞演出也很成功。周恩来同志领导这项工作,他不但严格要求、充分发挥各方面的力量,并且对整体提出设计思想,会堂内部水天一色。参加会议的人在会堂内都感觉亲切、温暖,至今,人民大会堂仍保持其特色。这是一个生动的例子,指出音质设计的发展方向。德国新建的议会大厅,建筑艺术极高,但只有经声学家给以声学处理后才能真正开会。

语言自动识别是人们多年的理想。"芝麻开门"的故事表达了人们的企盼。自从电话开始发展以来,科学家就注意语言中包含的信息到底是多少。从文字(书面语言)来看,各种语种常用的辞汇不过三五万,用二进位的信息量来表示,也就是十五六位。口语发声是靠声道的变化,其中包括声带松紧,舌的高低,唇的张合,齿的松紧,鼻腔的开关等,每种都是很慢,每秒不上十次,一共也不到一百赫。可是传送一个电话,只达到可懂的程度却需要频带三千或四千赫,大大超过信息量的要求。从 20 世纪 20 年代,科学家就开展了语声的频谱分析,以求出其中的关键特性,降低所需频带。大量实验证明,语声的不同主要在其基频(在有调语言如汉语中,基频的变化也是重要因素)和第一、第二共振峰(频谱中能量集中的区域)。实际语言中还有第三、第四共振峰(在更高频率),主要反映发音者的特性。语声的识别就在于基频和共振峰。几十年来,发展了大量语言波形的分析方法,现在所有信号处理方法基本都是从语言信号的处理得来的。也提出不少根据分析结果进行识别的方法。但直到 20 世纪 40 年代都不成功。南腔北调,人们都能辨别,但即使正规发音,机器识别也有困难。20 世纪 50 年代有一次突破。频谱分析后用电阻网络识别,可正确识别十个音(十个数字或十个元音),很成功,一时对语言识别的信心大增,甚至有的国家计划在 60 年代做出实用系统,但一直进展不大。语言识别虽有困难,语言合成却一直顺利。20 年代完成大量频谱分析后,30 年代就制成了语言合成器(用频谱知识)和声码器(语言分析合成器)。后者逐渐用于保密通信,以其分析部分做为编码器,接收后以合成部分还原为口语。到 20 世纪 70 年代,计算技术有了进步,合成语言的质量更加改善,语言识别又做一次大规模的努力。美国国防部高级研究任务局 ARPA 以数百万美元资助四个重要单位,研制认人、有限词汇的识别系统。自动识别的困难是认人问题(对某人口音适合后,对另一人就不行了)和词汇问题,那是把这些问题先搁置。但是即使如此,四个单位中三个都失败了,只有一个成功,建成了 Harpy 系统。到 20 世纪 80 年代末又有一次突破。美国卡内基-梅伦大学的华裔科学家李凯复用隐藏马尔柯夫模型 HMM 认别成功。不认人、词 1000、三个词一批识别,考虑到上下文,正确率达到 94%。于是国外陆续出现了不少语音识别系统商品,大致都是按照美国约翰-霍普金斯大学教授 Jelinek 提出的结构,包括一个信号处理器、一个声模型、一个语言模型和一个所谓"假设搜索"四个单元。信号处理器把每 10ms 的语言信号进行频谱分析和矢量量化,成为几个参数,输入声模型与已知音素的频谱相比较,找到最可能的字母,并进行模式(或称"模态")识别,用 HMM 方法找出最可能的语词。以后输入语言模型,进一步根据语词的用法和句的构造(这是文字上的问题,与声音无关,但和适用范围有关)确定语句。最后用"假设搜索"的办法定出相应于语言信号的词句。这种语言识别系统在 20 世纪 90 年代初已逐渐被普遍接受,但速度很低,还有认人的问题,要求使用者发音平稳并且说一个词后停一下。一般人对此不耐烦,但在医药界和司法界用于听写很受欢迎。20 世纪 90 年代中期,计算机处理速度和内存都已大大提高,使连续语言的处理成为可能。这样,使用者可按正常交谈情况发言,实时连续语音识别系统就可作出识别,美国商业机器公司 IBM 和 Dragon 系统随即生产了商品,词汇七万,可在一般奔腾 II PC 平台上使用,要求计算机速度至少 150~200MHz,内存至少 32M,市场售价在一二百美元之间。到 1997 年末,最近一次突破的消息传来。事实上,20 世纪 70 年代就有人主张研究语言理解系统,即不斤斤计较每一个音,要注重整个句子、整段话的理解。要真正理解语言,就需要深入研究语言规律,才能解决技术问题。这是一个认识的飞跃,IBM 以几十人工作了二十年,在1997年末宣告Via Voice成功,并制成商品(软件),推向市场。这是20世纪末一件大事。在21世纪,语言理解系统将大大发展,在此基础上人们一直幻想的语言打字机,口语翻译机,文字翻译机,读书机,读外文机(读出中文),翻译电话机,输入乐谱的音乐演奏机,残疾人专用的通信机,口语操作的机器等,以及"芝麻开门"都将成为现实。人们的政治生活、社会生活和文化生活将完全改观。

最后要提到热声学。热声现象涉及热学、传热学、材料学、声学等学科,引起很多注意。特别是在声学中遇到的几乎全是新问题。过去对驻波研究,特别是高强度驻波的研究是非常不够的,对高强度驻波的性质不充分了解,在热声管中声波的作用就难以确切认识。以热发声能达到什么程度也是注意的问题。热学方面的兴趣是其制冷的前途,温差放大,热量关系等也须研究。在这些年中作了不少深入的理论研究和实验研究,做出一些实际应用系统。上述发现热声现象的设备可直接利用。若负载非常小(相对于热声管和热力堆大小而言)温度有可能到液氮温度附近。同样设备,如果不加声源,但用电加热近管端的片端到几百度,管中就按共振频率产生强烈声波。管中气体如果用氢气或氦气,效率要比空气高。一个用四个大气压氦气的管中曾产生160dB(2000Pa)声压。现在正做大型设备,使能达到工业应用的程度。在这些工作中,理论成就很大,热声管的严格理论已完善,控制驻波管使驻波中谐波成分减小,在强驻波中不产生冲击波的措施等都很成功。用热声管直接产生液氮温度很有希望。热声系统的发展正方兴未艾。

以上所述,只是一些可能有重大发展和应用的亚分支和项目。声学其余部分也都将有所发展,但科学发展是很难预测的,特别是应用基础,一个突破就可改变整个面貌,上面所述语言识别发展过程就是这样,所以很可能有更重大发展前途的亚分支或项目出现。这将在稳定的,深入的研究中明显出来。声学服务人类生活的道路将更加广阔。但是声学家不是单独工作的,研究海洋声学需要海洋声学知识,研究超声医疗需要医学知识。声学服务人类的范围很广,需要各方面、各专业的专家合作,不仅是科学技术,也包括人文科学。像语言识别研究了几十年,只有最后语言学家的合作才取得最后突破!只有各方面专家的合作声学才有重大发展。

索　引

《现代物理基础丛书·典藏版》书目